U0652911

高等职业教育机电类专业系列教材

江苏省机电类专业名师工作室组织编写

机械制图与CAD技术基础

（第二版）

主　编　李添翼　陈洪飞

副主编　徐晓俊

参　编　季　青　何　婕　陈宇洋

　　　　温发杰　谢晓峰　许丽英

主　审　赵光霞

西安电子科技大学出版社

内 容 简 介

本书的主要内容包括绪论、机械制图的基础知识与技能、AutoCAD2023 绘图基础、正投影法与基本体的视图、轴测图、组合体视图、机件的常用表达方法、常用件与标准件的表达、零件图的识读与绘制、装配图的识读与绘制、典型机械零件测绘训练。

本书可作为高等职业教育机电类专业以及相关专业的教学用书,也可作为企业高技能人才培养的培训用书。

图书在版编目(CIP)数据

机械制图与 CAD 技术基础 / 李添翼,陈洪飞主编. -- 2 版. -- 西安 : 西安电子科技大学出版社, 2024. 9. -- ISBN 978-7-5606-7167-3

Ⅰ. TH126

中国国家版本馆 CIP 数据核字第 2024SW4559 号

策　　划　李惠萍
责任编辑　李惠萍
出版发行　西安电子科技大学出版社(西安市太白南路 2 号)
电　　话　(029)88202421　88201467　　　邮　　编　710071
网　　址　www.xduph.com　　　　　　电子邮箱　xdupfxb001@163.com
经　　销　新华书店
印刷单位　陕西天意印务有限责任公司
版　　次　2024 年 9 月第 1 版　　2024 年 9 月第 1 次印刷
开　　本　787 毫米×1092 毫米　1/16　印 张 18
字　　数　427 千字
定　　价　46.00 元
ISBN 978-7-5606-7167-3

XDUP 7469002-1

*** 如有印装问题可调换 ***

前　言

本书是为适应高等职业教育机电类专业课程改革的需要，满足高职学生的学习需求，体现新的课程理念，由江苏名教师工作室联盟组织编写的。本书的主要目的是培养高职机电类专业学生熟练的读图能力与技能、一定的绘图能力及空间想象和思维能力。

本书具有以下特点：

(1) 体现新理念。本书根据目前高等职业教育课程改革和相关用人单位对毕业生能力的实际要求，体现能力培养、终身发展的理念，把传统的"机械制图"与"计算机绘图"进行有机整合，弱化尺规作图，强化徒手绘制草图和计算机绘图的能力，突出实用技能，从而适应学生在学校学习和在企业工作的需要。

(2) 凸显"生为本"。本书在内容的安排上，在每一节的开头都有"本节关键词""学习小目标"和"学习小提示"，对本节内容的学习关键、学习目标进行指导，并给予适当的学习提示，可使学生在学习中把握重点，少走弯路，也有助于青年教师在组织学生学习时参考。

(3) 贯彻新国标。本书各章内容遵守并贯彻最新《技术制图》和《机械制图》国家标准，以便使学校制图教学与工厂一线生产在有关制图国家标准方面保持同步。

(4) 使用新版本。本书涉及计算机绘图的内容，都是基于 AutoCAD2023 版进行编写的，旨在让教师引领学生及时学习最新的技术成果，以便更好地服务一线生产，也有利于个人的专业发展。

(5) 用足"表格体"。本书在可能的情况下尽可能多地采用表格来表达要陈述的教学内容，在一定程度上减少了传统的先文后图的陈述形式。表格中，图形与说明从横向或纵向看都一一对应，使图、文靠得更紧，更便于学生对照学习。

学时分配建议：

章　名	课　时
绪论	1
第 1 章　机械制图的基础知识与技能	8
第 2 章　AutoCAD2023 绘图基础	10
第 3 章　正投影法与基本体的视图	16
第 4 章　轴测图	6
第 5 章　组合体视图	14
第 6 章　机件的常用表达方法	14
第 7 章　常用件与标准件的表达	8
第 8 章　零件图的识读与绘制	21
第 9 章　装配图的识读与绘制	18
第 10 章　典型机械零件测绘训练	2 周
总计	116 课时 ＋ 2 周

参加本书编写的有：江苏省常熟中等专业学校(江苏联合职业技术学院常熟分院)陈洪飞老师、温发杰老师(第8章的8.1～8.3节、第9章)，镇江高等职业技术学校季青老师(第4章、第10章)，江苏省海门中等专业学校(江苏联合职业技术学院海门分院)陈宇洋老师(第6章)，江苏省连云港中等专业学校何婕老师(第3章)，江苏省武进职业教育中心校(江苏联合职业技术学院武进分院、武进技师学院)徐晓俊老师(第2章、第7章、第8章的8.7节)、李添翼老师(绪论、第1章、第5章、第8章的8.4～8.6节、附录)。李添翼、陈洪飞担任主编，徐晓俊担任副主编，镇江高等职业技术学校赵光霞老师对本书进行了审读，提出了宝贵的修改意见和建议，在此表示衷心的感谢！本书在编写过程中得到了常州刘国钧高等职业技术学校王猛教授，常州易衡光学科技有限公司谢晓峰总经理，江苏龙城精锻集团有限公司许丽英经理，江苏联合职业技术学院及各分院、办班点有关领导、老师的大力支持，西安电子科技大学出版社领导、编辑对本书的及时出版也付出了艰辛的努力，在此一并表示感谢！

限于编者水平，加之编写时间比较仓促，书中难免存在欠妥之处，恳请各位同行批评指正。

编　者
2024 年 6 月

目　录

绪　论

1. 机械制图与 CAD 概述

机械制图是研究绘制和识读机械图样的一门科学。图样是根据投影原理、有关国家标准及规定绘制的表示工程对象并有必要的技术说明的图。它是传递与交流技术信息和思想的重要工具，是工业生产中的重要技术文件，也是工程界的"通用语言"。现代工业生产中，无论是机床、车辆、船舶、飞机、工业设备、仪器仪表等的设计制造，还是它们的使用、保养与维修，都离不开图样。通常设计人员通过图样表达设计思想和意图；制造人员通过图样了解设计要求，组织和实施加工；使用和维修保养人员通过图样了解机器设备的构造、原理与性能，以掌握正确的操作、维护和保养方法。

AutoCAD 是由 Autodesk 公司为在计算机上应用计算机辅助设计(Computer Aided Design，CAD)技术开发的绘图程序软件包，现已成为国际上广为流行的绘图工具。计算机绘图具有操作简单、效率高、工整精确、易于修改等优势，是目前工业生产中普遍采用的绘图方法。

2. "机械制图与 CAD"课程的学习内容和学习目标

"机械制图与 CAD"课程主要学习与绘制和识读机械图样相关的知识和技能，具体内容包括机械制图的基础知识与技能、AutoCAD2023 绘图基础、正投影法与基本体的视图、轴测图、组合体视图、机件的常用表达方法、常用件与标准件的表达、零件图的识读与绘制、装配图的识读与绘制、典型机械零件测绘训练。

通过学习要达到如下目标：

(1) 掌握用正投影法表示空间物体的基本知识和方法。

(2) 熟悉机械制图和技术制图的国家标准及有关规定，并贯彻执行。

(3) 熟练掌握识读和绘制机械图样的形体分析法和线面分析法等基本方法，具备识读中等复杂零件图样的能力。

(4) 能熟练识读并绘制简单装配体的装配图。

(5) 具备较强的空间想象和思维能力。

(6) 养成认真负责的工作态度，形成严谨细致的工作作风。

(7) 能使用常用工具对零件进行测绘，并能绘制出零件草图和零件图。

3. "机械制图与 CAD"课程的学习方法

"机械制图与 CAD"是一门实践性很强的课程，需要积极想象和充分进行动手实践。以下学习方法有助于学生学好本课程：

(1) 课前提前阅读教材、尝试练习。课前认真阅读教材，包括教材每一节最前面的"本节关键词""学习小目标"和"学习小提示"部分，尤其是"学习小提示"，既有这一节内容的概括和重点提醒，又有有关内容的学习建议与提示。课前学习、尝试练习有助于上课的时候有的放矢，把精力用在有疑问或者不会做的内容上，从而大大提高学习效率。

(2) 把想象形状与观察实体有机结合。学习画图和读图的过程中，要自始至终把想象与观察有机结合，既要在头脑中想象机件的形状，又要找机会观察机件的实物，思考视图的投影规律，逐步培养和提高自己的空间想象能力。在可能的情况下，可以根据教材或习题集中的视图，利用手头的泡沫板、硬纸板等材料动手制作一些模型，这个过程就是一个读视图、想形状的过程，对训练空间想象能力有很大帮助。

(3) 尝试勾画轴测草图。在读组合体或机件的视图时，有时图形比较复杂，仅凭大脑的空间想象和记忆会显得比较乱，往往是想起来后面的，又忘记了前面的，既耗时又费力。因此徒手勾画轴测草图，不但有利于空间思维的训练和想象能力的开发，而且对提高读图能力大有好处。

第 1 章　机械制图的基础知识与技能

1.1　绘图工具及其使用

本节关键词

铅笔、三角板、圆规。

学习小目标

(1) 能根据绘图需要削出铅芯粗细不同的两种铅笔，并能正确使用。

(2) 能用三角板与丁字尺画出垂直线、水平线，以及与水平线成 30°、45°、60° 或 15° 倍数角的各种倾斜线。

(3) 能正确使用圆规、分规进行相应的作图。

学习小提示

本节主要学习常用绘图工具的使用方法，学习时要根据老师的指导，在运用的过程中学会工具的使用方法与技巧。

作为一名机械工程技术人员，拥有一套质量较好的手工绘图工具并能按正确的方法使用，是十分必要的。常用的手工绘图工具有铅笔、三角板、圆规、橡皮、图板、丁字尺等。

1. 铅笔

如图 1-1 所示，铅笔的铅芯有多种，笔身上标有"B"的表示软铅芯，标有"H"的表示硬铅芯，标有"HB"的表示铅芯软硬适中。B 前面的数字越大，表示铅芯越软，画出的图线越黑；H 前面的数字越大，表示铅芯越硬，画出的图线越淡。

B 铅笔适于画底稿线和粗实线，HB 铅笔适于画底稿线和细实线。

画细线所用的铅笔，要把铅笔芯削成圆锥体形状，如图 1-2(a)所示；画粗实线所用的铅笔，要把铅笔芯削成长方体形状，如图 1-2(b)所示，这样可以保证画出的粗实线粗细一致。注：图中尺寸的单位均为 mm，后同。

图 1-1　铅笔及标号

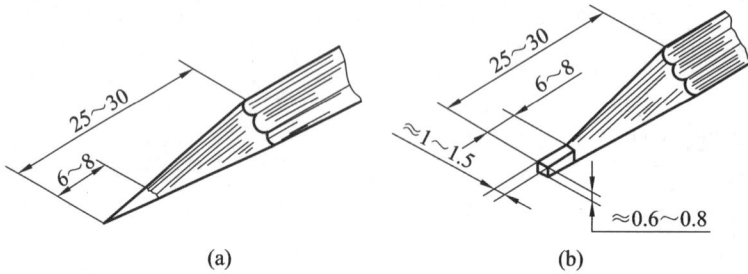

(a)　　　　　　　　　　　　　(b)

图 1-2　铅笔的削法

2. 三角板

用三角板或丁字尺与三角板配合使用，可以画出垂直线、平行线(见图 1-3(a)、(b))，以及与水平线成 30°、45°、60° 或 15° 倍数角的各种倾斜线(见图 1-3(c))。

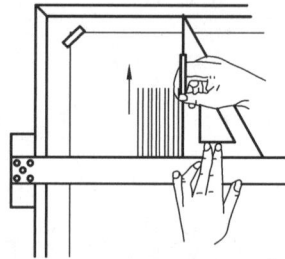

(a)

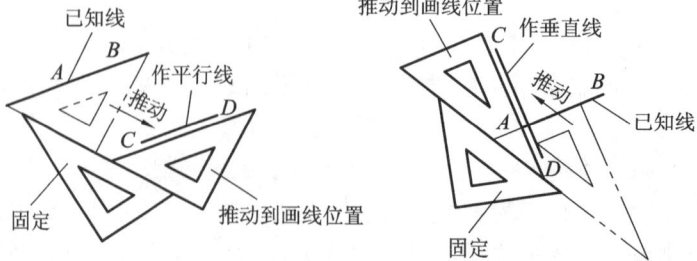

(b)

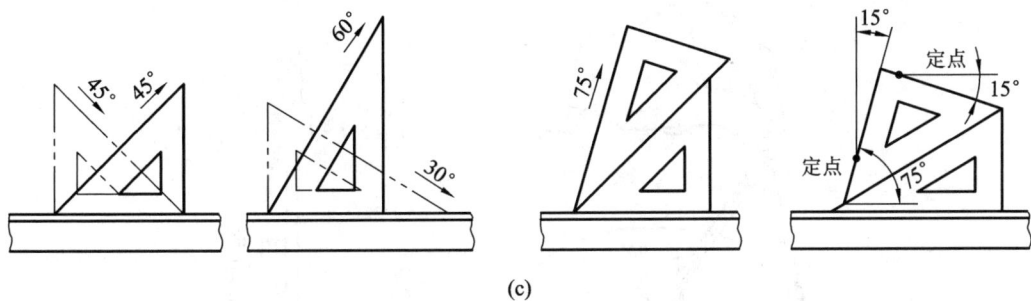

图 1-3　三角板的用法

3. 图板与丁字尺

丁字尺由尺头和尺身两部分构成，如图 1-4 所示。尺头用来导向，可以沿图板的左边上下移动。尺身工作边上有刻度，可以画水平线和量取长度。

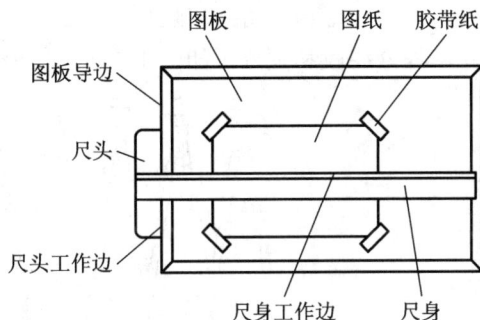

图 1-4　图板与丁字尺

传统制图中，图板是固定图纸和给丁字尺提供导向边的矩形木板或胶合板。图纸用胶带纸固定在图板上(见图 1-4)。工作台表面平整光洁，短边为丁字尺的导向边，丁字尺可以沿图板的短边上下移动，这样可以画出一系列水平线，如图 1-5 所示；丁字尺也可和三角板配合使用，画出一系列垂直线，如图 1-3(a)所示。

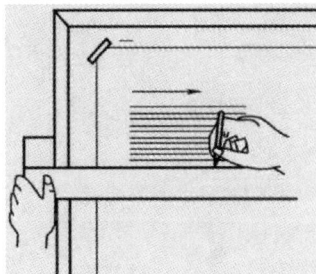

图 1-5　用图板与丁字尺配合画水平线

4. 圆规与分规

圆规主要用来画圆或圆弧，常用的有普通圆规和点圆规两种，如图 1-6 所示。普通圆规通常用来画大圆，点圆规一般用来画小圆。

画圆时要用圆规针尖带台阶的一端定心，按顺时针方向旋转，转速均匀，用力一致。画圆之前，要选择软一些的铅芯，并把铅芯削成扁平状，使其大面正对针尖，以保证线的粗细一致。

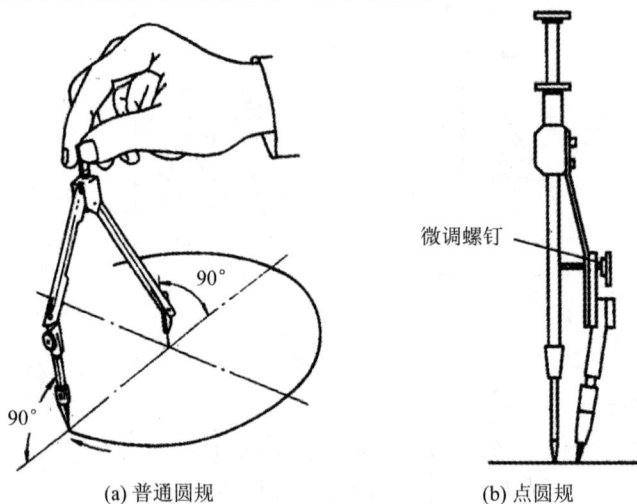

| (a) 普通圆规 | (b) 点圆规 |

图 1-6　用圆规画圆

分规主要用来截取尺寸，等分线段和圆周，如图 1-7 所示。分规的两脚并拢时应对齐。

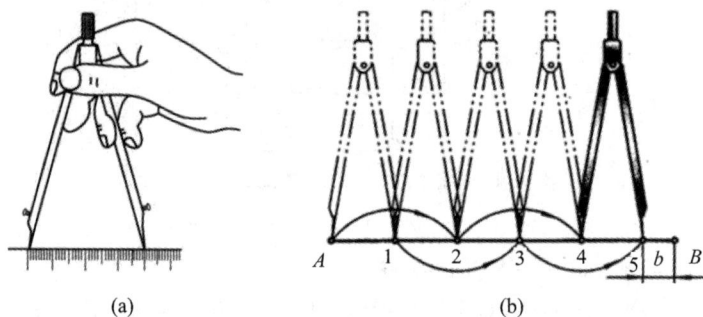

| (a) | (b) |

图 1-7　分规的使用

1.2　《机械制图》国家标准的一般规定

本节关键词

国家标准、图纸幅面、比例、尺寸标注。

学习小目标

(1) 掌握机械制图国家标准对图纸幅面与格式、比例、字体、图线和尺寸注法的有关规定。

(2) 能根据需要选用图纸幅面与格式、比例、字体，规范绘制各种图线，正确标注相关尺寸。

学习小提示

对于图纸幅面、图框格式、标题栏、字体、图线等要作一定的了解，这些内容在 AutoCAD 软件中都有，只要在画图时调用即可。比例的概念要搞清楚，学习时可以参考具体图样的比例加以理解。尺寸的标注比较复杂，要在理解基本规则的前提下，认真研读尺寸标注示例与文字说明，并结合练习进行巩固。

为了便于设计、生产和技术交流，《机械制图》国家标准对图幅、比例、字体、图线、尺寸注法等设计和绘制图样时必须严格遵守的有关技术要求进行了统一规定。

1. 图纸幅面和格式(摘自 GB/T14689—2008)

1) 图纸幅面

图纸幅面是指所采用图纸的大小规格。国家标准(GB/T14689—2008)规定，图纸的基本幅面共有 5 种，具体代号与尺寸大小见表 1-1。绘制图样时，应优先采用国家标准规定的基本幅面，必要时可以采用加长幅面。加长幅面的尺寸如图 1-8 中虚线所示。

表 1-1　图纸的基本幅面及尺寸　　单位：mm

幅面代号	幅面尺寸	周边尺寸		
	$B \times L$	a	c	e
A0	841 × 1189	25	10	20
A1	594 × 841			
A2	420 × 594			
A3	297 × 420		5	10
A4	210 × 297			

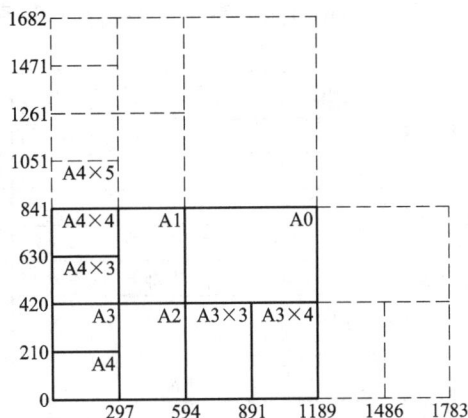

图 1-8　图纸幅面之间的尺寸关系

2) 图框格式

图纸必须有图框，图框需用粗实线绘制。图纸各边的中点处均应有对中符号，以便复制和对图样微缩摄影时定位。图框的具体格式如图 1-9 和图 1-10 所示(图中 a、c、e 的数值见表 1-1)。

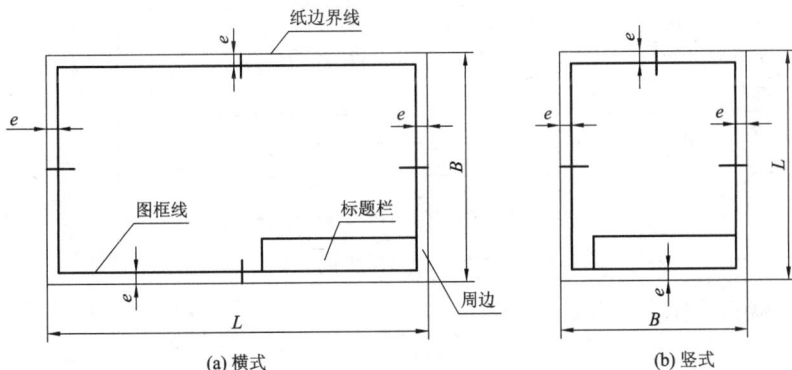

(a) 横式　　　　　　　　　　(b) 竖式

图 1-9　不留装订边的图框格式

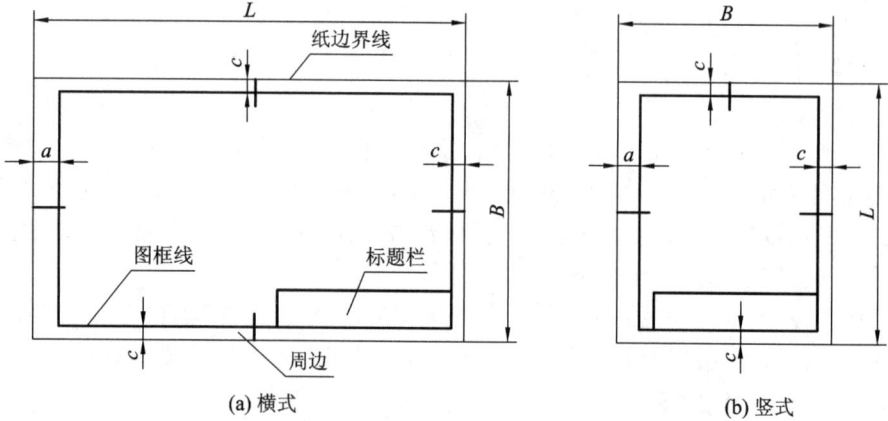

(a) 横式　　　　　　　　　　　　　(b) 竖式

图 1-10　留装订边的图框格式

同一产品的图样必须采用同一种格式。

3) 标题栏

图样中图框右下角是标题栏,标题栏中文字的方向为读图方向。标题栏格式如图 1-11(a)所示, 图 1-11(b)所示为学生作业用简化标题栏。

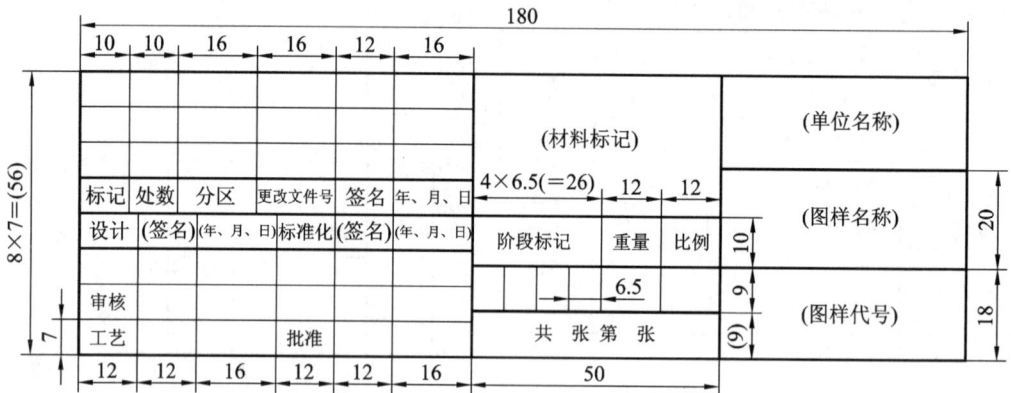

(a) 标题栏

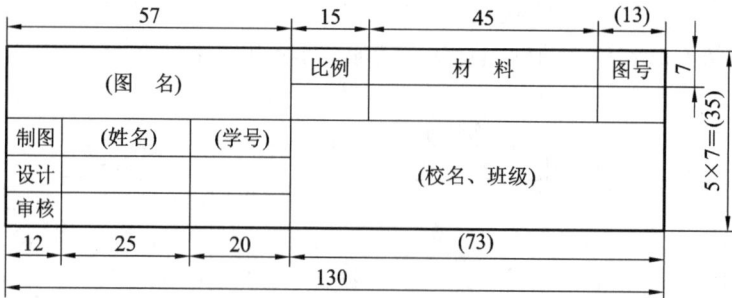

(b) 学生作业用简化标题栏

图 1-11　标题栏

2. 比例(摘自 GB/T 14690—1993)

1) 概念

图样中图形与其实物相应要素的线性尺寸之比称为比例。

2) 分类

比例可分为以下三种：

(1) 原值比例：比值为 1 的比例，即 1：1。

(2) 放大比例：比值大于 1 的比例，如 5：1、10：1 等。

(3) 缩小比例：比值小于 1 的比例，如 1：2、1：5 等。

3) 选用

为画图和读图方便，画图时应尽可能选用原值比例，且同一张图样上的各个视图应采用相同的比例。

绘图时，应选用表 1-2 所提供的合适的比例。

表 1-2　标准规定的比例数值

原值比例	1：1				
放大比例	2：1 (2.5：1)	5：1 (4：1)	$1 \times 10^{n}：1$ ($2.5 \times 10^{n}：1$)	$2 \times 10^{n}：1$ ($4 \times 10^{n}：1$)	$5 \times 10^{n}：1$
缩小比例	1：2 (1：1.5) ($1：1.5 \times 10^{n}$)	1：5 (1：2.5) ($1：2.5 \times 10^{n}$)	$1：1 \times 10^{n}$ (1：3) ($1：3 \times 10^{n}$)	$1：2 \times 10^{n}$ (1：4) ($1：4 \times 10^{n}$)	$1：5 \times 10^{n}$ (1：6) ($1：6 \times 10^{n}$)

注：n 为正整数；优先选用不带括号的比例。

4) 标注

整个图样所采用的绘图比例应填写在标题栏的"比例"栏内(见图 1-12(a))，局部放大图等绘图比例一般注写在视图名称的下方或右侧(见图 1-12(b))。

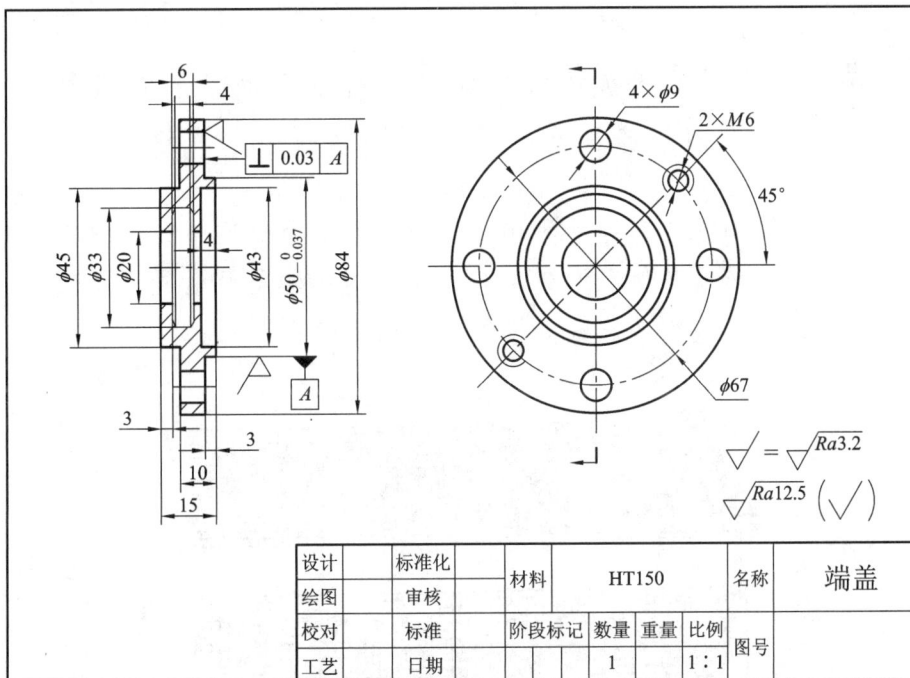

(a)

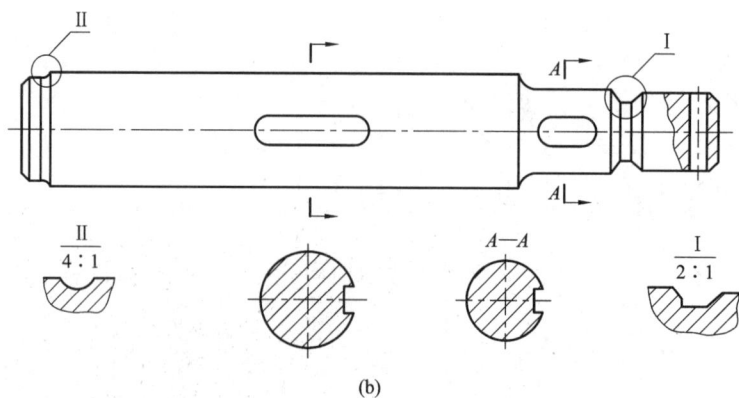

(b)

图 1-12 比例的标注

3. 字体(GB/T14691—1993)

图样中汉字、数字、字母的书写必须做到：字体端正、笔画清楚、排列整齐、间隔均匀。字体的大小要适当，字体的高度(用 h 表示)系列为 1.8、2.5、3.5、5、7、10、14、20 mm。字体的宽度约为字高的 2/3。

汉字应写成长仿宋体，并应采用国家正式公布推行的简化字。汉字的高度 h 应不小于 3.5 mm。字母与数字可写成直体或斜体。斜体字字头向右倾斜，与水平线成 75°。

字体示例如图 1-13 所示。

10号

字体端正　笔画清楚　排列整齐　间隔均匀

7号

装配时作斜度深沉最大小球厚直网纹均布锪平镀抛光
研视图向旋转前后表面展开图两端中心孔锥销

5号

技术要求对称不同轴垂线相交行径跳动弯曲形位移允许偏差
内外左右检验数值范围应符合于等级精热处理淬退回火渗碳
硬有效总圈并紧其余注明按全部倒角

图 1-13　字体示例

4. 图线(摘自 GB/T4457.4—2002、GB/T17450—1998)

国家标准《技术制图　图线》(GB/T17450—1998)规定了 15 种基本线型。根据基本线型及其变形,国家标准《机械制图　图样画法　图线》(GB/T4457.4—2002)规定了 9 种图线,其中粗、细实线的宽度比例为 2∶1。各种图线的名称、形式、宽度及应用示例见表 1-3。

表 1-3　图线的名称、形式、宽度及应用

图线名称	线　　型	图线宽度	一般应用举例
粗实线	———————	粗	可见轮廓线
细实线	———————	细	尺寸界线、尺寸线、剖面线、引出线、过渡线等
细虚线	- - - - - - -	细	不可见轮廓线
细点画线	— · — · — · —	细	轴线、对称中心线
粗点画线	— · — · — · —	粗	限定范围表示线
细双点画线	— ·· — ·· —	细	极限位置的轮廓线、中断线、相邻辅助零件的轮廓线、轨迹线
波浪线	～～～～	细	断裂处的边界线、视图与剖视图的分界线
双折线	—⋀—⋀—⋀—	细	断裂处的边界线、视图与剖视图的分界线(同波浪线)
粗虚线	- - - - - - -	粗	允许表面处理的表示线

图线在图样中的应用如图 1-14 所示。

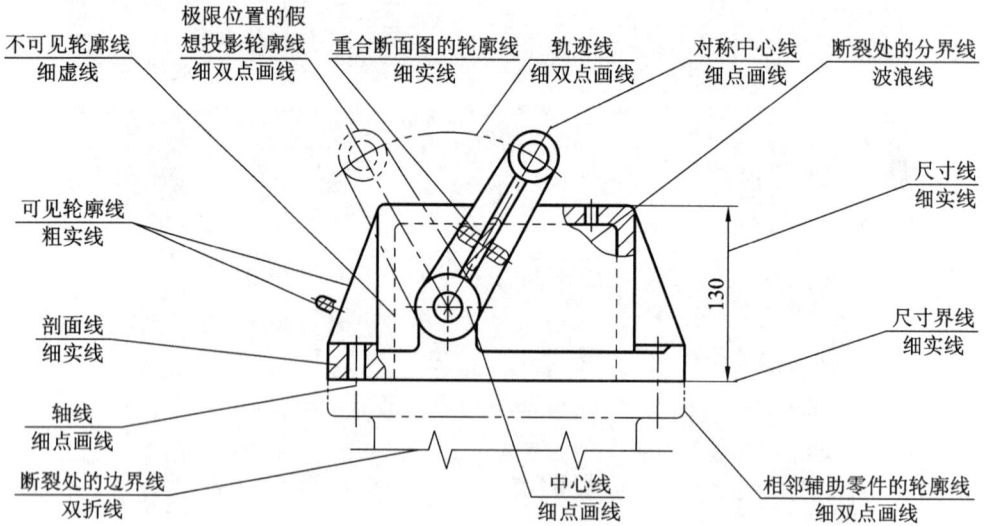

图 1-14　图线在图样中的应用

画图线时应注意以下几点：

(1) 同一图样中，同类图线的宽度应基本一致。虚线、点画线及双点画线等各自的线段长短与间距大小应基本一致。

(2) 点画线和双点画线的首尾应为长画，而不是短画，且应超出轮廓线 3～5 mm。

(3) 圆的中心线的交点应是线段实交。在较小的图形上，可以用细实线代替细点画线或细双点画线。

(4) 当虚线与虚线或其他图线相交时，应是真正的线段相交，不得留出空隙。当虚线是粗实线的延长线时，其连接处应有空隙。

(5) 当两种或多种图线重合时，通常画线的优先顺序如下：

可见轮廓线→不可见轮廓线→尺寸线→各种用途的细实线→轴心线或对称线→假想线

图线的画法示例如图 1-15 所示。

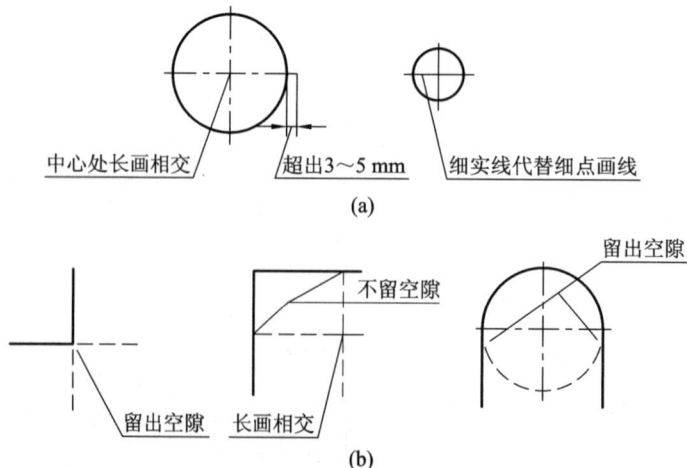

图 1-15　图线的画法示例

5. 尺寸注法(GB/T4458.4—2003、GB/T19096—2003)

在实际生产中,以图样上标注的尺寸数值为依据进行机件加工。国家标准(GB/T4458.4—2003、GB/T19096—2003)规定了尺寸注法的规则与方法。

1) 基本规则

(1) 机件的真实大小应以图样上所注的尺寸数值为依据,与图形的大小和准确度无关。

(2) 图样中的尺寸,如以毫米(mm)为单位,则无须标注单位或代号,否则,必须予以说明。

(3) 图样中所注的尺寸为该图样所示机件的最后完工尺寸,否则应另加说明。

(4) 机件的每一尺寸一般只标注一次,并标注在表达该结构最清晰的图形上。

2) 尺寸组成

一个完整的尺寸应包括尺寸界线、尺寸线和尺寸数字。

(1) 尺寸界线。尺寸界线表示尺寸的范围。

如图 1-16 所示,尺寸界线用细实线绘制,从图形的轮廓线、轴心线或对称中心线处引出,有时根据需要也可直接将轮廓线、轴心线或对称中心线作为尺寸界线。尺寸界线一般应与尺寸线垂直,并超出尺寸线的终端 2~3 mm。

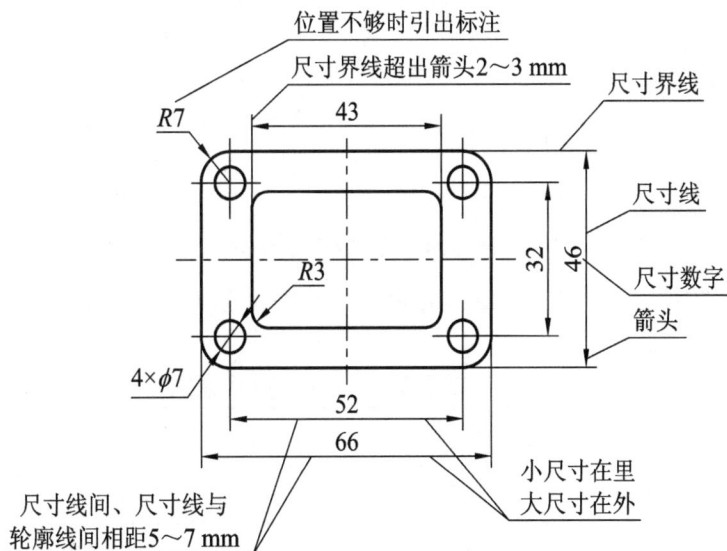

图 1-16　尺寸的组成

(2) 尺寸线。尺寸线表示尺寸的方向。

如图 1-16 所示,尺寸线用细实线绘制,必须单独绘制,不能用图样上任何其他图线代替,也不能与其他任何图线重合或在其延长线上。线性尺寸的尺寸线必须与所标注的线段平行。相同方向的各尺寸线之间应间隔均匀,一般间隔 6~8 mm。角度和弧长的尺寸线是以所标注对象的顶点为圆心所画的圆弧。尺寸线的终端有箭头和斜线两种形式。箭头的形式如图 1-17(a)所示,适用于各种类型图样中尺寸的标注;斜线的形式如图 1-17(b)所示,用细实线绘制,常用于建筑图样中尺寸的标注。同一图样中,箭头或斜线应大小一致。

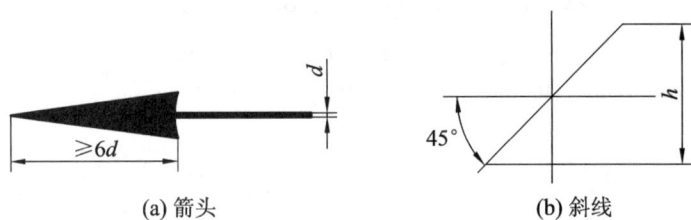

(a) 箭头　　　　　　　　　　(b) 斜线

图 1-17　尺寸线的终端形式

(3) 尺寸数字。尺寸数字表示机件尺寸的大小。

如图 1-16 所示,尺寸数字采用阿拉伯数字。在同一图样中,尺寸数字的大小应一致。

线性尺寸的数字一般写在尺寸线的上方,也可以写在尺寸线的中断处,同一图样中要保持一致。尺寸数字不允许被图线穿过,否则,把图线断开。

尺寸数字的方向应朝上或朝左,尽量避免在图 1-18(a)所示的 30° 范围内标注尺寸数字。如果实在无法避免,则可以采用如图 1-18(b)所示的形式进行标注。

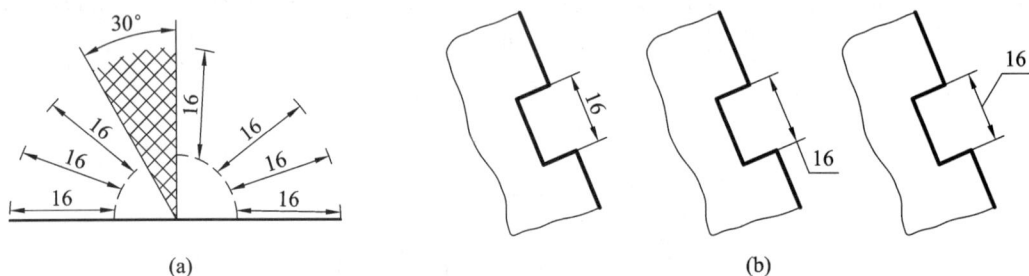

(a)　　　　　　　　　　　　　(b)

图 1-18　尺寸数字的注写

尺寸数字与不同的符号组合,表示不同类型结构的尺寸大小。常见的尺寸符号及其意义见表 1-4。

表 1-4　常见的尺寸符号及其意义

符　号	意　义	举　例	符　号	意　义	举　例
ϕ	直径	$\phi 20$	×	参数分隔符	$3 \times \phi 6$
R	半径	$R10$	±	正负偏差	±0.18
S	球面	$SR10$	□	正方形	□10 × 10
M	普通螺纹	$M16$	⌴	沉孔或锪平	⌴$\phi20$
t	薄板件厚度	$t2$	∨	埋头孔	∨$\phi13 \times 90°$
C	45°倒角	$C1.5$	▼	深度	▼ 10

3) 尺寸标注示例

国家标准规定的常见尺寸注法见表 1-5。

表 1-5　尺寸标注示例

标注内容	图　例	说　明
圆	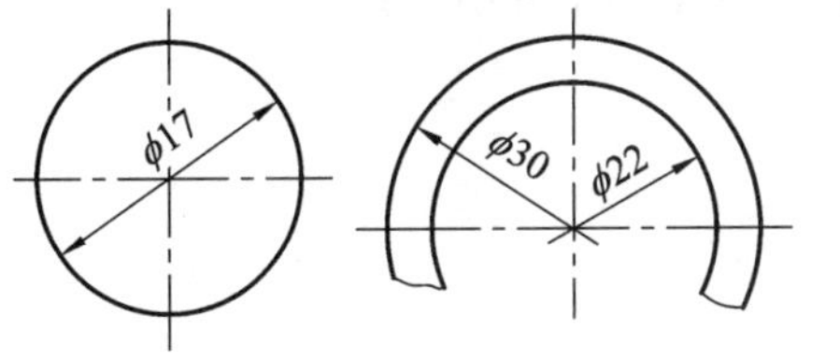	标注整圆或者大于半圆的圆弧直径尺寸时，应以圆周为尺寸界线，尺寸线通过圆心，并在尺寸数字前加注ϕ
圆弧	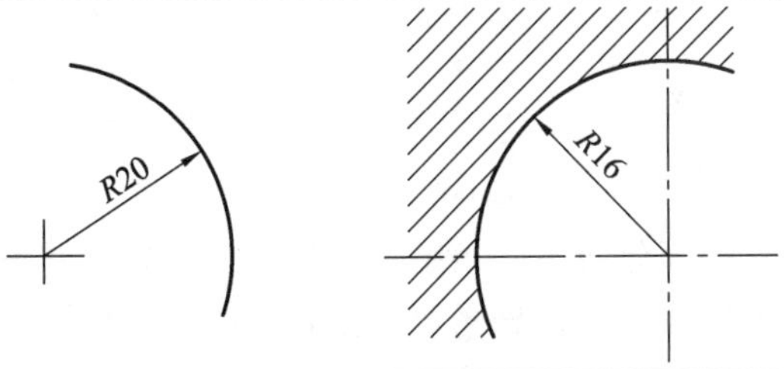	对等于或小于半圆的圆弧，应标注半径尺寸，尺寸线从圆心引向圆弧，只画一个箭头，并在尺寸数字前加注 R
圆弧	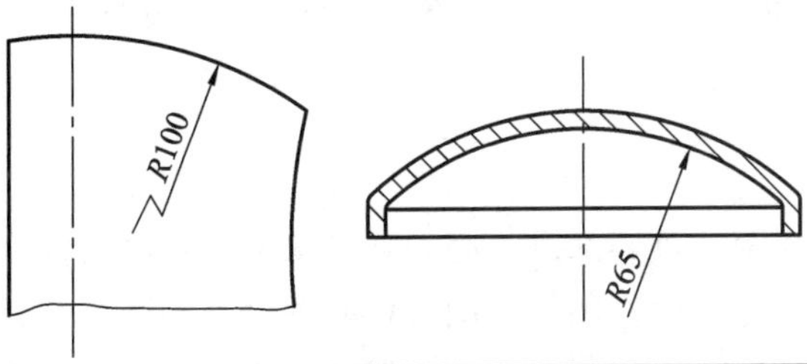	对于很难找到圆心、半径很大的圆弧，可采用不找出圆心、只画出靠近箭头的一段折线或直线形式标注半径尺寸
球	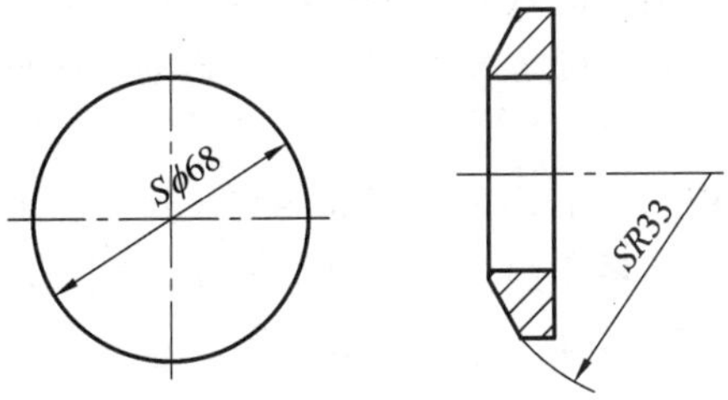	标注球的直径或半径尺寸时，应在尺寸数字前加符号 $S\phi$ 或 SR
角度	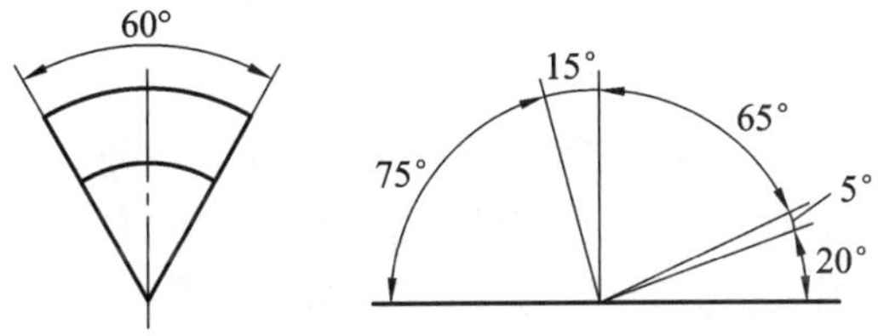	尺寸界线应沿径向引出，尺寸线画成圆弧，圆心是角的顶点。尺寸数字一律水平书写，一般写在尺寸线的中断处，也可写在尺寸线的上方或外侧
小尺寸	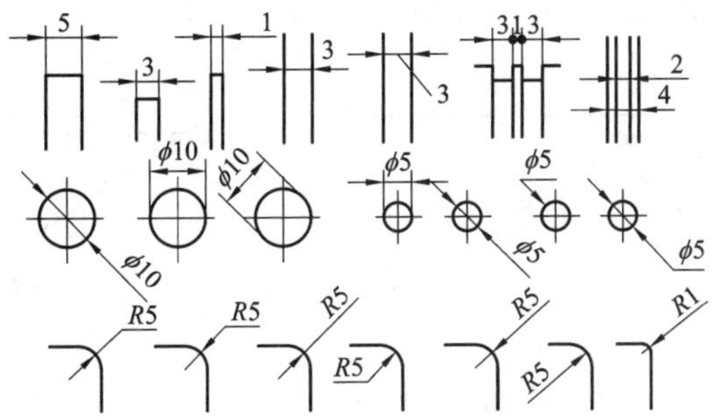	当没有足够空间时，箭头可画在外侧，或用小圆点代替箭头；尺寸数字可写在外侧或引出标注。小圆、小圆弧的尺寸可以如左侧图标注

1.3 绘制平面图形

本节关键词

等分、圆弧连接画法、平面图形、尺寸基准、尺寸分析、线段分析。

学习小目标

(1) 能正确使用绘图工具和仪器，等分线段、角度、圆周等，并能画斜度和锥度。

(2) 掌握圆弧连接的实质和作图步骤，能根据需要画出各种圆弧连接图。

(3) 能对平面图形进行尺寸分析和线段分析，能按照步骤画出中等难度的平面图形。

学习小提示

本节的内容是以后绘制机件视图的重要基础，必须熟练掌握。斜度与锥度的画法要对比学习，否则容易出错。圆弧连接与平面作图的画图过程其关键是画图之前的线段与尺寸分析，要充分利用已知线段与尺寸分析出中间线段和连接线段。要在看懂与听懂的基础上多做练习，在做的过程中习得方法。在做圆弧连接练习时，很容易漏画连心线，导致切点位置不准确。

机件的形状虽然千变万化、各不相同，但均可由平面图形表达。平面图形由许多线段连接而成，线段之间的相互位置与连接关系由给定的尺寸来确定。因此，学会基本的几何作图方法，并熟悉平面图形的一般画法和步骤，才能完成作图。

1．基本几何作图

1) 等分线段

平行线法是常用的线段等分法。用平行线法等分线段比较准确、快捷。如图 1-19 所示，如果将线段 AB 五等分，可以线段 AB 的端点 A 作射线 AC，然后在射线 AC 上从端点 A 处开始量取五个相等的线段，分别得到五个等分点 1、2、3、4、5，连接最后一个等分点 5 与点 B 得到线段 $B5$，然后通过其他几个等分点分别作 $B5$ 的平行线，与线段 AB 相交得到

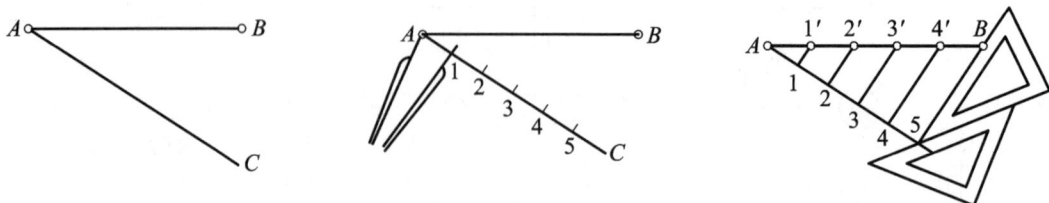

图 1-19 平行线法等分线段

四个交点 $1'$、$2'$、$3'$、$4'$，则 $1'$、$2'$、$3'$、$4'$ 点就是线段 AB 的五等分点，通过平行线法实现了线段 AB 的五等分。

2) 等分圆周与作正多边形

利用三角板和圆规等作图工具可以将圆周进行三、四、五、六、八等分，然后依次连接各等分点，即可得到相应的正三角形、正四边形、正五边形、正六边形和正八边形。图1-20 所示为三等分圆周与作正三角形的方法。

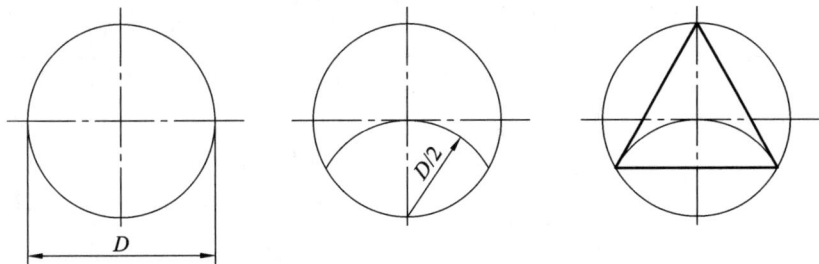

图 1-20　三等分圆周与作正三角形

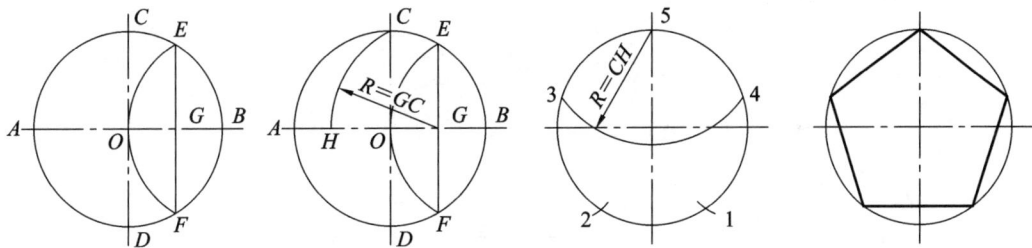

图 1-21 所示为五等分圆周与作正五边形的方法。具体方法如下：

(1) 作半径 OB 的等分点 G，以 G 为圆心、GC 为半径画圆弧交直径 AB 于 H。

(2) 以 CH 为半径，将圆周五等分，顺序连接各等分点即成正五边形。

图 1-21　五等分圆周与作正五边形

图 1-22 所示为六等分圆周与作正六边形的方法。

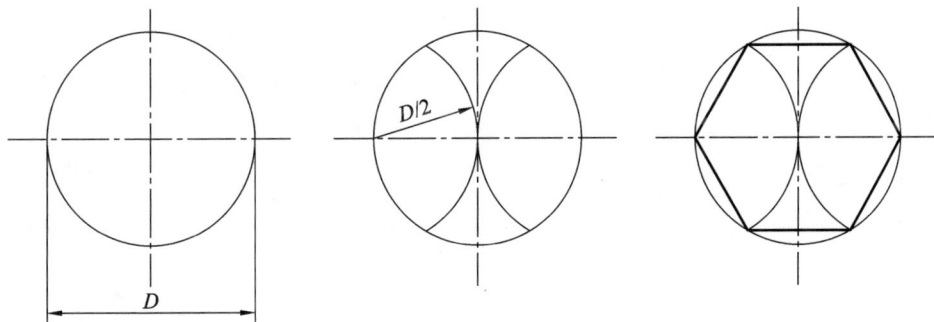

图 1-22　六等分圆周与作正六边形

3) 斜度与锥度的画法

(1) 斜度。斜度是指一直线(或平面)对另一直线(或平面)的倾斜程度。斜度以 $1:n$ 的形式标注，如图 1-23 所示。斜度的画法如表 1-6 所示。

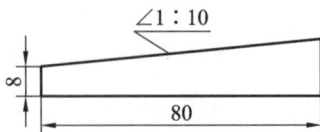

图 1-23　斜度的标注

表 1-6　斜 度 的 画 法

画图步骤	图　　形	说　　明
第一步		画斜度辅助线。在 0B 方向，从 0 点向上量取 1 个长度单位，得到"1"点。在 0A 方向，从 0 点向左量取 10 个长度单位，得到"10"点。连接"1"点和"10"点，得到斜度辅助线
第二步		画斜度线。从 0 点向左量取 80 mm，得到 A 点。沿 A 点向上量取 8 mm，得到 C 点。通过 C 点，作斜度辅助线的平行线，即得所要作的 1：10 的斜度线

(2) 锥度。锥度是指正圆锥底圆直径与其高度之比。锥度以 1：n 的形式标注，如图 1-24 所示。锥度的画法见表 1-7。

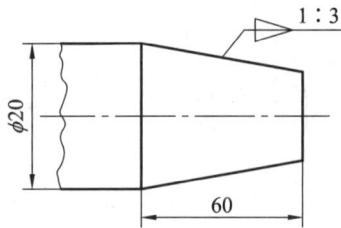

图 1-24　锥度的标注

表 1-7　锥 度 的 画 法

画图步骤	图　　形	说　　明
第一步		画锥度辅助线。从 0 点向上、向下分别量取 0.5 个长度单位，得到 F、E 点。在水平方向，从 0 点向右量取 3 个长度单位，得到 C 点。连接 EC、FC，得到锥度辅助线
第二步		画锥度线。从 0 点向右量取 60 mm，作一垂直线。经过 A 点，作 FC 的平行线，经过 B 点，作 EC 的平行线，分别与垂直线相交，即得所要作的 1：3 的锥度线

4) 椭圆的画法

椭圆的画法有很多，考虑到方便，机械制图中常用四心法画已知长轴与短轴的近似椭圆。

已知椭圆的长轴 AB、短轴 CD，用四心法画椭圆分为找四心、连四心、画圆弧等 3 个步骤，如图 1-25 所示。

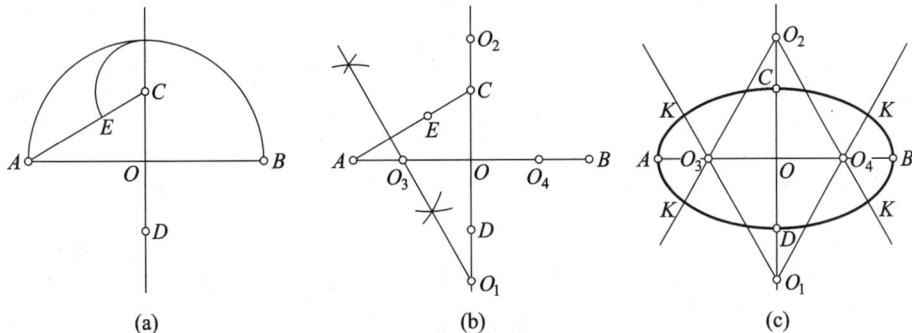

|(a)|(b)|(c)|

图 1-25　用四心法画椭圆

(1) 找四心。如图 1-25(a)所示，连接 AC，以 C 为圆心、半长轴(AO)与半短轴(CO)之差为半径画圆弧交 AC 于点 E。如图 1-25(b)所示，作线段 AE 的中垂线，分别交长轴 AB、短轴 CD 于 O_3、O_1 点。根据椭圆的对称性，做出 O_4、O_2 点。这 4 个点即为所谓的四心。

(2) 连四心。如图 1-25(c)所示，连接 O_3O_2、O_4O_2、O_4O_1，并作适当延长。

(3) 画圆弧。如图 1-25(c)所示，分别以 O_1、O_2 为圆心，以 O_1C 为半径画圆弧；再分别以 O_3、O_4 为圆心，以 O_3A 为半径画圆弧(相邻圆弧的连接点在 K 点处)，即得椭圆。

5) 圆弧连接的画法

绘制图形时，经常会遇到直线与直线、直线与圆弧、圆弧与圆弧的连接问题，这种用一段圆弧光滑连接相邻两线段的作图方法称为圆弧连接，其本质就是平面几何中的相切问题。圆弧连接中用来连接的圆弧称为连接圆弧，切点(连接圆弧的起止点)称为连接点。

由于圆弧连接的实质是相切，一般连接圆弧的半径已知，因此，圆弧连接作图的关键就是找出圆心与切点。具体作图方法与步骤参见表 1-8。

表 1-8　圆弧连接作图方法与步骤

类别	已知条件	作图方法和步骤		
		求连接圆弧圆心	求切点	画连接弧
圆弧连接两已知直线				
圆弧内连接已知直线和圆弧				

续表

类别	已知条件	作图方法和步骤		
		求连接圆弧圆心	求切点	画连接弧
圆弧外连接 两已知圆弧				
圆弧内连接 两已知圆弧				
圆弧分别 内外连接 两已知圆弧				

2. 平面图形的一般画法

平面图形是由若干线段连接而成的，有些线段可以根据给出的尺寸直接画出，而另一些线段除了需要有图中给定的尺寸，还需要分析线段之间的相对位置和连接关系才能画出。因此，在画图前首先要对尺寸进行分析，明确各线段之间的连接关系，进而找出画图的切入点，明确画图顺序。下面以图1-26所示的手柄平面图为例予以说明。

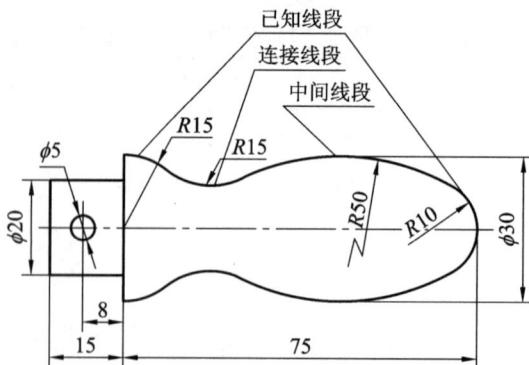

图1-26 手柄

1) 尺寸分析

根据在图形中所起的不同作用，平面图形中的尺寸可分为定形尺寸和定位尺寸两类。画图时，首先要确定标注尺寸的基准。

(1) 尺寸基准。尺寸基准是指标注尺寸的起点。平面图形有水平和垂直两个方向的尺寸基准。平面图形中常用作基准线的图线有对称中心线、轴心线、主要的水平或垂直轮廓直线、较长的直线等，如图 1-26 所示。

(2) 定位尺寸。用于确定圆心、线段与基准之间相对位置的尺寸，称为定位尺寸。图 1-26 中的尺寸 8、$\phi30$、75 都属于定位尺寸。

(3) 定形尺寸。用于确定图形中各部分的长度、高度、圆的直径、圆弧的半径、角度的大小等的尺寸，称为定形尺寸。图 1-26 中的尺寸$\phi20$、15、$\phi5$、R10、R15 等都属于定形尺寸。

有些尺寸在平面图形中担当着双重角色，既是定位尺寸，又是定形尺寸，如图 1-26 中的尺寸 75。通常是图形越复杂，这样的尺寸越多。

2) 线段分析

根据线段尺寸是否齐全，平面图形中的线段可分为已知线段、中间线段和连接线段。

(1) 已知线段。已知线段指定形、定位尺寸都齐全的线段，如图 1-26 中左边的长方形(直径$\phi20$、长度 15)、小圆(直径$\phi5$、定位尺寸 8)等。

(2) 中间线段。中间线段指只有定形尺寸和一个定位尺寸，而缺少另外一个定位尺寸的线段，如图 1-26 中 R50 的圆弧。

(3) 连接线段。连接线段指只有定形尺寸、缺少定位尺寸的线段，如图 1-26 中 R15 的圆弧。

3) 作图方法与步骤

作图时，先画已知线段，再画中间线段，最后画连接线段。图 1-26 所示的手柄平面图的画图方法与步骤见表 1-9。

表 1-9　手柄的作图方法与步骤

画图步骤	图　　形	说　　明
第一步	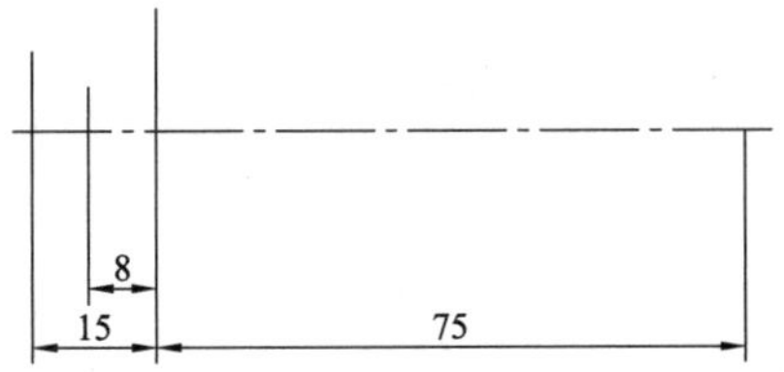	画基准线
第二步	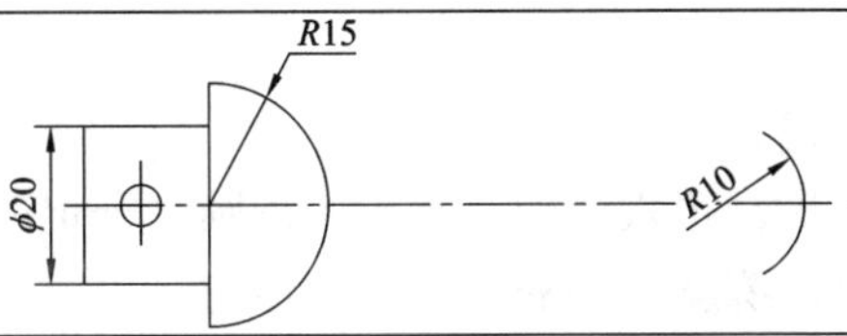	画已知线段
第三步	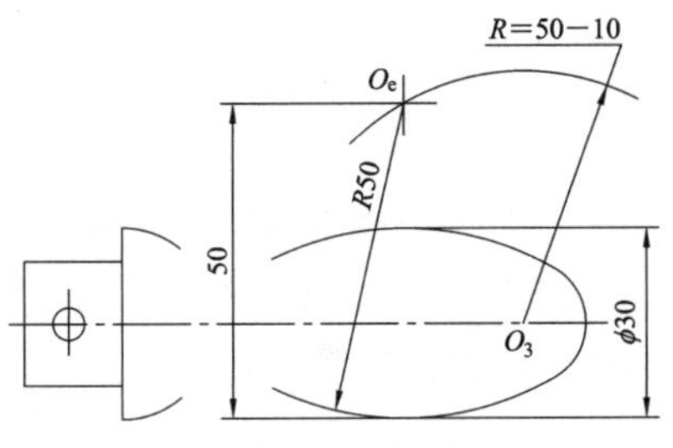	画中间线段

续表

画图步骤	图 形	说 明
第四步	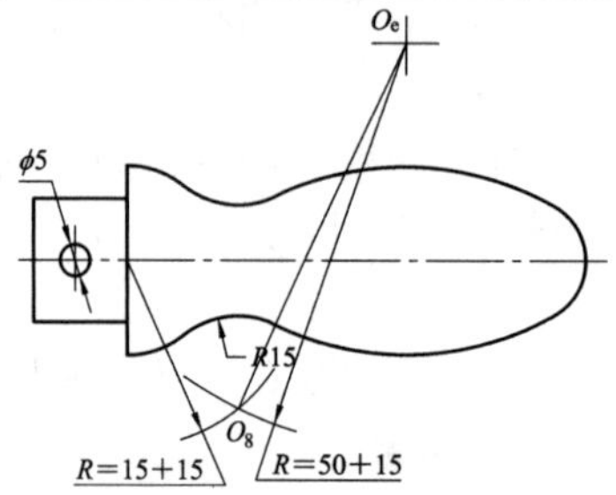 $\phi5$ O_e $R15$ O_8 $R=15+15$ $R=50+15$	画连接线段
第五步	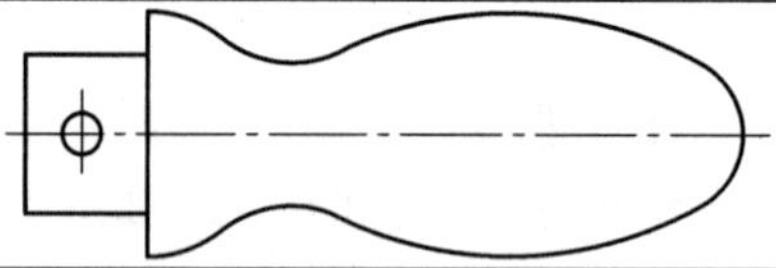	擦去作图过程线
第六步	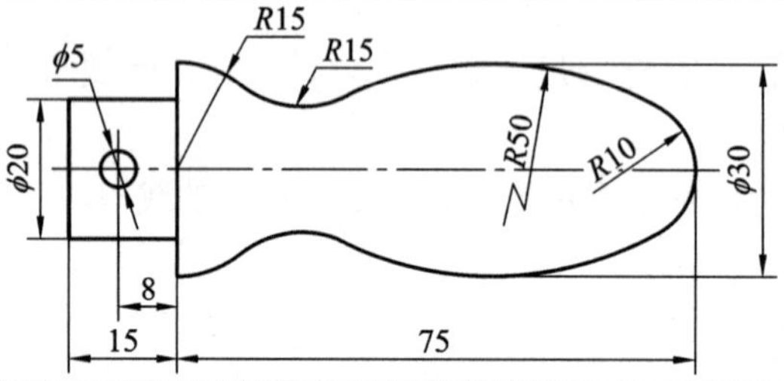 $\phi5$ $R15$ $R15$ $\phi20$ $R50$ $R10$ $\phi30$ 8 15 75	标注尺寸

1.4 常用徒手画图方法

本节关键词

徒手画图。

学习小目标

(1) 能徒手画出较长较直的直线。

(2) 能徒手画出较好的正三角形、正六边形、圆周、椭圆、一定的角度等。

(3) 养成较好的徒手画图习惯，练就较强的徒手画图能力。

学习小提示

本节主要学习徒手画图的一般方法。在练习画直线时，眼睛一定要看着线段的终点，不要盯着笔尖，否则，很难把线画直。在画角度、圆与椭圆等图形时，都用到了目测，因此在平时要加强目测能力的练习，以便目测得比较准确。

　　徒手画图是指不用绘图仪器或工具，仅凭目测徒手画出的图形称为草图。实际生产中，经常需要通过画草图来构思创意，进行技术交流等。因此，对草图的要求是目测基本准确，线型规范，图形正确，字体工整。

　　画草图时，一般选用较软的 HB 或 B 铅笔，并把铅笔削成圆锥形；图纸最好选用坐标纸或方格纸，更有利于控制图线的走向和图形的大小；执笔时手心要虚，不要让铅笔尖离手太近，便于灵活运笔。

1. 徒手画直线

　　徒手画直线时，选用从左下方向右上方的运笔方向，左手压住纸的左边，右手小指轻轻压住纸面，眼睛目视线段的终点和运行的方向，手腕沿线段方向轻轻平移，如图 1-27(a) 所示。也可直接画水平线或垂直线，如图 1-27(b)和 1-27(c)所示。

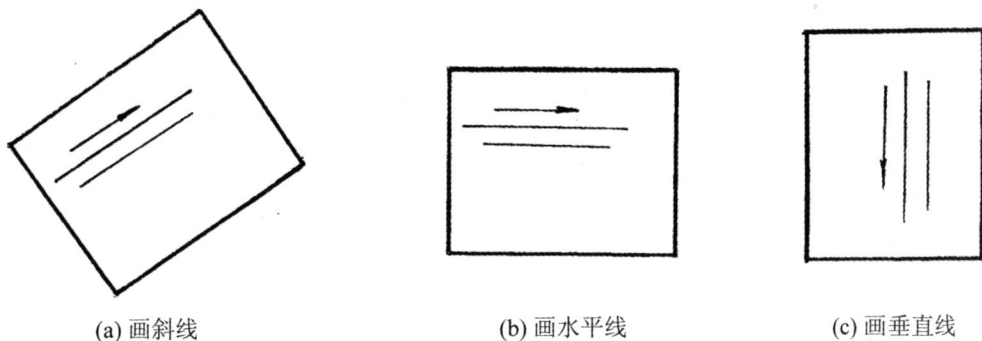

(a) 画斜线　　　　　　　　(b) 画水平线　　　　　　　　(c) 画垂直线

图 1-27　徒手画直线的方法

2. 徒手画常用正多边形

　　如图 1-28 所示，徒手画正三角形时，要先画出互相垂直的两条直线，在交点处向水平线的左、右方各量取三个长度单位，对应得到 A、B 点，然后沿垂直线向上量取五个长度单位，得到 C 点，连接 AB、AC、BC 即得正三角形的草图。

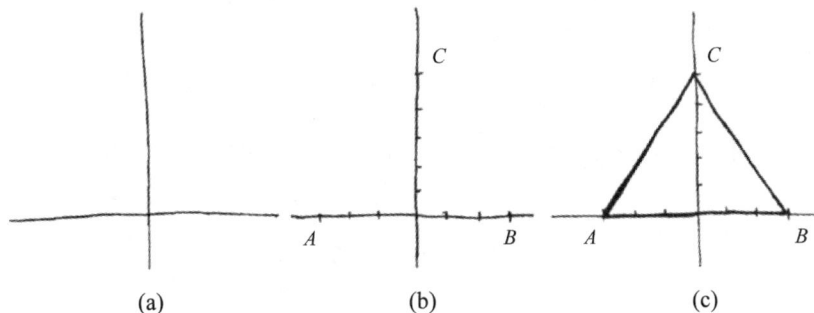

(a)　　　　　　　　(b)　　　　　　　　(c)

图 1-28　正三角形的草图画法

　　徒手画正六边形的方法如图 1-29 所示。先画出两条互相垂直的中心线(交点为 O)，在水平线上向左、右各量取六个长度单位，对应得到 A、D 点；然后在垂直线上向上、下各量取五个长度单位，对应得到 K、P 点，过 P、K 点的水平线与过 OA、OD 中点的垂直线分别相交于 B、C、E、F 点，顺序连接 A、B、C、D、E、F 即得正六边形的草图。

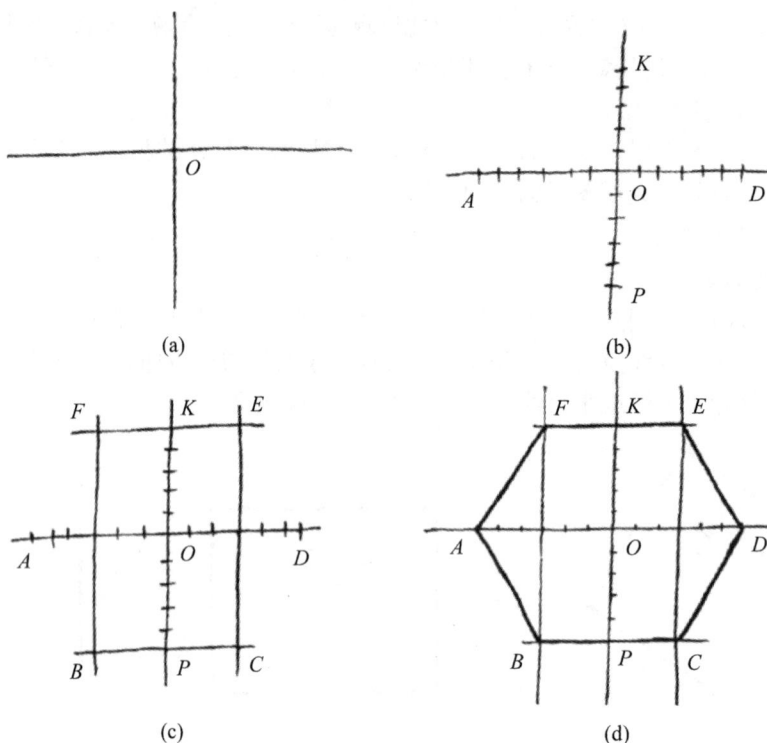

(a)

(b)

(c)

(d)

图 1-29　正六边形的草图画法

3. 徒手画圆

徒手画圆的方法如图 1-30 所示，除目测找出两条中心线上的四个点之外，还要在通过圆心的两条 45° 斜线上目测确定四个点，分别从圆的最高点画出左、右两个半圆，从而形成圆的草图。

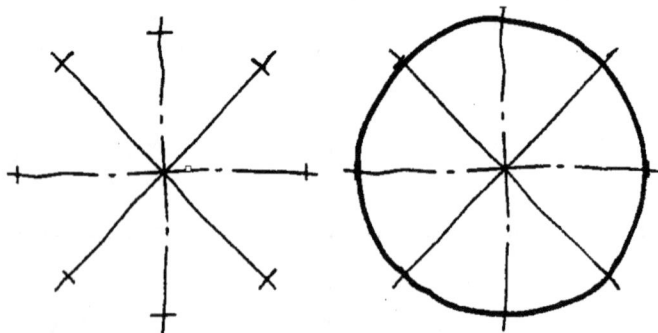

图 1-30　徒手画圆的方法

4. 徒手画常用角度

徒手画常用的角度(如 30°、45°、60° 等特殊角度)时，可通过直角三角形两直角边的长度比例确定出直角边上的两点，然后连接这两点的方法进行，或者利用等分圆弧的方法画出，如图 1-31 所示。

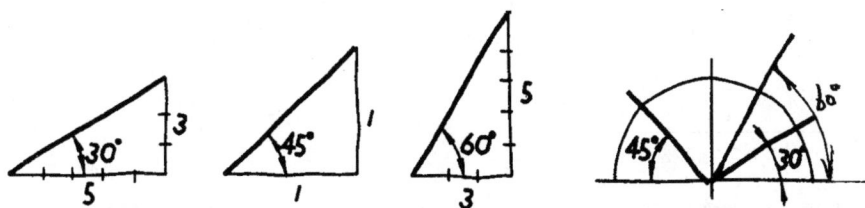

图 1-31　常见特殊角度的草图画法

5. 徒手画椭圆

椭圆的草图画法如图 1-32 所示，首先根据椭圆的长轴和短轴确定四个端点，画出椭圆的外切矩形，连接矩形的对角线，然后将两条对角线 6 等分，最后通过短轴、长轴的四个顶点(7、1、3、5)和对角线靠外的四个等分点画出椭圆的草图。

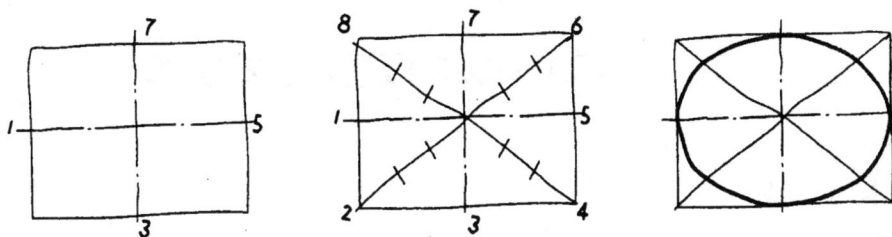

图 1-32　椭圆的草图画法

第 2 章 AutoCAD2023 绘图基础

2.1 AutoCAD2023 概述及基本操作

本节关键词

基本操作。

学习小目标

(1) 熟悉 AutoCAD2023 的经典工作界面，知道标题栏、下拉菜单栏、工具栏、绘图窗口、坐标系图标、模型/布局选项卡、命令行窗口、状态栏等的位置和功用。

(2) 能通过工具栏、下拉菜单或键盘执行 AutoCAD2023 的基本操作命令。

(3) 知道创建新图形、打开图形文件、保存图形文件的基本操作步骤及使用方法。

学习小提示

本节主要学习 AutoCAD2023 概述及 AutoCAD2023 的基本操作，重点内容是工作界面的认识、绘图命令的使用、文件的处理。

本书以 AutoCAD 2023 中文版为基础，学习计算机绘图的基本操作和基本方法。

1. AutoCAD2023 工作界面介绍

启动 AutoCAD2023 后，会显示如图 2-1 所示的"Autodesk AutoCAD2023"工作界面，点击菜单栏"文件(F)"，选择"新建(N)…"，在"选择样板"对话框中选择并打开"acad"样板或点击"+"，会显示图 2-2 所示的"AutoCAD 经典"界面。

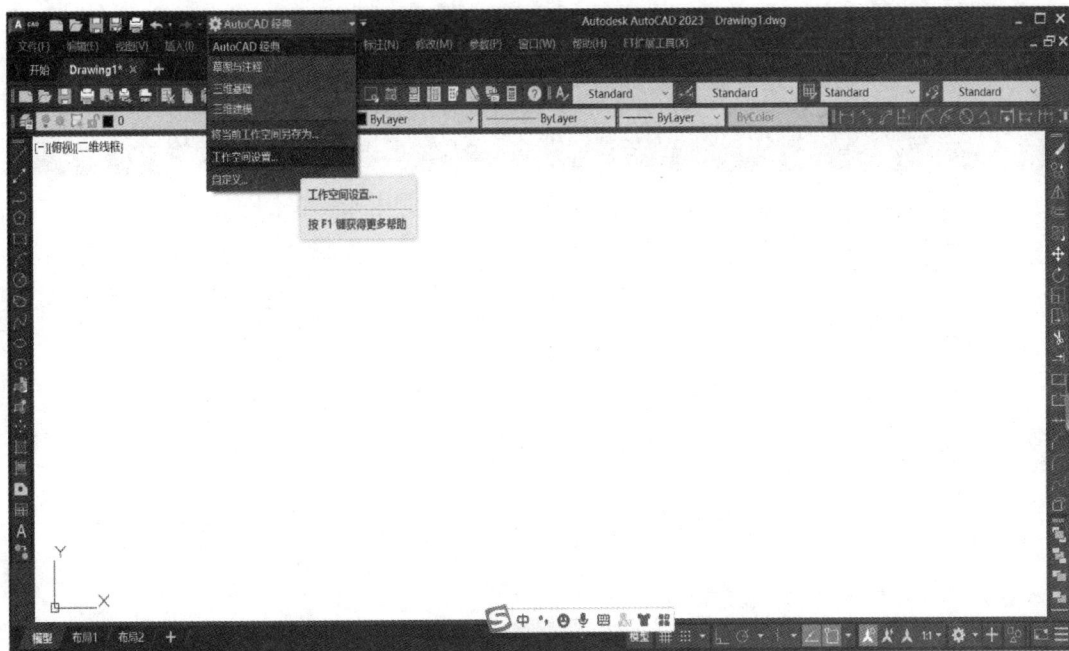

图 2-1　"Autodesk AutoCAD2023"工作界面

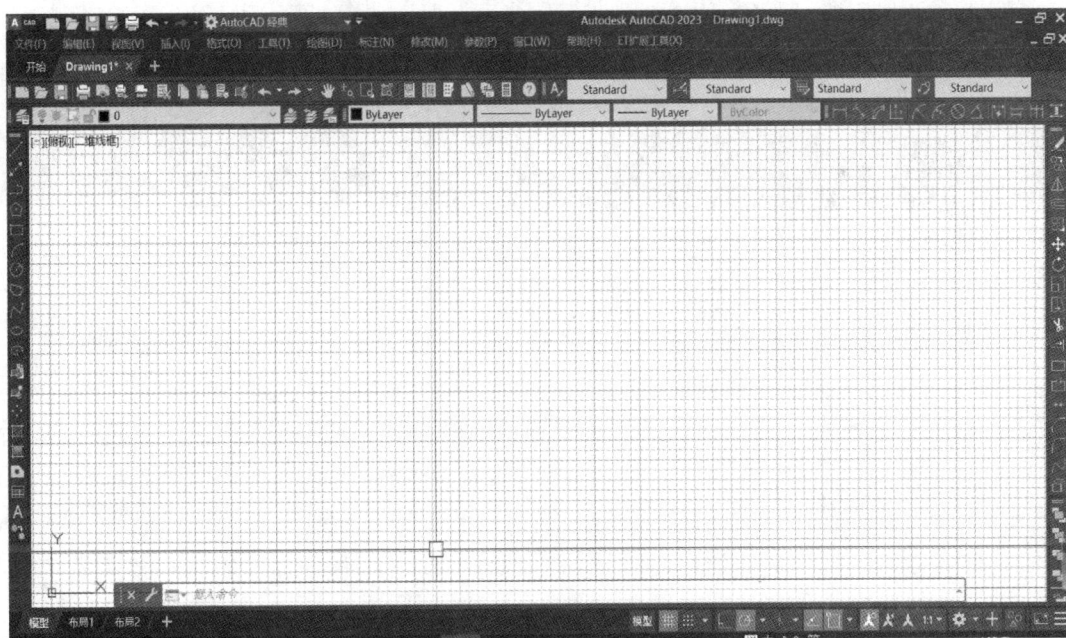

图 2-2　"AutoCAD 经典"界面

　　点击菜单栏左上方"AutoCAD 经典"下拉箭头，会出现下拉菜单"草图与注释""三维基础""三维建模""AutoCAD 经典""将当前工作空间另存为…""工作空间设置…""自定义…"。选择"草图与注释"将显示用于草图与注释的界面，如图 2-3 所示。

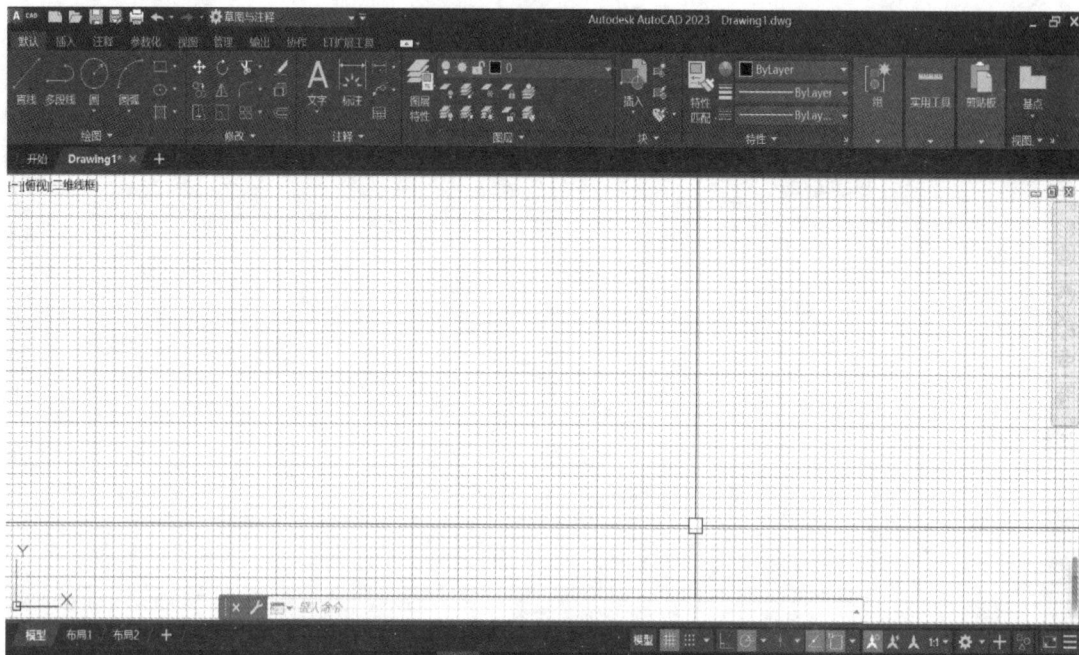

图 2-3　AutoCAD2023 "草图与注释" 界面

选择 "三维基础" 将显示用于三维基础绘图的界面,如图 2-4 所示。

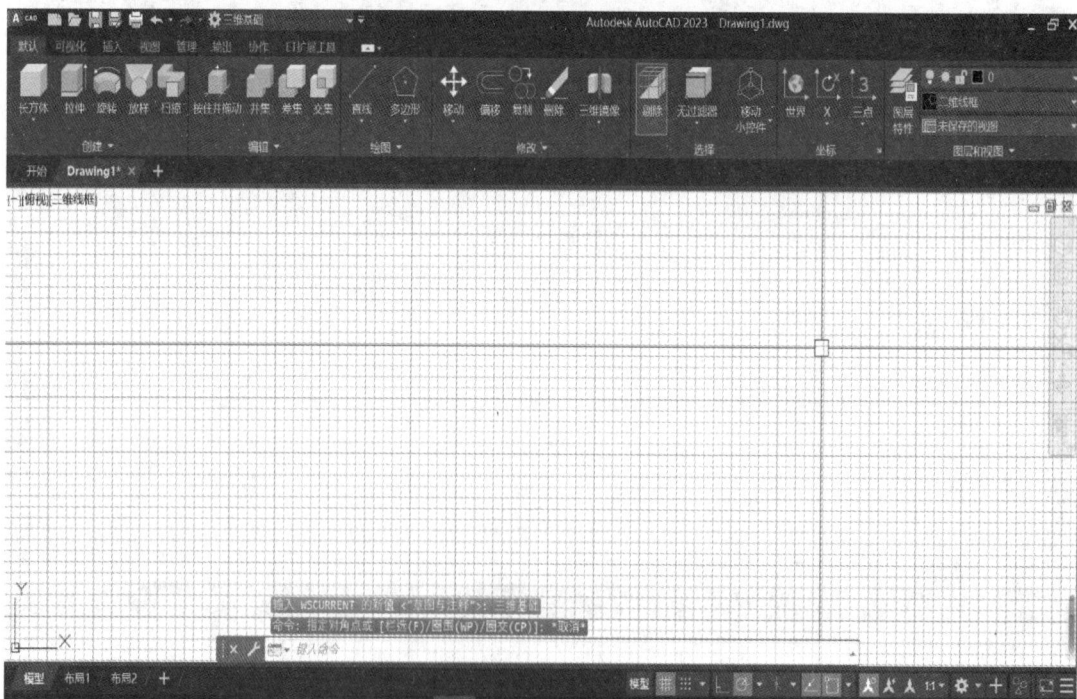

图 2-4　AutoCAD2023 "三维基础" 界面

选择 "三维建模" 将显示用于三维建模的界面,如图 2-5 所示。

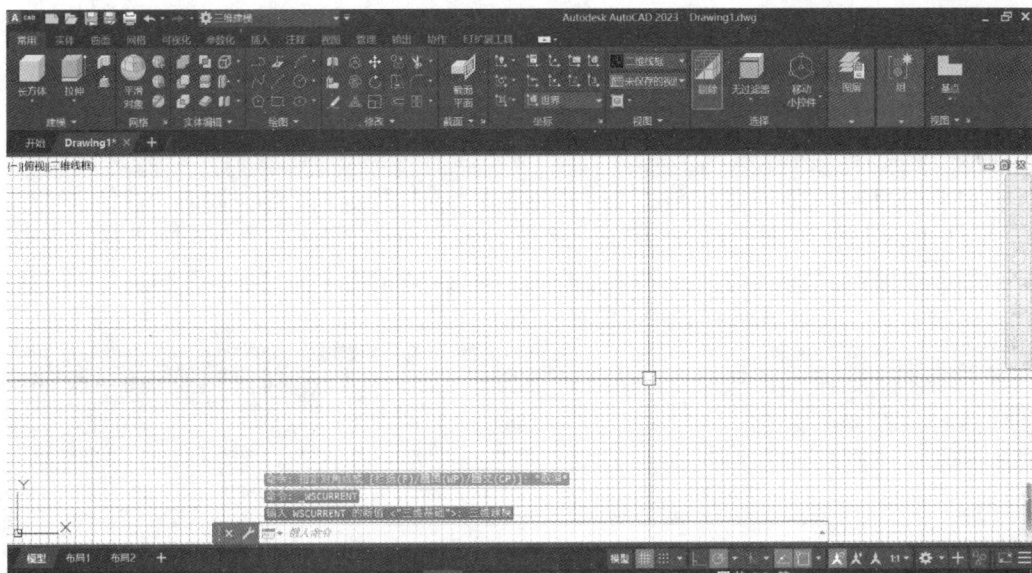

图 2-5　AutoCAD2023 "三维建模"界面

本章主要介绍经典工作界面。

1) 标题栏

标题栏位于工作界面的最上方，其功能与其他 Windows 应用程序类似，用于显示 AutoCAD2023 的程序图标以及当前所操作图形文件的名称。位于标题栏右侧的窗口管理按钮分别用于实现 AutoCAD2023 窗口的最小化、向下还原(或最大化)和关闭 AutoCAD 的操作。

2) 下拉菜单栏

下拉菜单栏位于标题栏的下方，是 AutoCAD2023 的主菜单。利用 AutoCAD2023 提供的下拉菜单可执行 AutoCAD 的大部分命令。单击下拉菜单栏中的某一项，会打开相应的下拉菜单及子菜单。AutoCAD2023 的"绘图"下拉菜单及子菜单如图 2-6 所示。

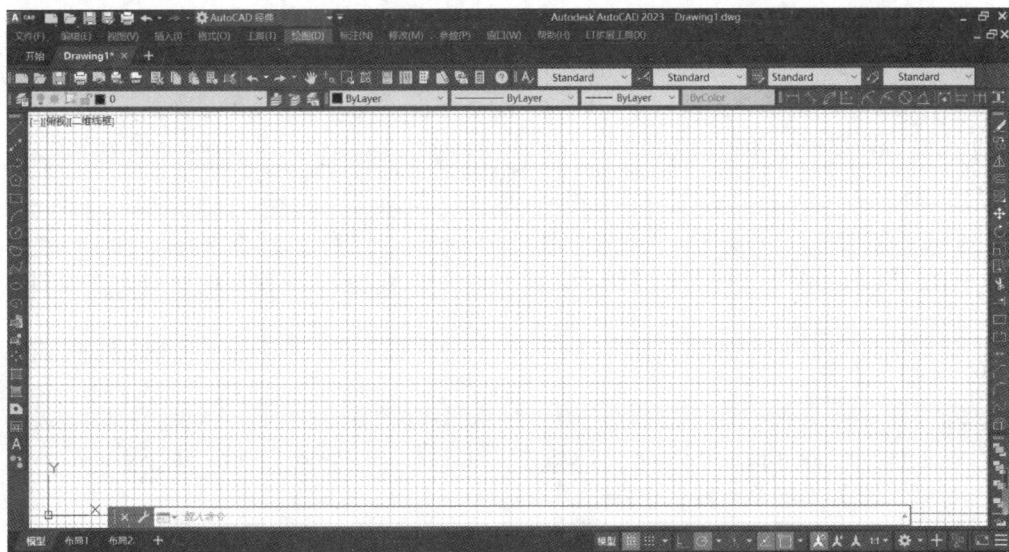

图 2-6　"绘图"下拉菜单及子菜单

此外，AutoCAD2023 还提供有快捷菜单，用于快速执行 AutoCAD 的常用操作。单击鼠标右键即可打开快捷菜单。如果当前操作不同或光标所处的位置不同，则打开的快捷菜单也不同。

3) 工具栏

AutoCAD 的工具栏是浮动的，用户可以将各工具栏拖放到工作界面的任意位置。绘图时，用户可以根据需要打开或关闭任一工具栏，具体操作方法是：在任一工具栏上右击鼠标，将弹出如图 2-7 所示的快捷菜单。其中，有"√"的五个为已被打开的工具栏。利用该快捷菜单，可方便地选择打开和关闭相应的工具栏。

图 2-7　工具栏选择快捷菜单

4) 绘图窗口

绘图窗口类似于手工绘图时用的图纸，是用来显示、绘制和编辑图形的工作区域，用 AutoCAD2023 绘图就是在此区域中完成的。由于 AutoCAD2023 采用多文档设计环境，因此可以同时存在多个绘图窗口。

5) 光标

AutoCAD2023 的光标用于绘图时定位坐标、选择对象等操作。当光标位于 AutoCAD2023 的绘图窗口时为十字形状，故又称为十字光标，十字线的交点为光标的当前位置。

6) 坐标系图标

坐标系图标用于表示当前绘图使用的坐标系形式及坐标方向等。AutoCAD2023 提供了用户坐标系(User Coordinate System，UCS)和世界坐标系(World Coordinate System，WCS)两种坐标系。世界坐标系为默认坐标系。

7) 模型/布局选项卡

模型/布局选项卡用于实现模型空间与图纸空间的切换。

8) 命令行窗口

命令行窗口是 AutoCAD 显示用户从键盘键入的命令和显示 AutoCAD 提示信息的窗口。

9) 状态栏

状态栏用于显示或设置当前的绘图状态。状态栏上最左边的一组数字反映当前光标的坐标，其余按钮从左到右分别表示当前是否启用了图形栅格、捕捉模式、正交限制光标、按指定角度限制光标、等轴测草图、显示捕捉参照线、将光标捕捉到二维参考点、显示注释对象、在注释比例发生变化时将比例添加到注释性对象、当前视图的注释比例、切换工作空间、注释监视器、隔离对象等信息。

10) 工具选项板

工具选项板是 AutoCAD2023 新增的功能，利用该"工具选项板"可以极大地方便图案的填充，从"工具"菜单中可随时关闭和打开它。

2．AutoCAD2023 基本操作

下面介绍 AutoCAD2023 的一些基本操作。

1) 执行 AutoCAD2023 命令

(1) 通过工具栏执行命令。单击工具栏上的按钮，可以执行 AutoCAD 的相应命令。由于 AutoCAD 提供了很多工具栏，如果全部显示它们会使绘图区域减小，因此，AutoCAD 默认只显示出部分常用工具栏，如"标准"工具栏、"绘图"工具栏、"修改"工具栏等。习惯上，当用户需要频繁执行 AutoCAD 的某些操作(如标注尺寸等)时，应打开相应的工具栏；当不需要频繁执行某些操作时，应将对应的工具栏关闭，以保证有足够的绘图空间。

(2) 通过下拉菜单执行命令。单击下拉菜单中的菜单项，可执行 AutoCAD 的相应命令。这种命令执行方式操作简单，且不需要用户去记忆命令。

(3) 通过键盘执行命令。通过键盘执行命令的方法为：当命令行窗口中的提示为"命令:"时，通过键盘键入要执行的命令，然后按 Enter 键，即可开始执行命令。执行某一 AutoCAD 命令后，AutoCAD 会给出后续提示，要求用户进行相应的操作。

2) 重复执行命令

完成某一命令的执行后，如果需要重复执行该命令，除可以通过上述三种方式执行该命令外，还可以用以下方式快速重复执行刚刚执行过的命令。

(1) 按 Enter 键或空格键。执行某一命令后，直接按键盘上的 Enter 键或空格键，即可重复执行该命令。

(2) 通过快捷菜单重复执行命令。完成某一命令的执行后，使光标位于绘图窗口，单击鼠标右键，AutoCAD 会弹出快捷菜单，并在菜单的第一行显示上一次所执行命令的菜单项，单击该菜单项即可重复执行对应的命令。

3) 终止命令的执行

在命令的执行过程中，可以通过按 Esc 键或单击鼠标右键，从弹出的快捷菜单中选择"取消"项的方式终止命令的执行。

4) 创建新图形文件

当用 AutoCAD2023 绘制一幅新图形时，一般需要先创建新图形文件。用于创建新图形

的命令是"NEW"，也可通过下拉菜单"文件"→"新建"或"标准"工具栏上的"新建"命令按钮 ▢ 执行该命令。

创建新图形文件的步骤如下：

(1) 执行"NEW"命令，或单击下拉菜单"文件"→"新建"，或点击工具栏上的 ▢ 按钮，AutoCAD 弹出"选择样板"对话框，如图 2-8 所示。

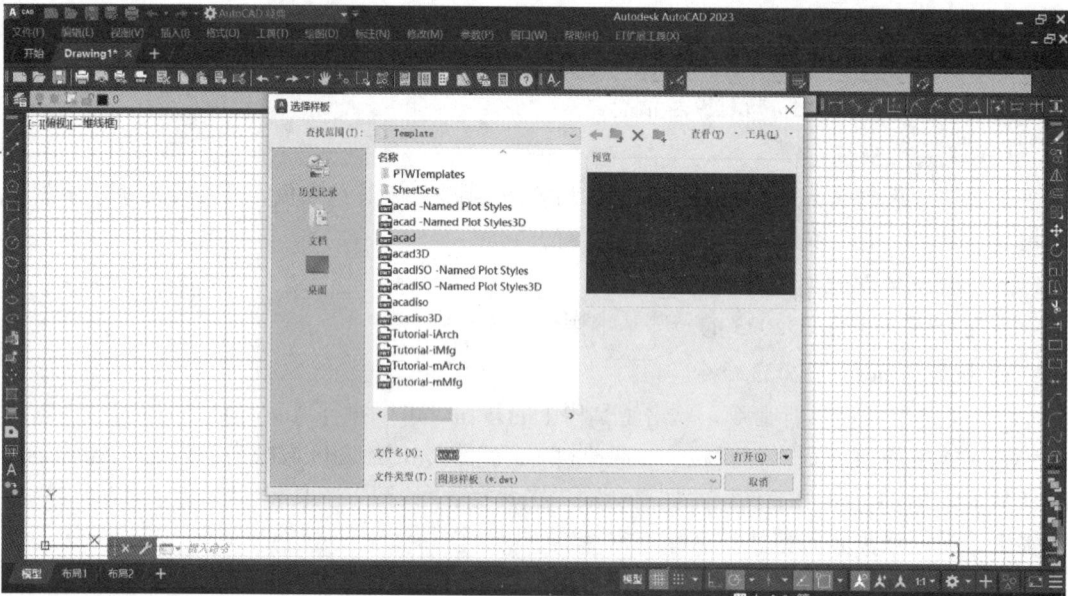

图 2-8 "选择样板"对话框

此对话框要求选择新创建图形文件时使用样板文件。

AutoCAD 样板上通常有与绘图相关的一些通用设置，如图层、线型、文字样式以及尺寸标注样式等的设置。此外，还可以包括一些通用图形对象，如标题栏、图幅框等。利用样板创建新图形，可以避免每次绘制新图形时都要进行的绘图设置、绘制相同图形对象等重复操作，既可以提高绘图效率，又能够保证图形的一致性。

用户可以自定义样板文件，只要在 AutoCAD2023 中将一个图形文件(扩展名为 .dwg)保存为图形样板文件(扩展名为 .dwt)即可。对于初学者，可选择 AutoCAD 样板文件 acadiso.dwt 建立新图形。

(2) 利用"选择样板"对话框选择样板后，单击对话框中的"打开"按钮，即可创建相应的新图形文件。

5) 打开图形文件

打开已有图形文件的命令是"OPEN"，也可通过下拉菜单"文件"→"打开"或点击标准工具栏的按钮 ▢ 执行该命令。

执行打开文件命令时，AutoCAD 会弹出"选择文件"对话框，如图 2-9 所示。当用户在对话框中的大列表框内选中某一图形文件时，AutoCAD 会在右边的"预览"图像框中显示出该图形的预览图像。通过该对话框选择要打开的图形文件，单击"打开"按钮，即可打开对应的图形文件。

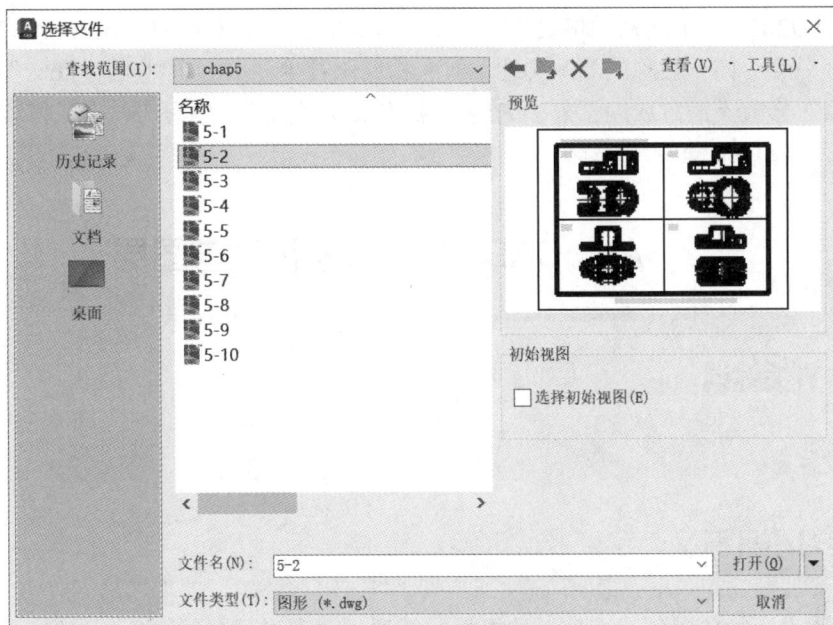

图 2-9　"选择文件"对话框

6) 保存图形文件

绘图过程中要注意及时保存图形文件。将当前图形保存到文件的命令是"QSAVE"，也可通过下拉菜单"文件"→"保存"命令或"标准"工具栏上的 🖫 按钮执行该命令。

将当前图形以新名字保存的命令是"SAVEAS"，也可通过下拉菜单"文件"→"另存为"执行该命令。执行"SAVEAS"命令，AutoCAD 弹出与图 2-10 类似的对话框，通过该对话框确定图形的新保存位置和文件名后，单击"保存"按钮，即可将当前编辑的图形以新文件名保存。

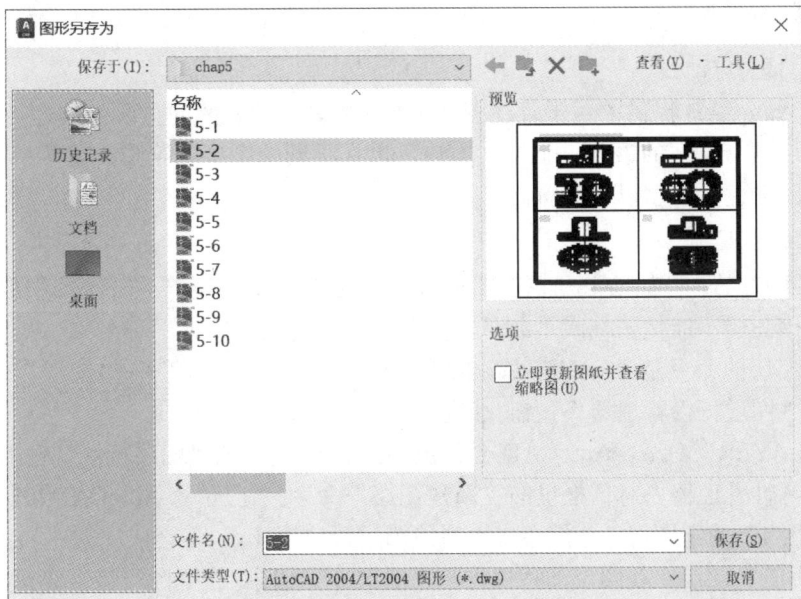

图 2-10　"图形另存为"对话框

AutoCAD2023 图形文件的格式为"(名称).dwg",用户在存档时,AutoCAD2023 会将上次的内容另存为同一名称的 bak 文件,即在相同路径处生成一个"(名称).bak"文件,其目的是恢复对修改不满意或因意外丢失的"(名称).dwg"文件。恢复方法是:将该文件的后缀名由 bak 改成 dwg 即可。

2.2 AutoCAD2023 对象特性与图层

本节关键词

图层设置。

学习小目标

(1) 能通过下拉菜单创建图层,并根据图纸要求合理设置图层颜色、线型、线宽。
(2) 能通过"对象特性"工具栏快速、方便地设置图层颜色、线型、线宽。
(3) 掌握设置当前图层、打开和关闭图层、冻结与解冻图层、锁定与解锁图层等的方法。

学习小提示

本节主要学习 AutoCAD 图层技术,主要内容包括图层的创建、图层颜色的设置、线型与线宽的设置及"对象特性"工具栏的使用等。

1. 图层操作

图层是 AutoCAD 提供的用于管理图形对象、提高绘图效率的重要工具之一。可以将图层假想成一层挨着一层的透明电子纸,用户可以在不同的图层上绘图,且各个图层可以采用不同的绘图颜色、线型以及线宽。

1) 创建新图层

启动 AutoCAD,开始绘制一幅新图形时,AutoCAD 会自动产生一个图层名为"0"的特殊图层。该图层不能被删除或重命名,其各种特性均已预定。

创建新图层的命令是"LAYER",也可通过下拉菜单"格式"→"图层"或"图层"工具栏上的"图层特性管理器"按钮执行"LAYER"命令。

执行"LAYER"命令,AutoCAD 会弹出如图 2-11 所示的"图层特性管理器"对话框。单击"图层特性管理器"对话框里的"新建图层"命令按钮,AutoCAD2023 会创建一个名为"图层 1"的新图层。连续单击"新建图层"按钮,将会依次创建名为"图层 2""图层 3"等的新图层。新图层的特性均与"图层 0"相同。在"图层特性管理器"对话框中,位于右侧的大列表框内列出了当前已有图层,其中名称为 0 的图层是系统提供的默认图层，其他图层是使用者创建的图层。

图 2-11　"图层特性管理器"对话框

2) 设置图层颜色

图层的颜色是指在某图层上绘图时将绘图颜色设为 ByLayer(随层)绘出的图形对象的颜色。每一个图层都应该赋予一种颜色，不同的图层可以设置成相同的颜色，也可以设置成不同的颜色。

设置图层颜色的方法是：在图 2-11 所示的"图层特性管理器"对话框中，单击图层行上"颜色"列的图标，AutoCAD 弹出"选择颜色"对话框，如图 2-12 所示。对话框中有"索引颜色""真彩色"和"配色系统"3 个选项卡，可通过这些选项卡为图层指定颜色。

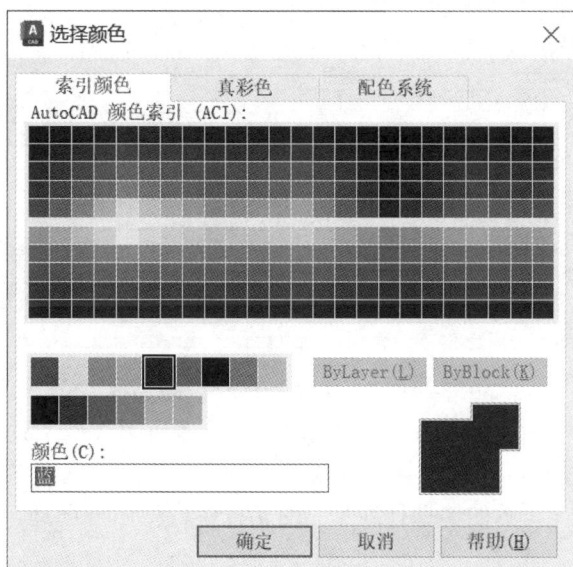

图 2-12　"选择颜色"对话框

3) 设置图层线型

图层的线型是指在某图层上绘图时将绘图线型设为 ByLayer 所绘出的图形对象的线型。不同的图层可以设置成不同的线型，也可以设置成相同的线型。

设置图层线型的方法是：在"图层特性管理器"对话框中，单击图层行上"线型"列的图标，AutoCAD 弹出如图 2-13 所示的"选择线型"对话框。

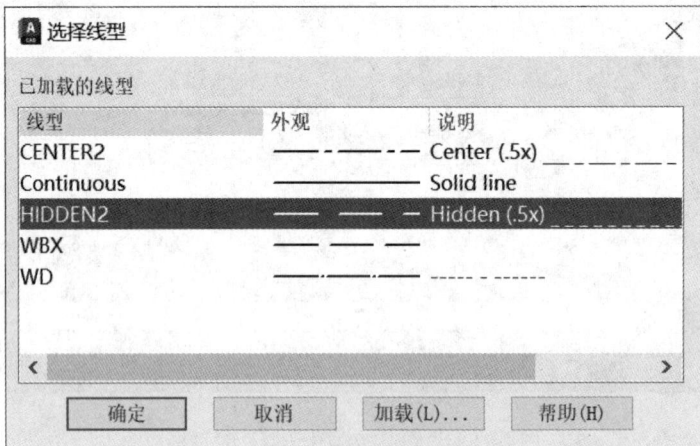

图 2-13　"选择线型"对话框

"选择线型"对话框内的"线型"列表框中列出了当前已加载的线型，从中选择所需要的线型，单击"确定"按钮，即可为对应的图层指定线型。

如果"线型"列表框中没有所需要的线型，则应先加载该线型。单击"选择线型"对话框中的"加载"按钮，AutoCAD 弹出如图 2-14 所示的"加载或重载线型"对话框。

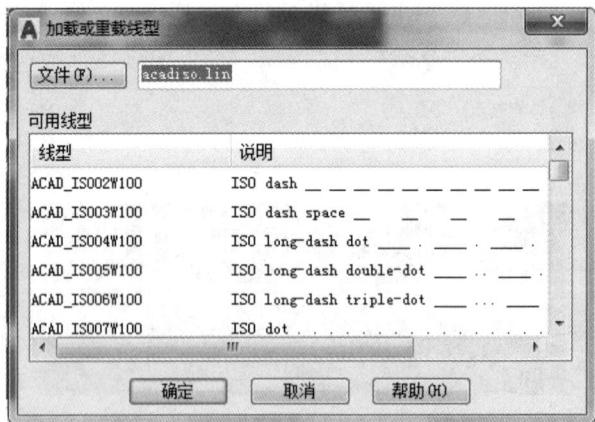

图 2-14　"加载或重载线型"对话框

在该对话框中，"文件"按钮用于选择线型文件；"可用线型"列表框内则列出了对应线型文件提供的全部线型，从中选择所需要的线型后，单击"确定"按钮，就可以将相应的线型显示在如图 2-13 所示的"选择线型"对话框中，供用户选择。

4) 设置图层线宽

设置图层线宽的方法是：在"图层特性管理器"对话框中，单击图层行上"线宽"列的图标，AutoCAD 弹出如图 2-15 所示的"线宽"对话框。通过这个对话框，可以为图层选择线宽。

图 2-15　"线宽"对话框

2."对象特性"工具栏的使用

AutoCAD 提供了"对象特性"工具栏，如图 2-16 所示。用户可通过该工具栏快速、方便地设置绘图颜色、线型以及线宽。

图 2-16　"对象特性"工具栏

"对象特性"工具栏上主要选项的功能如下：

1) "颜色控制"列表框

"颜色控制"列表框用于设置绘图颜色。单击此列表框，AutoCAD 弹出下拉列表，如图 2-17 所示。

可通过该列表设置绘图颜色或修改当前图形的颜色。修改图形对象颜色的方法是：首先选择图形对象，然后在如图 2-17 所示的颜色控制列表中选择需要的颜色。

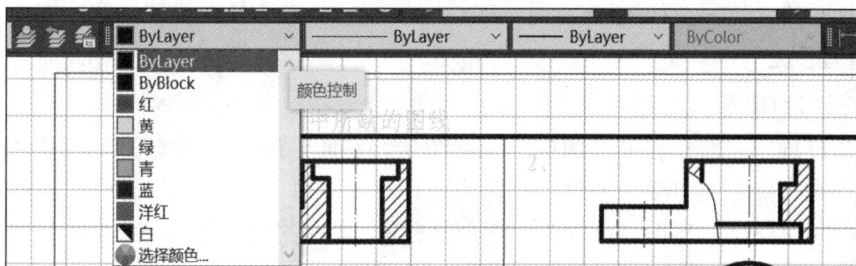

图 2-17　颜色控制

2) "线型控制"列表框

"线型控制"列表框用于设置绘图线型。单击此列表框，AutoCAD 弹出下拉列表，如图 2-18 所示。

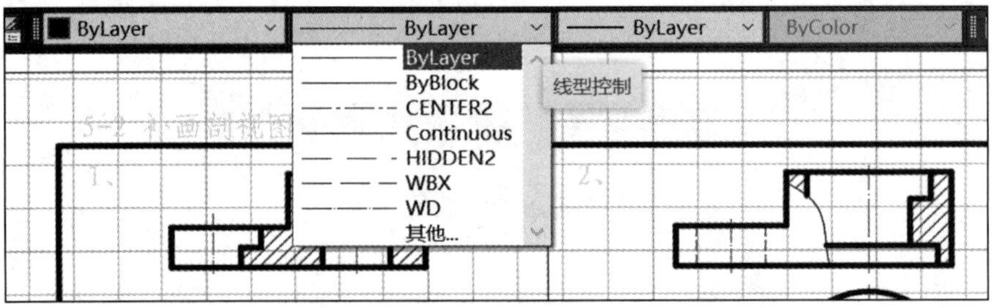

图 2-18　线型控制

可通过该列表设置绘图线型或修改当前图形的线型。修改图形线型的方法是：选择要修改的图形对象，然后在如图 2-18 所示的线型控制列表中选择需要的线型。

如果选择列表中的"其他"项，则 AutoCAD 会弹出"线型管理器"对话框，用于选择线型。

3)　"线宽控制"列表框

"线宽控制"列表框用于设置绘图线宽。单击此列表框，AutoCAD 弹出下拉列表，如图 2-19 所示。

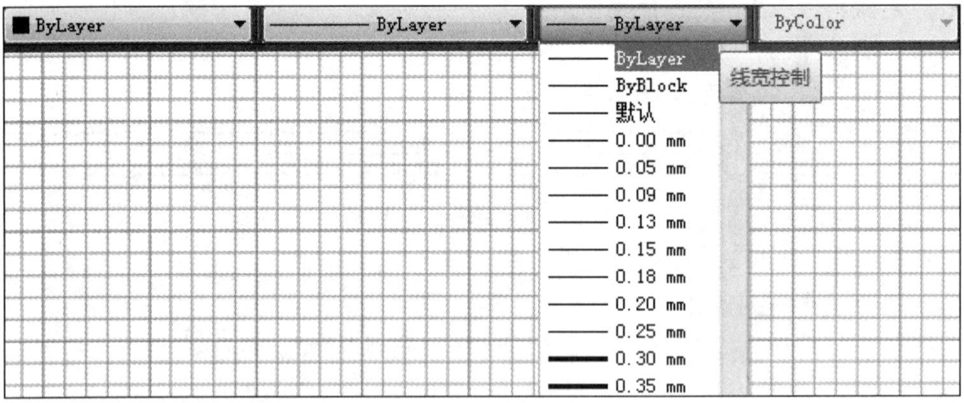

图 2-19　线宽控制

可通过该列表设置绘图线宽或修改当前图形的线宽。修改图形线宽的方法是：选择要修改的图形对象，然后在如图 2-19 所示的线宽控制列表中选择需要的线宽。

3. 管理图层

1)　设置当前图层

在绘图过程中，若设置某一图层为当前图层，则此后所绘图形均在该图层上，并具有该图层的特性，直至当前图层被重新设置为止。在图 2-11 所示的"图层特性管理器"对话框中，选择某个图层，单击"置为当前"按钮 ，可将其设置为当前图层。

2)　删除图层

在图 2-11 所示的对话框中，选择某个图层，单击"删除"按钮 ，可将其删除。

3)　打开和关闭图层

如果打开某一图层，则该图层上的图形可以在显示器上显示，并能够通过打印机或绘图仪输出到图纸。被关闭的图层仍然是图形的一部分，但关闭的图层上的图形对象不显示出来，也不能通过打印机或绘图仪输出到图纸。因此绘图过程中可根据需要打开或关闭图层。

在"图层特性管理器"的图层列表框中，与"开"列对应的是小灯泡图标。单击小灯泡图标可打开或关闭图层。如果灯泡颜色是黄色，表示对应图层是打开的；如果灯泡颜色是灰蓝色，则表示对应图层是关闭的。

如果要关闭当前图层，则 AutoCAD 会显示出相应的提示信息，警告正在关闭当前图层。当然，用户仍可以关闭当前图层。

4) 图层的冻结与解冻

如果冻结某一图层，那么该图层上的图形对象不能被显示出来，也不能输出到图纸，而且也不参与图形之间的运算。被解冻的图层正好相反。从可见性角度来说，冻结图层与关闭图层是相同的，但冻结图层上的对象不参与处理过程中的运算，关闭图层上的对象则要参与运算。所以，在复杂的图形中，冻结不需要的图层可以加快系统重新生成图形的速度。

5) 图层的锁定与解锁

锁定某一图层后并不影响该图层上图形对象的显示，即锁定图层上的图形仍然可以显示出来，但用户不能改变锁定图层上的对象，不能对其进行编辑操作。如果锁定图层是当前层，则用户仍可以在该图层上绘图。

6) 设置图层是否打印

绘制的图形可见才能被打印输出。用户可根据需要设置可见和不可见的图层。在图 2-11 所示的"图层特性管理器"的图层列表框中，选中图层，单击打印机图标，使其上出现禁止符号，该图层上绘制的图形将不被打印输出。若要打印输出，则需再单击一次。

2.3　AutoCAD2023 二维基本绘图命令

本节关键词

绘图命令。

学习小目标

(1) 能通过"绘图"下拉菜单或工具栏进行点、线、正多边形、矩形、圆弧、圆、椭圆、椭圆弧等命令的操作。

(2) 能灵活运用上述命令进行二维图形的绘制。

学习小提示

本节主要学习 AutoCAD2023 的常用二维绘图命令，主要内容包括绘制点、直线、圆、圆弧、椭圆、矩形、正多边形、样条曲线等。

执行 AutoCAD2023 的绘图命令，可利用软件提供的"绘图"下拉菜单(见图 2-6)和"绘图"工具栏(见图 2-20)，也可以在命令窗口中输入相应的命令。

图 2-20　"绘图"工具栏

1．点的位置确定及坐标

用 AutoCAD2023 绘制二维图形时，经常需要用户指定点的位置，如指定线段的端点、圆的圆心等。确定点的位置一般有用鼠标在屏幕上拾取点、用对象捕捉方式捕捉特殊点、通过键盘输入点的坐标三种方法。

移动鼠标,使光标位于要指定点的位置(AutoCAD 会在状态栏上动态地显示出当前光标的坐标值),然后单击鼠标拾取键(通常为鼠标左键)。当 AutoCAD 提示用户指定点的位置时,用户可以直接通过键盘输入点的坐标。

AutoCAD 的坐标有绝对坐标和相对坐标之分，每一种坐标形式又分为直角坐标、极坐标等。

1) 绝对坐标

绝对坐标是指相对于当前坐标系的坐标原点的坐标。

(1) 直角坐标。对于二维绘图而言，某点的直角坐标用 X、Y 坐标值表示，坐标值之间要用逗号隔开。例如，要输入一个点，其 X 坐标为 60，Y 坐标为 40，那么在要求输入点的提示后输入"60，40"(不输入双引号)，然后按 Enter 键即可。直角坐标的几何意义如图 2-21 所示。

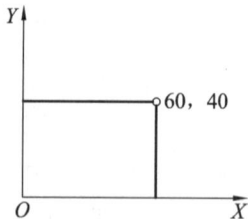

(2) 极坐标。一个点的极坐标用坐标原点与该点的距离和这两点之间的连线与坐标系 X 轴正方向的夹角来表示，其表示方法为"距离＜角度"。在默认设置下，AutoCAD 的 X 轴正方向为 0°方向，Y 轴正方向为 90°方向。例如，某二维点距坐标原点的距离为 80，坐标系原点与该点的连线相对于坐标系 X 轴正方向的夹角为 60°，那么该点的极坐标为 80＜60。极坐标的几何意义如图 2-22 所示。

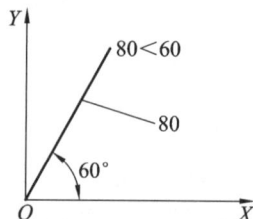

图 2-21　直角坐标　　　　图 2-22　极坐标

2) 相对坐标

相对坐标是指相对于前一点的坐标。对于二维绘图而言，相对坐标也有直角坐标和极坐标形式，其输入格式与绝对坐标的输入格式类似，但要在输入的坐标前面加上符号"@"。例如，已知前一点的直角坐标为(60，40)，如果在输入点的提示后输入"@20，−15"，则表示新点相对于前一点的坐标为(20，−15)，即新点的绝对坐标为(80，25)。

2．绘制线命令

1）绘制直线段命令

AutoCAD2023 绘制直线的命令是"LINE"，也可通过下拉菜单"绘图"→"直线"或"绘图"工具栏上的直线按钮 ✐ 执行该命令。

2）绘制射线命令

射线是指从指定的起点向单方向无限延长的直线，一般用作绘制图辅助线。AutoCAD2023 绘制射线的命令是"RAY"，也可通过下拉菜单"绘图"→"射线"执行该命令。

3）绘制构造线命令

构造线是向两个方向无限延长的直线，一般也用作绘制图辅助线。绘制构造线的命令是"XLINE"，也可通过下拉菜单"绘图"→"构造线"或"绘图"工具栏上的构造线按钮 ✐ 执行该命令。

4）绘制多段线命令

二维多段线是由直线段、圆弧段构成的有宽度的图形对象。绘制二维多段线的命令是"PLINE"，也可通过下拉菜单"绘图"→"多段线"或"绘图"工具栏上的多段线按钮 ↪ 执行该命令。

3．绘制正多边形命令

AutoCAD2023 可以绘制出 3～1024 条边的正多边形。绘制正多边形的命令是"POLYGON"，也可通过下拉菜单"绘图"→"正多边形"或"绘图"工具栏上的正多边形按钮 ⬠ 执行该命令。

4．绘制矩形命令

AutoCAD2023 用于绘制矩形的命令是"RECTANG"，也可通过下拉菜单"绘图"→"矩形"或"绘图"工具栏上的矩形按钮 ▭ 执行该命令。

当执行"RECTANG"命令时，AutoCAD 会提示：

指定第一个角点或 [倒角(C) / 标高(E) / 圆角(F) / 厚度(T) / 宽度(W)]:

根据各选项功能，可以绘制多种形式的矩形，如图 2-23 所示。

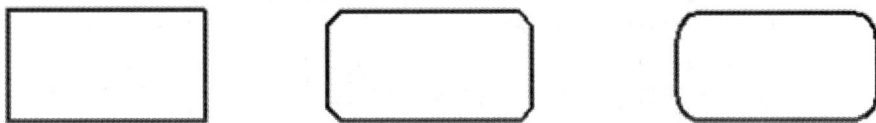

(a) 普通矩形	(b) 有倒角的矩形	(c) 有圆角的矩形

图 2-23　常用矩形

5．绘制圆弧命令

AutoCAD2023 用于绘制圆弧的命令是"ARC"，也可通过下拉菜单"绘图"→"圆弧"的子菜单或"绘图"工具栏上的圆弧按钮 ⌒ 执行该命令。由于绘制圆弧的方法和场合较多，因此常用 AutoCAD 下拉菜单"绘图"→"圆弧"的子菜单来执行绘制圆弧的命令，如图 2-24 所示。

图 2-24　"圆弧"的子菜单

6. 绘制圆命令

AutoCAD2023 用于绘制圆的命令是"CIRCLE",也可通过下拉菜单"绘图"→"圆"的子菜单(如图 2-25 所示)或"绘图"工具栏上的圆按钮 ⊘ 执行该命令。

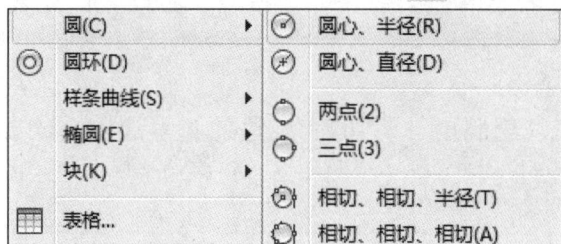

图 2-25　"圆"的子菜单

7. 绘制椭圆和椭圆弧命令

AutoCAD2023 用于绘制椭圆和椭圆弧的命令是"ELLIPSE",也可通过下拉菜单"绘图"→"椭圆"的子菜单或"绘图"工具栏上的椭圆按钮 ⊙ 或椭圆弧按钮 ⟳ 执行此命令。"椭圆"的子菜单如图 2-26 所示。

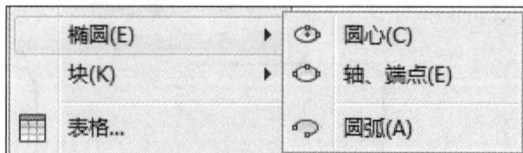

图 2-26　"椭圆"的子菜单

2.4　AutoCAD2023 辅助绘图工具

本节关键词

绘图工具。

学习小目标

(1) 掌握正交功能、栅格显示、栅格捕捉、对象捕捉等辅助绘图工具的功用及操作步骤。

(2) 能快速、灵活使用正交功能、栅格显示、栅格捕捉、对象捕捉等辅助绘图工具进行二维图形的绘制。

学习小提示

本节主要学习 AutoCAD2023 辅助绘图工具，主要内容包括正交功能、栅格捕捉、栅格显示、对象捕捉工具的使用，重点内容是正交功能和对象捕捉工具的使用。

利用 2.3 节介绍的绘图命令基本能够绘出各种图形，但在用这些命令绘图时会发现，仅靠这些命令一般很难准确地绘图。AutoCAD2023 提供了用于精确绘图的工具，如正交功能、栅格显示、栅格捕捉、对象捕捉等。下面介绍这几种辅助绘图工具。

1．正交功能

正交功能用于控制是否以正交模式绘图。在正交模式下，用户可以方便地绘出与当前坐标系的 X 轴或 Y 轴平行的线。绘制二维图形时，利用正交功能就可以轻而易举地绘出水平线或垂直线。

实际上，通常采用以下操作快速实现是否启用正交模式的切换，如图 2-27 所示。

(1) 单击状态栏上的正交按钮。按钮压下时启用正交模式，否则关闭正交模式。

(2) 按 F8 键实现切换。

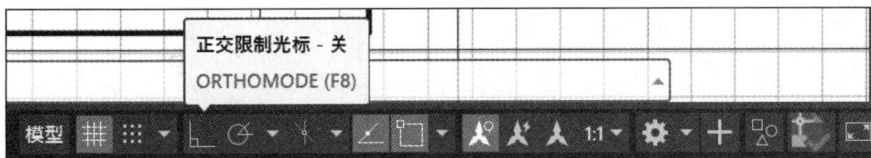

图 2-27　正交功能

2．栅格捕捉与栅格显示

本节介绍 AutoCAD2023 提供的栅格捕捉与栅格显示功能。

1) 栅格捕捉

栅格捕捉是指 AutoCAD 可以在绘图窗口内生成隐含分布的栅格点，当通过鼠标移动光标时，这些栅格点就像有磁性一样，可吸附光标，使光标只能落到某一栅格点上。利用栅格捕捉功能，可以使光标按照捕捉栅格点之间的间距精确移动。

(1) 启用栅格捕捉。可以通过以下方式实现是否启用栅格捕捉功能的切换：

① 单击状态栏上的 ▦ 按钮。按下按钮时启用栅格捕捉功能，否则关闭该功能。

② 按 F9 键实现切换。

③ 执行"SNAP"透明命令，在给出的提示中执行"开(ON)"选项则启用栅格捕捉功

能，执行"关(OFF)"选项则关闭该功能。

(2) 设置栅格捕捉间距。利用"草图设置"对话框中的"捕捉和栅格"选项卡，可以方便地设置栅格捕捉间距。用于打开"草图设置"对话框的命令是"DSETTINGS"，也可利用下拉菜单"工具"→"绘图设置"执行该命令。

"草图设置"对话框中的"捕捉和栅格"选项卡如图 2-28 所示。"启用捕捉"复选框用于确定是否启用栅格捕捉功能；"捕捉间距"选项组中，"捕捉 X 轴间距"和"捕捉 Y 轴间距"文本框分别用于确定捕捉栅格点沿 X 轴方向和沿 Y 轴方向的距离，即捕捉栅格点的列间距和行间距。

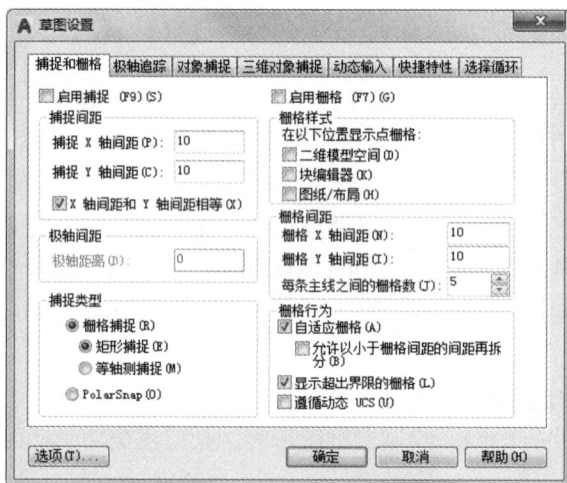

图 2-28　"草图设置"对话框

2) 栅格显示

栅格显示是指 AutoCAD 可以在绘图窗口显示出按指定行间距和列间距均匀分布的栅格点。这些栅格点与坐标纸的功能相似，绘图时利用其可以方便地实现图形之间的对齐、确定图形对象之间的距离等。

(1) 启用栅格显示功能。可以通过以下操作快速实现是否启用栅格显示功能的切换：

① 单击状态栏上的■按钮。按钮按下时启用栅格显示功能，即在绘图窗口内显示出栅格；按钮被弹起时则关闭栅格的显示。

② 按 F7 键实现切换。

③ 执行"GRID"透明命令。执行"GRID"命令后，在给出的提示中执行"开(ON)"选项可启用栅格显示功能，执行"关(OFF)"选项则不显示栅格。

(2) 设置栅格显示间距。利用图 2-28 所示的"捕捉和栅格"选项卡，可以设置栅格显示的间距。

3. 对象捕捉

AutoCAD 提供的对象捕捉功能，可以迅速、准确地捕捉到可见实体的某些特征点，从而精确地绘制图形。

AutoCAD2023 提供了 14 种对象捕捉模式，"对象捕捉"工具栏如图 2-29 所示。在"草图设置"对话框中选择"对象捕捉"选项卡，可以根据需要选择不同的对象捕捉点，如图

2-30 所示。打开"对象捕捉"快捷菜单(打开该菜单的方式是按下 Shift 键后单击鼠标右键)，如图 2-31 所示，可执行对应的对象捕捉功能。

单击状态栏上的 ▮ 按钮或按 F3 键，可实现对象捕捉功能启用或关闭。

图 2-29　"对象捕捉"工具栏

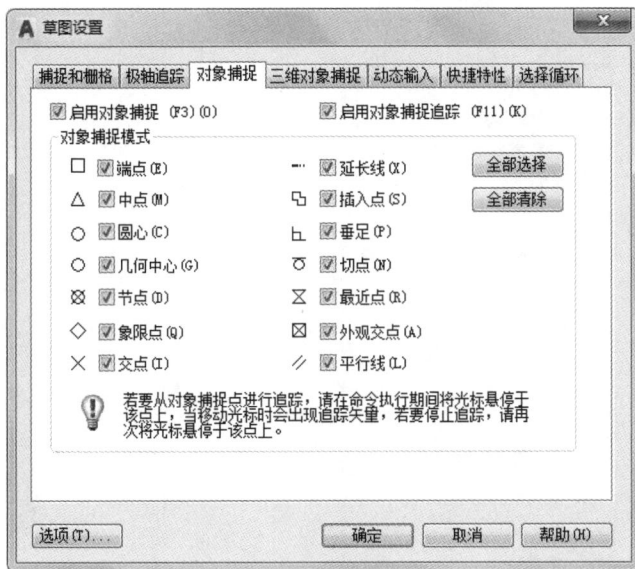

图 2-30　"对象捕捉"选项卡

图 2-31　"对象捕捉"快捷菜单

2.5　AutoCAD2023 的图形编辑

本章关键词

图形编辑。

学习小目标

(1) 掌握删除、复制、移动、镜像、阵列、旋转、缩放、延伸、拉伸、修剪、倒角、圆角等命令的应用场合及操作方法。

(2) 能灵活使用上述编辑命令进行二维图形的编辑、修改，提高绘图的准确性和效率。

学习小提示

本节主要学习 AutoCAD2023 图形编辑，主要内容包括图形的删除、复制、移动、镜像、阵列、旋转、缩放、延伸、拉伸、修剪、倒角、圆角等命令。这些命令都比较常用，要在练习的基础上熟练掌握。

AutoCAD2023 提供了大量的图形编辑命令，其中包括删除、复制、移动、镜像、阵列、旋转、缩放、延伸、拉伸、修剪、倒角、圆角等命令。利用这些编辑命令可以对用基本绘图命令绘制的图形进行各种编辑，从而方便地得到各种复杂图形。

要执行 AutoCAD2023 编辑命令，可通过"修改"下拉菜单(如图 2-32 所示)来实现。

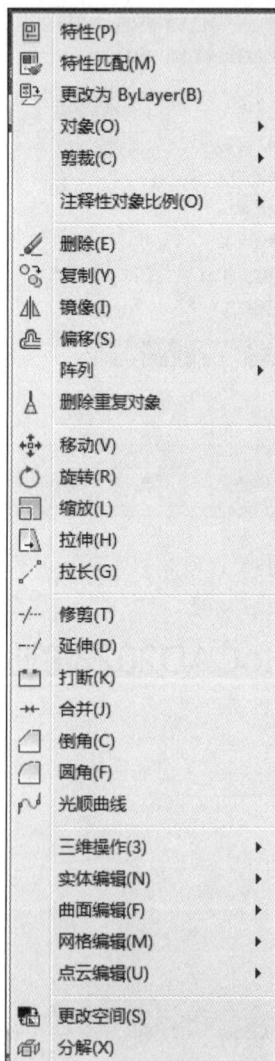

| 特性(P) |
| 特性匹配(M) |
| 更改为 ByLayer(B) |
| 对象(O) ▶ |
| 剪裁(C) ▶ |
| 注释性对象比例(O) ▶ |
| 删除(E) |
| 复制(Y) |
| 镜像(I) |
| 偏移(S) |
| 阵列 ▶ |
| 删除重复对象 |
| 移动(V) |
| 旋转(R) |
| 缩放(L) |
| 拉伸(H) |
| 拉长(G) |
| 修剪(T) |
| 延伸(D) |
| 打断(K) |
| 合并(J) |
| 倒角(C) |
| 圆角(F) |
| 光顺曲线 |
| 三维操作(3) ▶ |
| 实体编辑(N) ▶ |
| 曲面编辑(F) ▶ |
| 网格编辑(M) ▶ |
| 点云编辑(U) ▶ |
| 更改空间(S) |
| 分解(X) |

图 2-32 "修改"下拉菜单

也可通过点击"修改"工具栏(如图 2-33 所示)的按钮，实现相关编辑功能。

图 2-33 "修改"工具栏

1. 删除对象

删除图形对象与用橡皮擦除图纸上的图形类似。删除图形对象的命令是"ERASE"，也可通过下拉菜单"修改"→"删除"或"修改"工具栏上的删除按钮执行该命令。

执行"删除"命令，命令行窗口弹出"选择对象:"，利用鼠标左键选择要删除的对象，AutoCAD 会继续提示"选择对象:"，完成所有选择后按空格键或 Enter 键删除选中的对象，也可利用鼠标右键单击，完成删除。

2. 复制对象

复制对象是指将选定的对象复制到其他位置。用于复制对象的命令是"COPY"，也可通过下拉菜单"修改"→"复制"或"修改"工具栏的复制对象按钮执行该命令。

3. 移动对象

移动对象是指将选定的对象从一个位置移动到另一位置。移动对象的命令是"MOVE"，也可通过下拉菜单"修改"→"移动"或"修改"工具栏上的移动按钮执行该命令。

4. 镜像对象

镜像对象是指将选定的对象相对于镜像线作镜像(即反射)。该功能特别适合绘制对称图形。用于镜像对象的命令是"MIRROR"，也可通过下拉菜单"修改"→"镜像"或"修改"工具栏上的镜像按钮执行该命令。

5. 旋转对象

旋转对象是指将选定的对象绕基点旋转指定的角度。用于旋转对象的命令是"ROTATE"，也可通过下拉菜单"修改"→"旋转"或"修改"工具栏上的旋转按钮执行该命令。

6. 修剪对象

修剪对象是指由作为剪切边的对象来修剪其他对象(称这样的对象为被修剪对象)，即将被修剪对象沿剪切边断开，并删除位于剪切边一侧或位于两条剪切边之间的部分，修剪示例如图 2-34 所示。

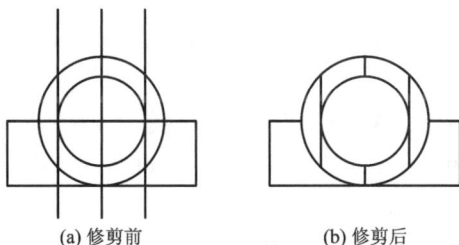

(a) 修剪前   (b) 修剪后

图 2-34 修剪示例

用于修剪操作的命令是"TRIM"，也可通过下拉菜单"修改"→"修剪"或"修改"工具栏上的修剪按钮执行该命令。

7．延伸对象

延伸对象是指将指定的对象延长到指定的边界。用于延伸操作的命令是"EXTEND"，也可通过下拉菜单"修改"→"延伸"或"修改"工具栏上的延伸按钮 -/ 执行该命令。

8．缩放对象

缩放对象是指将选定的对象相对于指定的基点按比例放大或缩小。用于缩放对象的命令是"SCALE"，也可通过下拉菜单"修改"→"缩放"或"修改"工具栏上的缩放按钮 执行该命令。

9．偏移对象

偏移对象是指对指定的直线、圆弧、圆等图形对象按指定距离作同心偏移复制。对于直线而言，因其圆心为无穷远，故偏移复制即平行复制。用于偏移对象的命令是"OFFSET"，也可通过下拉菜单"修改"→"偏移"或"修改"工具栏上的偏移按钮 执行该命令。

10．倒角

AutoCAD 用于在两条直线之间倒角的命令是"CHAMFER"，倒角示例如图 2-35 所示，也可通过下拉菜单"修改"→"倒角"或"修改"工具栏上的倒角按钮 执行该命令。

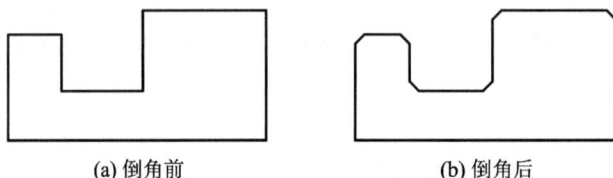

(a) 倒角前 　　　　　　　　　　 (b) 倒角后

图 2-35　倒角示例

当执行"CHAMFER"命令时，AutoCAD 会提示：

选择第一条直线或 [多段线(P) / 距离(D) / 角度(A) / 修剪(T) / 方式(M) / 多个(U)]:

提示中各选项的含义如下：

(1) 选择第一条直线：选择进行倒角的第一条直线，为默认项。选择某一直线，即执行默认项后，AutoCAD 提示：

选择第二条直线：

在该提示下选择相邻的另一条直线，AutoCAD 就会按当前的倒角设置对这两条直线倒角。

(2) 多段线(P)：对整条多段线倒角。执行该选项，AutoCAD 提示：

选择二维多段线：

在该提示下选择多段线后，AutoCAD 在多段线的各顶点处按当前倒角设置倒角。

(3) 距离(D)：确定倒角距离。执行该选项，AutoCAD 依次提示：

指定第一个倒角距离：(输入第一倒角距离)

指定第二个倒角距离：(输入第二倒角距离)

依次确定距离值后，AutoCAD 会继续给出下面的提示：

选择第一条直线或 [多段线(P) / 距离(D) / 角度(A) / 修剪(T) / 方式(M) / 多个(U)]:

(4) 角度(A)：用于根据一个倒角距离和一个角度进行倒角时的倒角设置。执行该选项，AutoCAD 依次提示：

指定第一条直线的倒角长度：(指定第一条直线的倒角长度)

指定第一条直线的倒角角度：(指定第一条直线的倒角角度)

倒角长度与倒角角度的含义如图 2-36 所示。

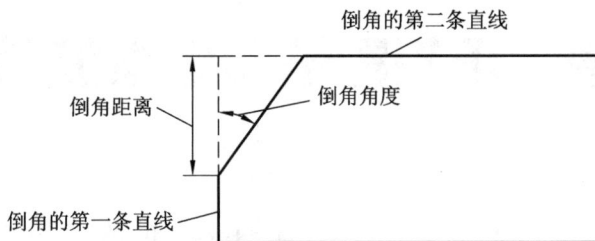

图 2-36　倒角长度与倒角角度含义

用户依次输入倒角长度与倒角角度后，AutoCAD 继续给出下面的提示：

选择第一条直线或 [多段线(P) / 距离(D) / 角度(A) / 修剪(T) / 方式(M) / 多个(U)]：

(5) 修剪(T)：设置倒角时的修剪模式，即倒角后是否对相应的倒角边进行修剪。执行该选项，AutoCAD 提示：

输入修剪模式选项[修剪(T) / 不修剪(N)]<修剪>：

其中，"修剪(T)"选项表示倒角后对倒角边进行修剪，"不修剪(N)"选项则不进行修剪，具体效果如图 2-37 所示。

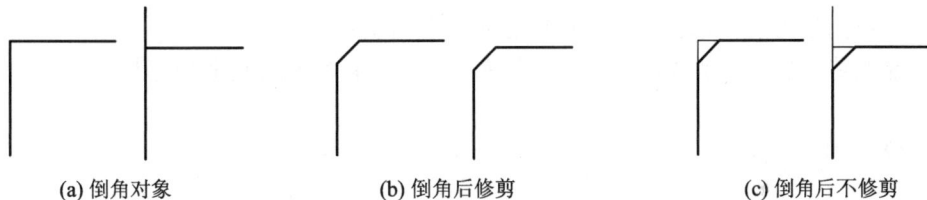

(a) 倒角对象　　　　　　　(b) 倒角后修剪　　　　　　　(c) 倒角后不修剪

图 2-37　倒角时修剪与否示例

11．圆角

AutoCAD 用于在两图形对象之间创建圆角的命令是"FILLET"，创建圆角示例如图 2-38 所示。也可通过下拉菜单"修改"→"圆角"或"修改"工具栏上的圆角按钮 执行该命令。

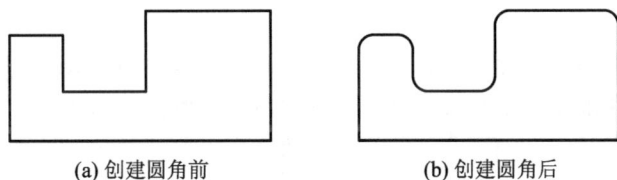

(a) 创建圆角前　　　　　　　　　　(b) 创建圆角后

图 2-38　创建圆角示例

创建圆角的步骤如下：

执行"FILLET"命令，AutoCAD 提示：

选择第一个对象或 [多段线(P) / 半径(R) / 修剪(T) / 多个(U)]：

提示中各选项的含义和相关操作同倒角。

第3章 正投影法与基本体的视图

3.1 正投影法基础

本节关键词

正投影法、真实性、积聚性、类似性。

学习小目标

(1) 能说出投影的概念、分类及正投影的基本知识。
(2) 能熟练说出正投影法的概念及其投影特性，并能熟练运用其投影特性。

学习小提示

本节主要学习投影法的概念、分类以及正投影法的基本知识，重点内容是正投影法及其投影特性。这是机械制图的基础，学习时要结合现实生活中的投影现象体会和理解。

投射线通过物体向选定的面进行投影，并在该面上得到图形的方法称为投影法。

1. 投影法的分类

1) 中心投影法

如图 3-1 所示，投射线互不平行且交汇于一点的投影法称为中心投影法。由于中心投影法得到的投影不反映物体的真实大小，因此不用它绘制机械图样。

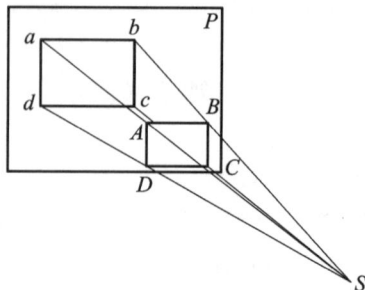

图 3-1 中心投影法

2) 平行投影法

如图 3-2 所示，投射线互相平行，物体在投影面上的投影与物体的大小相等，这时所得到的投影可以反映物体的实际形状。这种投射线相互平行的投影法称为平行投影法。

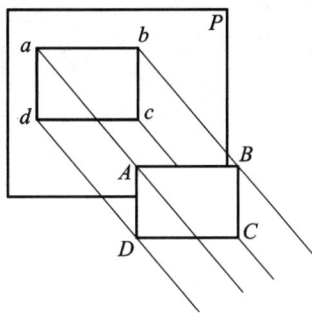

图 3-2 平行投影法

平行投影法分为正投影法和斜投影法。

(1) 正投影法。在平行投影法中，投射线与投影面垂直时，称为正投影法。按正投影法得到的投影称为正投影，如图 3-3(a)所示。由于用正投影法得到的投影图能够表达物体的真实形状和大小，度量性好，绘制方法也较简单，因此常用来绘制机械图样。

(2) 斜投影法。在平行投影法中，投射线与投影面倾斜成某一角度时，称为斜投影法。按斜投影法得到的投影称为斜投影，如图 3-3(b)所示。

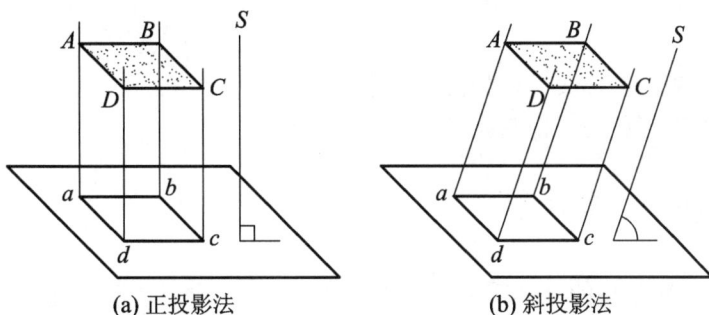

(a) 正投影法　　　　　　　　　　(b) 斜投影法

图 3-3 正投影与斜投影

2. 正投影法的投影特性

1) 真实性

平行于投影面的平面，其投影反映物体的实际形状；平行于投影面的线，其投影反映物体的实际长度。如图 3-4(a)中，平面 P、直线段 AB 的投影都具有真实性。

2) 积聚性

垂直于投影面的平面，其投影积聚成一条直线；垂直于投影面的线，其投影积聚成一个点。如图 3-4(b)中，平面 Q、直线段 CD 的投影都具有积聚性。

3) 类似性

倾斜于投影面的平面，其投影面积变小，但形状与原图类似；倾斜于投影面的直线，其投影长度比实际长度短。如图 3-4(c)中，平面 K、直线段 EF 的投影都具有类似性。

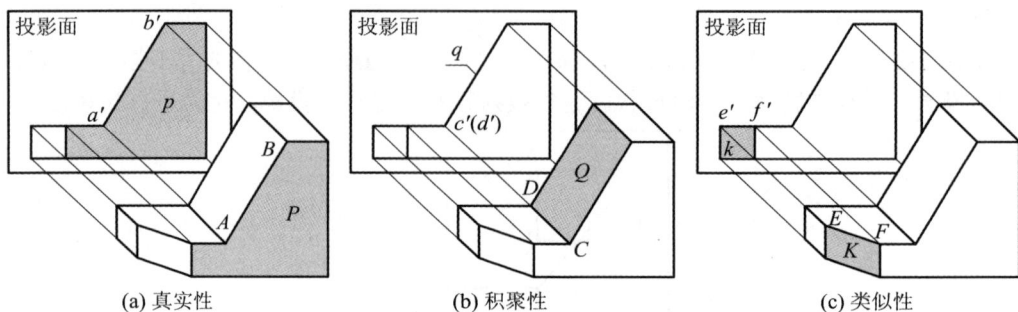

(a) 真实性　　　　　　　(b) 积聚性　　　　　　　(c) 类似性

图 3-4　正投影法的基本特性

3.2　三视图的形成及投影规律

本节关键词

三视图、形成、投影规律。

学习小目标

(1) 能说出三视图的形成过程和投影规律。
(2) 能画出简单形体的三视图。

学习小提示

图 3-5 所示是 V 形块的立体图和三视图。通过本节的学习，读者可了解三视图的形成过程和投影规律，能够识读和绘制简单形体的三视图。

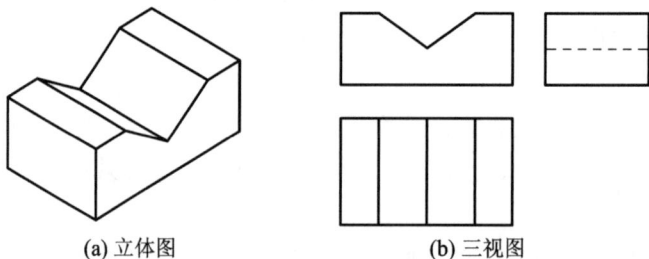

(a) 立体图　　　　　　　(b) 三视图

图 3-5　V 形块的立体图和三视图

1. 三面投影体系的建立

为了准确地表达物体的形状和大小，我们选取互相垂直的三个投影面，构建三面投影体系，如图 3-6 所示。

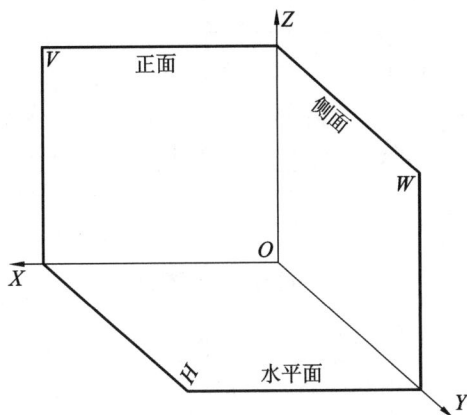

图 3-6　三投影面体系

三个投影面的名称和代号如下：

(1) 正对观察者的投影面称为正投影面，简称正面，代号用字母 V 表示。

(2) 水平位置的投影面称为水平投影面，简称水平面，代号用字母 H 表示。

(3) 右边侧立的投影面称为侧立投影面，简称侧面，代号用字母 W 表示。

三个投影面的交线 OX、OY、OZ 称为投影轴，简称 X 轴、Y 轴、Z 轴。三根投影轴互相垂直相交于一点 O，其称为原点。

2. 三视图

用正投影法在一个投影面上得到的一个视图不能完整反映物体的形状，如图 3-7 所示。

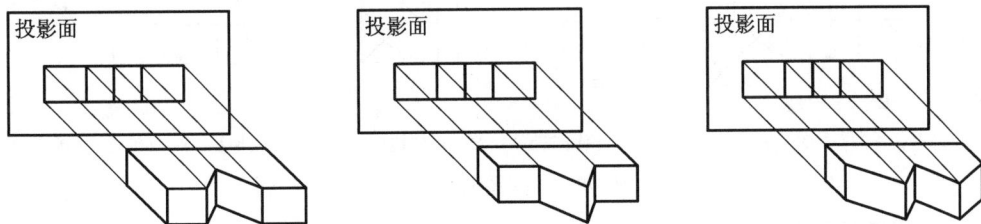

图 3-7　不同形状物体在同一投影面上的投影

要表示物体完整的形状，通常用三个视图来表示，即从三个方向进行投射，画出三个视图，称为三视图。

1) 三视图的形成

将 V 形块正置于三投影面体系中，分别向三个互相垂直的投影面 V、H、W 面作正投影，即可得到 V 形块的三个视图。将 H、W 面展开，与 V 面在同一个平面上，去掉投影面边框和投影轴线，就形成了 V 形块的三视图，如图 3-8 所示。

(1) 主视图。从前向后投射，在正立投影面(V 面)上所得到的视图称为主视图。主视图反映物体的长度和高度。

(2) 俯视图。从上向下投射，在水平投影面(H 面)上所得到的视图称为俯视图。俯视图反映物体的长度和宽度。

(3) 左视图。从左向右投射，在侧投影面(W 面)上所得到的视图称为左视图。左视反映物体的高度和宽度。

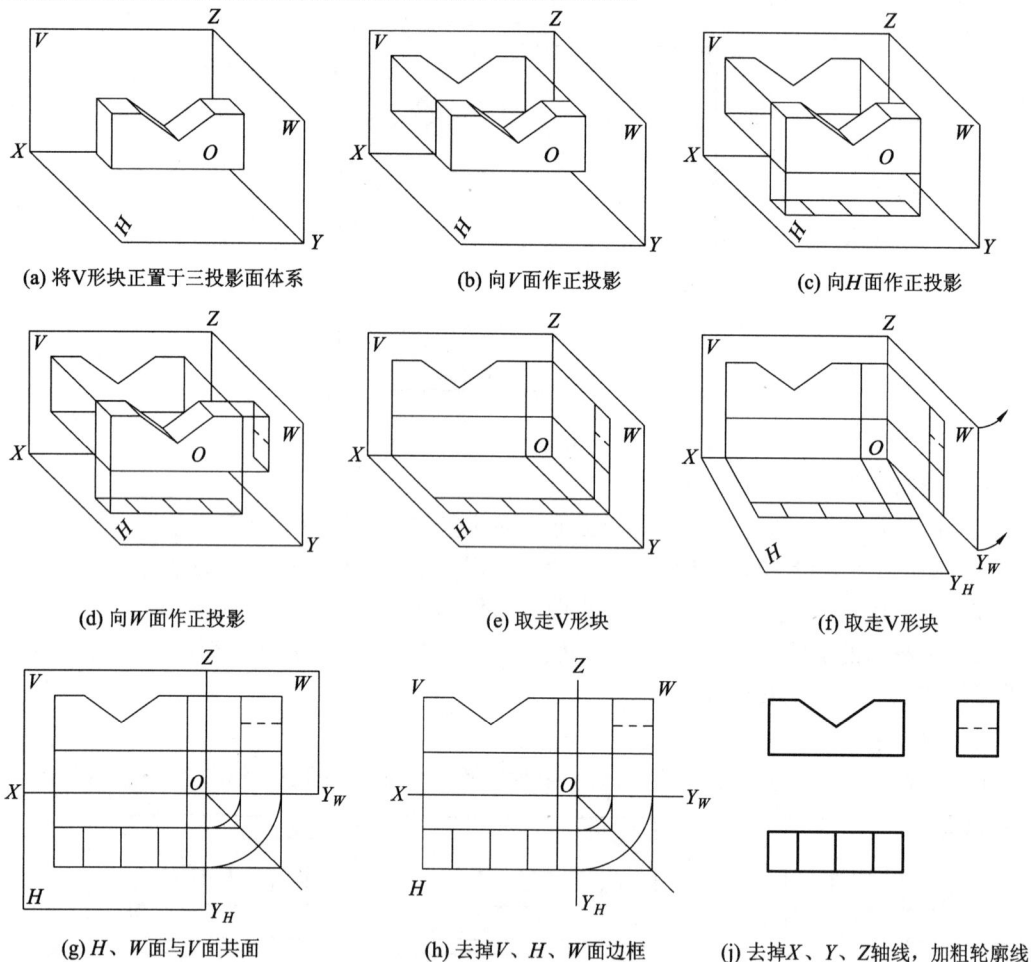

(a) 将V形块正置于三投影面体系   (b) 向V面作正投影   (c) 向H面作正投影

(d) 向W面作正投影   (e) 取走V形块   (f) 取走V形块

(g) H、W面与V面共面   (h) 去掉V、H、W面边框   (j) 去掉X、Y、Z轴线，加粗轮廓线

图 3-8 三视图的形成过程

2) 三视图的投影规律

如图 3-9 所示，由三视图的形成过程可以总结出三视图的投影规律：

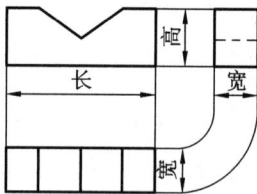

图 3-9 三视图的投影规律

(1) 位置关系。三视图的位置以主视图为基准，俯视图在下，左视图在右。

(2) 尺寸关系。三视图是同一个物体在三个不同方向的投射，不同视图上相同方向的尺寸必定相等，即可总结为：

    主视图、俯视图长对正；

    主视图、左视图高平齐；

    俯视图、左视图宽相等。

3) 三视图的画法

如图 3-10 所示，画三视图时必须按三视图的投影规律绘制，具体方法如下：

(1) 画出投影轴 OX、OY_H、OY_W、OZ。

(2) 在 V 面(XOZ 区域)正确位置画出主视图。

(3) 根据主、俯视图长对正的投影规律，在 H 面(XOY_H 区域)画出俯视图。

(4) 根据主、左视图高平齐和俯、左视图宽相等的投影规律，在 W 面(ZOY_W 区域)画出左视图。

(5) 擦除作图过程中的痕迹线和投影轴，加粗轮廓线。

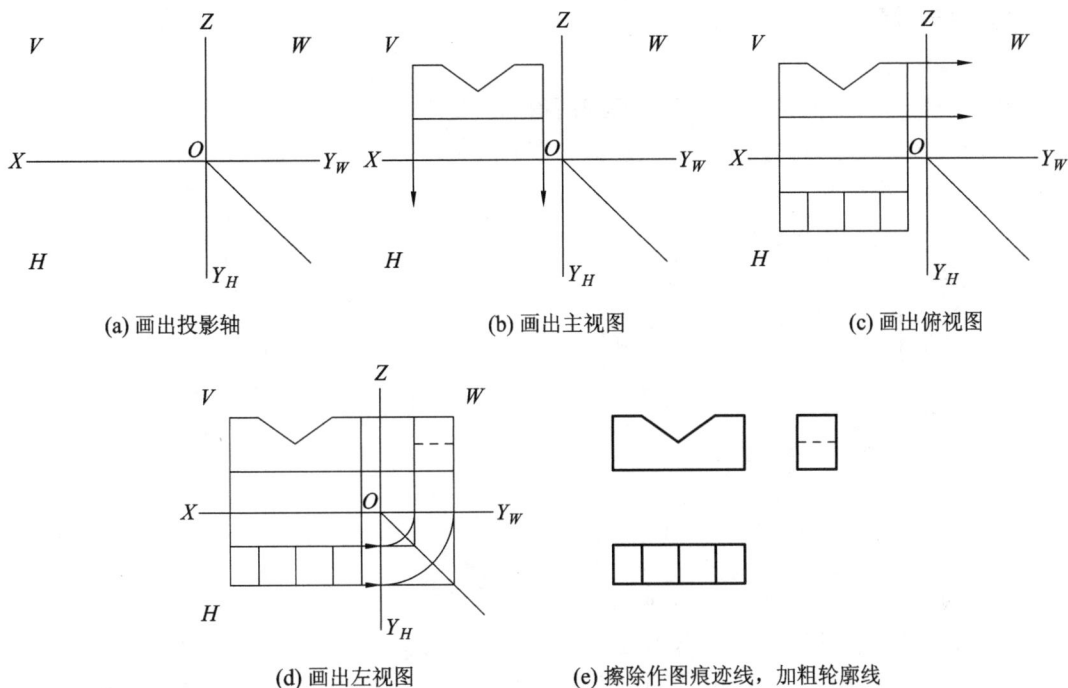

(a) 画出投影轴　　　　　　(b) 画出主视图　　　　　　(c) 画出俯视图

(d) 画出左视图　　　　(e) 擦除作图痕迹线，加粗轮廓线

图 3-10　V 形块三视图的画图步骤

3.3　几何体表面点、直线、平面的投影

本节关键词

点、直线、平面、投影特性。

学习小目标

(1) 能说出点、直线、平面投影的相关规定及其投影特性。

(2) 能根据投影特性绘制出点、直线、平面的投影。

学习小提示

点的投影是直线、平面投影的基础和关键,因此对点的三面投影规律要熟练掌握。对于 7 种直线、7 种平面的投影特性,要在观察、理解的基础上学习、记忆。

任何物体的表面都是由点、线、面构成的。要完整、准确地画出物体的三视图,就必须对点、线、面的投影特性和作图方法作进一步研究和学习。

1. 点的投影

1) 点的投影及相关规定

点的投影是指点向某一投影面作垂线所得的垂足点。

点的投影仍然是点。点的三面投影如图 3-11 所示。

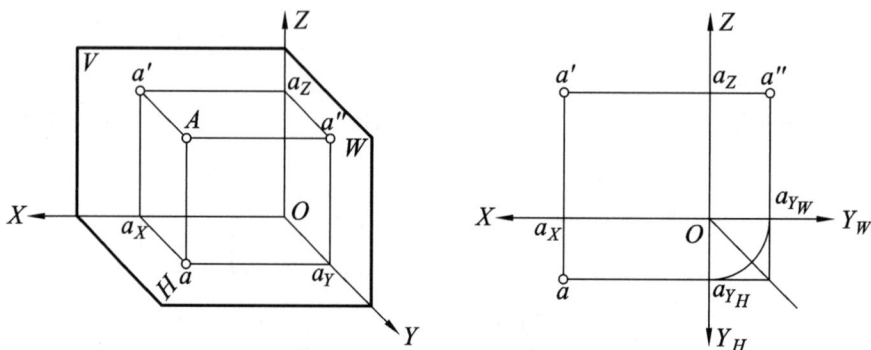

图 3-11　点的三面投影

空间点及其投影用空心小圆圈绘出。空间点用大写字母表示,如 A;点在 H 面的投影用小写字母表示,如 a;点在 V 面的投影用小写字母加一撇表示,如 a';点在 W 面的投影用小写字母加两撇表示,如 a''。空间点到 H、V、W 面的距离可以用点在 X、Y、Z 轴上的坐标 a_X、a_Y、a_Z 表示。空间两点在某一投影上的投影重合称为重影点,其标注如图 3-12 所示。

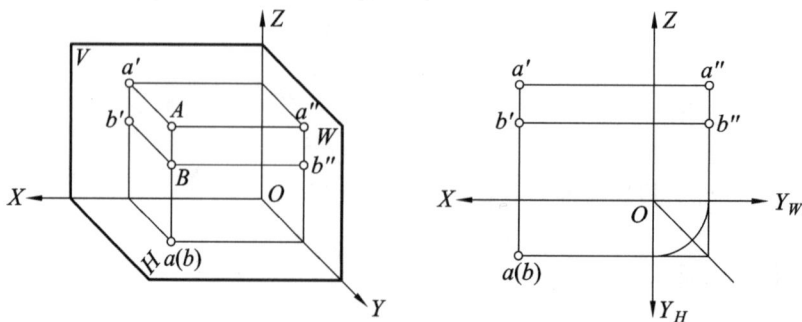

图 3-12　重影点的三面投影

2) 点的三面投影特性

点的三面投影特性见表 3-1。

表 3-1　点的三面投影特性

点的三面投影
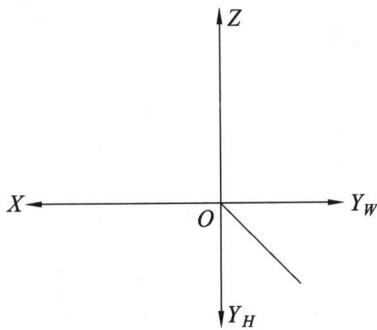
点的三面投影特性： 两垂一等——点在 V 面投影与在 H 面投影的连线垂直于 OX 轴，即 $mm' \perp OX$；点在 V 面投影与在 W 面投影的连线垂直于 OZ 轴，即 $m'm'' \perp OZ$；点在 H 面投影到 OX 轴的距离等于在 W 面投影到 OZ 轴的距离，即 $mm_X = m''m_Z$

3) 点的三面投影的作图方法

根据点的三面投影特性，已知点的坐标，可以作出点的三面投影；已知点的两面投影，也可以求出点的第三面投影。

以空间点 M 为例，如图 3-13 所示，作图方法是：先画出三面投影轴；根据点的坐标，分别在 X、Y_H 轴取点 m_X、m_{Y_H}，并过这两个点分别作 OX、OY_H 轴的垂线，交于点 m 即为空间点 M 在 H 面的投影；根据点的坐标，在 Z 轴取点 m_Z，过点 m_Z 作 OZ 轴的垂线，然后根据点的投影特性，由于 $mm_X \perp OX$ 轴，作 mm_X 的延长线，交于点 m'，m' 即为空间点 M 在 V 面的投影；再根据点的 V、H 面的投影及点的投影特性，作 $m'm_Z$ 的延长线，并在延长线上取 $m''m_Z = mm_X$，m'' 即为空间点 M 在 W 面的投影。

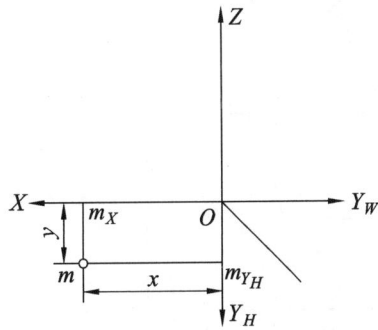

(a) 画出投影轴　　　　　　　　　　(b) 画出 H 面投影

(c) 画出V面投影　　　　　　　　(d) 画出W面投影

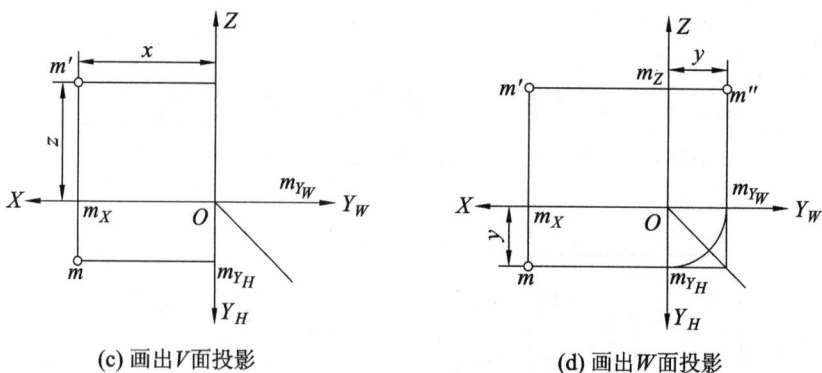

图 3-13　点的三面投影作图方法

2. 直线的投影

这里所说的直线，严格意义上来说应该是有限长度的直线段。

1) 直线的投影及相关规定

(1) 两点确定一条直线，两端点确定一条直线段。

(2) 空间的直线与基本投影面的相对位置有三种：

① 投影面垂直线：垂直于一个基本投影面(必然与另外两个基本投影面平行)的空间直线段称为投影面垂直线。其可分为正垂线、侧垂线和铅垂线。

② 投影面平行线：平行于一个基本投影面而与另外两个基本投影面倾斜的空间直线称为投影面平行线。其可分为正平线、水平线和侧平线。

③ 一般位置直线：不平行也不垂直于任何一个基本投影面的空间直线。

2) 直线的三面投影及其投影特性

投影面垂直线的三面投影及其投影特性见表 3-2。

表 3-2　投影面垂直线的三面投影及其投影特性

投影面垂直线的投影特性：

两垂一点——在与直线段垂直的基本投影面上投影积聚为一个点，而在另外两个基本投影面上投影分别垂直于相应的两个投影轴，且反映实长

投影面平行线的三面投影及其投影特性见表 3-3。

表 3-3　投影面平行线的三面投影及其投影特性

正 平 线	水 平 线	侧 平 线

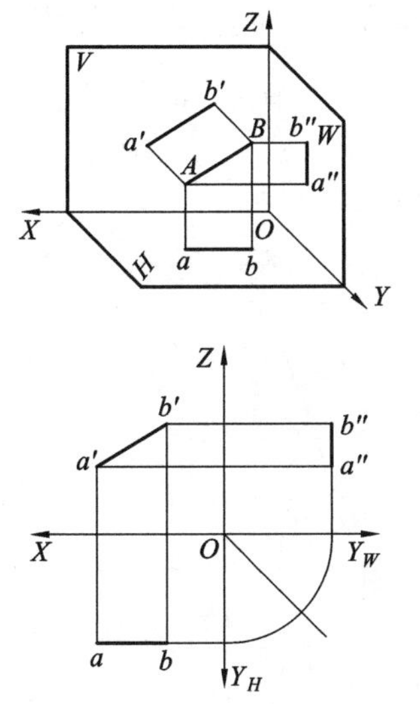

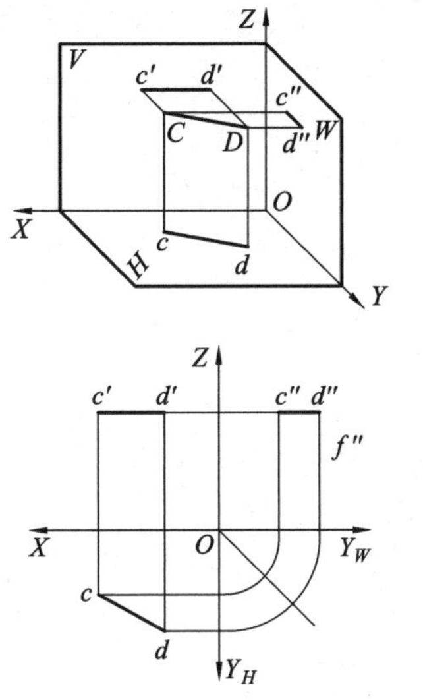

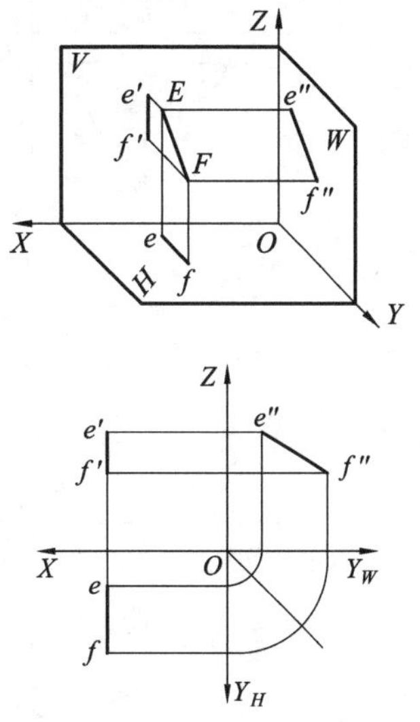

投影面平行线的投影特性：

　两平一斜——在与直线平行的基本投影面上的投影为一条与其相应投影轴倾斜且反映实长的斜线，而在另外两个基本投影面上的投影分别平行于相应的投影轴，且具有收缩性(直线变短)

一般位置直线的三面投影及其投影特性见表 3-4。

表 3-4　一般位置直线的三面投影及投影特性

一般位置直线
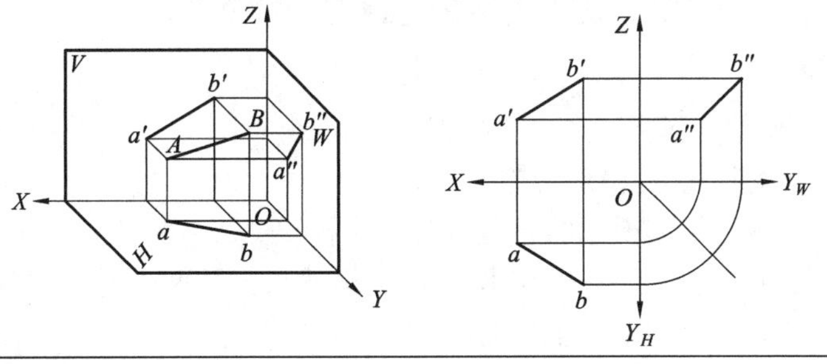

一般位置直线的投影特性：

　三缩斜线——在三个基本投影面上的投影均为与其相应的投影轴倾斜且具有收缩性(变短)的斜线

3) 直线段三面投影的作图方法

根据点、直线的三面投影特性，已知直线的两面投影，可以求出直线两个端点的第三面投影，然后连线即为直线的第三面投影。

【例 3-1】　根据图 3-14(a)所示的三棱锥 *S-ABC* 的三视图，分析 *SB*、*AC*、*SA* 等三条直线的空间位置和投影特性。

(a) 三棱锥S-ABC的三视图

(b) 直线SB的三面投影

(c) 直线AC的三面投影

(d) 直线SA的三面投影

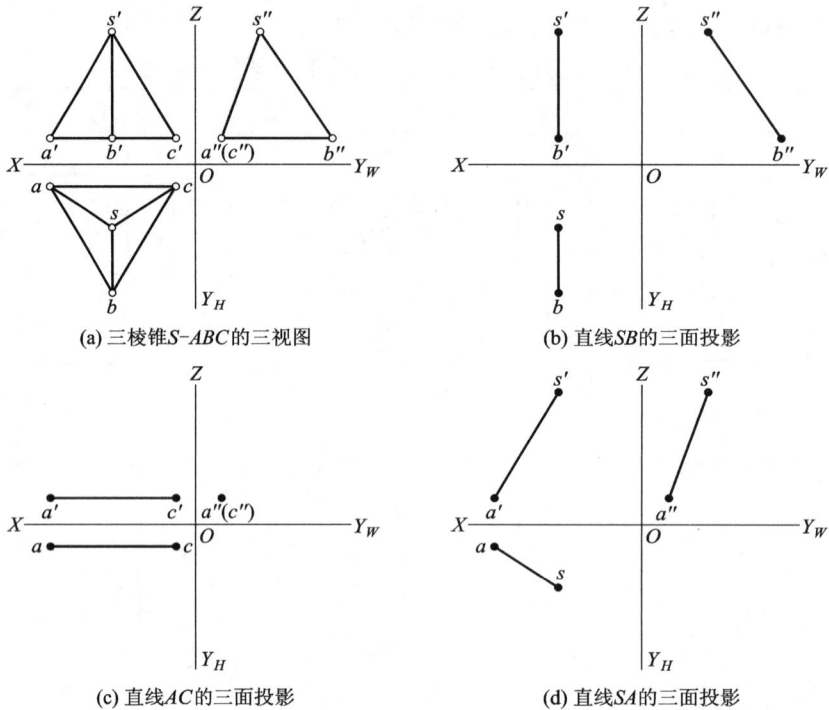

图 3-14　三棱锥的棱线投影分析

分析：采用隔离法，分别在原图中隔离出直线 SB、AC、SA 三条直线的三面投影，分别如图 3-14(b)、(c)、(d)所示。然后，把它们的投影分别与投影面垂直线、投影面平行线、一般位置线的投影特性相对照，判断符合"两垂一点""两平一斜""三缩斜线"中的哪一类，然后进一步判断具体是哪种直线。例如，直线 SB，三个投影符合"两平一斜"，很显然是投影面平行线，再进一步观察，在侧面内的投影是斜线，所以它平行于侧面，是侧平线。

同理可以判断，直线 AC 是侧垂线，直线 SA 是一般位置直线。

3．平面的投影

1) 平面的投影及相关规定

(1) 平面由若干条共面的直线组成。

(2) 空间内的平面与基本投影面相对位置有三种(见图 3-15)：

① 投影面平行面：平行于一个基本投影面(必然与另外两个基本投影面垂直的平面称为投影面平行面)。其可分为正平面、侧平面和水平面。

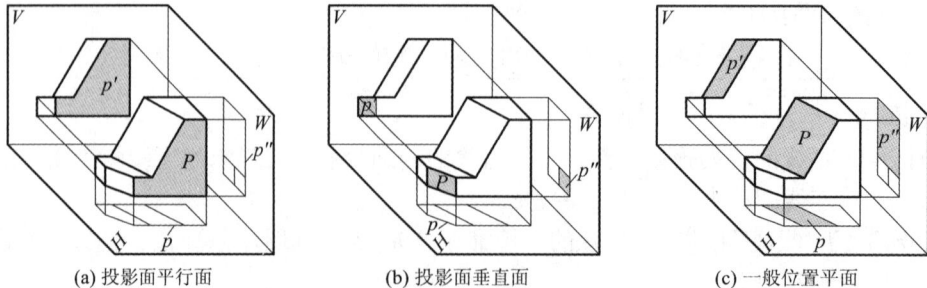

(a) 投影面平行面

(b) 投影面垂直面

(c) 一般位置平面

图 3-15　空间平面与基本投影面的位置关系

② 投影面垂直面：垂直于一个基本投影面而与另外两个基本投影面倾斜的平面称为投影面垂直面。其可分为正垂面、铅垂面和侧垂面。

③ 一般位置平面：与三个基本投影面都倾斜的平面称为一般位置平面。

2) 平面的三面投影及其投影特性

(1) 投影面平行面的三面投影及其投影特性见表 3-5。

表 3-5　投影面平行面的三面投影及其投影特性

正 平 面	水 平 面	侧 平 面
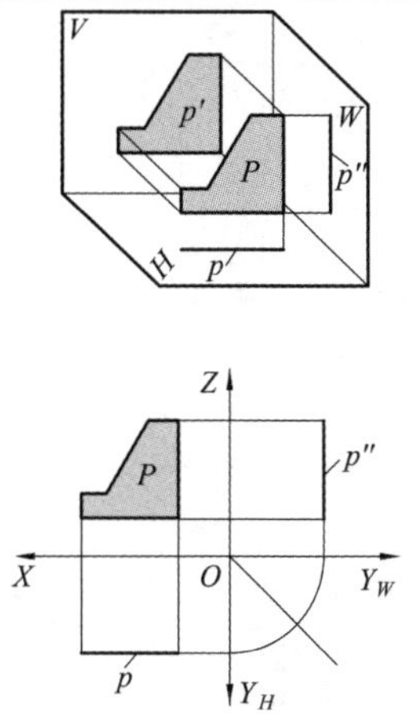	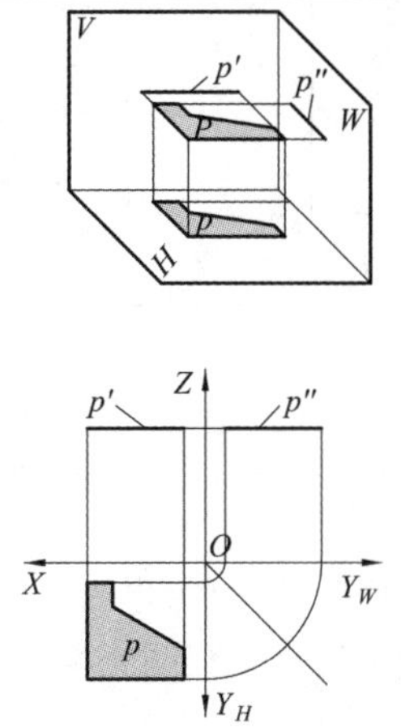	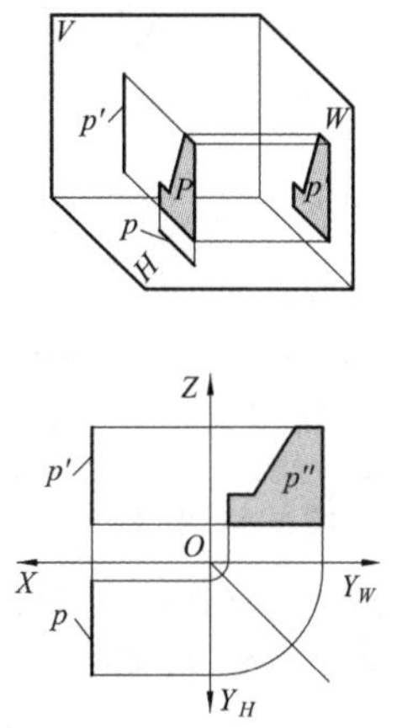
投影面平行面的投影特性： 仅一面形——在与空间平面平行的基本投影面上的投影为真实图形，而在另外两个基本投影面上的投影分别积聚为平行于相应投影轴的直线，即三个投影中只有一个投影是非直线的平面图形		

(2) 投影面垂直面的三面投影及其投影特性见表 3-6。

表 3-6　投影面垂直面的三面投影及其投影特性

正垂面	铅垂面	侧垂面
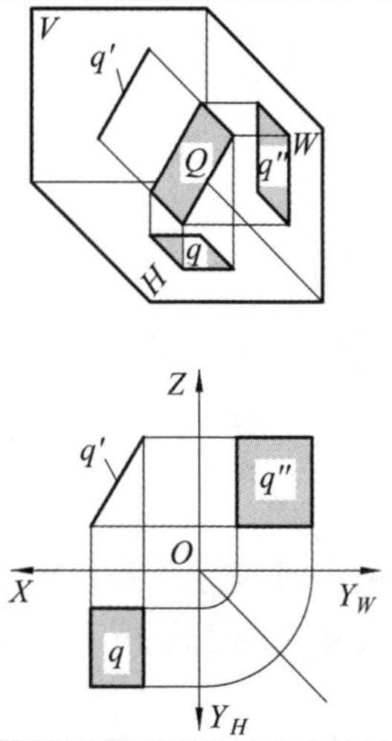	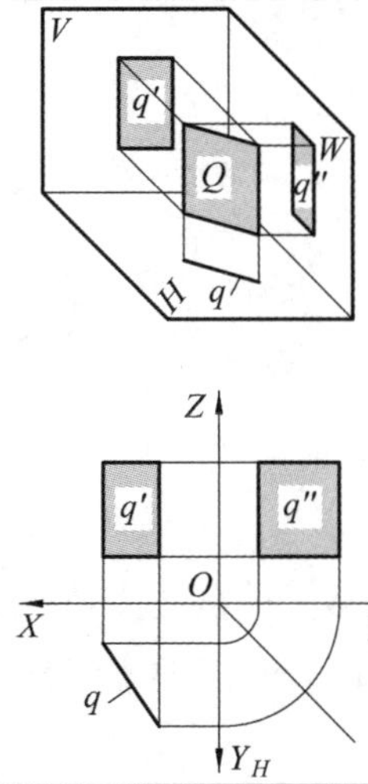	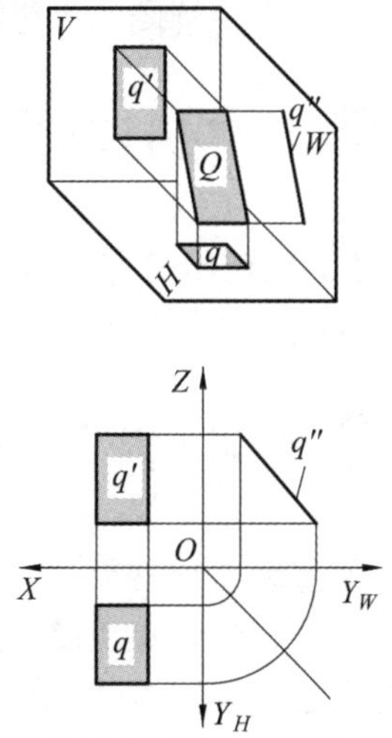
投影面垂直面的投影特性： 一斜两形——在与空间平面垂直的基本投影面上投影积聚为一条与其相应投影轴倾斜的斜线，而在另外两个基本投影面上的投影分别为具有收缩性的类似形		

一般位置平面的三面投影及其投影特性见表 3-7。

表 3-7 一般位置平面的三面投影及其投影特性

一般位置平面
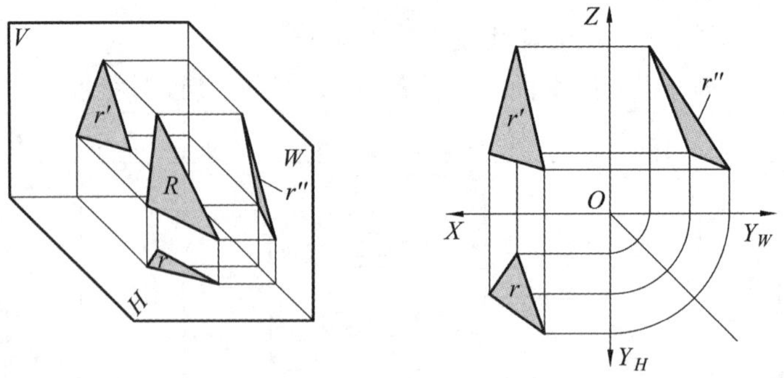
一般位置平面的投影特性: 三个面形——在三个基本投影面上的投影均为具有收缩性的类似形

3) 空间内平面的三面投影作图方法

根据点、直线、平面的三面投影特性，已知空间平面的两面投影，可以求出空间平面各个端点的第三面投影，然后依次连线即为空间平面的第三面投影。

3.4 基本体的三视图

本节关键词

基本体三视图的投影特性、作图方法。

学习小目标

(1) 能说出常见基本体的三视图的投影特性。
(2) 能正确绘制基本体的三视图，并能正确标注基本体的尺寸。

学习小提示

要熟练掌握常见基本体的三视图，把形体、放置位置、三视图对应好，在对应的基础上理解与记忆，在头脑中做到体、图合一。要弄清楚基本体的尺寸标注以及每个基本体尺寸的个数和标注方法。

基本体有平面体和曲面体两类。平面体每个表面都是平面，如棱柱、棱锥等；曲面体至少有一个表面是曲面，如圆柱、圆锥、圆球等。

1. 棱柱

棱柱的棱线互相平行。常见棱柱为直棱柱，其顶面和底面是两个全等且相互平行的多边形，称为特征面；各侧面为矩形，侧棱垂直于底面。若顶面和底面为正多边形的直棱柱，称为正棱柱，如正三棱柱、正四棱柱、正五棱柱和正六棱柱等。

下面以正六棱柱为例，分析正棱柱的投影特征和作图方法。

1) 正六棱柱的三视图及其作图步骤

图 3-16 所示为一个正六棱柱，顶面和底面是正六边形且平行于 H 面，前后两个矩形侧面平行于 V 面，其他四个侧面垂直于 H 面。其三视图的作图步骤如图 3-17 所示。

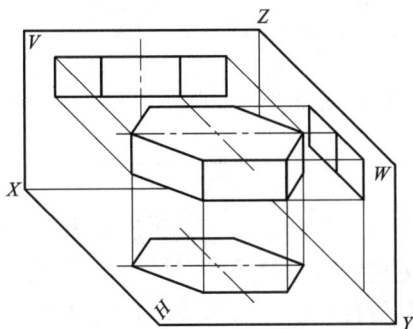

图 3-16　正六棱柱的投影

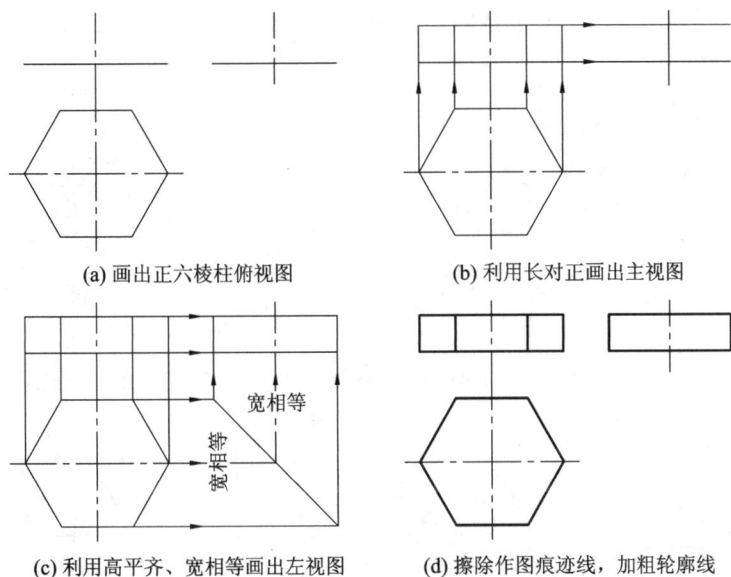

(a) 画出正六棱柱俯视图　　　　(b) 利用长对正画出主视图

(c) 利用高平齐、宽相等画出左视图　　(d) 擦除作图痕迹线，加粗轮廓线

图 3-17　正六棱柱三视图的画图步骤

俯视图为一个正六边形，是顶面和底面的重合投影，反映顶、底面的真实图形，为特征视图。六边形的边和顶点是六个侧面的投影和六条侧棱的积聚投影。

主视图的三个矩形线框是六个侧面的投影。

左视图的两个矩形线框是六棱柱左边两个侧面的投影。

2) 棱柱的三视图投影特性及其尺寸标注

常见棱柱的三视图投影特性及其尺寸标注见表 3-8。

表 3-8　常见棱柱三视图投影特性及其尺寸标注

三棱柱	四棱柱	五棱柱	六棱柱

棱柱三视图的投影特性:

　一多边两矩形——与上下底面平行的投影面内的视图投影为正多边形,另两个视图分别投影为矩形线框或矩形线框的组合

2. 棱锥

棱锥的底面为多边形,棱线交于一点。当棱锥底面为正多边形,各侧面是全等的等腰三角形时,称为正棱锥。常见棱锥有三棱锥、四棱锥、五棱锥、六棱锥等。

下面以正四棱锥为例,分析棱锥的投影特征、作图方法。

1) 正四棱锥的三视图及其作图步骤

图 3-18 所示为一正四棱锥,底面为一正方形且为水平面,四个侧棱面均为等腰三角形,所有棱线都交于锥顶点 S。正四棱锥的三视图作图步骤如图 3-19 所示。

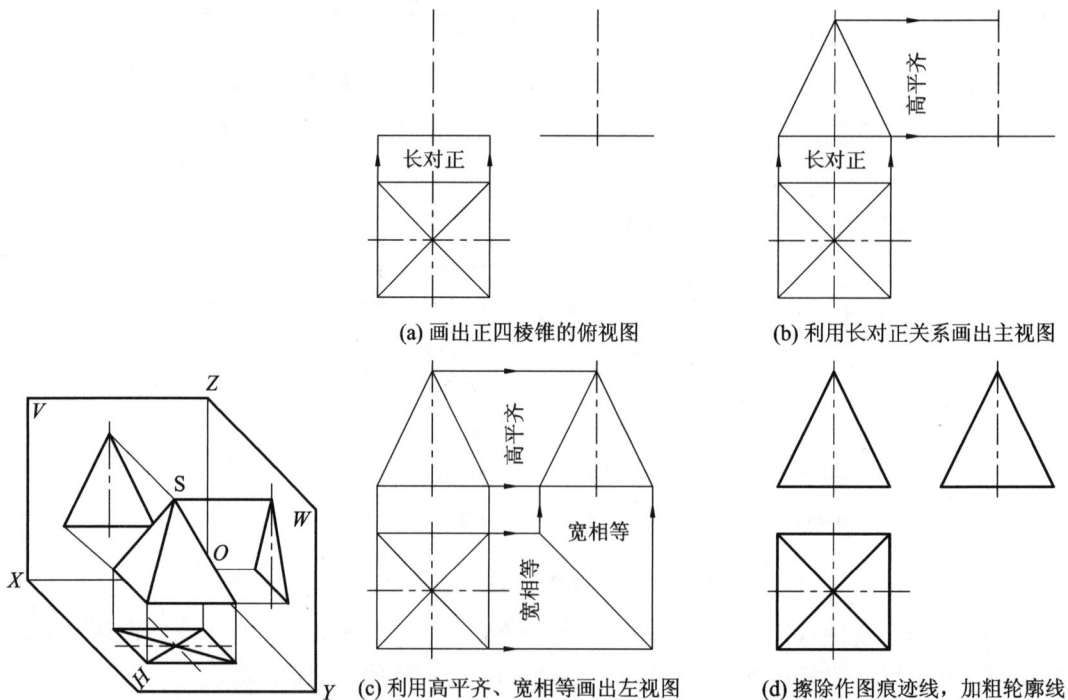

(a) 画出正四棱锥的俯视图　　(b) 利用长对正关系画出主视图

(c) 利用高平齐、宽相等画出左视图　　(d) 擦除作图痕迹线,加粗轮廓线

图 3-18　正四棱锥的投影　　　　　图 3-19　正四棱锥的三视图作图步骤

主视图是一个三角形线框。三角形各边分别是底面与左、右两侧面的积聚性投影。整个三角形线框同时也反映了正四棱锥前侧面和后侧面在正面上的投影。

俯视图是由四个三角形组成的正方形的线框。正四棱锥的底面平行于水平面，因而它的俯视图反映实形，是一个正方形。四个侧面都与水平面倾斜，它们的俯视图应为四个不显实形的三角形线框，它们的四个底边正好是正方形的四条边线。

左视图是一个三角形线框，但三角形两条斜边所表示的是四棱锥的前、后两侧面。

2) 常见棱锥的三视图投影特性及其尺寸标注

常见棱锥的三视图投影特性及其尺寸标注见表 3-9。

表 3-9　常见棱锥的三视图投影特性及其尺寸标注

三棱锥	四棱锥	五棱锥	六棱锥
棱锥三视图的投影特性： 一多边两三角——与下底面平行的投影面内的视图投影为带中心连线的多边形，另两个视图分别投影为三角形线框或三角形线框的组合			

3. 圆柱

圆柱是由圆柱面和上下底面组成。圆柱面可以看成是由一条直母线 AA_1 围绕与它平行的轴线 OO_1 回转而成的，如图 3-20 所示。

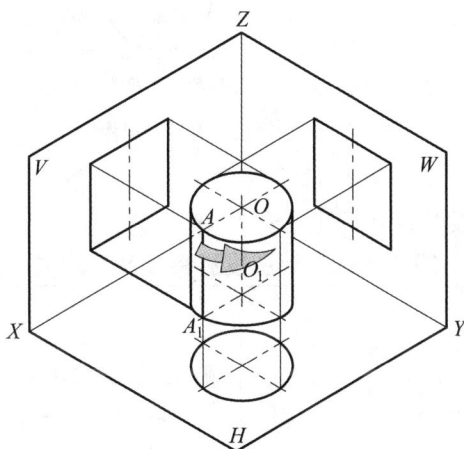

图 3-20　圆柱的投影

圆柱面上任意一条平行于轴线的直线称为圆柱面的素线。

1) 圆柱的三视图及其作图步骤

图 3-21 所示为一轴线垂直于 H 面，其上下底面与 H 面平行的圆柱的三视图作图步骤。

主视图投影为矩形线框，它是圆柱面的前半部分和后半部分的重合投影，上、下底边是圆柱的顶面、底面的积聚投影，线框的左、右两轮廓线是圆柱面上最左、最右素线的投影。

左视图投影也为矩形线框，它是圆柱面的左半部分和右半部分的重合投影，其上、下边是圆柱上、下底面的投影，其左、右边则是圆柱面上最后、最前两根素线的投影，也是左视图圆柱表面的可见性分界线。

俯视图投影为圆形，反映圆柱顶面和底面的实形，圆周是圆柱面的积聚投影，圆柱面上任何点和线在 H 面上的投影都重合在圆周上。两条相互垂直的细点画线表示确定圆心的对称中心线。

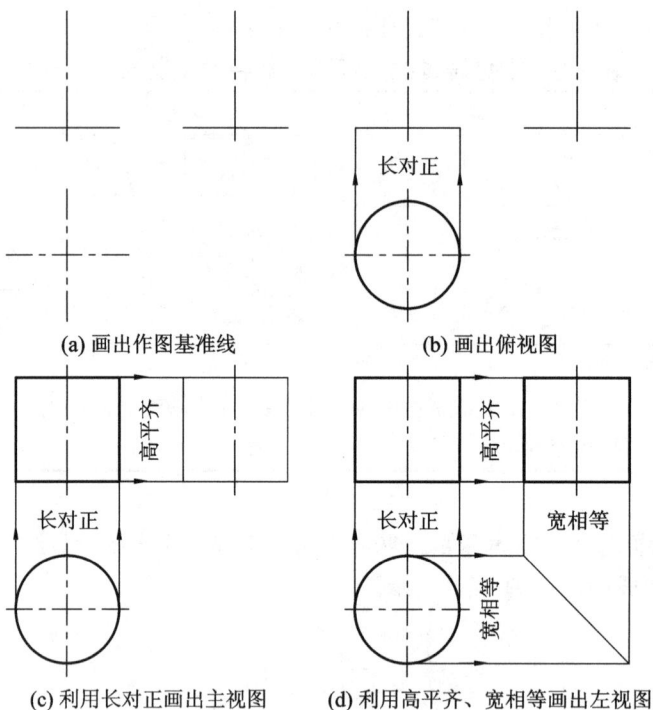

(a) 画出作图基准线　　(b) 画出俯视图

(c) 利用长对正画出主视图　　(d) 利用高平齐、宽相等画出左视图

图 3-21　圆柱的三视图作图步骤

2) 圆柱三视图投影特性及其尺寸标注

圆柱三视图投影特性及其尺寸标注见表 3-10。

表 3-10　圆柱三视图投影特性及其尺寸标注

	圆柱三视图投影特性： 一圆两矩形——上下底面平行的投影面内的视图投影为一个圆形，另两个视图分别投影为带轴线的矩形线框

4. 圆锥

圆锥是由圆锥面和圆形底面所围成的，可看作由一直母线 SA 绕和它相交的轴线 SO 回转而成。通过圆锥锥顶 S 的任一直线称为圆锥面的素线。在母线上任一点的运动轨迹为圆，如图 3-22 所示。

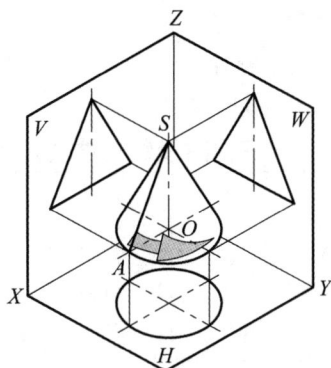

图 3-22　圆锥的投影

1) 圆锥的三视图及其作图步骤

图 3-22 所示为一轴线垂直于 H 面，其上下底面与 H 面平行的圆锥。图 3-23 所示为其三视图的作图步骤。

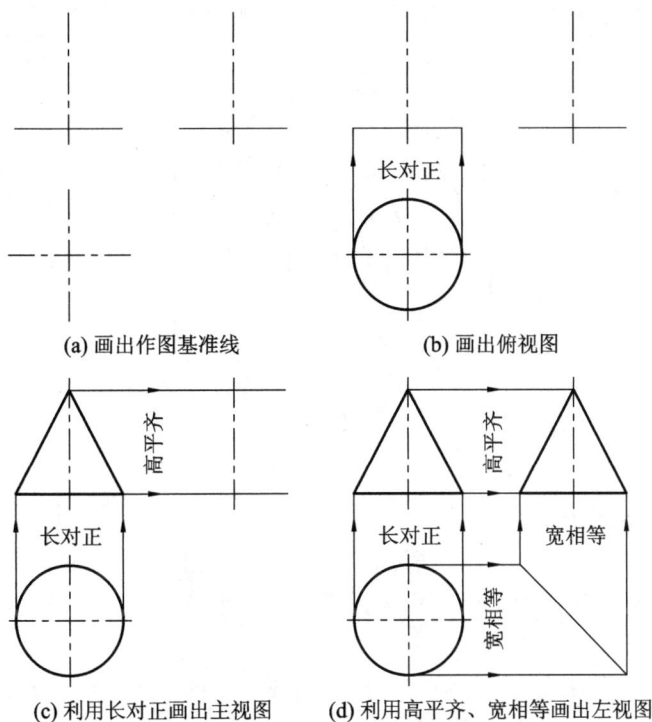

(a) 画出作图基准线　　(b) 画出俯视图

(c) 利用长对正画出主视图　　(d) 利用高平齐、宽相等画出左视图

图 3-23　圆锥的三视图作图步骤

圆锥的主视图投影为一个等腰三角形线框，其底边表示圆形底面的投影，两腰是最左、最右素线的投影。

圆锥的俯视图投影为一个圆。由于圆锥的轴线垂直于 H 面，底面平行于 H 面，因此俯视图投影为一个反映实形的圆。这个圆也是圆锥面的水平投影。因此凡是在圆锥面上的点、线的水平投影都应在俯视图圆平面的范围内。

圆锥的左视图与主视图一样，也是一个等腰三角形线框，但其两腰所表示锥面的部位不同，分别是最前、最后素线的投影。

2) 圆锥三视图投影特性及其尺寸标注

圆锥三视图投影特性及其尺寸标注见表 3-11。

表 3-11 圆锥三视图投影特性及其尺寸标注

	圆锥三视图投影特性: 一圆两三角——底面平行的投影面内的视图投影为一个圆形，另两个视图分别投影为带对称中心线的三角形线框

5. 球

这里所说的球是指圆球。球的表面可以看作是由一条圆母线绕其直径回转而成。在母线上任一点的运动轨迹为大小不等的圆，如图 3-24 所示。

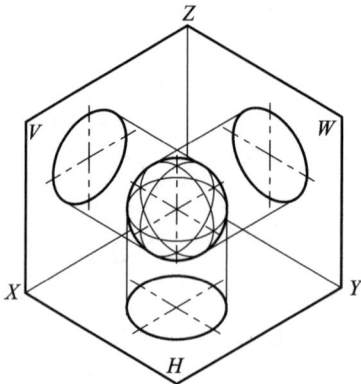

图 3-24 球的投影

1) 球的三视图及其作图步骤

球从任何方向投射，所得到的投影都是与圆球直径相等的圆。因此圆的三面视图都是等直径的圆，并且它是球面上平行于相应投影面的三个不同位置的最大轮廓圆。其作图步骤如图 3-25 所示。

主视图中的圆是前后最大轮廓圆在 V 面的投影，是球面上平行于 V 面的素线圆，也就是前半球和后半球可见和不可见的分界圆。

俯视图中的圆是上下最大轮廓圆在 H 面的投影，是上半球和下半球可见和不可见的分界圆。

左视图中的圆是左右最大轮廓圆在 W 面的投影，是左半球和右半球可见和不可见的分界圆。

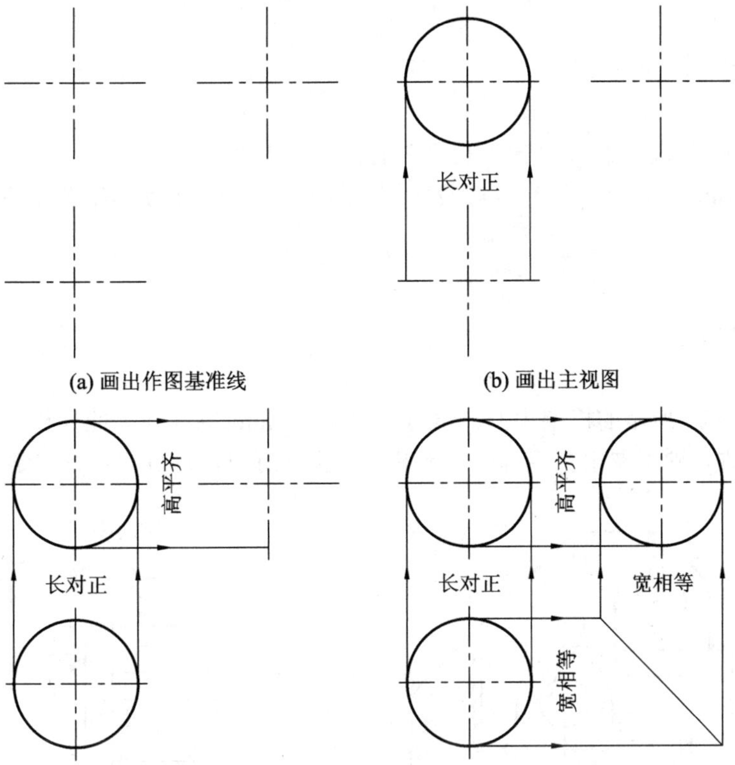

(a) 画出作图基准线　　　　　　　　(b) 画出主视图

(c) 利用长对正画出俯视图　　　　(d) 利用高平齐、宽相等画出左视图

图 3-25　球的三视图作图步骤

2) 球的三视图投影特性及其尺寸标注

球的三视图投影特性及其尺寸标注见表 3-12。

表 3-12　球的三视图投影特性及其尺寸标注

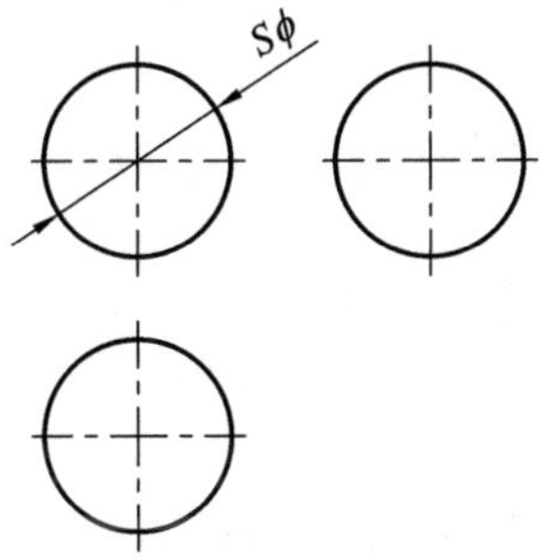	球三视图投影特性: 　　三个等径圆——在三个投影面的投影为三个不同位置的等直径的最大轮廓圆

3.5　运用 AutoCAD2023 绘制三视图

本节关键词

绘制三视图。

学习小目标

(1) 能运用绘图工具栏及修改工具栏中的各个工具图标。

(2) 能对 AutoCAD 文件进行一般设置、绘图操作，能正确使用绘图和编辑命令绘制三视图。

学习小提示

本节以图 3-26 所示的机架为例，学习如何使用 AutoCAD2023 绘制机件三视图。本节内容操作性很强，课上要根据老师的指导和安排主动练习，在练习过程中学会操作方法。

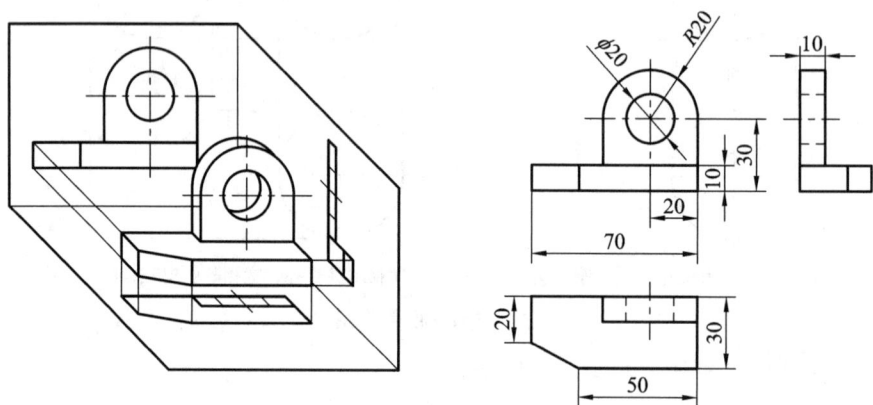

图 3-26 机架及其三视图

1. 启动 AutoCAD2023 新建图形文件

AutoCAD2023 提供了多种新建图形文件的方法，如下：

(1) 菜单命令："文件"→"新建"。

(2) 工具栏：单击"标准"工具栏中的 按钮。

(3) 命令行：new。

2. 设置图形范围

根据已知机件的三视图形状及大小选用 A4 图纸，采用 1∶1 比例绘图，设定图形的绘图范围为 210×297。

具体操作步骤如下：

(1) 选择菜单"格式"→"图形界限"，如图 3-27 所示。

(2) 指定左下角点或 [开(ON)/关(OFF)]，即在屏幕上任意拾取一点。

(3) 指定右上角点，即在界面提示下输入"@210，297"。

(4) 单击窗口底部状态栏的 图标，开启栅格显示。

(5) 按照 2.4 节介绍的方法打开"对象捕捉"工具栏，完成对象捕捉点的设置，也可右击底部状态栏的 图标，在"对象捕捉"工具栏中完成"端点""交点""圆心"等对象捕捉点的设置。

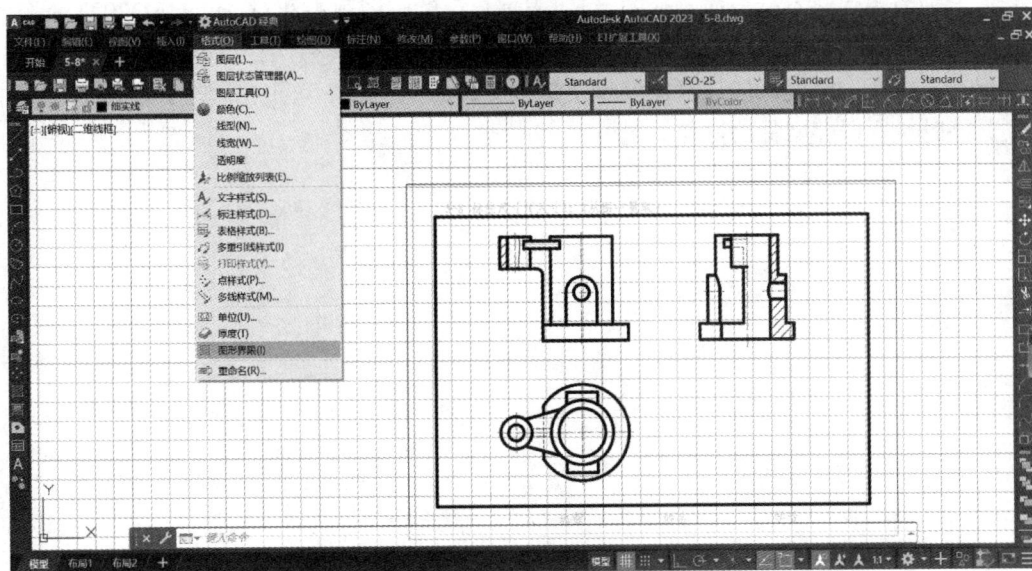

图 3-27　选择菜单"格式"→"图形界限"

3．设置图层、线型、颜色

本图例除 0 层外，再新增设置四个图层：粗实线层(csx)，白色，线型为 Continuous，线宽 0.7 mm；细实线层(xsx)，白色，线型为 Continuous，线宽 0.35 mm；细点画线层(xdhx)，红色，线型为 CENTER2，线宽 0.35 mm；细虚线层(xxx)，黄色，线型为 DASHED2，线宽 0.35 mm。具体操作步骤如下：

(1) 选择菜单"格式"→"图层"，参见图 2-11。

(2) 弹出"图层特性管理器"对话框，单击新建图层按钮，进行相应的设置。

4．画图

1) 画主视图

将细点画线层置为当前图层，单击直线按钮，用基本绘图命令画中心线，如图 3-27所示。

再将粗实线层置为当前图层，单击绘图工具栏的直线按钮、圆弧按钮和圆按钮，根据机架的尺寸用基本绘图命令结合底部的状态栏中的对象捕捉追踪按钮画出主视图。

2) 画俯视图和左视图

以辅助线确定俯视图、左视图各线的位置，根据尺寸利用"长对正""高平齐"和"宽相等"的三等投影关系画俯视图、左视图，如图 3-27 所示。

3) 编辑和删除多余线条

使用右侧修改工具栏修剪、删除等编辑命令，将轮廓线多余部分和绘图辅助线删除掉。

5. 存盘退出

以上画图步骤并不是一成不变的,可以根据自己的画图习惯和对 AutoCAD2023 命令的熟练程度选择菜单、工具栏或输入命令等方法。单击标准工具栏保存按钮■或菜单"文件"→"保存"命令,将画好的三视图实例重新保存,确定保存后可退出程序。在画图过程中要注意随时执行保存文件的操作。

第 4 章 轴 测 图

4.1 正等轴测图的画法

本节关键词

轴间角、轴向伸缩系数、平行性、正等测。

学习小目标

(1) 能说出轴测图的形成、性质、分类。
(2) 掌握正等轴测图的轴间角、轴向伸缩系数。
(3) 能根据三视图绘制常见的简单形体的正等轴测图。

学习小提示

本节主要学习轴测图的形成、轴间角、轴向伸缩系数，以及正等轴测图的画法。对于轴间角、轴向伸缩系数等，可以在学习正等轴测图和斜二轴测图时进行列表比较。

1. 轴测图的基本知识

1) 轴测图的形成

若采用平行投影法，沿不平行于任何一个坐标面的方向，将物体连同三根直角坐标轴一起投射在单一投影面(称轴测投影面)上，即得到能同时反映物体在长、宽、高三个方向的形状的图形，则这个图形称为轴测图，也称立体图。投射方向垂直于轴测投影面所形成的轴测图，称为正轴测图，如图 4-1(a)所示。投射方向倾斜于轴测投影面所形成的轴测图，称为斜轴测图，如图 4-1(b)所示。

在轴测投影图中，三个直角坐标轴的投影 O_1X_1、O_1Y_1、O_1Z_1 称为轴测轴；相邻两轴测轴之间的夹角 $\angle X_1O_1Y_1$、$\angle X_1O_1Z_1$、$\angle Y_1O_1Z_1$ 称为轴间角；沿轴测轴上的投影长度与沿物体坐标轴上的对应真实长度之比称为轴向伸缩系数，OX、OY、OZ 轴的轴向伸缩系数分别

用 p、q、r 表示。

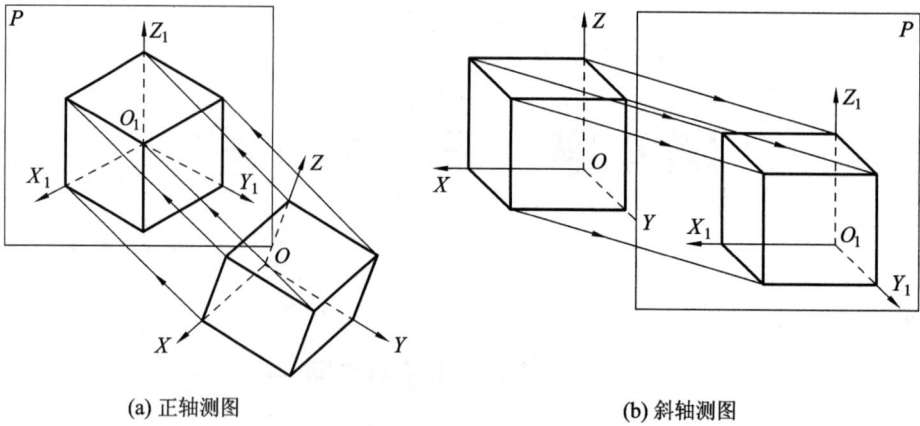

（a）正轴测图　　　　　　　　　　　　（b）斜轴测图

图 4-1　轴测图

2) 常用轴测图

常用的轴测图有正等轴测图(简称正等测)和斜二轴测图(简称斜二测)两种，见表 4-1。

表 4-1　常用轴测图

类别	正　等　测	斜　二　测
形成 特点	(1) 投射线与投影面垂直； (2) 三个坐标轴都不平行于轴测投影面	(1) 投射线与投影面倾斜； (2) 坐标轴 O_1X_1、O_1Z_1 平行于轴测投影面
轴测图 图例		
轴间 角和 轴向 伸缩 系数		

2．正等轴测图及其画法

1) 画图步骤

(1) 根据形体的结构特点，选定坐标原点位置，一般定在形体的对称轴线上，且放在顶面或底面处，这样对画图较为有利。

(2) 画轴测轴。

(3) 按点的坐标作点、直线的轴测图，一般自上而下(或自下而上)，根据轴测投影的基本性质逐步画图，不可见棱线通常不画出(必要时画成虚线)。

2) 平面立体正等轴测图的画法

【例 4-1】 已知四棱柱的三视图(见表 4-2(a))，作它的正等轴测图。

设坐标原点在四棱柱的右后下角，从底面画起。作图步骤见表 4-2。

表 4-2　四棱柱正等轴测图的画图步骤

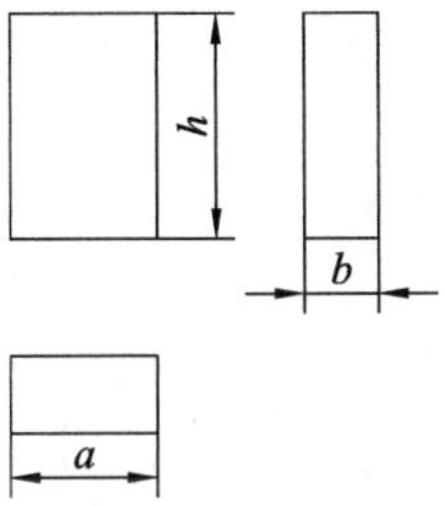	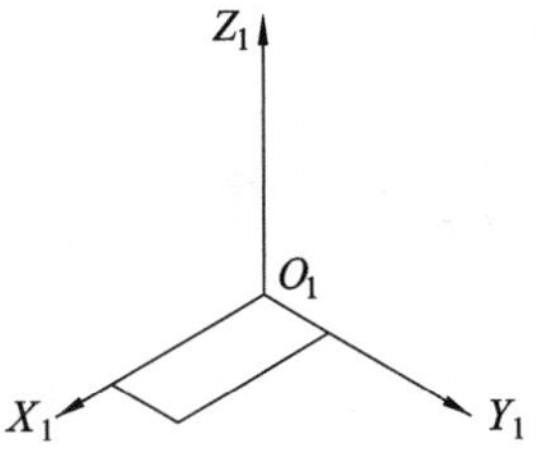
a. 分析三视图，想象几何形状	b. 画轴测轴 O_1X_1、O_1Y_1、O_1Z_1，在 O_1X_1 轴上量取物体的长 a，在 O_1Y_1 轴上量取物体的宽 b，画出物体的底面
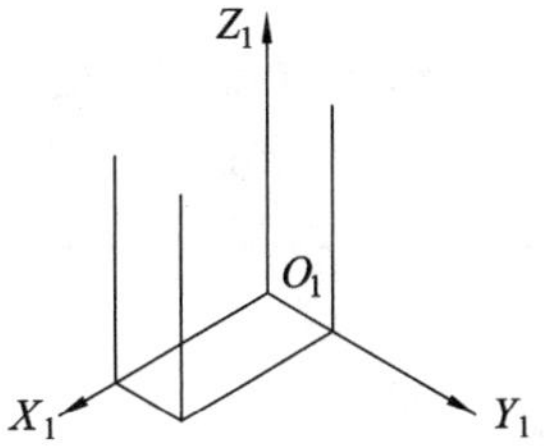	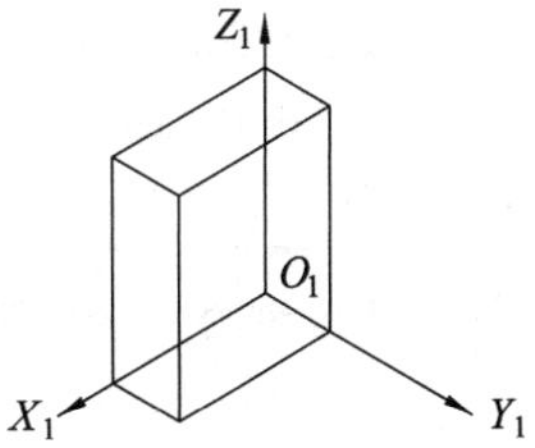
c. 过四棱柱底面各端点画 O_1Z_1 轴的平行线	d. 在各 O_1Z_1 轴平行线上量取形体的高度 h，画出形体顶面
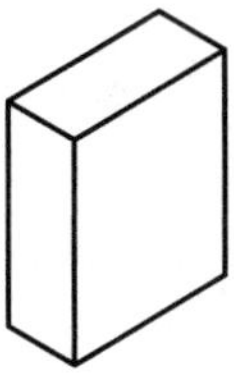	
e. 擦去看不见的棱线和多余的作图线，并描深有用图线	

【例4-2】 已知正六棱柱的三视图(见表4-3(a)),作它的正等轴测图。

作图步骤见表4-3。

表4-3 正六棱柱正等轴测图的画图步骤

a. 在三视图中标出坐标原点及各顶点符号、尺寸	b. 画轴测轴 O_1X_1、O_1Y_1,并反向延长
c. 在 O_1X_1 轴上量取底面的长(正六棱柱外接圆的直径 ϕ),在 O_1Y_1 轴上量取宽(注意减半),得到点 A、D、Ⅰ、Ⅱ,过Ⅰ、Ⅱ两点作 O_1X_1 轴的平行线,并量取侧面的长 l,得 B、C、E、F,顺次连线	d. 过点 A、B、C、D、E、F 向下作 Z_1 轴的平行线,分别截取棱线高度 h,定出底面上端点,并顺次连线,擦去多余作图线,加深轮廓线

3) 底面平行于坐标面的回转体轴测图的画法

【例4-3】 已知圆柱体的两视图(见图4-2),作它的正等轴测图。

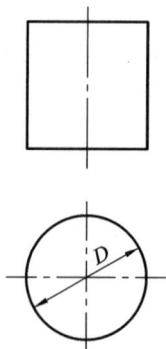

图4-2 圆柱体视图

具体画图步骤见表4-4。

表 4-4 圆柱正等轴测图的画图步骤

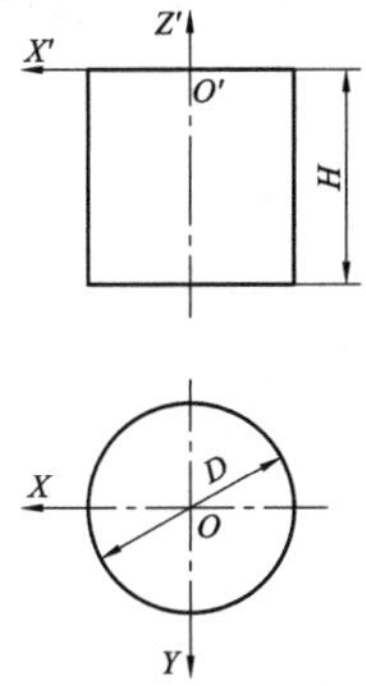

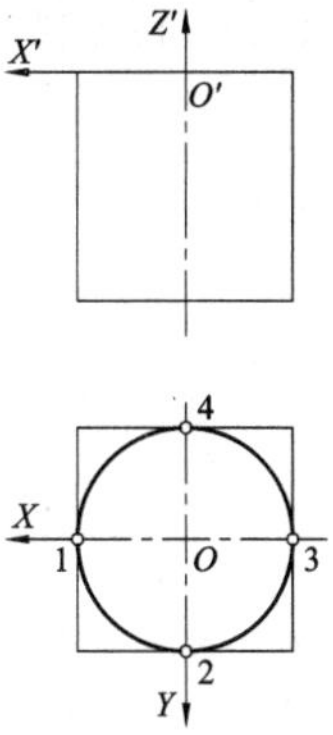

a. 确定原点 O 的位置和 X、Y、Z 轴的方向

b. 在俯视图圆的外切正方形中，切点为 1、2、3、4

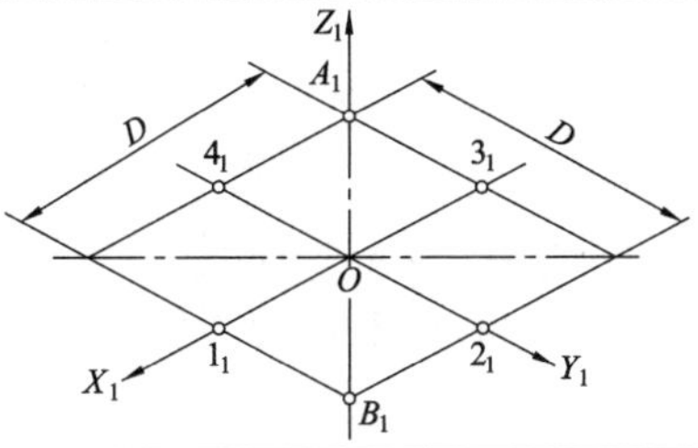

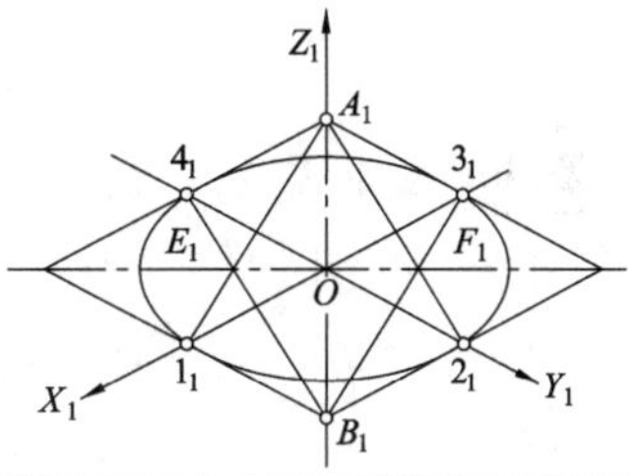

c. 先画出轴测轴 X_1、Y_1、Z_1，沿轴向可直接量得切点 1_1、2_1、3_1、4_1。过这些点分别作 X_1、Y_1 轴向的平行线，即得正方形的轴测图——菱形

d. 分别连接 $A_1 1_1$、$A_1 2_1$、$B_1 3_1$、$B_1 4_1$，分别相交于 E_1、F_1，则 A_1、B_1、E_1、F_1 即是画近似椭圆的四个圆心。分别以 A_1、B_1 为圆心，$A_1 1_1$、$B_1 3_1$ 为半径，画出大圆弧；分别以 E_1、F_1 为圆心，$E_1 1_1$、$F_1 3_1$ 为半径画小圆弧，并在切点处与大圆弧相接，即得到上端面圆的近似椭圆

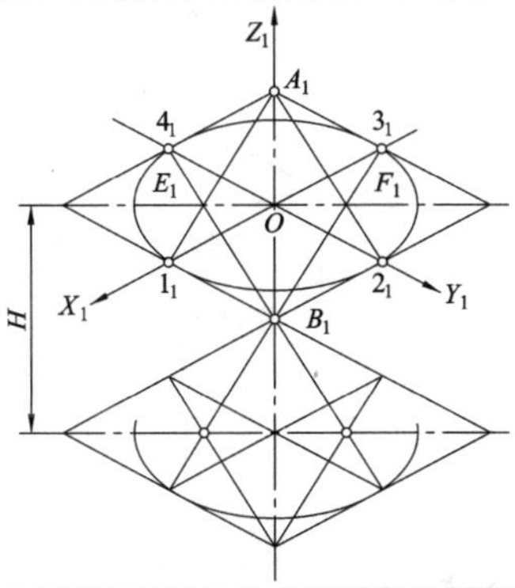

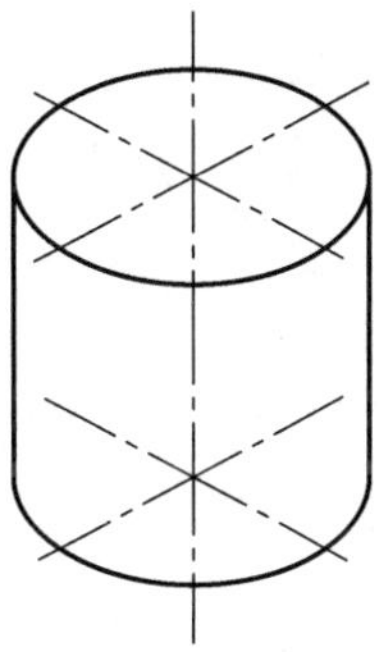

e. 沿轴心线向下，量取圆柱体高度 H，定出下底面的圆心，再由上底面椭圆的四个圆心都向下量度圆柱的高度距离，即可得下底面椭圆四个圆心的位置，并由此画出下底面椭圆

f. 画出椭圆的轮廓素线，擦去多余的线条，描深轮廓线

在正等轴测图中，圆在三个坐标面上的图形都是椭圆，即水平面椭圆、正面椭圆、

侧面椭圆，它们的外切菱形的方位有所不同。作图时选好该坐标面上的两个轴，组成新的方位菱形，按近似椭圆法作图，即可得到新的方位椭圆。三向正等轴测圆的画法如图 4-3 所示。

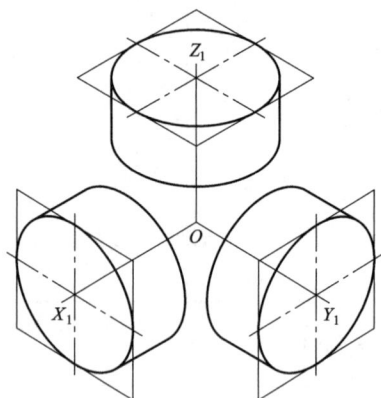

图 4-3　三向正等轴测圆的画法

4) 正等轴测图中圆角的画法

对于经常遇到的几何体上由四分之一圆弧所形成的圆角，其正等轴测图是四分之一的椭圆。图 4-4 所示是水平面内圆角正等轴测图的画法，正面和侧面内的圆角正等轴测图的画法与之相似。

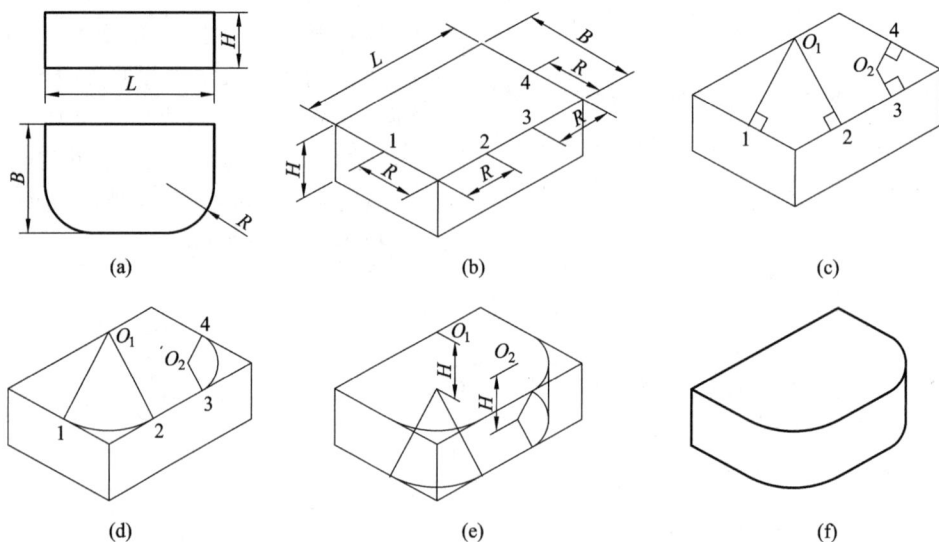

图 4-4　圆角正等轴测图的画法

4.2　斜二轴测图的画法

本节关键词

斜二测。

学习小目标

(1) 掌握斜二轴测图的轴间角、轴向伸缩系数。

(2) 能根据三视图绘制常见简单形体的斜二轴测图。

学习小提示

画斜二轴测图时最容易出错的是平行于 O_1Y_1 轴的尺寸的量取，它不同平行于 O_1X_1 轴、O_1Z_1 轴的尺寸按 $1:1$ 量取，而是减半量取。

在 4.1 节的学习中，我们发现正等轴测图虽然表达物体的立体感较强，但若遇到圆，画起椭圆来就比较麻烦，费时费力。斜二轴测图在很多时候可以很好地解决这一问题，可以直接画圆，而不需要画椭圆。

1. 斜二轴测图的轴间角、轴向伸缩系数

由表 4-1 可知，斜二轴测图的轴间角 $\angle X_1O_1Z_1 = 90°$，$\angle X_1O_1Y_1 = \angle Y_1O_1Z_1 = 135°$；三个轴的轴向伸缩系数 $p = 1$，$q = 0.5$，$r = 1$。这样在绘制斜二轴测图时，沿 O_1X_1、O_1Z_1 轴向的尺寸都可在投影图上的相应轴按 $1:1$ 的比例量取，沿 O_1Y_1 轴向的尺寸在投影图上的则要缩小为原来的一半量取。

斜二轴测图能够反映物体正面的实形，画图方便，适用于画正面有较多圆的机件的轴测图。

2. 斜二轴测图的画法

【例 4-4】 已知圆锥套筒的视图(见图 4-5)，画出它的斜二轴测图。

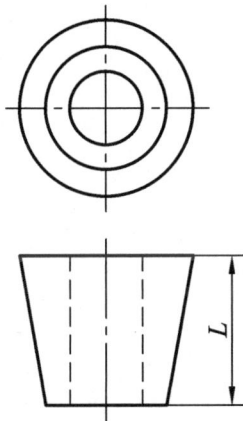

图 4-5 圆锥套筒视图

作图步骤见表 4-5。

表 4-5　圆锥套筒斜二轴测图的画法步骤

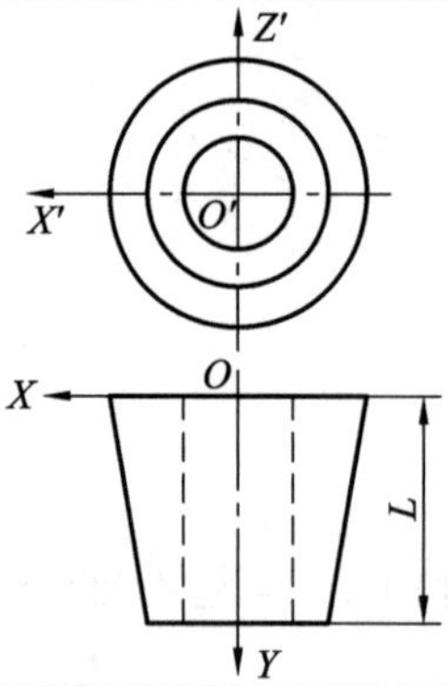	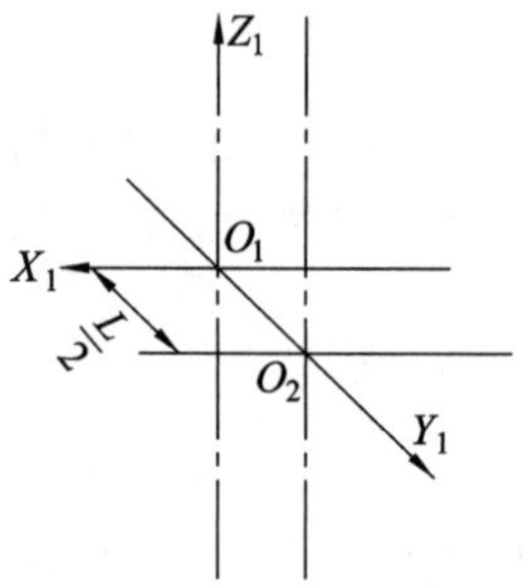
a. 在形体上选定坐标轴及原点，前、后端面均平行于坐标面 XOZ	b. 画轴测轴。从 O_1 沿 Y_1 向前量 $L/2$，定出前端面圆的圆心 O_2
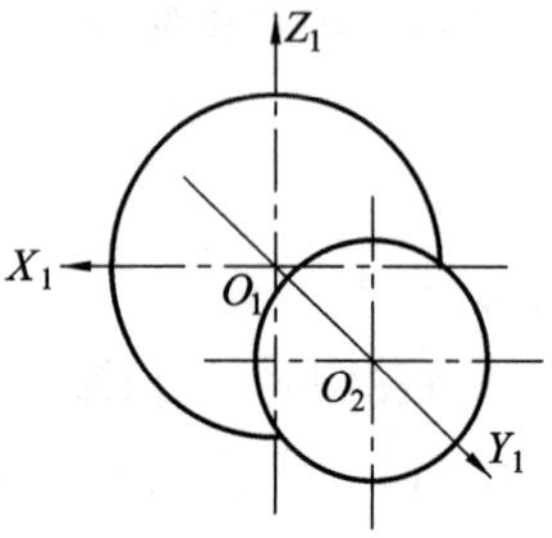	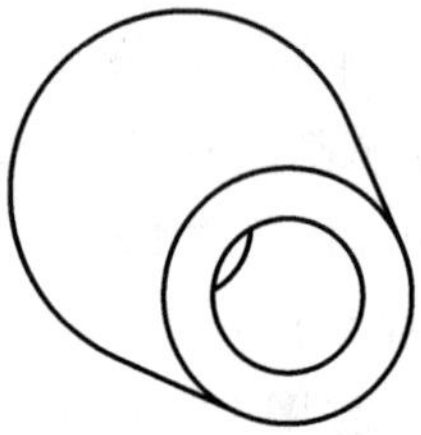
c. 画两端面的斜二测。先画前端面的实形圆，再画后端面实形圆的可见部分	d. 画前、后端面圆的公切线及孔口的可见部分。整理、描深有用图线，即得所求的斜二轴测图

第 5 章 组合体视图

5.1 组合体及其形体分析

本节关键词

组合体、共面、相交、相切、形体分析法。

学习小目标

(1) 掌握组合体的概念与分类，能说出常见组合体的类别。
(2) 能正确画出组合体表面上共面、相交、相切等情况的图形。
(3) 能说出形体分析法分析组合体的一般步骤，并能用形体分析法分析常见组合体。

学习小提示

组合体中各基本形体之间的表面连接形式是本节学习的重点之一。这里的共面与不共面在画图上的区别就在于有没有那条线，相交和相切反映在图形上的区别也是表面有没有那条线，因此要仔细观察，认真思考，勤于练习。

1. 组合体及组合形式

由两个或两个以上基本体按一定的方式组合而成的形体称为组合体。组合体是由基本体组合而成的。常见的组合形式有叠加、切割和综合三类，如图 5-1 所示。大多数组合体属于综合类。

2. 组合体上的表面连接形式

无论是哪种形式组成的组合体，各基本形体之间的表面存在一定的连接关系，其连接形式可归纳为共面、相交、相切等情况。

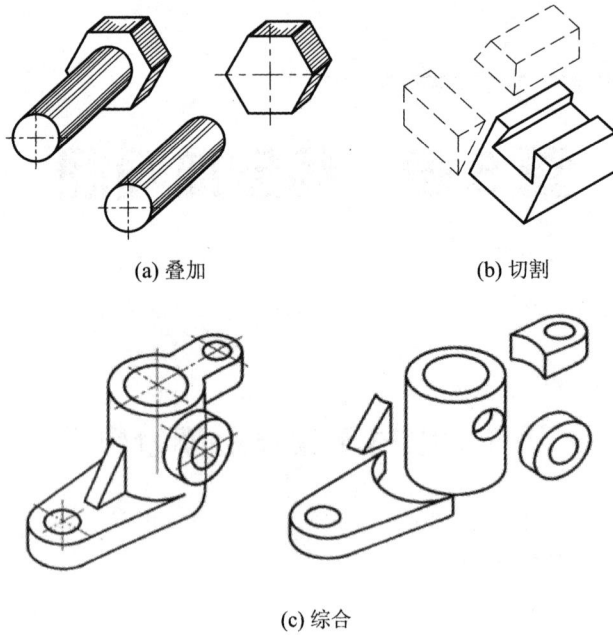

(a) 叠加   (b) 切割

(c) 综合

图 5-1 组合体的组合形式

1) 共面

两基本形体具有互相连接的一个面(平面或曲面)时，它们之间没有分界线，在视图上也不可画出分界线，这种连接关系称为共面，如图 5-2 所示。

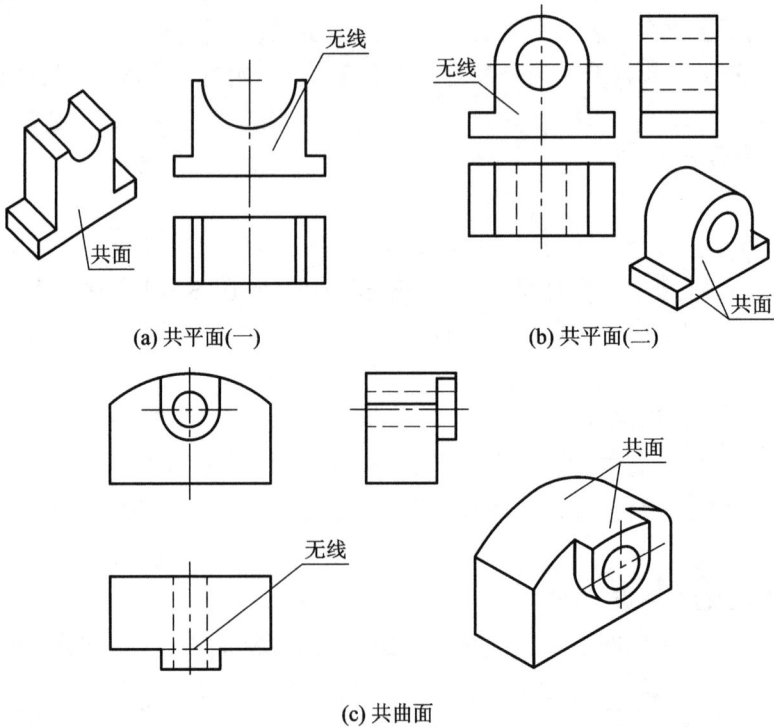

(a) 共平面(一)   (b) 共平面(二)

(c) 共曲面

图 5-2 共面的画法

2) 相交

相交是指两个基本形体的表面相交产生交线(截交线或相贯线)。基本形体相交时，应画出交线的投影，如图 5-3 所示。

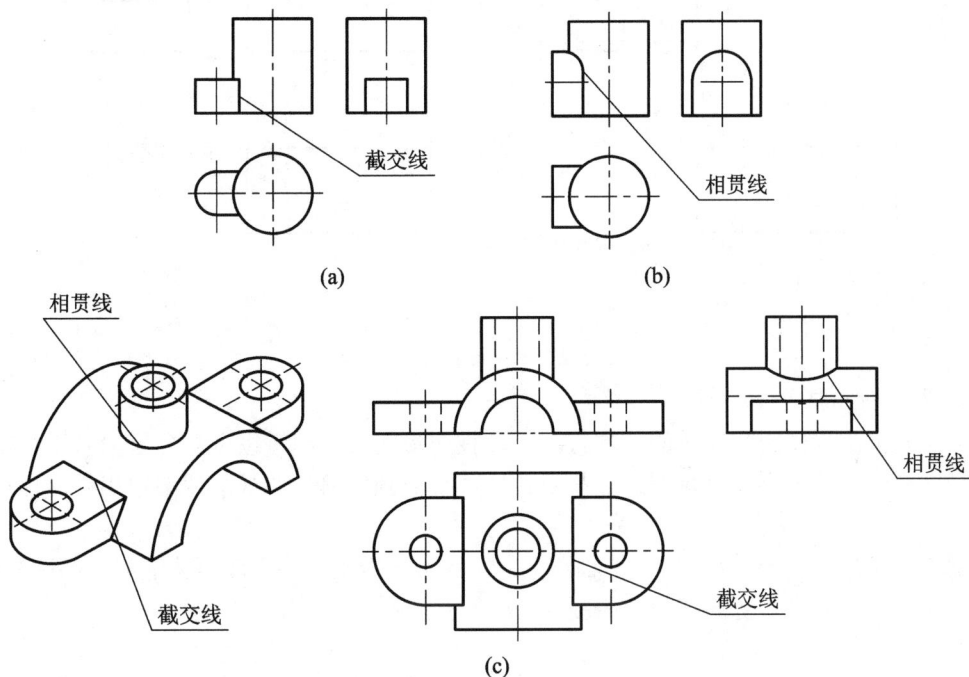

截交线

相贯线

(a)　　　　　　　　(b)

相贯线

相贯线

截交线

截交线

(c)

图 5-3　相交的画法

3) 相切

相切是指两个基本形体的相邻表面(平面与曲面，或曲面与曲面)光滑过渡。如图 5-4 所示，相切处不存在轮廓线，在视图上一般不画分界线。但有一种特殊情况例外：两个圆柱面相切。当圆柱面的公共切平面垂直于投影面时，应画出两个圆柱面的分界线，如图 5-5(a)中俯视图所示；当圆柱面的公共切平面倾斜或平行于投影面时，两个圆柱面之间不画分界线，如图 5-5(b)中左视图所示。

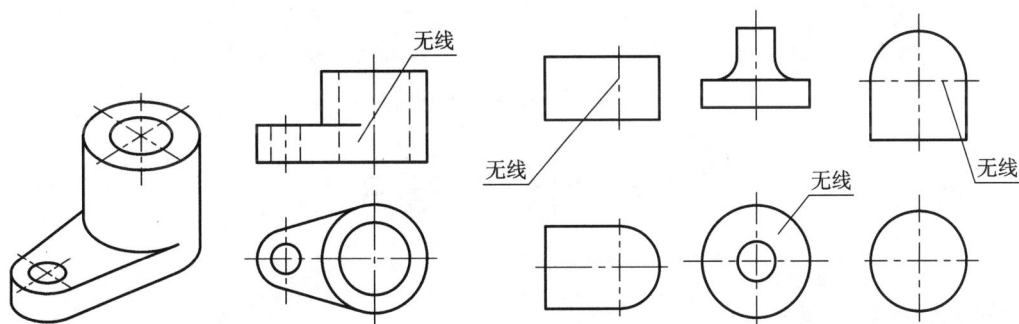

无线

无线

无线

无线

无线

图 5-4　相切的画法

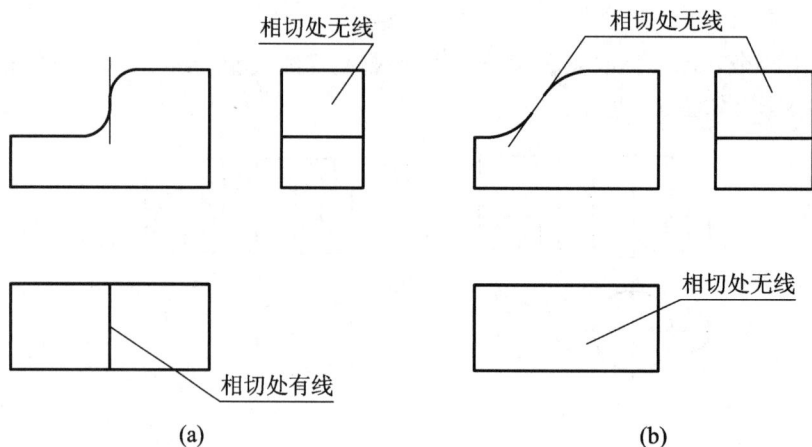

图 5-5 相切的特殊情况

3. 形体分析法

形体分析法是画图和读图的基本方法,即按照形状特征,将组合体分解为若干基本形体或简单形体,并分析其组合方式、相对位置,进而画出组合体视图或想象出组合体形状的方法。

图 5-6(a)所示为一个支座组合体轴测图。由图可以看出,该支座可分解为空心圆柱体、底板、肋板、耳板及凸台五部分,如图 5-6(b)所示。

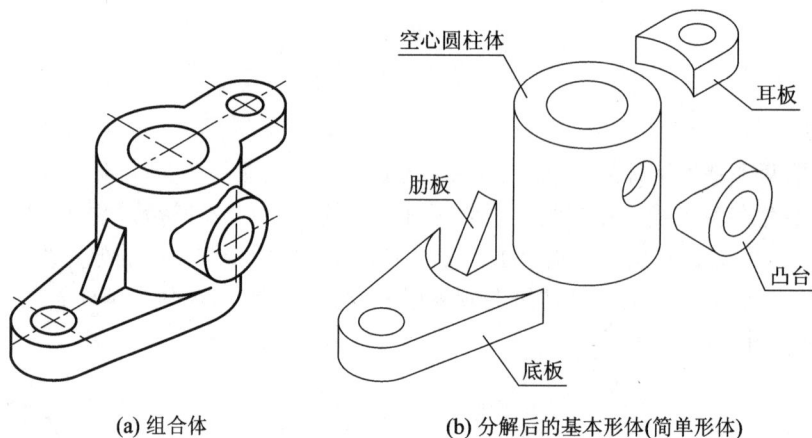

(a) 组合体   (b) 分解后的基本形体(简单形体)

图 5-6 支座的形体分析

5.2 截切与相贯

本节关键词

截交线、相贯线。

学习小目标

(1) 掌握截交线的特性、作图步骤以及相贯线的特性、作图步骤。

(2) 能根据已知视图或轴测图，熟练绘制圆柱体、圆锥体和球体等常见截交线的视图。

(3) 能用表面取点法绘制圆柱体正相贯的相贯线，能熟练运用简化画法绘制圆柱体正相贯的相贯线。

(4) 能熟练绘制圆柱体与球体正相贯的相贯线。

学习小提示

截交线的画法重在找到每一个平面体的棱线被截平面截断的"断点"，或圆柱体、圆锥体和球体被截平面截切的特殊点。学习的时候，如果没有轴测图，则要根据已知视图想象几何体的形状，比如它的上、下、前、后、左、右各是什么样子，截平面截到了什么位置，截到了哪些棱线等。

很多组合体都是基本体经过若干次平面截切或者基本体相交(相贯)得到的，截交线和相贯线的画法直接关系到组合体视图的绘图速度与质量。

1. 截切

1) 平面截切平面体

平面切割平面体，截交线为直线围成的平面多边形，是截平面与平面体的共有线。多边形的边是截平面与平面体的交线，多边形的各顶点是截平面与平面体各棱线的交点。因此，求作平面体的截交线实质上是求截平面与各棱线的交点。

【例 5-1】 参照图 5-7 所示的轴测图，完成被平面截切的正六棱柱的左视图。

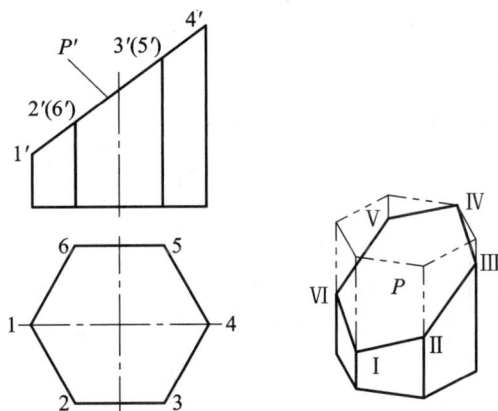

图 5-7　正六棱柱被截切

分析　从图中可以看出，该正六棱柱被正垂面切割，截平面 P 与正六棱柱的六条棱线都相交，所以截交线是一个六边形，六边形的顶点为各棱线与 P 平面的交点。截交线的正

面投影积聚在 P 平面的正面投影 P' 上，1′、2′、3′、4′、5′、6′ 分别为各棱线与 P' 的交点。由于正六棱柱的六条棱线在俯视图上的投影具有积聚性，所以截交线的水平投影已知。根据截交线的正面投影、水平面的投影可作出它的侧面投影。正六棱柱被截切的作图步骤见表 5-1。

表 5-1   正六棱柱被截切的作图步骤

步骤	图　形	作图说明
1	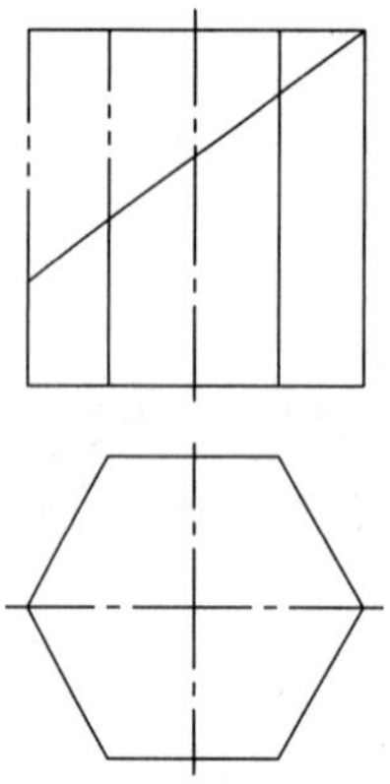	画出被切割前正六棱柱的三视图
2	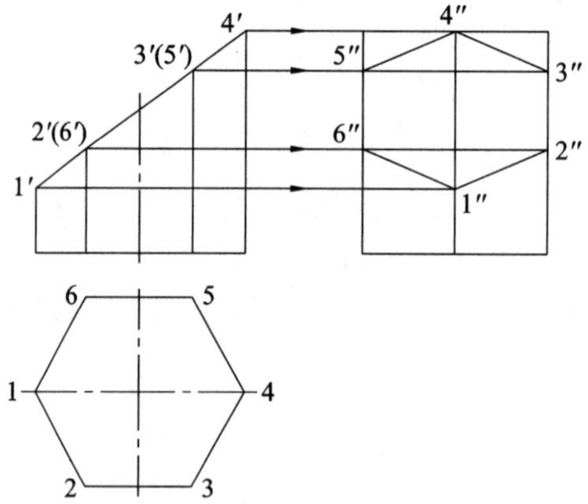	根据截交线(六边形)各顶点的正面、水平面投影作出截交线的侧面投影，交于点 1″、2″、3″、4″、5″、6″
3	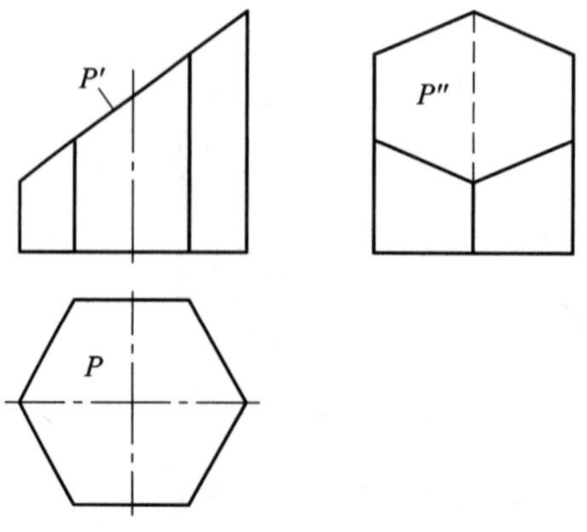	顺次连接点 1″、2″、3″、4″、5″、6″、1″，补画遗漏的虚线(注意：六棱柱上最右棱线的侧面投影不可见，左视图上不要漏画这一段虚线)，擦去多余图形，加深描粗

【例5-2】　参照图5-8所示的轴测图，完成被平面截切的正四棱锥的左视图。

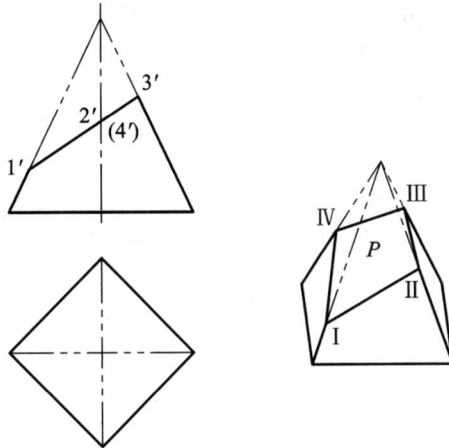

图5-8　平面切割正四棱锥

分析　从图5-8中可以看出，正四棱锥被正垂面 P 截切，截交线是一个四边形，四边形的顶点是四条棱线与截平面 P 的交点。由于正垂面 P 的正面投影具有积聚性，所以截交线的正面投影积聚在 P 平面在正面的投影 P' 上，$1'$、$2'$、$3'$、$4'$ 分别为四条棱线与投影面 P' 的交点。平面切割正四棱锥的作图步骤见表5-2。

表5-2　平面切割正四棱锥

步骤	图　　形	作 图 说 明
1		画出被切割前的正四棱锥的左视图
2		根据截交线的正面投影作侧面投影。 截交线的侧面投影的点 $1''$、$2''$、$3''$、$4''$ 可以直接由正面投影按高平齐的投影关系作出

续表

步骤	图　形	作　图　说　明
3	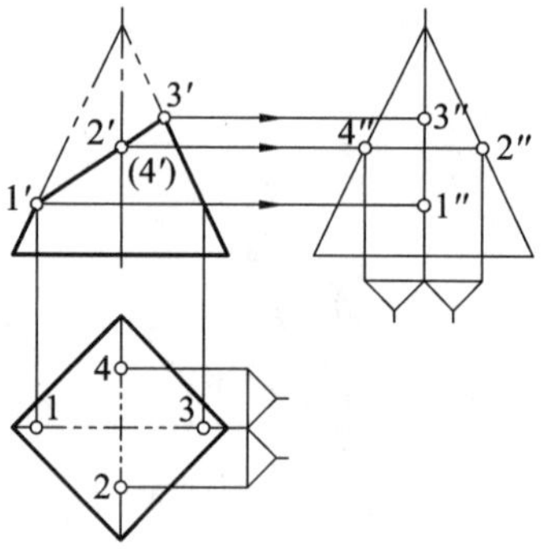	水平投影的点 1、3 可由正面投影按长对正的投影关系直接作出。 水平投影的点 2、4 由侧面投影的点 2″、4″按俯、左视图宽相等和正面投影的长对正的投影关系作出
4	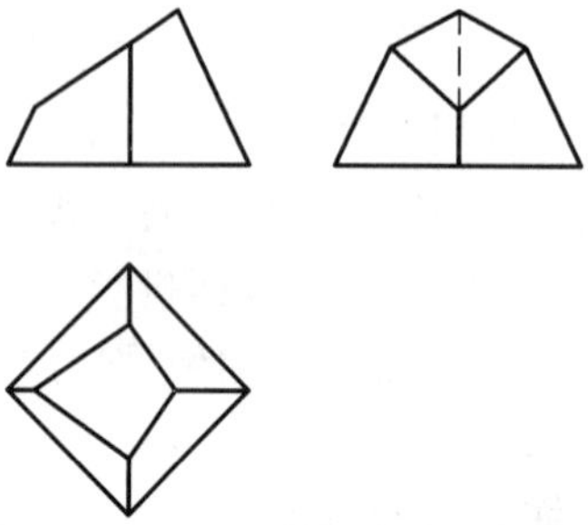	在俯视图及左视图上顺序连接各交点的投影，擦去多余图线并描深。注意不要漏画左视图上的虚线

2) 平面截切圆柱体、圆锥体

当平面截切圆柱体、圆锥体时，截交线的形状取决于截平面与圆柱体、圆锥体的相对位置。截交线的形状见表 5-3、表 5-4。

表 5-3　平面截切圆柱体的基本情况一览表

截平面与 轴线位置	轴　测　图	投　影　图	截交线 形状
平行		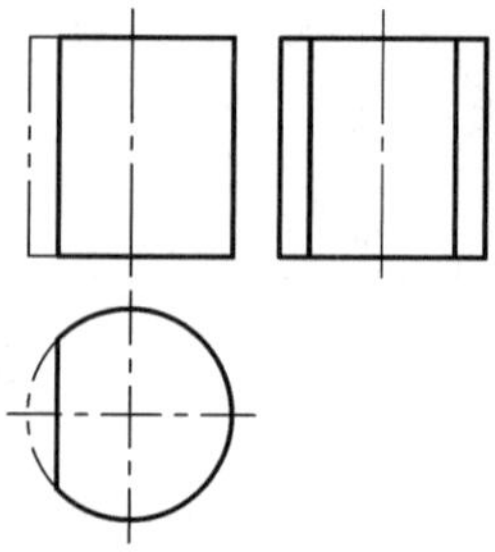	矩形
垂直		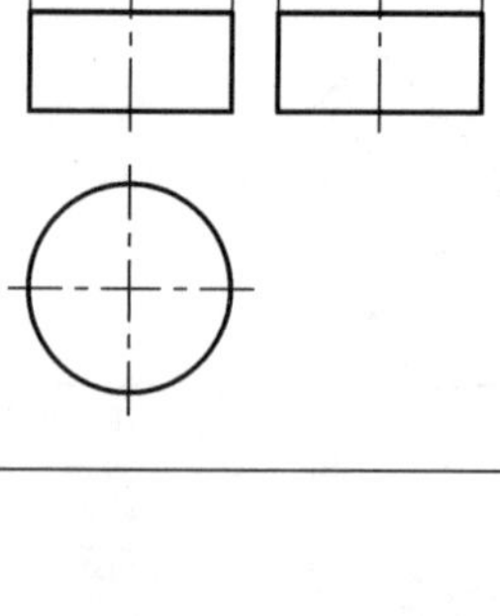	圆

续表

截平面与 轴线位置	轴 测 图	投 影 图	截交线 形 状
倾斜		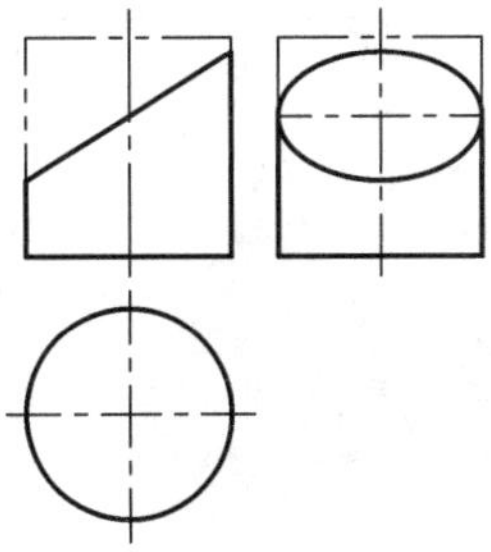	椭圆

表 5-4　平面截切圆锥体的基本情况一览表

截平面与 轴线位置	轴 测 图	投 影 图	截交线 形 状
垂直		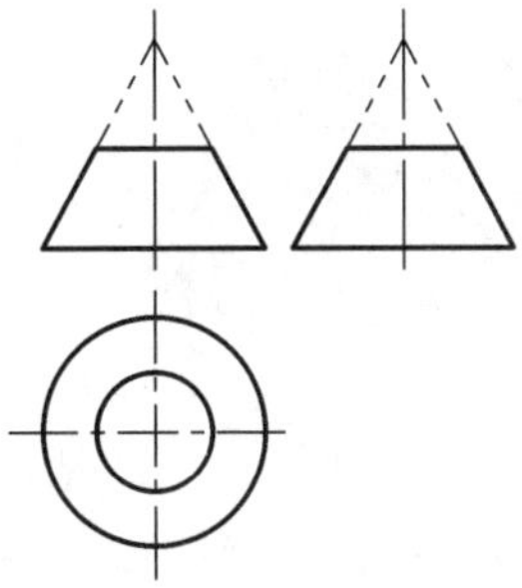	圆
截平面 过锥顶		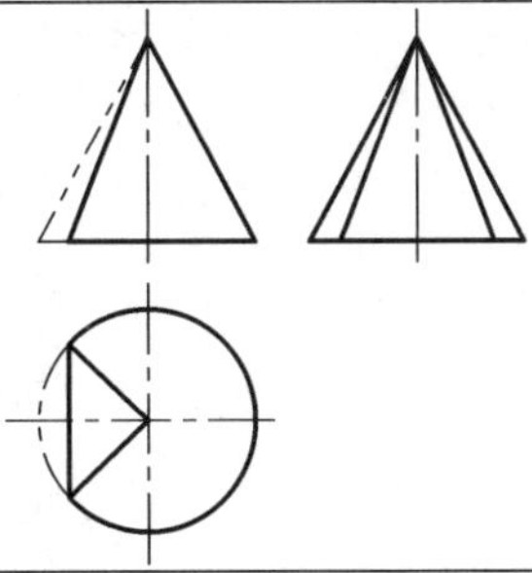	等腰 三角形
倾斜 $\alpha = \theta$	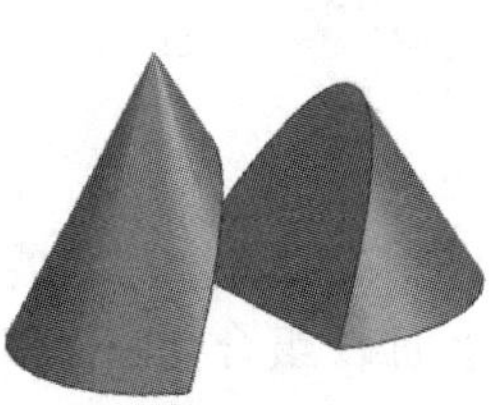	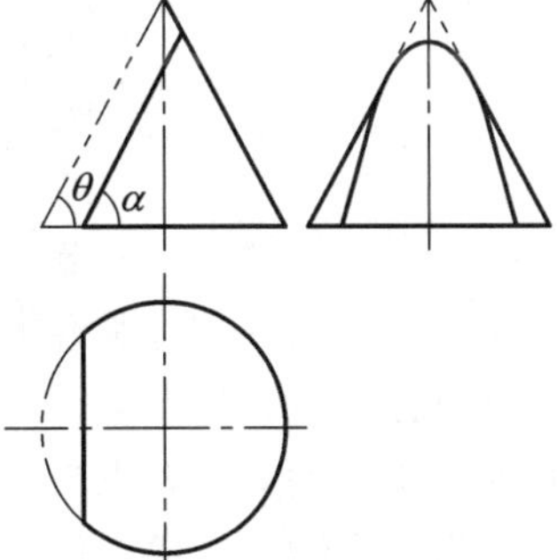	抛物线

截平面与轴线位置	轴 测 图	投 影 图	截交线形状
倾斜 $\alpha > \theta$			双曲线
倾斜 $\alpha < \theta$			椭圆

由表 5-3 和表 5-4 可知,当平面截切圆柱体、圆锥体时,其截交线一般为封闭的平面曲线或直线。平面截切圆柱体或圆锥体时的基本作图方法是:求出圆柱体或圆锥体上若干素线与截平面的交点,然后光滑连接而成。实际作图时,通常先作出截交线上的特殊点,再按需要作出一些中间点,最后依次连接各点,并注意投影的可见性。

【例 5-3】 完成图 5-9 所示接头的三视图。

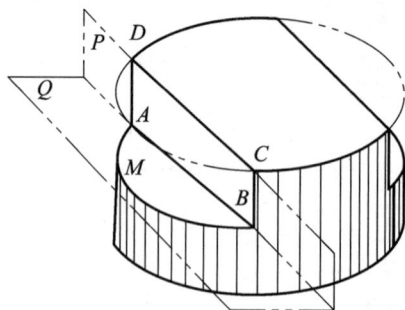

图 5-9 接头

分析 如图 5-9 所示,接头是由圆柱体被平面截切所得的。接头上端的左右两侧各被截割了一个切口,呈对称分布。切口被侧平面 P 和水平面 Q 组合截割而成。

侧平面 P 与接头的轴线平行,故截交线的形状为矩形。该截交线在正面和水平面投影都具有积聚性,投影为一直线段,但在侧面的投影具有真实性,是矩形 $a''b''c''d''$。

水平面 Q 与接头的轴线垂直,故截交线的形状为圆弧。该截交线在正面和侧面投影都具有积聚性，投影为一直线，但在水平面的投影具有真实性，是弧形 $\overset{\frown}{abm}$ 。

接头三视图的画图步骤见表 5-5。

表 5-5 接头三视图的画图步骤

步骤	图　形	作 图 说 明
1	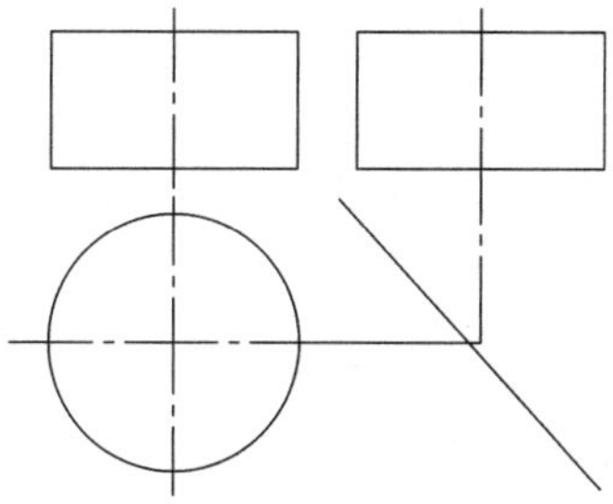	用细实线画出接头未被截割前的三视图
2	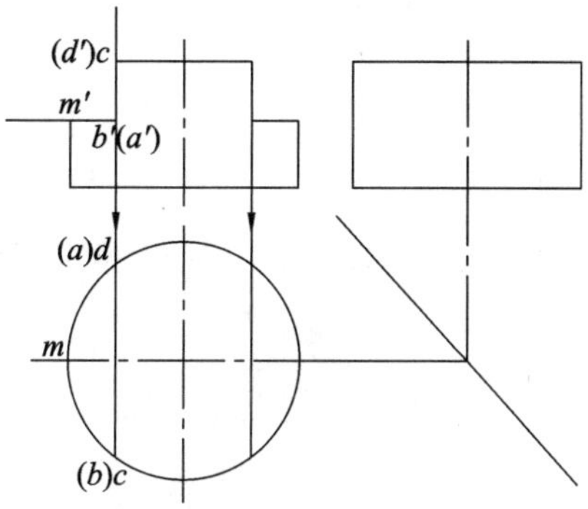	根据截割要求，先画出截交线的正面投影，再画出其水平投影
3	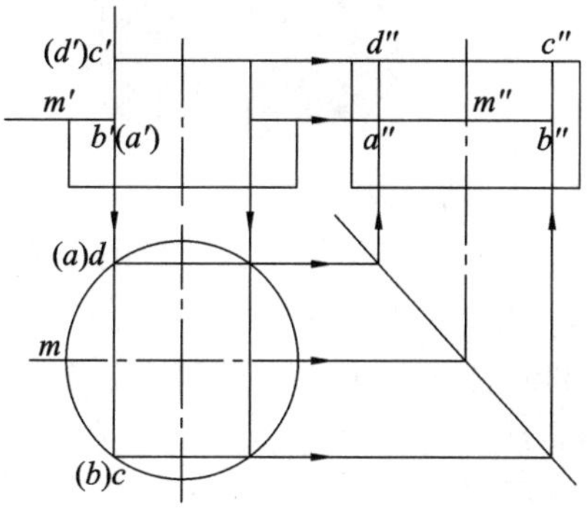	画出截交线在侧平面的投影
4	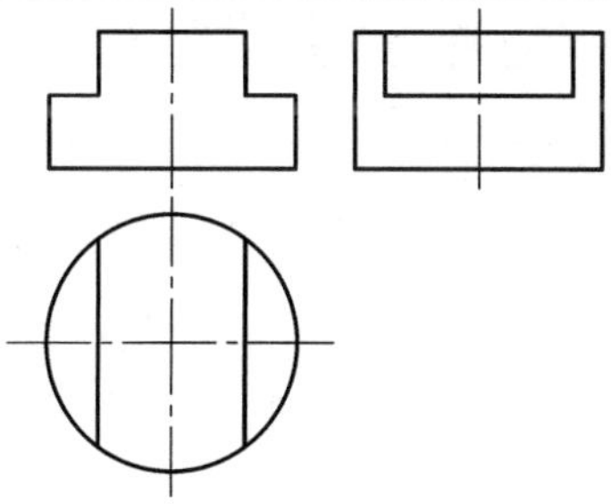	检查整理图线，将图线加深、加粗

3) 平面截切圆球

平面截切圆球的截交线为圆。一般情况下，可将截平面平行于某一基本投影面(H、V、

W)。如图 5-10(a)所示，将截平面与水平面平行，则在该投影面上的投影反映截交线的实形，形状为圆，此时截交线的另外两个投影与所在投影面垂直，均积聚成与球体轮廓相交的直线段，如图 5-10(b)所示。

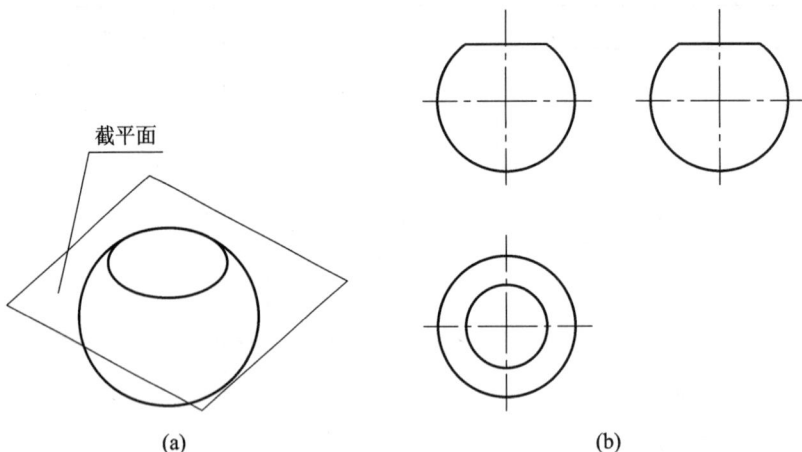

截平面

(a)   (b)

图 5-10　平面截切圆球

【例 5-4】　如图 5-11 所示，根据主视图和立体图画出螺钉头部的俯视图和左视图。

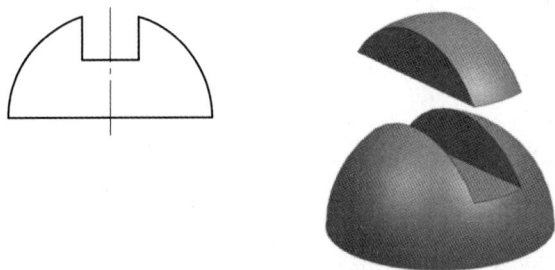

图 5-11　螺钉头部

分析　在螺钉头部开槽，实际上就是在一个半球体上去掉被两个侧平面 P_1、P_2 和一个水平面 Q 截割所形成的那部分形体。用平面 P_1、P_2 截切半球后，截交线在左视图上的投影是圆的一部分，在俯视图上的投影为直线；用平面 Q 截割半球后，截交线在俯视图上的投影是圆的一部分，在左视图上的投影为直线；平面 P 与 Q 的交线都是正垂线，在左视图上有部分轮廓不可见。螺钉头俯视图和左视图的作图步骤见表 5-6。

表 5-6　画螺钉头俯视图和左视图的步骤

步骤	图　　形	作图说明
1		画出半球在 H 面和 W 面的投影

步骤	图　形	作图说明
2		用水平面 Q 截割半球，Q 面在 W 面的投影积聚为直线，在 H 面的投影为圆的一部分。绘制 Q 面的俯视图和左视图
3		用侧平面 P 切割半球，截交线在 H 面的投影积聚为直线，在 W 面的投影反映真实形状，为圆的一部分。绘制其俯视图和左视图
4		判断可见性，整理图线，将图线加粗描深(不要漏画左视图上的虚线)

2. 相贯

两个基本体相交称为相贯。相贯时表面产生的交线称为相贯线。相贯线的形状会因基本体本身不同以及相关位置不同而有所不同。

1) 圆柱与圆柱正相贯

(1) 两圆柱体正相贯的相贯线的投影形状。

如图 5-12 所示，水平的圆柱体 A 与垂直的圆柱体 B 垂直相贯，且二者的轴线垂直相交，则两圆柱体在相贯处形成相贯线。两个圆柱体垂直相贯的相贯线形状与两个圆柱体的直径大小有直接关系。圆柱正相贯的相贯线的投影随直径的变化见表 5-7。

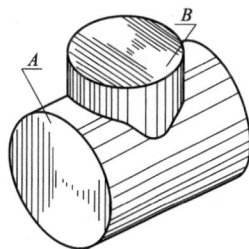

图 5-12　相贯线的简化画法

表 5-7 圆柱正相贯的相贯线的投影随直径的变化

尺寸变化	$d > d_1$(一般情况)	$d = d_1$(特殊情况)	$d < d_1$(一般情况)
投影图	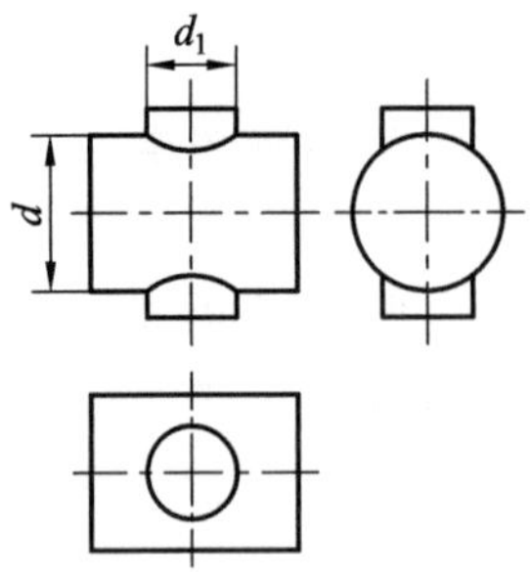	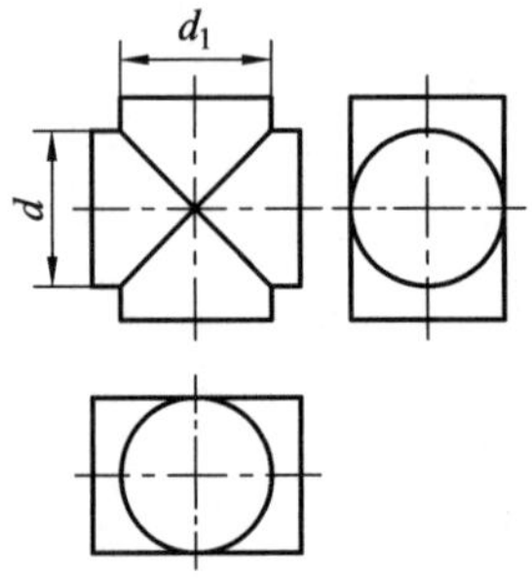	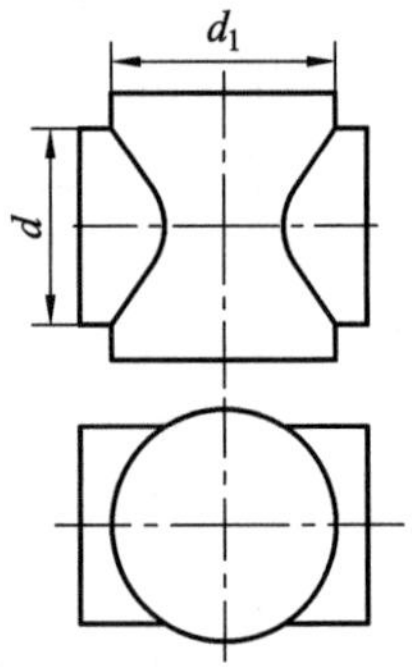
相贯线的投影形状	凸向大圆柱轴线的曲线	过两轴线交点的相交直线	凸向大圆柱轴线的曲线

(2) 两圆柱体正相贯的相贯线的画法。

相贯线的画法有以下两种:

① 表面取点法。这种画法适用于所有相贯线,作图方法与步骤见表 5-8。

表 5-8 表面取点法画圆柱体相贯线的作图方法与步骤

步骤	图 形	作图说明
1	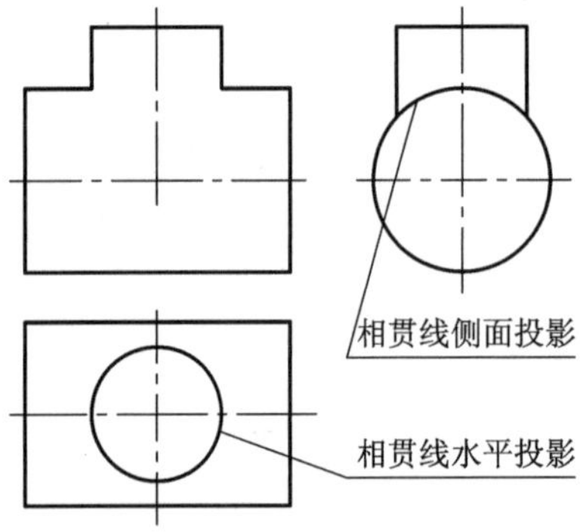 相贯线侧面投影 相贯线水平投影	根据已知分析,画出两圆柱体的相贯线在左视图、俯视图上的投影
2	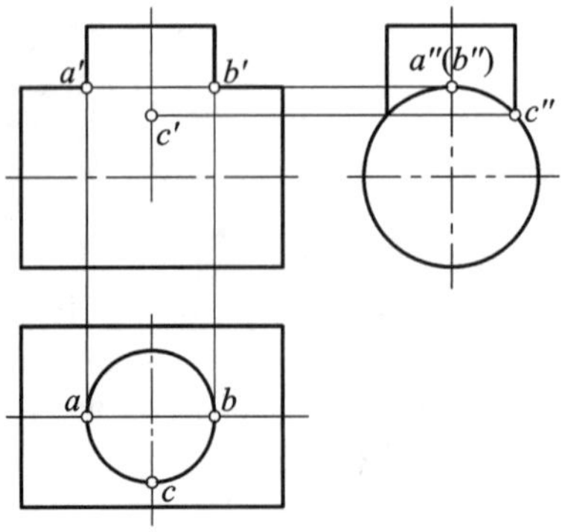	求两圆柱体相贯线的最高点,同时也是最左点 A、最右点 B 两点的正面投影。由于已知这两个点的水平投影、侧面投影,因此根据点的三面投影规律,容易作图找出正面投影

步骤	图　　形	作 图 说 明
3		根据投影的积聚性，遵循点的三面投影规律，依次求出点 E、F 等一般点的正面投影。选点应尽可能多且均匀，以便于连线
4		按照顺序，依次光滑地连接所求出的各点的正面投影，即得两圆柱体正相贯在正面内的相贯线

②　简化画法。这种画法是近似画法，比较实用，常用于两圆柱体正交且直径不等时。具体做法是：相贯线的正面投影以大圆柱的半径为半径，在小圆柱的轴线上找圆心，在凸向大圆柱的轴线方向弯曲画圆弧，如图 5-13 所示。

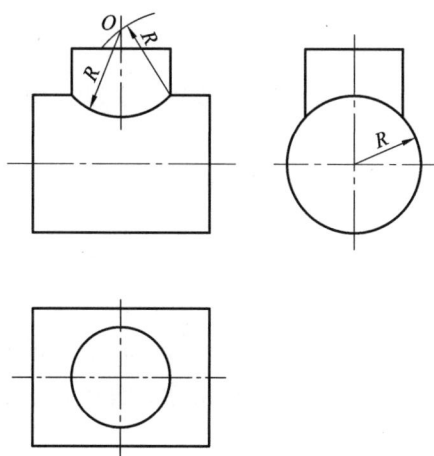

图 5-13　相贯线的简化画法

2)　圆柱与球正相贯

如图 5-14(a)所示，手柄由圆柱和球正交而成，圆柱的轴线通过球的中心，相贯线是圆，其直径与圆柱的直径相同,是球和圆柱面的共有线,圆柱面在水平面的投影积聚为一个圆,相贯线在水平面的投影就是该圆。相贯线所组成的平面与正面、侧面垂直,因此相贯线在正面和侧面的投影均积聚为一条直线,如图 5-14(b)所示。

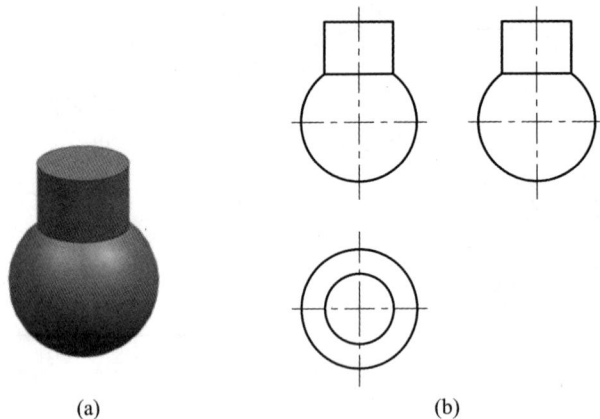

(a)   (b)

图 5-14   圆柱与球的相贯

5.3   组合体的三视图画法

本节关键词

画图步骤、形体分析法、线面分析法、三等关系、三个视图同时画。

学习小目标

(1) 掌握组合体三视图画法的一般方法和步骤,并能运用其熟练绘制出常见组合体的三视图。

(2) 会用形体分析法、线面分析法分析一般组合体。

学习小提示

本节的核心是形体分析。学习的时候可从资源库中选做配套的习题集以巩固和检验学习效果。如果有可能,最好是找几个模型实际观察、分析并绘制。

虽然组合体的外观千差万别,组合形式各有不同,但是组合体视图的画法步骤基本相同。因此应先对组合体进行形体分析,弄清组合体是由哪几个基本形体通过怎样的形式进行组合的,然后分析各基本形体的形状和视图、各基本形体表面之间的连接关系,以及各基本形体在视图中的画法等。具体来说，就是分析形体、选择视图、布置视图、绘制视图等。如果是手工绘图的话，则最后一个步骤"绘制视图"就要分为画视图底稿、检查与描深。

下面以实例来展示绘图过程。

【例 5-5】　画图 5-15(a)所示轴承座的三视图。

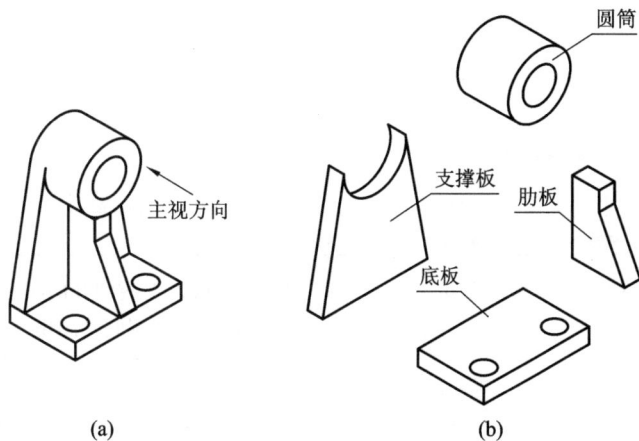

图 5-15　轴承座的形体分析

(1) 分析形体。

图 5-15 所示为轴承座组合体的轴测图和分解图。由图 5-15(b)可知，轴承座是由底板、圆筒、支撑板和肋板几部分叠加而成的。其中，底板和肋板之间的连接形式为不共面；支撑板的左右侧面和圆筒外表面相切；肋板和圆筒相交；底板上钻出两个圆孔。由此可知，轴承座属于综合类组合形式。

(2) 选择视图。

选择组合体视图时，应先选择主视图。选择主视图一般应从三个方面考虑：第一，应按自然稳定或画图简便的位置放置，通常将大平面作为底面；第二，选择反映形状及各部分相互关系特征尽量多的方向作为投射方向；第三，尽量减少其他视图中的虚线(不可见轮廓)。对于如图 5-15(a)所示的轴承座，从箭头方向看所得视图能满足上述基本要求，可作为主视图。为了把轴承座各部分的形状和相对位置完整、清晰地表达出来，除了选用主视图外，还要进一步表达宽度方向以及底板的形状，必须画出俯视图。同时，为了表达肋板的形状，必须画出左视图。

(3) 布置视图。

根据组合体的大小，定比例，选图幅，确定各视图的位置，画出各视图的基线，如组合体的底面、端面、对称中心线等。布置视图时应注意在三个视图之间留出一定空间，以便标注尺寸。

(4) 绘制视图。

绘制视图时一般应从主视图入手。先画主要部分，后画次要部分；先画看得见的部分，后画看不见的部分；先画圆和圆弧，后画直线。

轴承座组合体的画法步骤见表 5-9。

表 5-9 轴承座的画图步骤

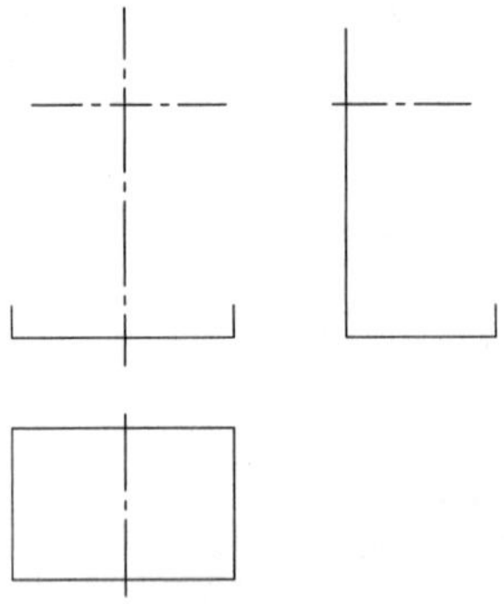 a. 布置视图，画基准。要注意视图间长对正、高平齐、宽相等的三等关系	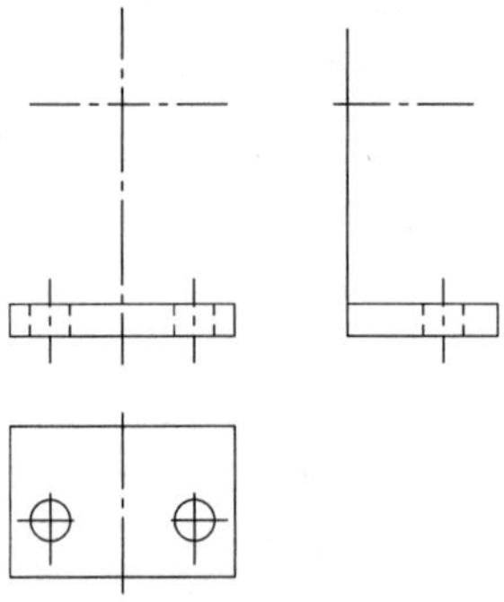 b. 画底板，定两圆孔的中心，画圆孔，从俯视图开始，三个视图同时画出
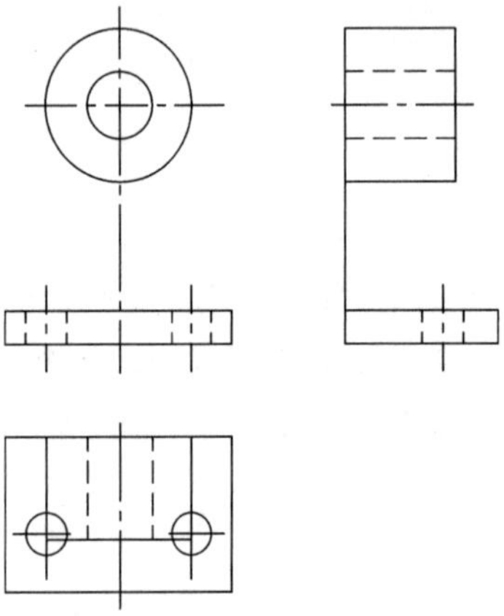 c. 画圆筒，从主视图开始，三个视图同时画出	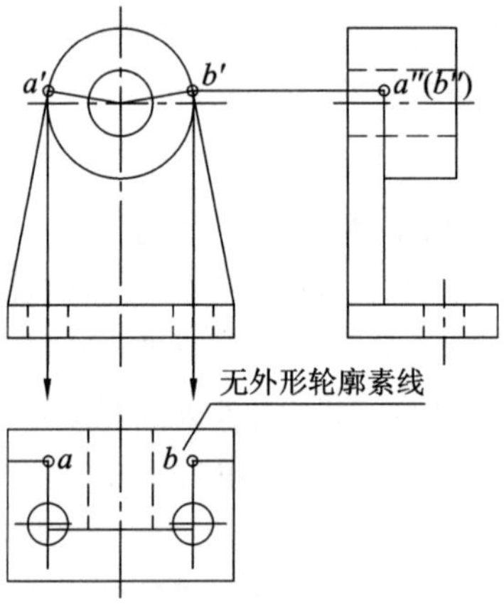 d. 画支撑板，在主视图中自底板顶面的左、右两端点作圆筒的切线，截取支撑板的厚度后，画左、俯视图，注意切点位置
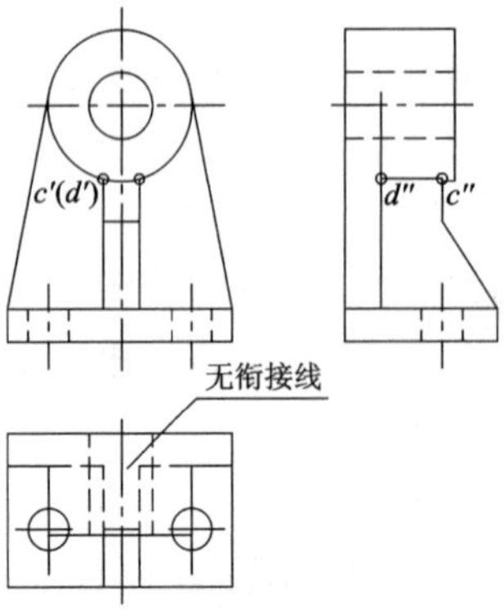 e. 画肋板，从主视图画起，注意左视图相交处的交线 $c''d''$	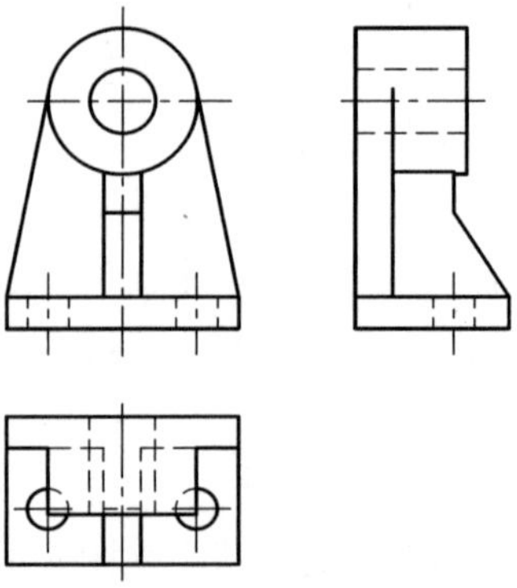 f. 检查修改，加深

【例 5-6】　画图 5-16 所示的楔式 V 形块的三视图。

这类组合体可以认为是基本形体经过平面或曲面若干次截割而成的。因此，这类组合体三视图的画法常常采用线面分析法进行，通过分析画出截割平面与形体表面产生的截交线，进而得到组合体视图。

图 5-16(c)所示的楔式 V 形块可认为是一个长方体被正垂面 P 切去左上角之后，再被两个侧垂面 Q 所切割，切出 V 形槽。楔式 V 形块的作图步骤见表 5-10。

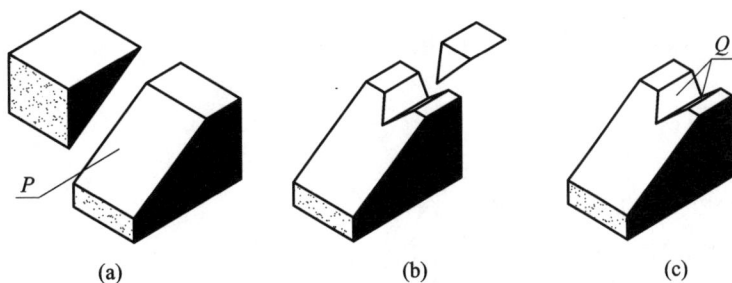

| (a) | (b) | (c) |

图 5-16　切割类组合体

表 5-10　楔式 V 形块的画图步骤

a. 画截面 P。先画主视图中的斜线，然后根据长对正、高平齐、宽相等的三等关系，依次画出俯视图、左视图中的图形	b. 画 V 形缺口。先画左视图中的 V 形，再根据高平齐、长对正、宽相等的三等关系，依次画出主视图中的虚线、俯视图中的两个直角梯形
c. 检查描深	

画图时应注意以下两个问题：

(1) 作每个截面的投影时，应先从具有积聚性的投影开始。

(2) 注意截面投影的类似性。俯视图和左视图中 V 形表面的投影为类似形。

5.4　组合体的尺寸标注

本节关键词

正确、完整、清晰、尺寸基准、定位尺寸、定形尺寸。

学习小目标

(1) 掌握尺寸标注的基本要求和尺寸种类。
(2) 能初步选定组合体长、宽、高三个方向的尺寸基准。
(3) 能完整、正确、清晰地标注常见组合体的尺寸。

学习小提示

要牢记尺寸标注的基本要求——正确、完整、清晰。正确区分定形尺寸和定位尺寸，明确在同一个图形中，有的尺寸可能既是定形尺寸，又是定位尺寸。

1．组合体尺寸标注的基本要求

在组合体的视图上标注尺寸，必须要做到六个字，即正确、完整、清晰。正确就是指尺寸标注必须符合国家标准的规定，不错；完整是指各类尺寸齐全，不少；清晰是指尺寸布置整齐便于看图，不乱。

2．组合体尺寸的种类

组合体的完整尺寸包含定形尺寸、定位尺寸和总体尺寸。

1) 定形尺寸

定形尺寸是指确定各形体形状及大小的尺寸。如图 5-17(a)所示，俯视图中底板尺寸长 70、宽 40、圆孔尺寸 $2 \times \phi10$、圆角尺寸 $R10$ 和竖板尺寸宽 8，主视图中底板尺寸高 10、半圆弧 $R12$ 和圆孔尺寸 $\phi12$ 都属于定形尺寸。

2) 定位尺寸

定位尺寸是指确定各形体之间相对位置的尺寸。标注定位尺寸必须选择尺寸基准。

所谓尺寸基准，简单地说就是标注尺寸的起点，具体是指标注尺寸时用以确定尺寸位置所依据的那些面、线或点。组合体有长、宽、高三个方向的尺寸，因此，每个方向至少有一个尺寸基准。图 5-17(b)中，以组合体左、右对称平面为长度方向尺寸基准，以后端面为宽度方向尺寸基准，以底板的下底面为高度方向尺寸基准。

图 5-17(b)俯视图中的 50 和 30 分别是底板上两个小圆孔长度和宽度方向的定位尺寸，以底板的左右对称平面为长度方向的尺寸基准标注出 50，以底板的后端面为宽度方向的尺寸基准标注出 30；主视图中的 25 是 $\phi12$ 圆孔高度方向的定位尺寸，以底板的下底面为高度

方向的尺寸基准，标注出竖板半圆弧与圆孔的定位尺寸 25。

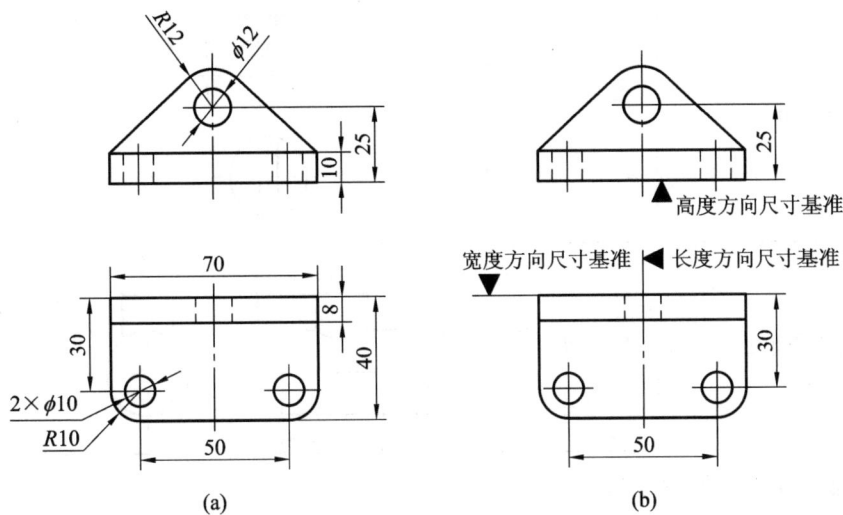

图 5-17　组合体的尺寸分类与基准

3) 总体尺寸

组合体尺寸标注中，可根据需要标注必要的总体尺寸，即组合体的总长、总宽和总高。如图 5-17(a)所示，组合体的总长、总宽为底板的长 70、宽 40，其余视图不再重复标注。总高没有直接标注，可通过 25 + R12 计算得出。

3. 组合体尺寸标注的基本方法

组合体的尺寸标注方法采用形体分析法。通过形体分析，标注各形体的定形尺寸以及各形体间的定位尺寸，最后标注出组合体的总体尺寸。

1) 常见的几种尺寸标注

圆柱体、球体被平面截割以及圆柱体相贯所得组合体的尺寸标注如表 5-11 所示。

表 5-11　常见的几种尺寸标注

棱柱体的截割	
圆柱体的截割	

续表

球体的截割	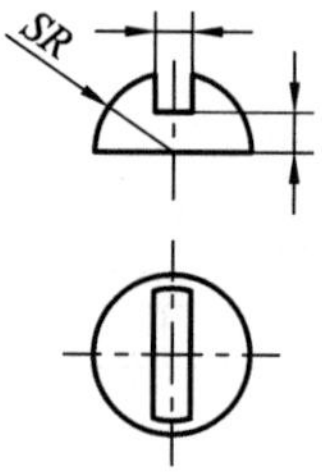
圆柱正交相贯	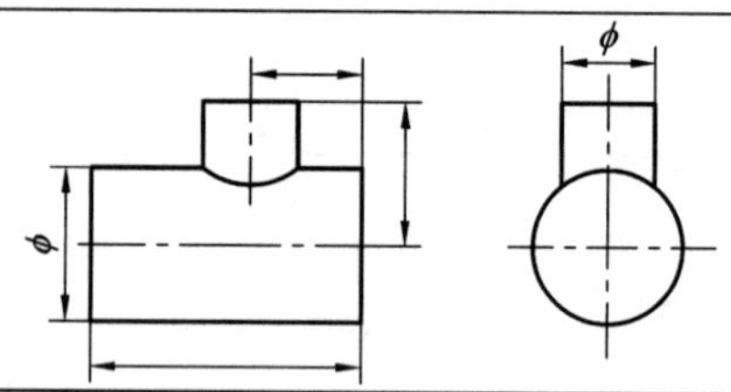

2) 组合体的尺寸标注方法

为了便于读图和查找相关尺寸，尺寸的布置必须整齐清晰。

(1) 突出特征。定形尺寸尽量标注在能反映该部分形状特征的视图中，如底板的圆孔和圆角、竖板的圆孔和圆弧，应分别标注在俯视图和主视图上。

注意：尽可能避免在虚线上标注尺寸。

(2) 相对集中。组合体中某一部分的定形尺寸及有联系的定位尺寸应尽可能集中标注，以便于读图时查找。

(3) 布局整齐。尺寸应尽可能布置在两视图之间，以便于对照。同一方向的平行尺寸应做到内小外大，即小尺寸在内、大尺寸在外，间隔均匀。同一方向的串联尺寸应排列在同一直线上。

图 5-15 所示轴承座的尺寸分析与标注过程如表 5-12 所示。

表 5-12 轴承座尺寸标注

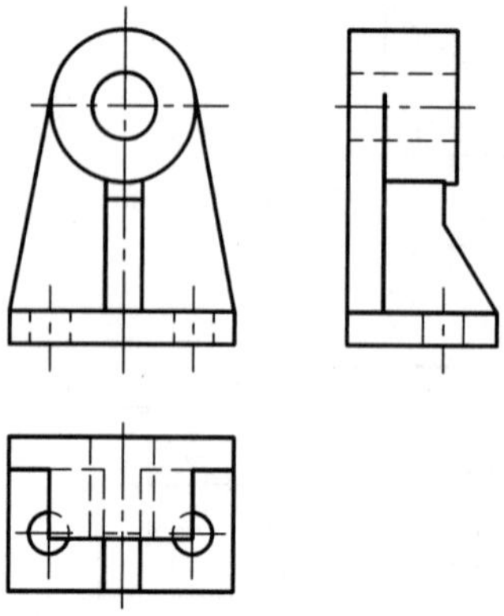	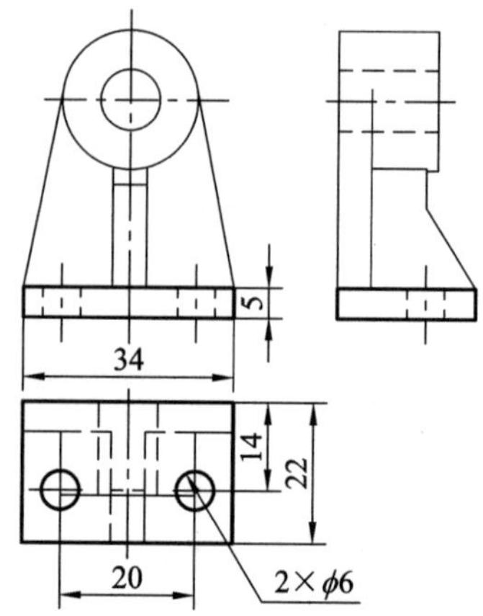
a. 绘制轴承座的三视图	b. 标注轴承座底板尺寸，定形尺寸为 34、22、5、2×ϕ6，定位尺寸为 20、14

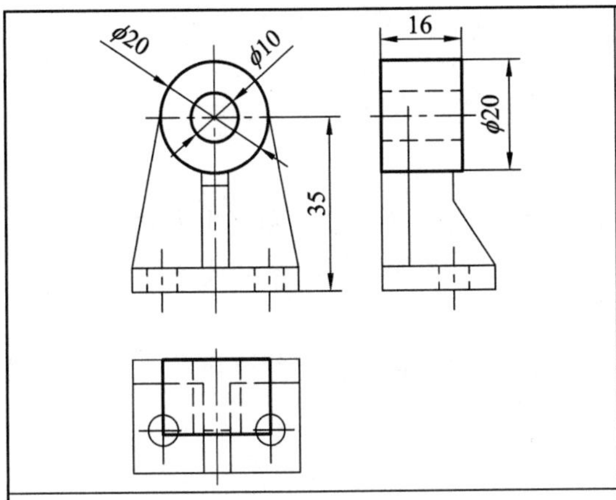

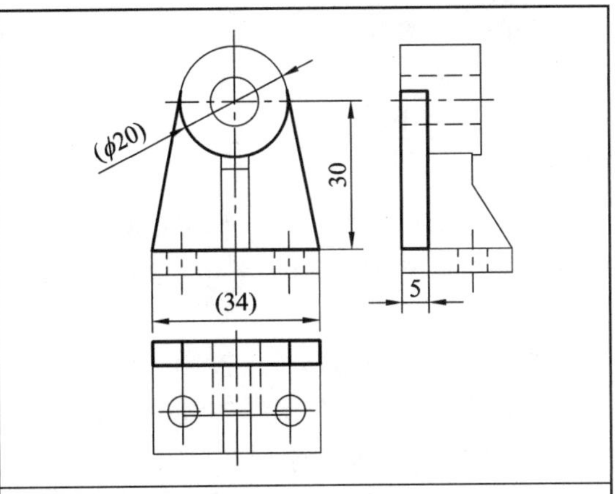

c. 标注轴承座圆筒尺寸,定形尺寸为$\phi20$、$\phi10$、16,定位尺寸为35	d. 标注轴承座支撑板尺寸,定形尺寸为5,图中括号内尺寸已在 b、c 步骤标注
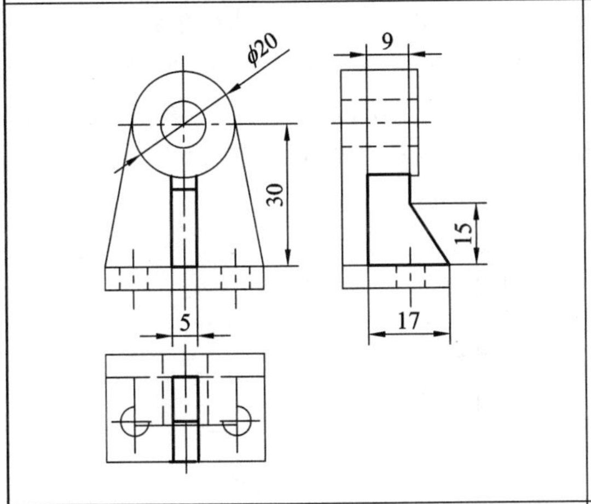 e. 标注轴承座肋板尺寸,定形尺寸为 5、17、9	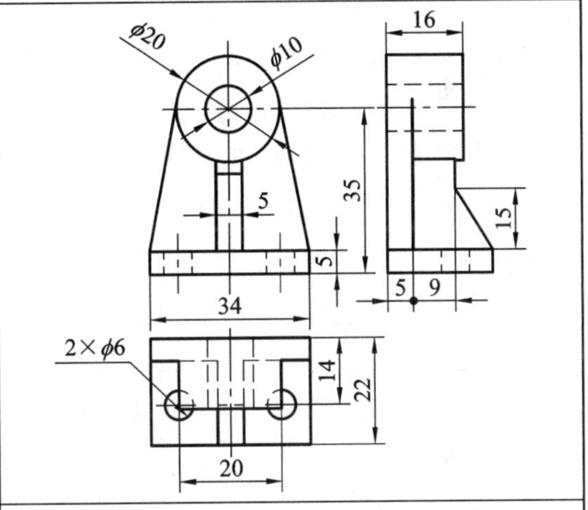 f. 全面核对尺寸,并作必要的修改,使所标的尺寸正确、完整、清晰

5.5　读组合体视图

本节关键词

基本要领、形体分析法、线面分析法。

学习小目标

(1) 清楚读组合体视图的三个基本要领。

(2) 掌握用形体分析法和线面分析法读组合体视图的一般方法和步骤。

(3) 能用形体分析法、线面分析法熟练识读常见较复杂组合体的三视图，并能根据要求补画图形或漏线。

学习小提示

为了正确而迅速地读懂视图，必须十分熟练掌握读图的基本要领和基本方法，要内化于心。同时，对于方法的掌握，最好的办法是练习，在读图的过程中学会读图。

画图是把空间形体按正投影方法绘制在平面上，读图则是根据已经画出的视图进行图形分析，想象空间形体形状的过程，是画图的逆过程。

1. 读图的基本要领

1) 多视图对应起来读图

在机械图样中，每个视图只能反映机件一个方向的形状，机件的形状往往是通过几个视图来表达清楚的。因此，仅由一个或者两个视图往往不能唯一地表达机件的形状。例如，图 5-18、图 5-19 所示的 4 组主、俯视图，它们的主视图或俯视图完全相同，但与俯视图或主视图对应起来不难发现，这是 4 个完全不同形体的视图。所以，只有把俯视图与主视图联系起来识读，才能判断出它们的形状。再如，图 5-20 所示的 4 组图形中，主、俯视图完全相同，却是 4 种不同形状的物体。

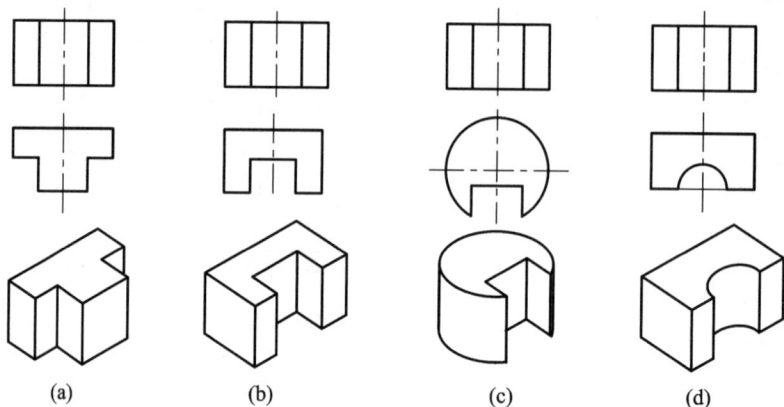

图 5-18 一个视图不能唯一确定物体形状(1)

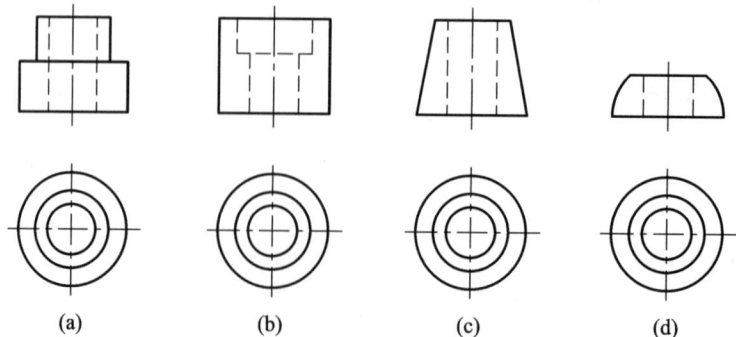

图 5-19 一个视图不能唯一确定物体形状(2)

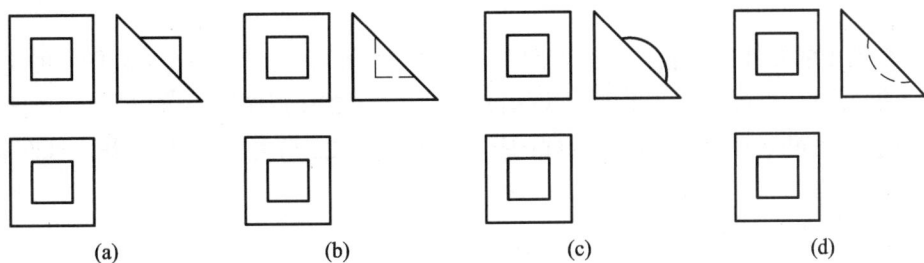

图 5-20　两个视图不能唯一确定物体形状

2) 抓住特征视图读图

特征视图是指在物体的一组视图中反映其形状特征与相对位置最清晰明了的那个视图。例如，图 5-21 中的主视图不仅反映了主要部分的半圆柱特征，还把组成物体的 4 个部分的位置关系表现得一目了然。

3) 明确视图中线框和图线的含义

图形都是由线框或图线构成的，明确它们所表示的可能含义，是读图的关键之一。

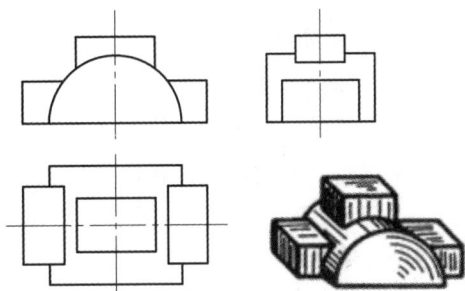

图 5-21　抓住特征视图

(1) 封闭线框：通常表示物体的一个表面(平面或曲面)的投影。如图 5-22(a)所示的主视图中有四个封闭线框 a'、b'、c'、d'，对照俯视图可知，线框 a'、b'、c' 分别是六棱柱前面、左前面、右前面等三个侧面的投影，线框 d' 则是圆柱面前(后)的投影。

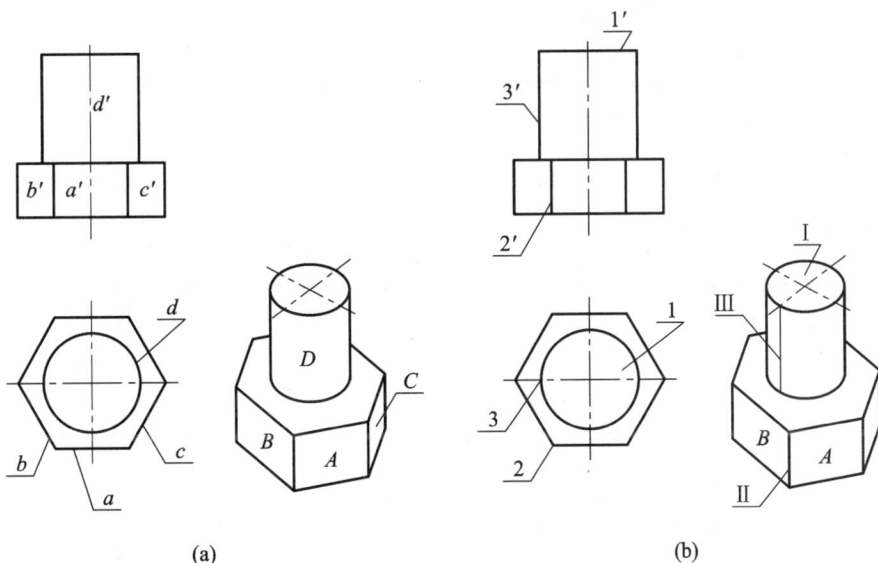

图 5-22　视图中线框和图线的含义

(2) 相邻两线框或大线框中有小线框：表示物体不同位置的两个表面。可能是两表面相交，如图 5-22(a)中的 A、B、C 面依次相交；也可能是同向错位(如上下、前后、左右)，如图 5-22(a)俯视图中大线框六边形中有小线框图，就是六棱柱顶面(下)与圆柱顶面(上)投影形成的。

(3) 视图中的图线：可能是立体表面有积聚性的投影。如图 5-22(b)主视图中的 1′ 是圆柱顶面 I 的投影，也可能是两平面交线的投影；如图 5-22(b)主视图中的 2′ 是 A 面与 B 面交线的投影，还可能是曲面转向轮廓线的投影；如图 5-22(b)主视图中 3′ 是圆柱面前后转向轮廓线的投影。

2. 读图的基本方法

读组合体视图常用的方法有两种：形体分析法和线面分析法。形体分析法较为常用，线面分析法常常用来解决截割类组合体视图的识读。

1) 形体分析法

用形体分析法读图的过程是：在反映形状特征比较明显的主视图上按线框将组合体划分为几个部分，然后通过投影关系，找到各线框在其他视图中的投影，从而分析各部分的形状及它们之间的相互位置，最后综合起来，想象组合体的整体形状。

【例 5-7】 以图 5-23 所示组合体的主、俯视图为例，说明运用形体分析法识读组合体视图的方法与步骤。

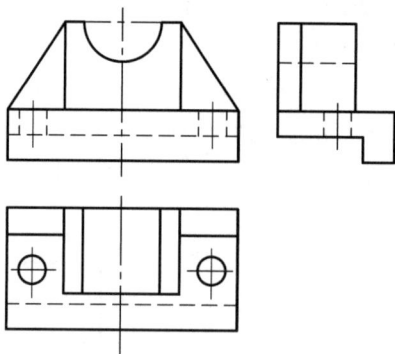

图 5-23 组合体三视图

用形体分析法读图的具体分析步骤见表 5-13。

表 5-13 用形体分析法读图的步骤

步骤	图　形	作 图 说 明
画线框，分形体		将形状特征视图——主视图分为四个线框，其中线框 2′、4′ 为左、右两个相同的三角形线框，可以看成一个线框，因此整个线框归纳为三种线框，即三种形体

步骤	图　　形	作 图 说 明
对投影,想形状	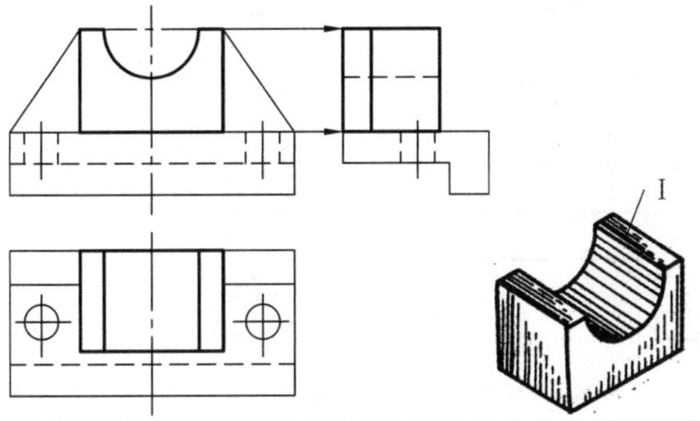	对于线框 1′,根据长对正、高平齐、宽相等的三等关系,如图所示找投影,可以想象出形体Ⅰ是一个在其正上方割有一半圆槽的长方体
	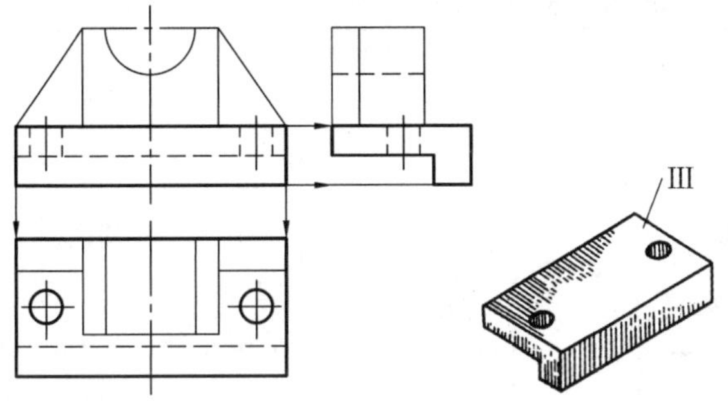	对于线框 3′,根据左视图投影可知,形体Ⅲ是一块 L 形的直角弯板,板上有左右对称的两圆孔
	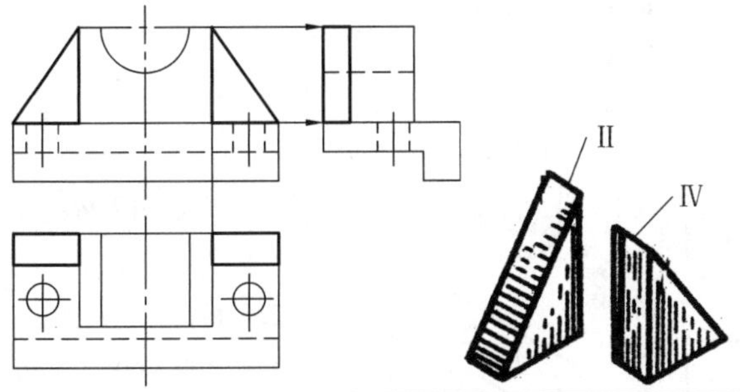	对于线框 2′、4′,根据三等关系可知,形体Ⅱ、Ⅳ是两个直角三棱柱
合起来,想整体	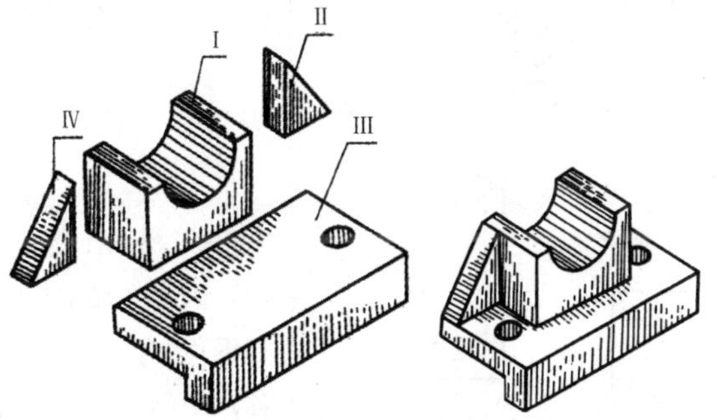	对应主视图可知,形体Ⅰ在Ⅲ的正上方,形体Ⅱ、Ⅳ在Ⅲ的上方、Ⅰ的左右两边,对应俯、左视图可知,这四个形体后平面共面

【例 5-8】　已知支撑的主、左视图(见图 5-24),补画俯视图。

分析　对照左视图,把主视图划分为三个封闭线框作为组成支撑的三个部分:1′ 是下部倒凹字形线框;2′ 是上部矩形线框;3′ 是圆形线框。运用形体分析法可以想象出,该支撑是由两侧带耳板的底板Ⅰ及两个轴线正交的圆柱体Ⅱ和Ⅲ叠加而成的,这三个部分均有圆柱孔。再分析它们的相对位置，就可对支撑的整体形状有初步认识。

补画支撑的俯视图作图步骤如表5-14所示。

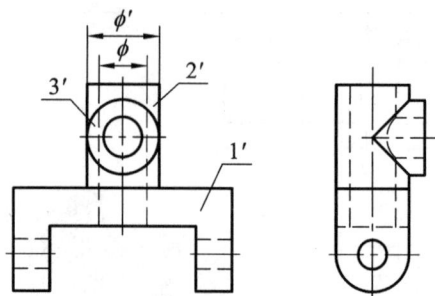

图5-24 支撑的主、左视图

表5-14 补画支撑的俯视图步骤

步骤	图 形	作 图 说 明
画线框，分形体		对照左视图，把主视图划分为三个封闭线框作为组成支撑的三个部分：1′是下部倒凹字形线框；2′是上部矩形线框；3′是圆形线框
对投影，想形状		从主视图上分离出底板的线框，由底板主、左视图可看出它是一块长方形平板，左右两侧是下部为半圆柱体，上部为长方体的耳板，耳板上各有一个圆柱形通孔。画出底板的俯视图
		在主视图上分离出上部的矩形线框，因为在图中标注有直径，对照左视图可知，它是垂直于水平面的圆柱体，中间有穿通底板的圆柱孔，圆柱与底板的前、后端面相切。画出圆柱的俯视图

步骤	图　　形	作图说明
对投影，想形状	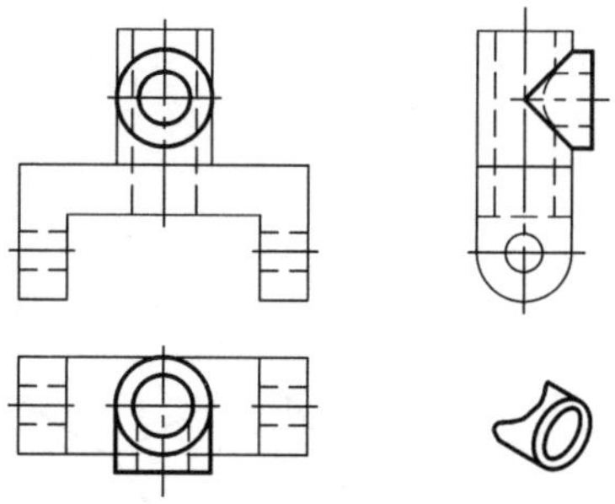	在主视图上分离出上部的圆形线框(框中还有一个小圆)，对照左视图可知，它也是一个中间有圆柱孔的垂直于正面的圆柱体，直径与圆柱体 Ⅱ 相等，而孔的直径比圆柱体 Ⅱ 的孔小。两圆柱体的轴线垂直相交，且均平行于侧面。画出圆柱体 Ⅲ 的俯视图
合起来，想整体	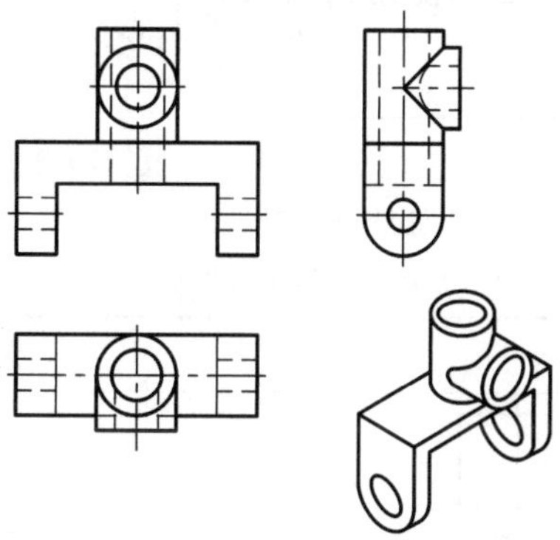	根据底板和两个圆柱体的形状，以及它们的相对位置，可以想象出支撑的整体形状，然后校核补画出俯视图，描深

2) 线面分析法

对较复杂的组合体，除了用形体分析法分析整体外，往往还要对一些局部结构采用线面分析的方法。

所谓线面分析法，就是把组合体看成由若干平面或平面与曲面围成，面与面之间常存在交线，利用线面的投影特征，确定其表面的形状和相对位置，从而想象出组合体的整体形状。

平面的三面投影特性是：如果一个平面的三面投影符合"一线两框"，即一个投影是直线，另外两个投影是线框(平面)，则这个平面是投影面垂直面；如果一个平面的三面投影符合"两线一框"，即两个投影是直线，一个投影是线框(平面)，则这个平面是投影面平行面；如果三个投影都是线框，则这个平面就是一般位置平面。因此要善于利用线、面投影的真实性、积聚性和类似性。

读图时，应遵循形体分析为主，线面分析为辅的原则。

下面是线面分析法在读图中的应用举例。

【例 5-9】　已知压板的主、俯视图(见图 5-25)，补画左视图。

分析　主视图中三个封闭线框 a'、b'、e' 对应俯视图中压板前半部的三个平面 A、E 积聚成直线的投影 a、b、e。其中 A 和 E 是正平面，B 是铅垂面。俯视图中两个封闭线框 c 和 d 对应主视图中两个平面 C 和 D 积聚成直线的投影 c' 和 d'。其中，C 是正垂面，D 是水平面。俯视图中压板前半部在虚线与实线组成的封闭线框 f 对应主视图中平面 F 积聚成

直线的投影 f'，显然 F 是水平面。由此可想象，压板是一个长方体左端被三个平面切割，底部被前后对称的两组平面切割，如图 5-26 所示。

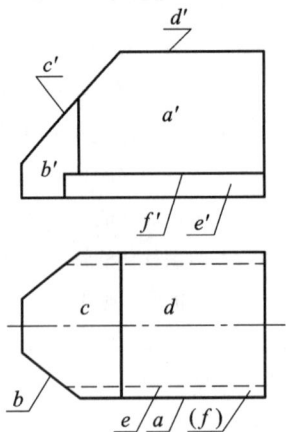

图 5-25　压板的主、俯视图　　　　图 5-26　压板的轴测图

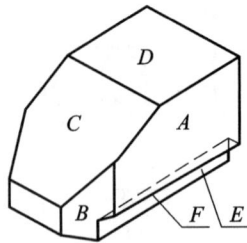

用线面分析法画压板左视图的具体作图步骤如表 5-15 所示。

表 5-15　用线面分析法画压板的左视图

步骤	图　　形	作 图 说 明
1		长方体被正垂面 C 切去左上角，由主视图补画左视图
2		长方体被两个铅垂面切去前、后对称的两个角，按长对正、高平齐、宽相等且前后对应的投影关系补画左视图。必须注意的是，正垂面 C 的水平投影应与其侧面投影(六边形)类似；铅垂面 B 的正面投影 b'(与后半部铅垂面重影)应与其侧面投影类似
3		下部分被前后对称的两组水平面 F 和正平面 E 切去前后对称的两块，平面 F 和 E 在左视图上均有积聚性，由高平齐、宽相等作出它们的左视图

【例 5-10】 补画三视图(见图 5-27)中的漏线。

分析 从图 5-27 所示的三个视图分析,该组合体是长方体被几个不同位置的平面截割而成的。因此可运用线面分析法,采用边切割边补线的方法逐个补画出三个视图中的漏线。在补线过程中,要利用"长对正、高平齐、宽相等"的投影规律,特别要注意俯、左视图宽相等及前后对应的投影关系。三个视图中均没有圆或圆弧,可采用正等测徒手绘制轴测草图。

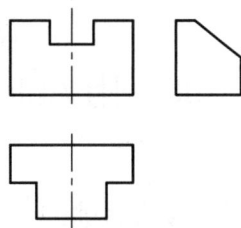

补画三视图漏线的作图步骤见表 5-16。

图 5-27 补画三视图中的漏线

表 5-16 补画三视图漏线的步骤

步骤	图 形	作 图 说 明
1		由左视图上的斜线可知,长方体被侧垂面切去一角。在主、俯视图中补画对应的漏线
2		由主视图上的凹槽可知,长方体的上部被一个水平面和两个侧平面截割。补画俯、左视图中对应的漏线
3		由俯视图可知,长方体前面被两组正平面和侧平面将左、右对称切去一角。补全主、左视图中对应的漏线。按徒手画出的轴测草图检查三视图

5.6 用 AutoCAD2023 绘制组合体三视图及标注尺寸

本节关键词

形体分析、表达方案、画图步骤。

学习小目标

(1) 在对组合体进行形体分析的基础上，能确定视图表达方案，并且明确画图步骤。
(2) 能熟练运用 AutoCAD2023 绘制组合体三视图并标注尺寸。

学习小提示

本节主要学习如何在对组合体进行形体分析的基础上，拟定视图表达方案，形成绘图步骤，然后用 AutoCAD2023 绘制组合体三视图及标注尺寸。方法与步骤明确之后，最关键的就是要进行必要的实践练习。

1. 绘制组合体视图的方法与步骤
一般绘制组合体视图的步骤如下：
(1) 组合体形体分析，确定视图表达方案。
(2) 确定画图步骤。
(3) 选比例，定图幅。
(4) 选定尺寸基准。
(5) 画底稿。
(6) 标注尺寸，检查、加深。
2. 绘图示例
【例 5-11】 用 AutoCAD2023 绘制如图 5-28(a)所示的支座的三视图，并标注尺寸。
(1) 形体分析。
对支座的形体进行分析，可以认为它是由空心圆柱体、底板、肋板、凸台、耳板组成，其中空心圆柱体起着核心的作用，连接着支柱其他部分，如图 5-28(b)所示。
(2) 确定视图表达方案。
先确定主视图方向。由于支座属于叉架、箱体类零件，因此应该选其工作位置作为主视图的方向。再结合最大形状特征的原则，选如图 5-28(a)所示的 A 向作为主视方向。主视图确定了，俯视图、左视图也就随之确定了。

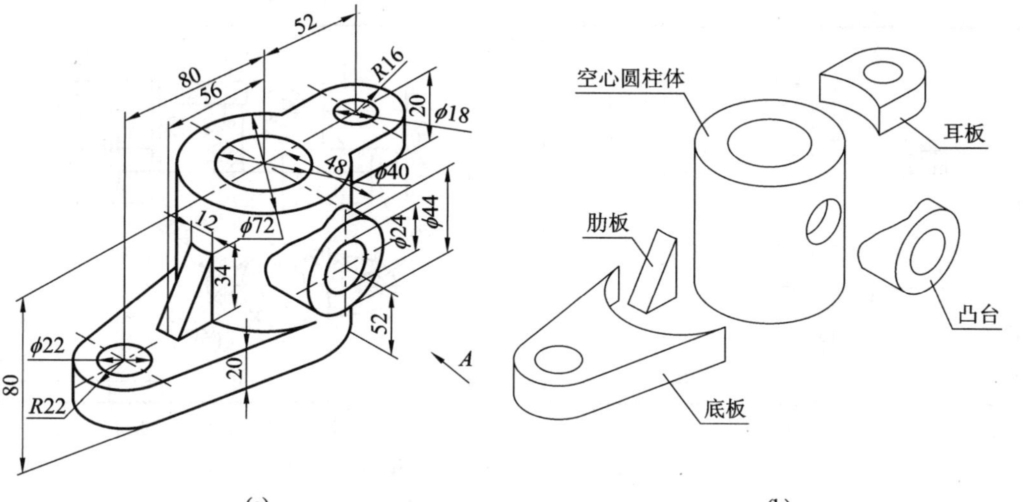

(a)

(b)

图 5-28　支座及形体分析

(3) 确定支座三视图的画图步骤。

选比例 1∶1 和图纸幅面 A3，确定整体布局，即各视图位置。确定各视图主要中心线和基准线的位置。按形体分析法，从核心形体——空心圆柱体着手，并按各基本形体的相对位置，逐个画出它们的三视图，支座的具体作图步骤如图 5-29 所示。

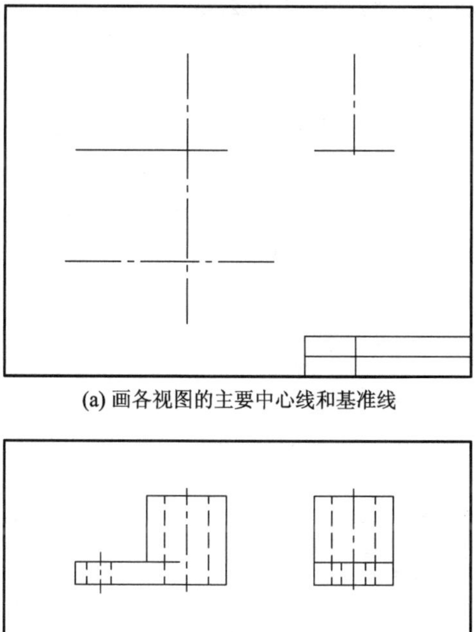

(a) 画各视图的主要中心线和基准线

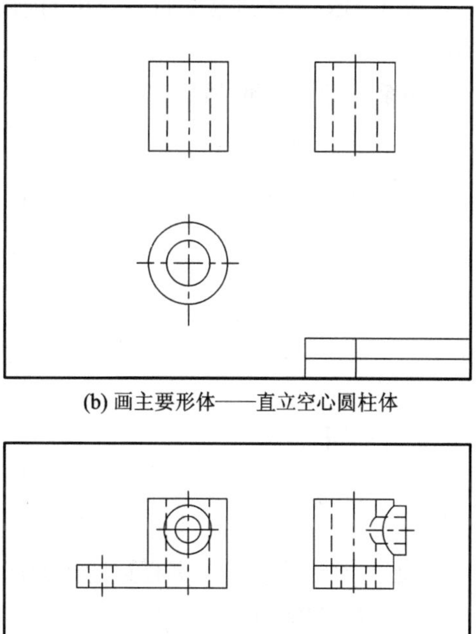

(b) 画主要形体——直立空心圆柱体

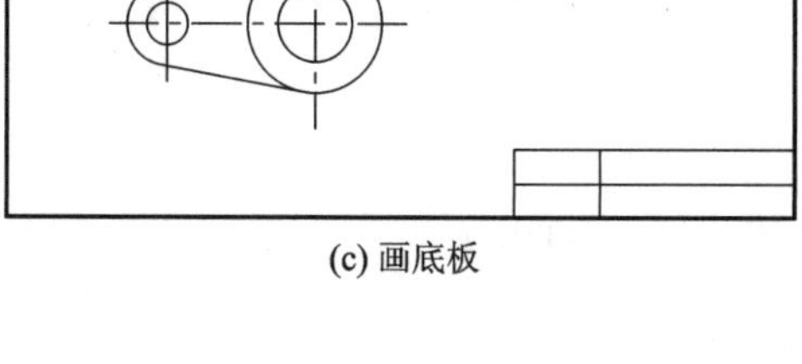

(c) 画底板

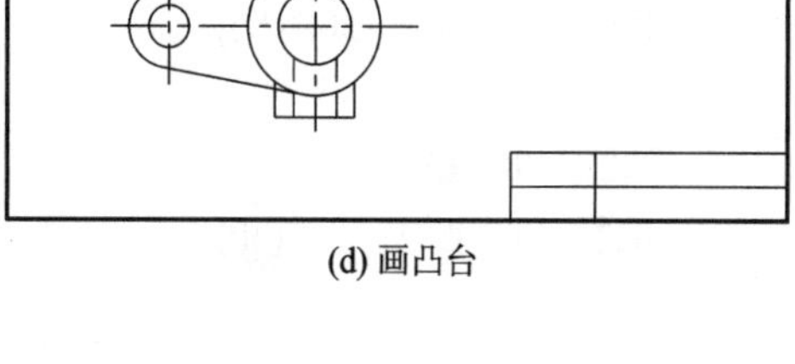

(d) 画凸台

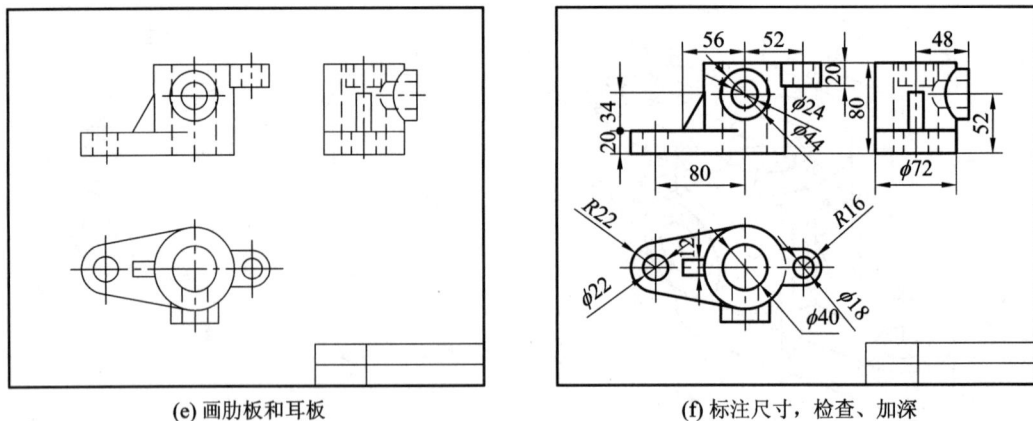

(e) 画肋板和耳板　　　　　　(f) 标注尺寸，检查、加深

图 5-29　支座绘制步骤

(4) 用 AutoCAD2023 绘制支座的三视图及标注尺寸。

① 画各视图的主要中心线和基准。在中心线图层状态下绘制各视图的主要中心线，在粗实线图层状态下绘制主、左视图的基准线。具体步骤如下：

　　命令：LINE

　　指定第一点：A

　　指定下一点或 [放弃(U)]：B ↙

直线 1、2、3 的画法与直线 *AB* 的画法类似，各直线之间的距离要布置适当，以方便绘图和标注。

绘图结果如图 5-30 所示。

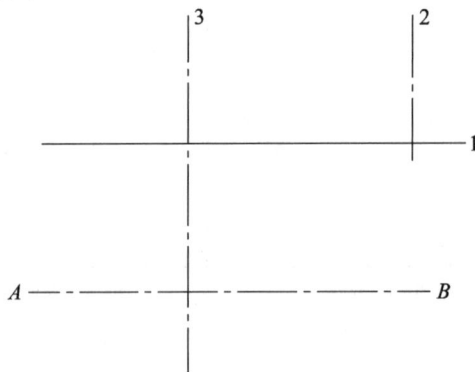

图 5-30　画各视图的主要中心线

② 画主要形体。直立空心圆柱体的绘制步骤如下：

　　命令：CIRCLE

　　指定圆的圆心或 [三点(3P) / 两点(2P) / 相切、相切、半径(T)]：O

　　指定圆的半径或 [直径(D)]：36 ↙

　　命令：CIRCLE

　　指定圆的圆心或 [三点(3P) / 两点(2P) / 相切、相切、半径(T)]：O

指定圆的半径或 [直径(D)] <36.0000>：20 ✓

命令：LINE

指定第一点：A(捕捉ϕ72 圆的左象限点与主视图基准线的交点作为直线的第一点)

指定下一点或 [放弃(U)]：80(鼠标垂直向上)

指定下一点或 [放弃(U)]：72(鼠标水平向右)

指定下一点或 [闭合(C) / 放弃(U)]：80(鼠标垂直向下)

指定下一点或 [闭合(C) / 放弃(U)]：C ✓

在虚线图层状态下绘制ϕ40 的内孔，画法与ϕ72 的圆柱类似。左视图与主视图的绘图结果相同，可采用"修改工具栏"里的"复制"命令 🖧 进行复制。多余的线条采用"修改工具栏"里的"修剪"命令 ✂ 进行修剪。绘制结果如图 5-31 所示。

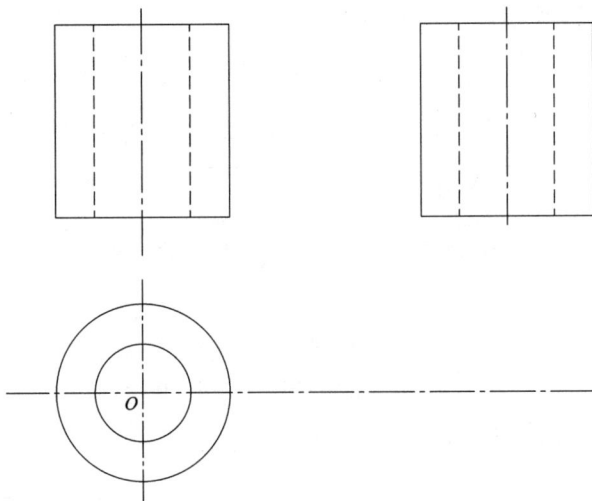

图 5-31　画直立空心圆柱体

③ 画底板。运用 AutoCAD2023 绘图时，各视图不一定要根据已知条件才能画出，学习者要熟悉并合理运用捕捉点功能，以简便绘图。本例中画底板时，可以运用"对象捕捉"工具栏里的"捕捉到切点"命令 ⊙ 绘制两圆的切线。

绘制切线步骤如下：

命令：LINE

指定第一点：_tan 到 A　(见图 5-32)

指定下一点或 [放弃(U)]：_tan 到 B (见图 5-33)✓

图 5-32　画直线 AB(1)

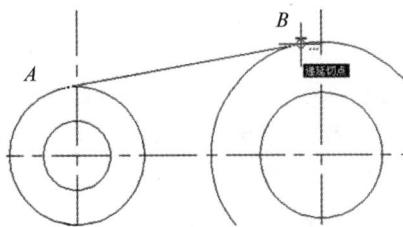

图 5-33　画直线 AB(2)

与 AB 直线对称的下半部分可运用镜像命令,步骤如下:

命令:MIRROR

选择对象:找到 1 个   (直线 AB)

指定镜像线的第一点:

指定镜像线的第二点: (可选择直线中心线上的任意两点)

是否删除源对象? [是(Y) / 否(N)] <N>:N ✓

修剪多余线条步骤如下:

命令:TRIM

选择剪切边...(与圆相切的两条直线)

选择对象:找到 1 个(要修剪掉的部分)

修剪结果如图 5-34 所示。

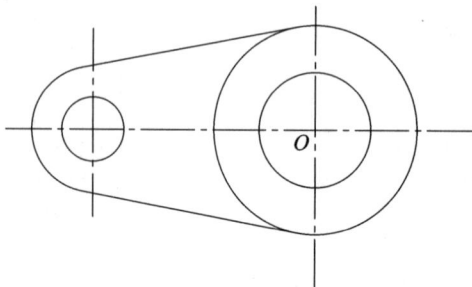

图 5-34 修剪后的图形

要完成该底板的主视图和左视图,可用绘图工具栏里的直线命令并运用上述捕捉点的方法即可很快完成。绘图结果如图 5-35 所示。

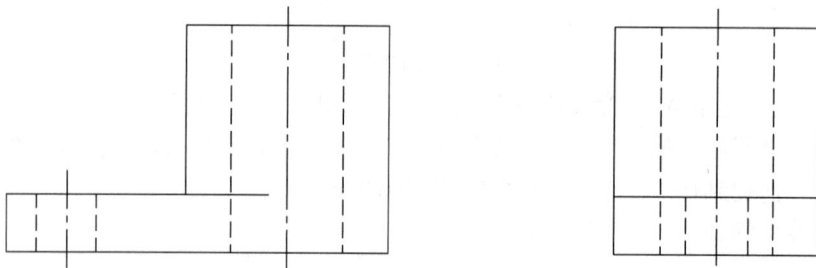

图 5-35 底板的主视图、左视图

④ 画凸台。其具体步骤如下:

命令:OFFSET

指定偏移距离或 [通过(T)] <通过>:52(确定主视图中凸台的圆心位置)

选择要偏移的对象或 <退出>:(底边基准线)

指定点以确定偏移所在一侧:(基准线上方 0)

命令:CIRCLE 指定圆的圆心或 [三点(3P) / 两点(2P) / 相切、相切、半径(T)]:

指定圆的半径或 [直径(D)]:22 ✓

采用同样方法同时绘制ϕ24 的同心圆。

命令：TRIM

当前设置：投影 = UCS，边 = 无

选择剪切边...ϕ44 的圆

选择对象：找到 1 个(删除多余线段)

命令：OFFSET

指定偏移距离或 [通过(T)] <52.0000>：48(确定凸台伸出距离)

选择要偏移的对象或 <退出>：(左视图中心线)

指定点以确定偏移所在一侧：(右侧)✓

命令：LINE

指定第一点：(捕捉到主视图ϕ44 圆的象限点与左视图ϕ72 圆的交点)

指定下一点或 [放弃(U)]：(垂直向下 44)

指定下一点或 [放弃(U)]：(水平向左至ϕ72 的交点)✓

修剪掉多余线段，结果如图 5-36 所示。

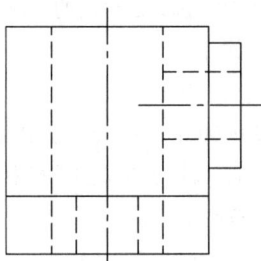

图 5-36　凸台及内孔

命令：ARC

指定圆弧的起点或 [圆心(C)]：A

指定圆弧的第二个点或 [圆心(C) / 端点(E)]：B

指定圆弧的端点：C

内孔的相贯线与外圆柱的画法类似,此处省略步骤。修剪掉多余线段后的结果如图 5-37 所示。

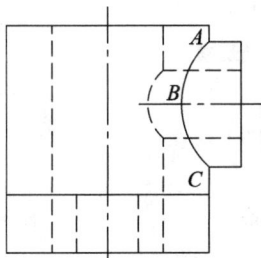

图 5-37　凸台与直立圆柱体的相贯线

俯视图画法与左视图画法类似，此处省略步骤，结果如图 5-38 所示。

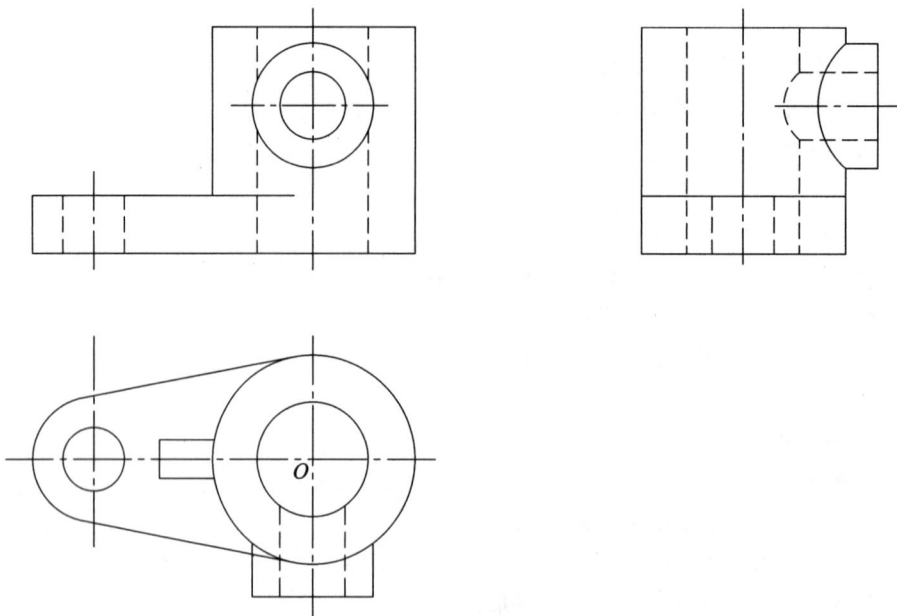

图 5-38　画好凸台后的三视图

⑤ 画肋板和耳板。其具体步骤如下：

　　命令：OFFSET

　　指定偏移距离或 [通过(T)] <52.0000>：52(确定耳板在俯视图上的圆心)

　　选择要偏移的对象或 <退出>：(俯视图φ40 圆的垂直中心线)

　　指定点以确定偏移所在一侧：(右侧)✓

　　命令：CIRCLE 指定圆的圆心或 [三点(3P) / 两点(2P) / 相切、相切、半径(T)]：

　　指定圆的半径或 [直径(D)]：16(分别指定圆的半径 16 和 9)✓

　　命令：LINE

　　指定第一点：4　(捕捉到象限点，见图 5-39)

　　指定下一点或 [放弃(U)]：D (捕捉到交点，见图 5-40)✓

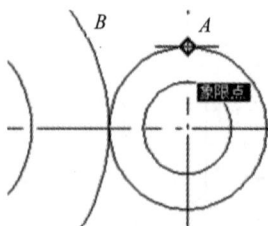

图 5-39　象限点捕捉

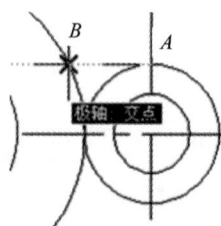

图 5-40　交点捕捉

利用捕捉功能找到圆下端与 A 点对应的象限点，水平向左移动鼠标，利用捕捉功能，捕捉到水平线与圆弧的交点，点击鼠标左键完成相应线段的绘制。

　　命令：ARC 指定圆弧的起点或[圆心(C)]：_c 指定圆弧的圆心：(φ40 圆的圆心 O)

　　指定圆弧的起点：C

指定圆弧的端点或 [角度(A) / 弦长(L)]：B

耳板的主、左视图画法同上，此处同样省略步骤，绘制结果如图 5-41 所示。

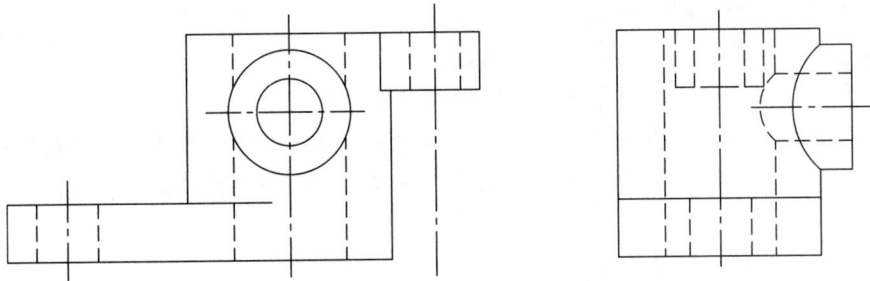

图 5-41　耳板的主视图、左视图

对于肋板视图的绘制，可全部运用直线命令，先确定主、左视图，再运用捕捉点的方法确定俯视图中的线段，其主视图的画法如下：

命令：LINE 指定第一点：_from 基点：A 偏移>：@-56,-60

指定下一点或 [放弃(U)]：34 ✓

其绘制结果如图 5-42 所示。

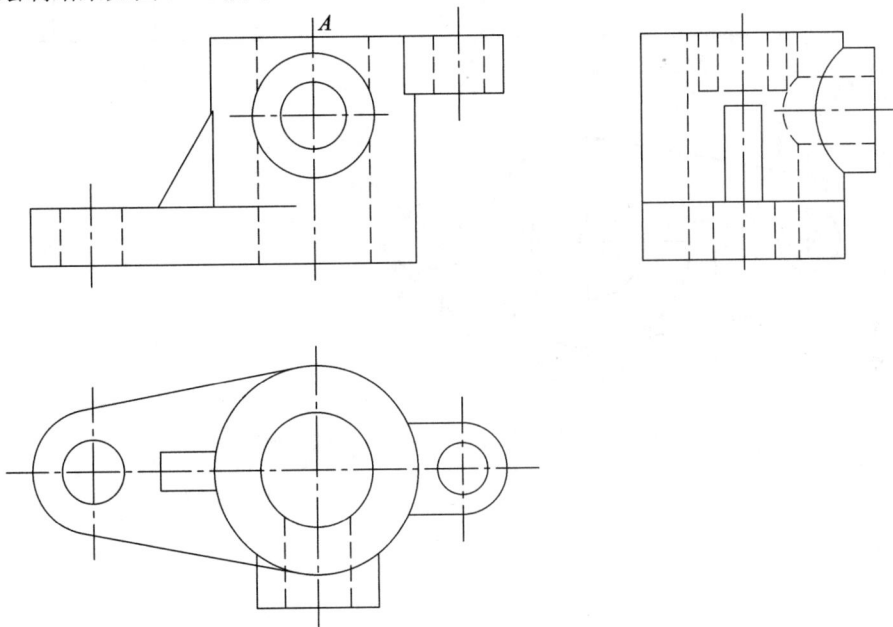

图 5-42　耳板和肋板画好后的三视图

⑥ 尺寸标注。完成此视图的标注主要运用了线性标注、半径标注和直径标注三种标注命令。

调用线性标注命令一般有以下三种方法：

a. 直接在命令栏里输入"DIMLINEAR"命令。

b. 点击下拉菜单"标注"→"线性"进行调用。

c. 单击标注工具条中的"线性标注"按钮 ⊢⊣ 进行调用。

调用线性标注命令后，根据命令提示：

指定第一条尺寸界线原点或 <选择对象>:

指定第二条尺寸界线原点:

指定尺寸线位置，即可标注完成。

利用线性标注可完成图 5-42 中的大部分标注。

标注半径和直径时，调用命令后同样指定尺寸线位置即可。

对于直立空心圆柱体的左视图 ϕ72 尺寸的标注，也可先通过线性标注得到尺寸 72 后，再双击选中该尺寸，通过下拉菜单栏"修改"→"特性"→"标注前缀"，输入"%%C"即可得到"ϕ"。

组合体支座的尺寸标注如图 5-43 所示。

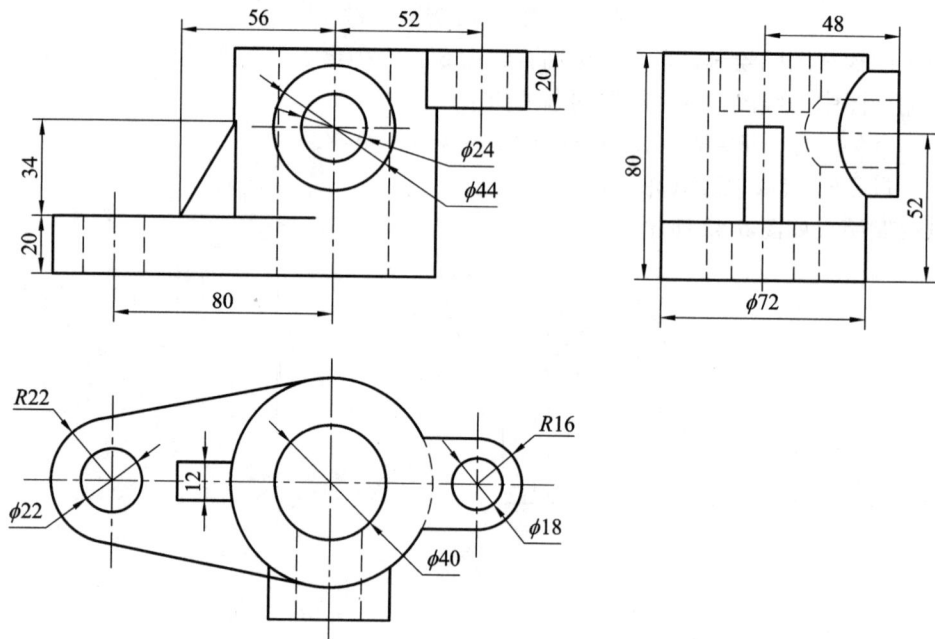

图 5-43　组合体支座尺寸标注后的三视图

第 6 章　机件的常用表达方法

6.1　视　　图

本节关键词

基本视图、局部视图、向视图、斜视图。

学习小目标

(1) 掌握六个基本视图的名称、配置位置与三等关系，能正确绘制常见形体的基本视图，并能正确识读。

(2) 能说出局部视图和斜视图的概念及主要使用场合，并能根据需要正确绘制、标注和识读。

学习小提示

本节主要在三视图的基础上，对视图予以拓展。在学习基本视图时，自己可以用一个粉笔盒或其他包装盒之类的盒子的六个面作为六个透明的基本投影面，从六个方向观察其中的小物体，进而展开在同一平面内，从而认识和理解基本视图的形成过程、方位和尺寸关系等。

在机械图样中，视图主要用来表达机件的外部结构和形状，一般只画出可见部分，必要时才用虚线画出不可见部分。根据国家标准 GB/T17451—1998《技术制图　图样画法　视图》和 GB/T4458.1—2002《机械制图　图样画法　视图》的规定，视图包括基本视图、向视图、局部视图和斜视图四种，其中后三者属于辅助视图。

1. 基本视图

1) 基本视图的概念

基本视图是指机件向基本投影面投射所得到的视图。前面所学的主视图、俯视图和左视图都属于基本视图。

对于更为复杂的机件，有时候仅仅靠三个视图难以将其六个方向的形状完全表达清楚。为清晰地表达机件六个方向的形状，在前面所学的 H、V、W 三个基本投影面的基础上，再增加顶面、左侧面、前面三个基本投影面。这六个基本投影面组成了一个正六面体，好似一个透明的空"盒子"，把机件围在当中，如图6-1所示。

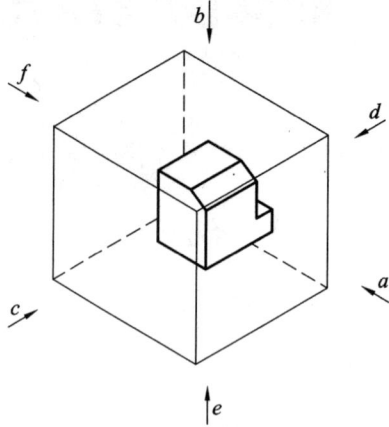

图6-1 机件在"盒子"中

按照正投影法，沿着图6-1所示的 d、e、f 三个方向投射，在新增的三个基本投影面上就得到三个视图，它们分别为：

右视图：由右向左投射所得的视图。

仰视图：由下向上投射所得的视图。

后视图：由后向前投射所得的视图。

图6-2表示机件按照正投影法从 a、b、c、d、e、f 六个方向投射到六个基本投影面上之后，各个基本投影面上所得到的视图及展开的方法。展开后，六个基本视图的配置关系和视图名称如图6-3所示。但是按图6-3所示位置如果将基本视图放在一张图纸内，则一律不标注视图名称。

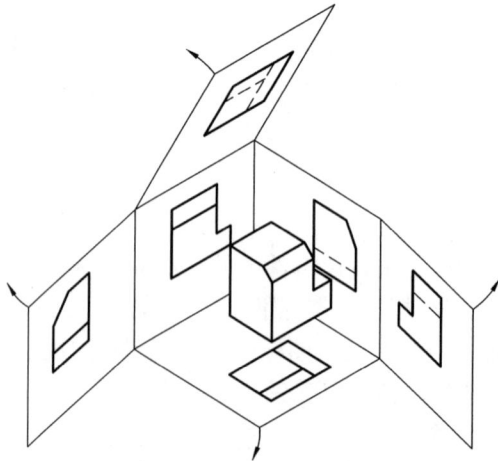

图6-2 基本视图的展开

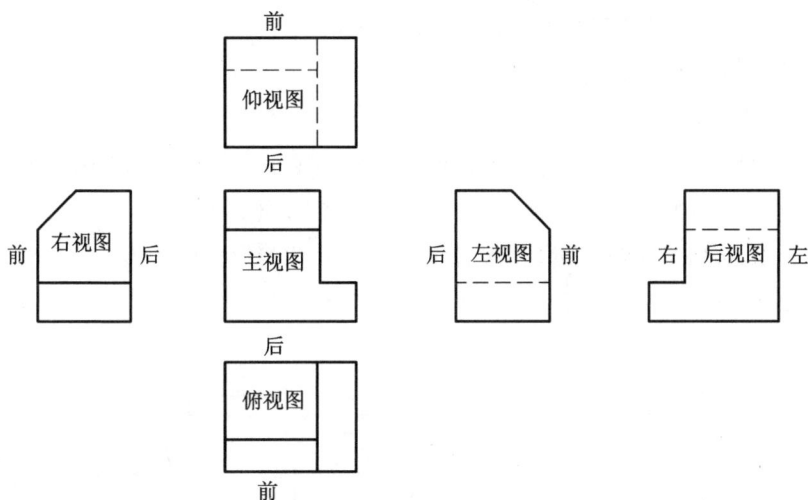

图 6-3　基本视图的配置

2) 基本视图的投影规律

六个基本视图之间仍然保持着与三视图相同的投影规律，即

主视图、后视图、俯视图、仰视图：长对正；

主视图、后视图、左视图、右视图：高平齐；

俯视图、仰视图、左视图、右视图：宽相等。

3) 基本视图上的方位关系

由图 6-3 可以看出：对于左视图、右视图、俯视图、仰视图来说，靠近主视图的方位为"后"，相反，远离主视图的方位则为"前"。

对于后视图来说，左右关系正好与主视图相反。

2．向视图

1) 向视图的概念

向视图是可以自由配置的视图。

当基本视图按照图 6-3 所示的位置配置时，不标注视图的名称。但在实际绘图过程中，为了合理利用图纸，可以自由配置视图，如图 6-4 所示。

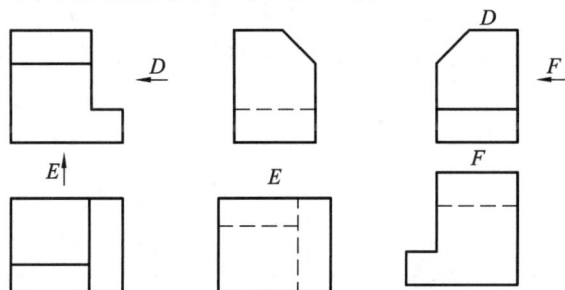

图 6-4　向视图

2) 向视图的画法与标注

画向视图时，一般应在向视图上方用大写字母标出视图的名称，并在相应的视图附近

用箭头标明投射方向，标注同样的字母，如图 6-4 所示。

3．局部视图

1) 局部视图的概念

只将机件的某一部分向基本投影面投射所得到的图形，称为局部视图。如图 6-5 所示，采用 A 和 B 两个局部视图来表达两个凸缘形状，既简练又突出重点。

当采用一定数量的基本视图后，机件上仍有部分结构形状尚未表达清楚，而又没有必要再画出其他完整的基本视图时，可采用局部视图来表达。

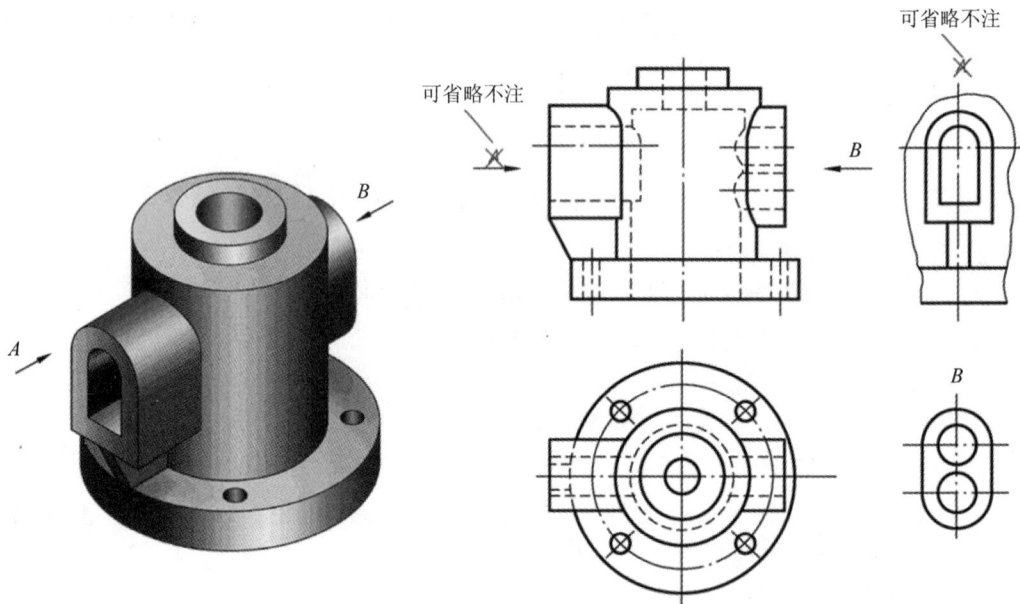

图 6-5　局部视图(1)

2) 局部视图的画法

局部视图的画法与基本视图的相同，在配置时，应尽量按基本视图的位置配置。有时为了合理布置图面，也可按向视图的配置形式配置。

局部视图有一种特殊画法，也是简化画法的一种，即对称机件的视图可以只画一半或四分之一，并在对称中心线的两端画两条与之垂直的平行细实线，如图 6-6(a)、(b)所示。

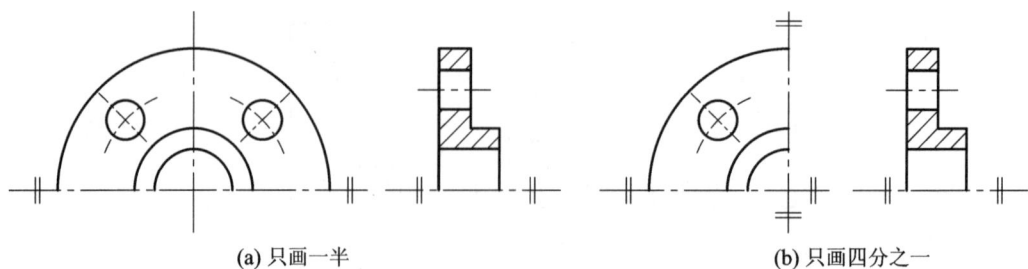

(a) 只画一半　　　　　　　　　　　　　(b) 只画四分之一

图 6-6　局部视图(2)

3) 局部视图的标注

在局部视图上方用大写字母标出视图名称，并在相应的视图附近用箭头指明投射方向，标注上相同的字母。当局部视图按投影关系配置，中间又无其他视图隔开时，可以省略标注。

4) 画局部视图时的注意点

(1) 局部视图最好画在有关视图的附近，并按投射关系布置，如图 6-5 左部的马蹄形结构，也可以画在图纸内的其他地方，如图 6-5 右部的 B 向视图。

(2) 局部视图的范围用波浪线表示，当所表示的图形结构完整、外轮廓线又封闭时，波浪线可省略，如图 6-5 中的 B 向视图。

4．斜视图

1) 斜视图的概念

机件向不平行于任何基本投影面投射所得的视图称为斜视图。

2) 斜视图的画法

斜视图主要用于表达物体上倾斜部分的实形。如图 6-7 所示的弯板，其倾斜部分在基本视图上不能反映实形，为此，可选用一个新的辅助投影面(该投影面应垂直于某一基本投影面，本图中辅助投影面与正投影面垂直)，使它与物体的倾斜部分的表面平行，该部分的形体按照正投影法原理向辅助投影面投射，这样便使倾斜部分在新投影面上反映实形。斜视图主要用来表达物体上倾斜部分的实形，其余部分不必全部画出，用波浪线断开即可，如图 6-7 所示。

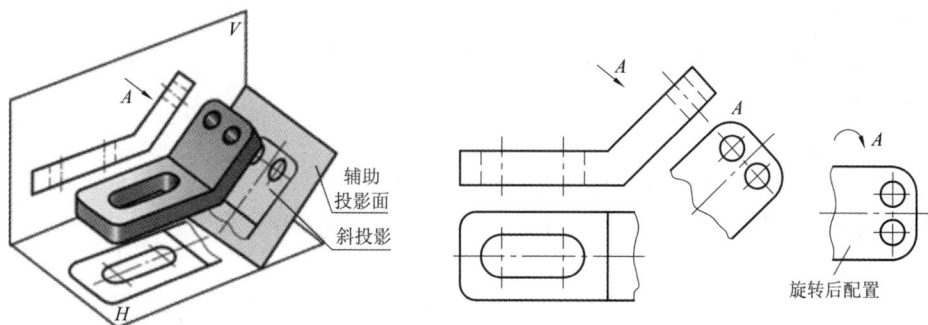

图 6-7　斜视图

3) 斜视图的标注

斜视图通常按向视图的配置形式配置并标注。必要时，允许将斜视图旋转配置，在旋转后的斜视图上方应标注视图的名称及旋转符号，旋转符号的箭头方向应与斜视图的旋转方向一致，表示该视图名称的大写字母应靠近旋转符号的箭头端，如图 6-7 中的 A 向视图。

4) 画斜视图时的注意点

画斜视图时增设的投影面只垂直于一个基本投影面，因此，机件上原来平行于基本投影面的一些结构，在斜视图中最好以波浪线为界而省略不画，以避免出现失真的投影，如图 6-7 所示。

6.2 剖 视 图

本节关键词

全剖视图、半剖视图、局部剖视图。

学习小目标

(1) 能说出并理解剖视图的概念、画图方法和步骤以及标注方法。
(2) 能正确绘制全剖视图、半剖视图和局部剖视图，并能作出必要标注。
(3) 能正确识读各种剖视图。

学习小提示

本节是本章的重点内容，为了巩固剖视图、全剖视图、半剖视图、局部剖视图等概念及画法，习题集中配置了数量充足的练习，可以根据学习情况或在老师的指导下选做，以强化学习效果。

用视图表达物体形状时，物体内部的结构形状用虚线表示，如图 6-8(a)所示。不可见的结构形状越复杂，虚线就越多，这既影响图形表达的清晰性，又不利于标注尺寸。为此，对物体不可见的内部结构形状，经常采用剖视图来表达。

1．剖视图的概念与形成

假想用剖切面剖开机件，如图 6-8(b)所示，将处在观察者与剖切面之间的部分移去，其余部分向投影面投射，所得的图形称为剖视图，如图 6-8(d)所示。

2．剖视图的画法与标注

(1) 确定合适的剖切平面位置。

一般情况下，剖切平面的位置选择所需表达机件的内部结构的对称面，而且要平行于基本投影面。图 6-8(b)、(c)中确定的剖切面不但是机件前后的对称平面(通过左右两个内部结构的轴心线)，而且与基本投影面 V 平面平行，所以选为剖切面。

(2) 画出剖切平面后机件的可见轮廓线。

移去剖开的机件中处于观察者与剖切面之间的部分，画出剖切面后机件的所有可见轮廓线，如图 6-8(d)的主视图所示。

(3) 画出剖面符号。

为了区分机件内部的空与实，需在剖切面与机件截切所得的断面(剖面区域，即机件被剖切面截切到的实体部分)上画出剖面符号，如图 6-8(c)、(d)所示。

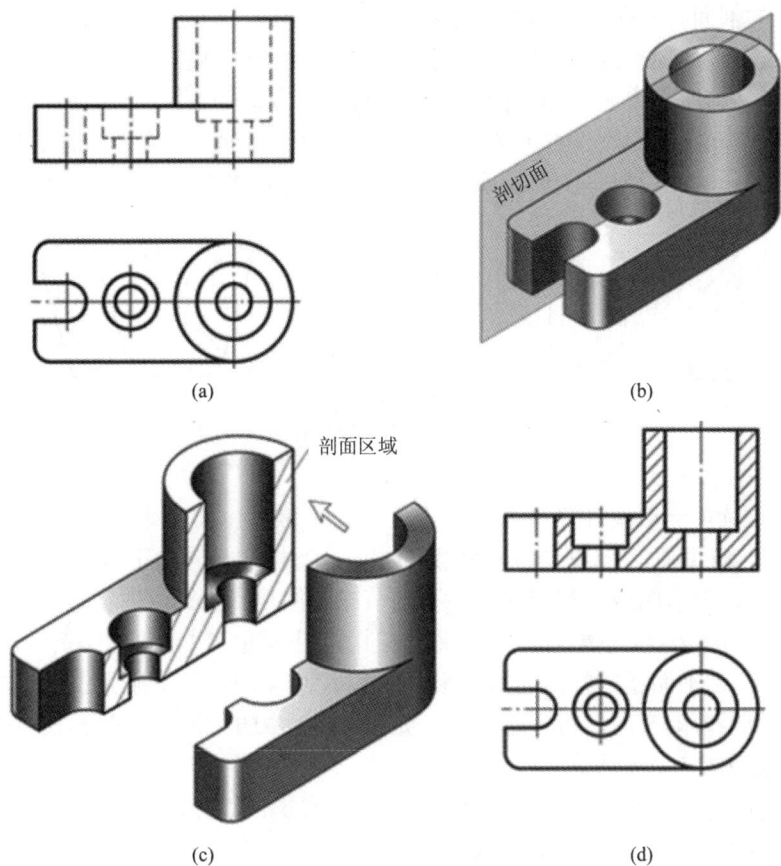

(a)

(b)

剖切面

剖面区域

(c)

(d)

图 6-8　剖视图的形成

　　剖面符号的画法因机件材料的不同而不同，国家标准对常见材料的剖面符号作出了规定，具体参见表 6-1。

表 6-1　剖　面　符　号

材料名称		剖面符号	材料名称	剖面符号
金属材料 (已有规定剖面符号者除外)			线圈绕组元件	
非金属材料 (已有规定剖面符号者除外)			转子、变压器等的叠钢片	
型砂、粉末冶金、陶瓷、 硬质合金等			玻璃及其他透明材料	
木质胶合板 (不分层)			格网 (筛网、过滤网等)	
木材	纵剖面		液体	
	横剖面			

金属材料的剖面符号通常也称为剖面线。关于剖面线,应注意:

① 剖面线应画成向左或向右倾斜、间隔均匀的平行细实线。

② 同一机件的所有视图中的剖面线的方向与间距应该一致。

③ 不需在剖面区域中表示材料的类别时,可采用通用剖面线表示。通用剖面线应以适当角度的细实线绘制,一般与主要轮廓线或剖面区域的对称线成45°,如图6-9所示。

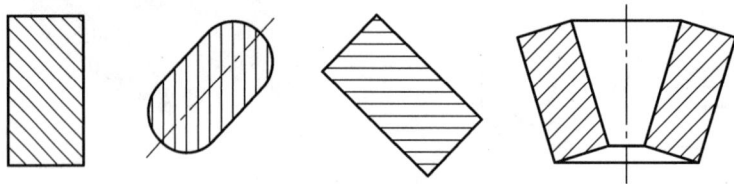

图6-9 通用剖面线的画法

(4) 作必要的标注。

为了便于识读,一般要在剖视图的上方用大写字母标注其名称"X—X",在相应的视图中用剖切符号(粗短画)表示剖切位置和投射方向,并标注相同的字母,如图6-10所示。

一般情况下,剖视图应完整标注。但下列情况,剖视图的标注内容可以简化或省略:

① 当剖视图按投影关系配置,中间又没有其他图形隔开时,可省略箭头。

② 当单一剖切平面通过物体的对称平面或基本对称平面,且剖视图按投影关系配置,中间又没有其他图形隔开时,可省略标注,如图6-8(d)中的主视图、图6-10中的主视图。

(5) 画剖视图的注意事项。

① 因为剖切是假想的,并不是真的把物体切开拿走一部分,因此,当一个视图画成剖视图后,其余视图仍应按完整的物体画出。

② 画剖视图时,剖切面后面的可见轮廓线必须用粗实线画齐全,不能遗漏,也不能多画。图6-11所示是剖视图中易漏图线的示例。

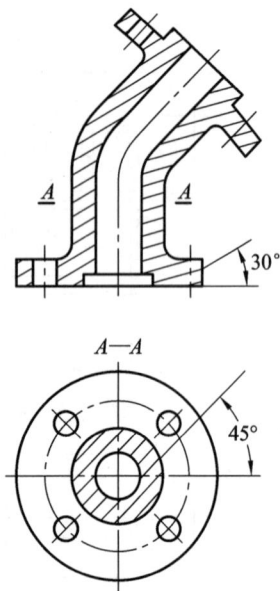

图6-10 剖视图的标注

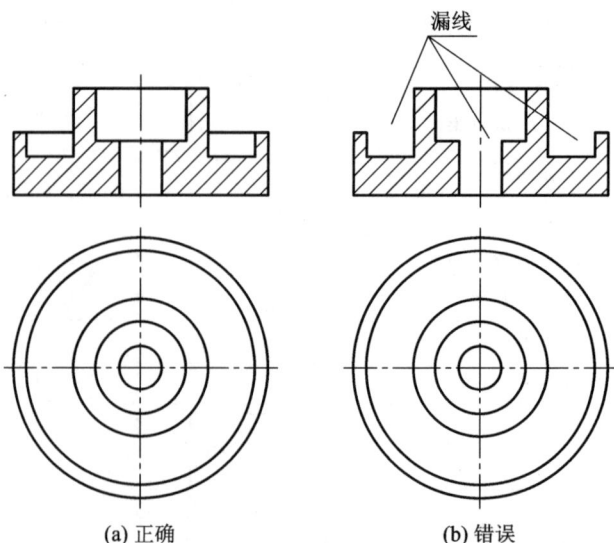

图6-11 剖视图中易漏的图线

③ 如果剖切平面后面的不可见部分的轮廓线是虚线，则在不影响完整表达物体形状的前提下，剖视图上一般不画出，以增加图形的清晰性。但当画出少量虚线可减少视图数量时，可画出必要的虚线，如图 6-12 所示。

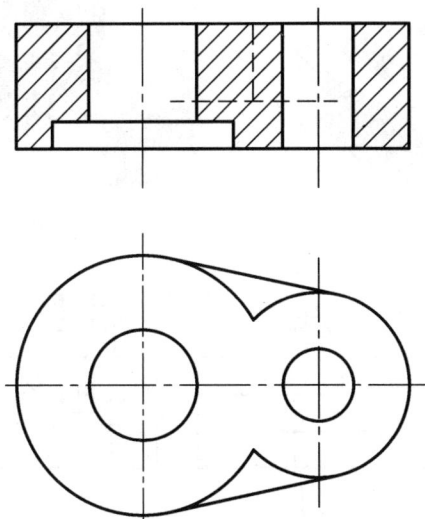

图 6-12　剖视图中必要的虚线

3. 剖视图的种类

根据机件被剖切范围的大小不同，剖视图可分为全剖视图、半剖视图和局部剖视图。

1) 全剖视图

用剖切面完全地剖开机件所得的剖视图称为全剖视图。图 6-8(d)、图 6-10、图 6-13(a) 和图 6-14(c)的主视图均是全剖视图。

全剖视图一般用于表达外形比较简单，内部结构比较复杂的机件。

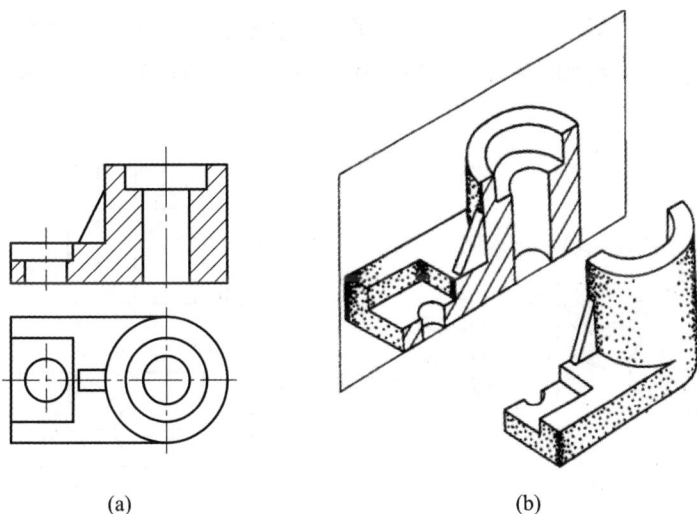

(a)　　　　　　　　　　　　　(b)

图 6-13　全剖视图(1)

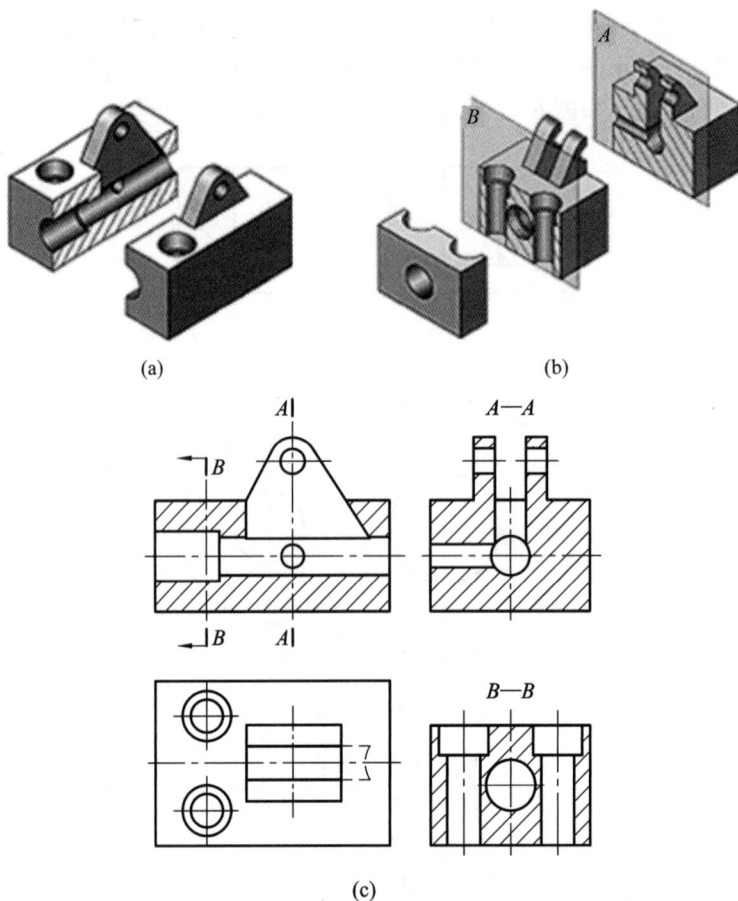

(a)

(b)

(c)

图 6-14　全剖视图(2)

2) 半剖视图

当机件具有对称平面时，在对称平面所垂直的投影面上投射所得的图形可以以对称中心线为分界，一半画成剖视图，一半画成视图，这种剖视图称为半剖视图，如图 6-15(b)、图 6-16(c)所示。

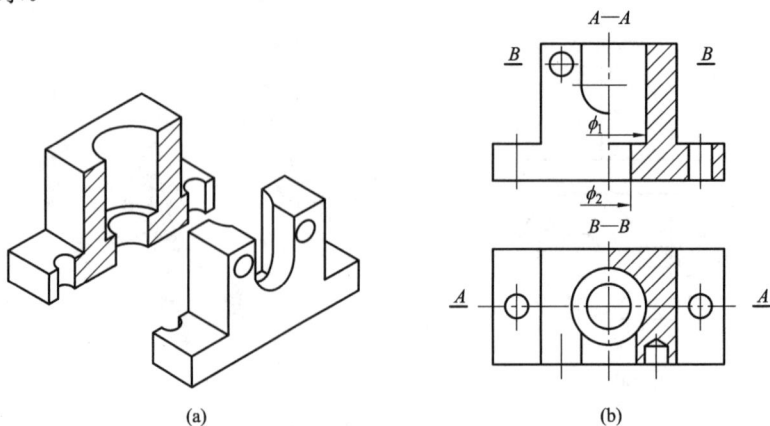

(a)

(b)

图 6-15　半剖视图(1)

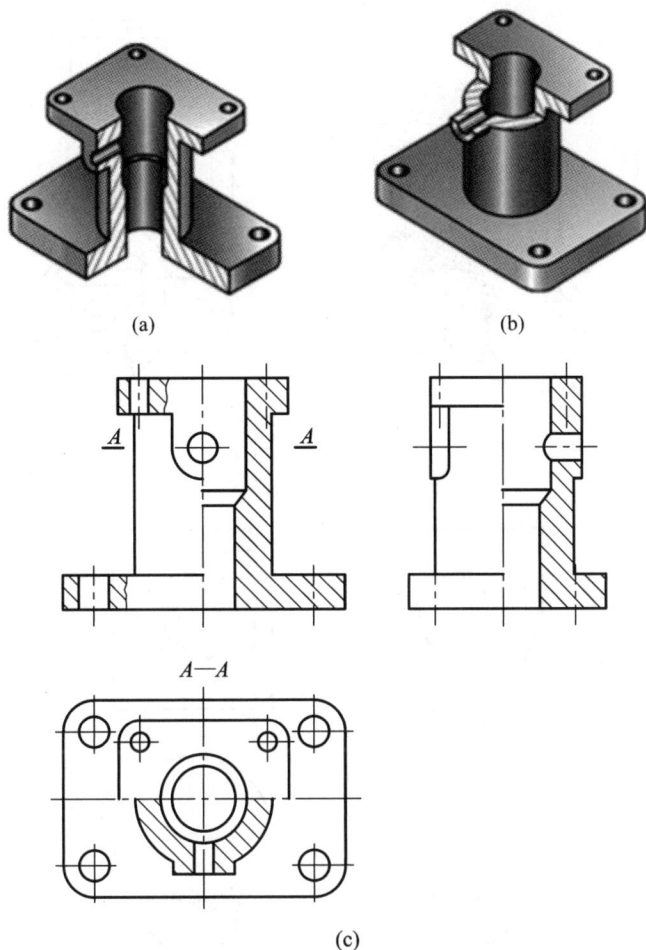

(a)　　　　　　　　　　(b)

(c)

图 6-16　半剖视图(2)

半剖视图既可以表达机件的内部结构，又能适当保留机件的部分外部形状，因此，半剖视图主要用于表达内、外形状都比较复杂的对称或基本对称的机件(机件的轮廓线恰好与对称中心线重合的除外)。

画半剖视图时应该注意以下几个方面：

(1) 半个视图与半个剖视图之间的分界线用细点画线。

(2) 已经在半个剖视图中表达清楚的内部形状，在另一半视图中不再画出虚线。但为了表示孔、槽的位置，应画出这些内部形状的中心线。

3) 局部剖视图

用剖切面局部地剖开机件所得的剖视图称为局部剖视图，如图 6-17(b)所示。

局部剖视图是一种比较灵活的表达方式，有着与半剖视图相似的优点，既可以表达机件的内部结构，又能适当保留机件的部分外部形状。画局部剖视图时应注意以下几个方面：

(1) 局部剖视图中剖视与视图之间用波浪线或双折线分界，因此波浪线一定要画在机件的实体上，即波浪线既不能超出实体的轮廓线，也不能画在机件的中空处，如图 6-17(b)、图 6-18(b)所示。

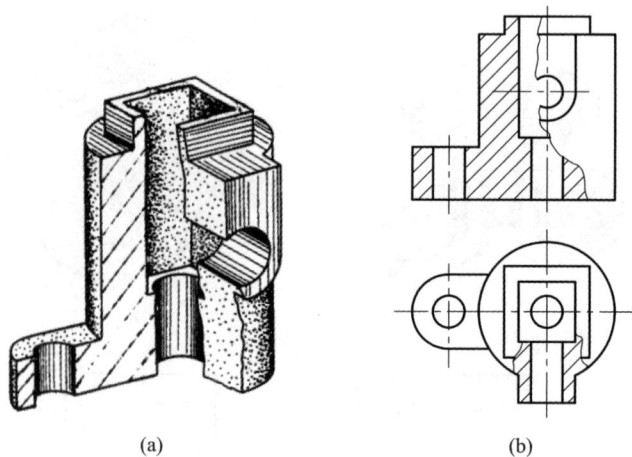

(a)　　　　　　　　　　(b)

图 6-17　局部剖视图(1)

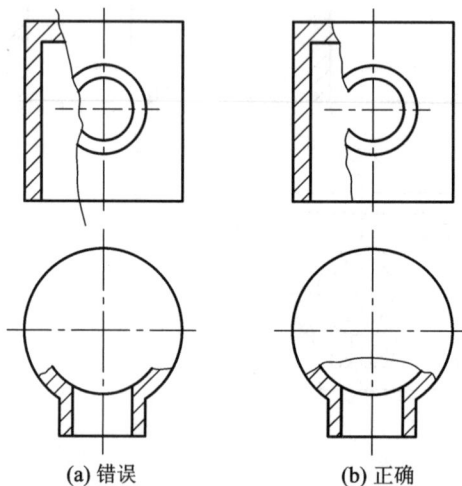

(a) 错误　　　　　　　　(b) 正确

图 6-18　局部剖视图(2)

(2) 波浪线不能与其他图线重合，也不能画在轮廓线的延长线上，如图 6-19(b)所示。

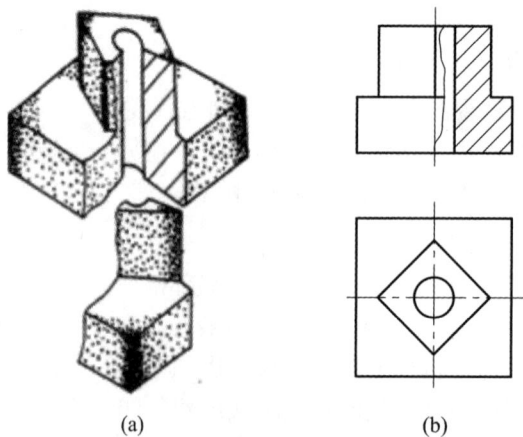

(a)　　　　　　　　　　(b)

图 6-19　局部剖视图(3)

(3) 一个视图中，局部剖视图的数量不宜过多。在不影响外部形状表达的情况下，可以采用较大范围的局部剖视图来减少局部剖视图的数量，如图 6-20(b)所示。

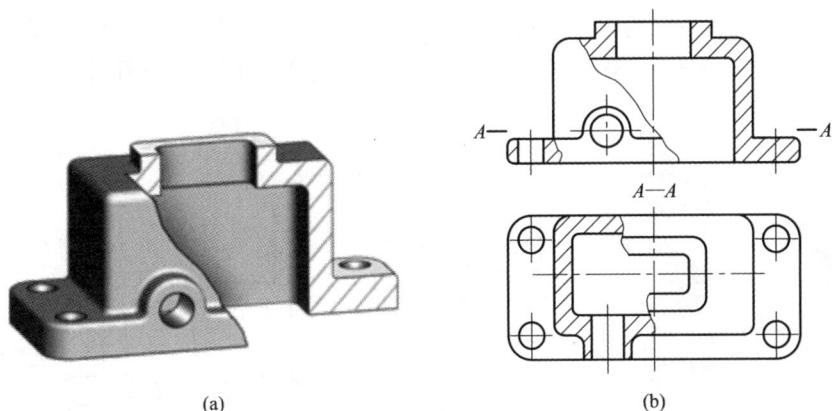

(a)   (b)

图 6-20 局部剖视图(4)

局部剖视图一般不需要标注。

4. 剖切面的种类

剖切面的选择直接关系到剖视图能否清晰地表达机件的结构形状。由于机件内部结构复杂多样，因此常常需要选择不同位置与数量的剖切面来剖切机件，才能得到更为清晰的机件内部形状。国家标准规定了单一剖切面、几个平行的剖切平面和几个相交的剖切面三种剖切面，前面学习的全剖视图、半剖视图和局部剖视图都是用单一剖切面剖切得到的剖视图。

1) 单一剖切面

单一剖切面一般又有平行于基本投影面(见图 6-8、图 6-10)、不平行于基本投影面(见图 6-21)和柱面(见图 6-22)三种情况。当用后两种面剖切机件时，剖视图需要进行标注，标注方法与斜视图的标注相似。

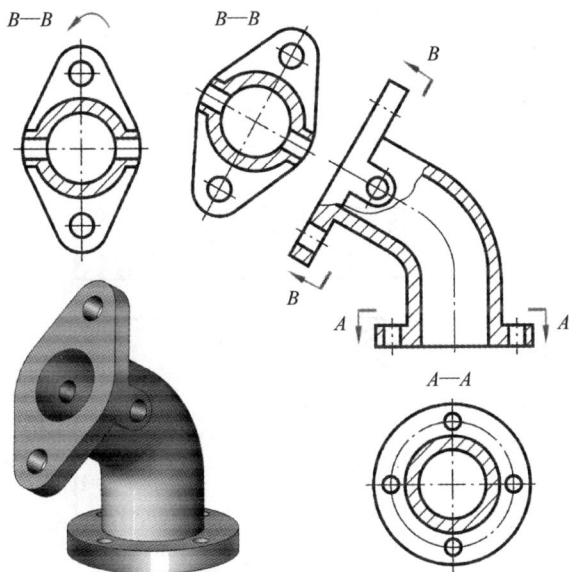

图 6-21 单一剖切面(1)

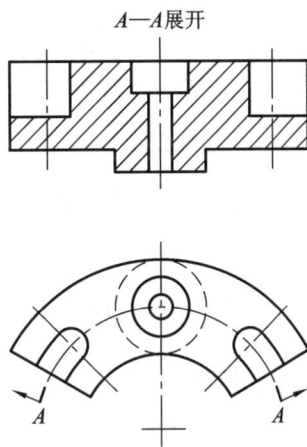

图 6-22 单一剖切面(2)

2) 几个平行的剖切平面

有些机件有几种不同的内部结构要素需要表达，而且这些内部结构要素的中心线位于几个平行的平面内(见图 6-23)，这就需要采用几个平行的剖切平面剖开机件。

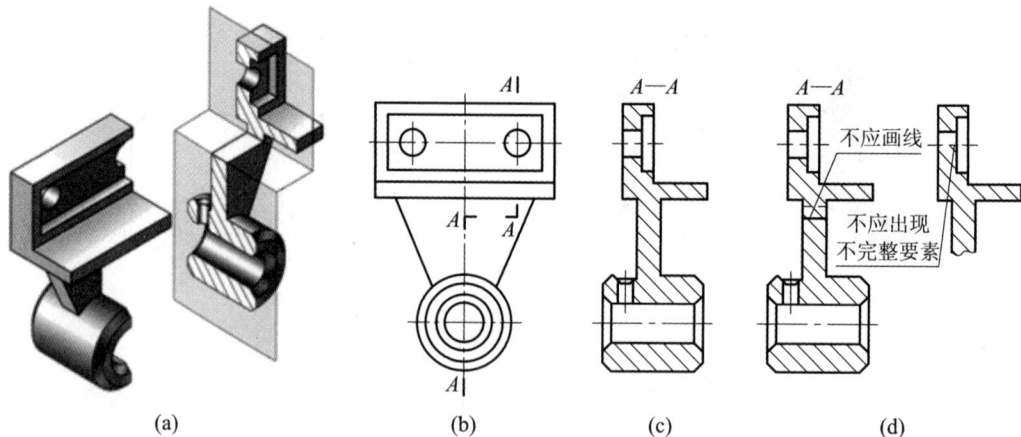

图 6-23 几个平行的剖切平面(1)

画几个平行的剖切平面剖开机件得到的剖视图时应注意以下几个方面：

(1) 由于剖切面是假想的，因此在剖视图上不应画出剖切平面转折处的"投影"，如图 6-23(b)、(c)所示。

(2) 在剖视图上不应出现不完整要素，如图 6-23(d)和图 6-24(c)所示。

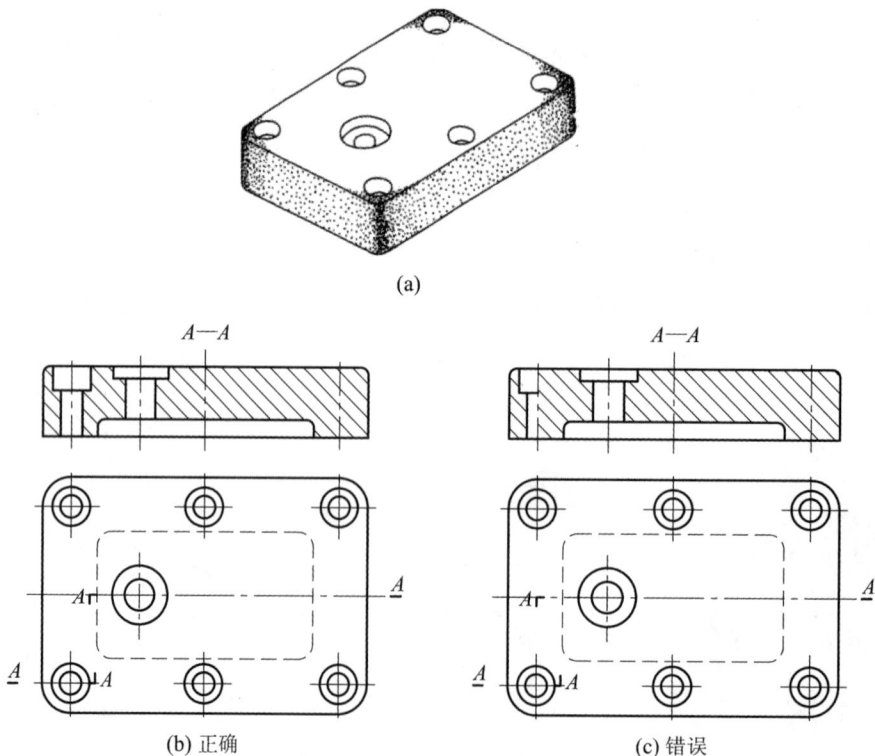

图 6-24 几个平行的剖切平面(2)

(3) 当两个结构要素在图形上具有公共的对称中心线或轴心线时，可采用细点画线为分界线，各画一半，如图 6-25(b)所示。

(4) 剖切平面的起止、转折要用剖切符号(粗短画)标注清楚，其余标注与前面学习的相同。

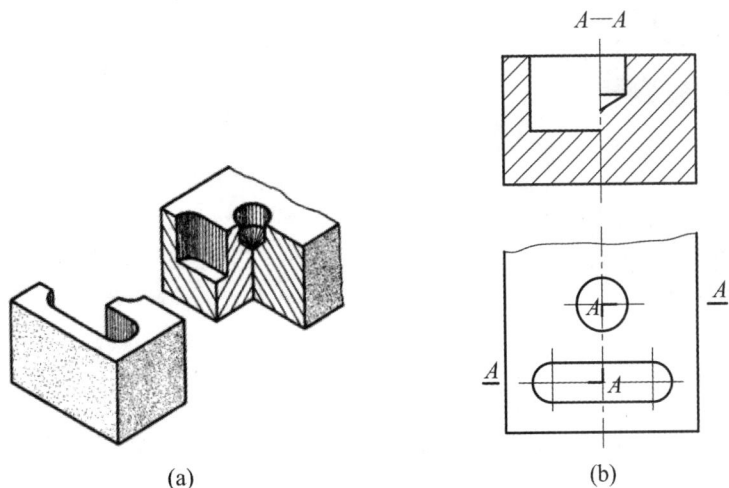

(a)　　　　(b)

图 6-25　几个平行的剖切平面(3)

3) 几个相交的剖切面

有些机件需要用几个相交的剖切面(交线垂直于某一基本投影面)剖开，才能表达清楚其内部结构。如图 6-26(a)所示的机件，只有用两个相交且交线垂直于正投影面的平面将其剖开，才能清楚地表达机件上部的小孔、中间键槽孔和均匀分布的四个小孔中的一个。剖开机件之后，应先假想把与倾斜于基本投影面的剖切面连同其剖到的结构，以两剖切面的交线为轴心线旋转至与选定的基本投影面平行，然后再投射得到剖视图，即剖切、旋转、投射，如图 6-26(b)所示。

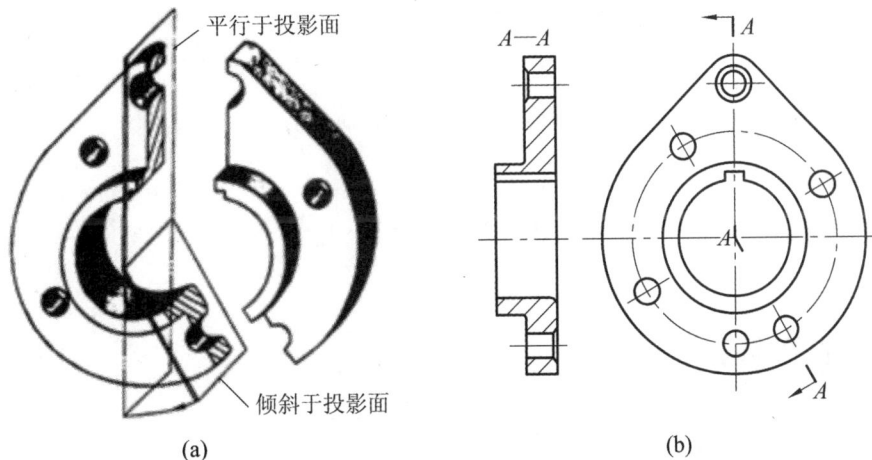

(a)　　　　(b)

图 6-26　几个相交的剖切面(1)

在剖切面后的其他结构一般仍按原来的位置投射，如图6-27中的小孔。

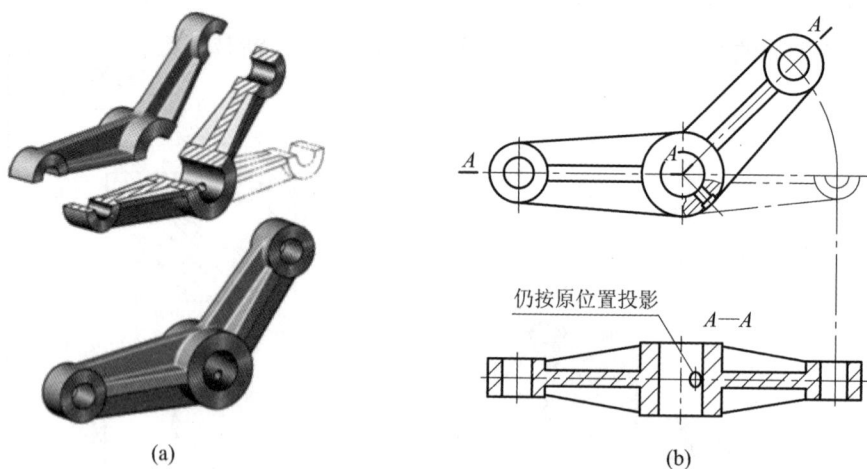

图 6-27　几个相交的剖切面(2)

剖切产生不完整要素时，该部分按不剖绘制，如图6-28所示。

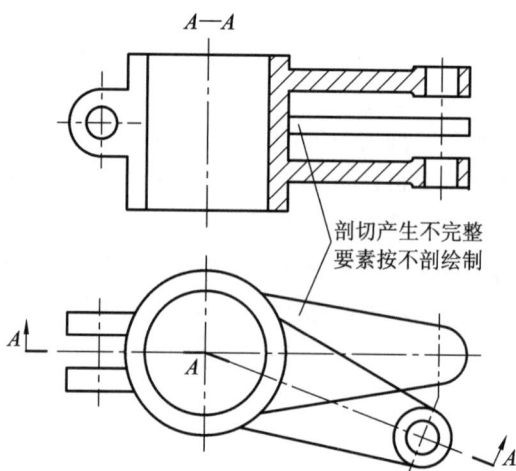

图 6-28　几个相交的剖切面(3)

6.3　断　面　图

本节关键词

断面图、移出断面图、重合断面图。

学习小目标

(1) 能说出并理解断面图的概念，掌握断面图的画法与标注。
(2) 能正确绘制和识读移出断面图和重合断面图，并能正确标注。

学习小提示

本节的内容在机件的表达中一般处于辅助性的地位，几个概念以及断面图与剖视图的区别均重在理解，不必机械记忆。本节的重点内容是移出断面图。

1. 断面图的概念

假想用剖切面将物体的某处切断，仅画出该剖切面与物体接触部分的图形，该图形称为断面图，简称断面，如图 6-29 所示。图 6-29(b)中的主视图只能表示键槽的形状和位置，虽然用视图或剖视图(见图 6-29(c))可以表达键槽的深度，但显得不够简洁明了，使用断面图表达则显得清晰、简洁。

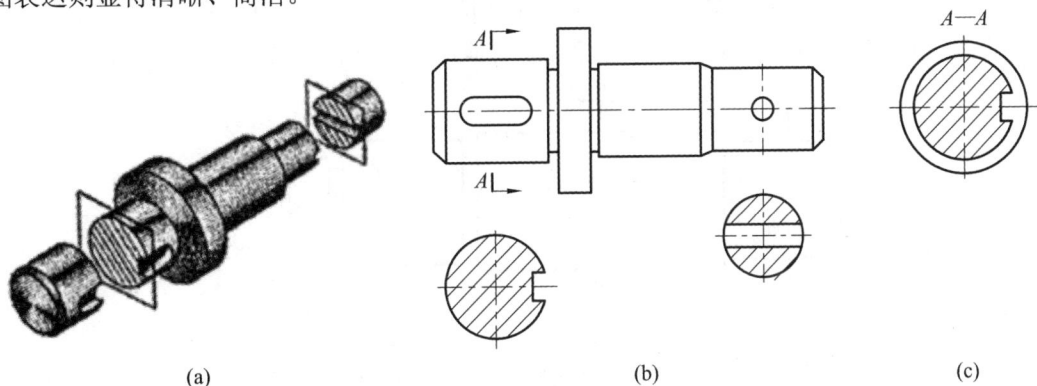

(a)　　　　　　　　　　(b)　　　　　　　　　　(c)

图 6-29　断面图的形成及其与剖视图的区别

断面图与剖视图的区别：断面图只画出断面的形状，而剖视图除了画出断面的形状外，还要画出断面后面所有能看到的该机件的轮廓的投影。

断面图经常用于表达机件某处的断面形状，如机件上的轮辐、肋板、键槽、小孔等，如图 6-30 所示。

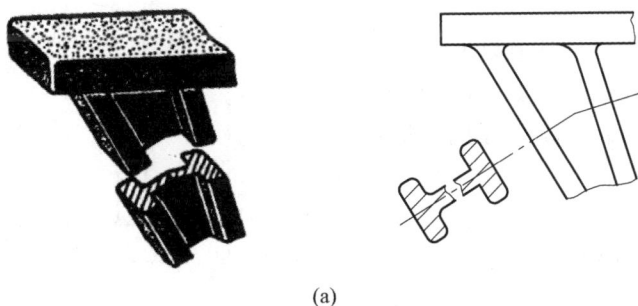

(a)

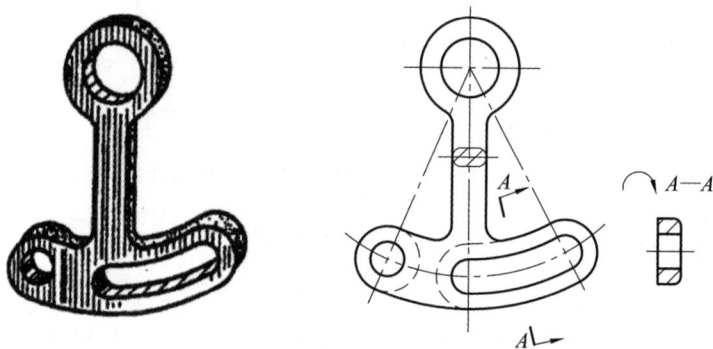

(b)

图 6-30　断面图表达实例

2．断面图的分类及画法

根据断面图配置位置的不同，断面图可分为移出断面图和重合断面图。

1) 移出断面图

画在视图轮廓之外的断面图称为移出断面图，如图 6-29(b)、图 6-30(a)所示。

移出断面图的轮廓线用粗实线绘制。为了看图方便，移出断面图应尽量配置在剖切线的延长线上(见图 6-29)，必要时，也可配置在其他适当的位置(见图 6-31)。

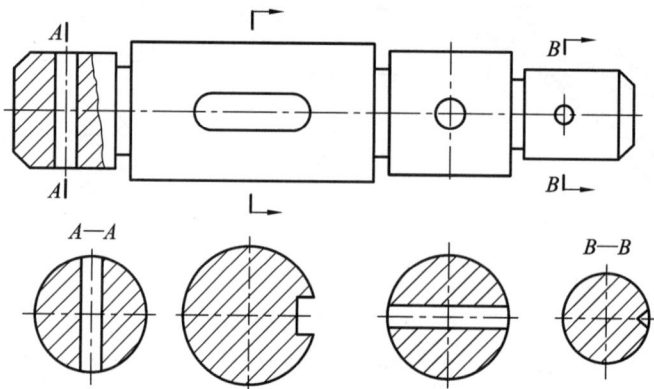

图 6-31　移出断面图的画法(1)

移出断面图中的剖面线只画在剖切面与机件接触的剖切区域内。

绘制移出断面图时，应注意以下几点：

(1) 剖切面一般应垂直于被剖切部分的主要轮廓线。当遇到如图 6-32 所示的结构时，画出的两个断面图之间一般应用波浪线断开。

(2) 当剖切面通过回转面形成的孔、凹坑(见图 6-33)，或当剖切面通过非回转孔导致出现完全分离的断面(见 6-30(b))时，这些结构按剖视绘制。

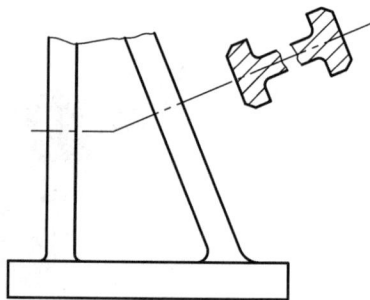

图 6-32　移出断面图的画法(2)

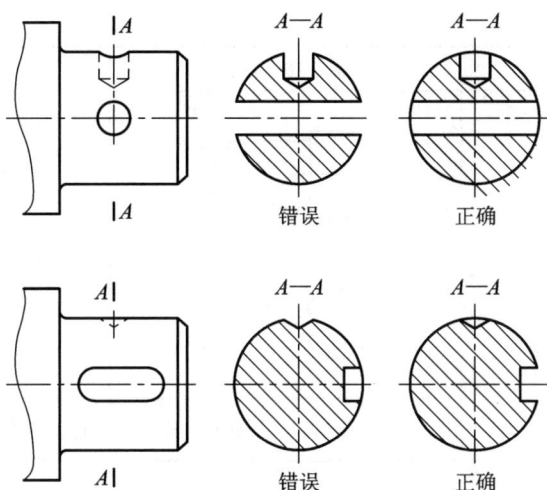

图 6-33　断面图的剖视画法

(3) 当断面形状对称时，也可配置在视图的中断处，如图 6-34 所示。

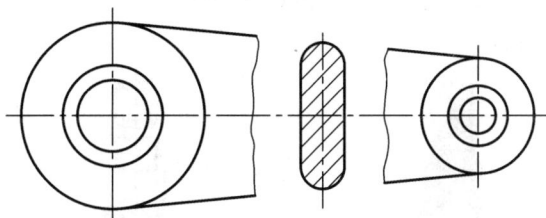

图 6-34　移出断面图配置在视图中断处

移出断面图的标注规定见表 6-2。

表 6-2　移出断面图的标注

配置位置	对称的移出断面	不对称的移出断面
剖切线或剖切符号的延长线上		
	不必标注	需要标注投射方向
按投影关系配置		
	标注剖切符号、图形名称	标注剖切符号、图形名称

配置位置	对称的移出断面	不对称的移出断面
在其他位置		
	标注剖切符号、图形名称	标注剖切符号、箭头、图形名称

2) 重合断面图

画在视图轮廓之内的断面图称为重合断面图，简称重合断面，如图 6-35、图 6-36 所示。

重合断面的轮廓线用细实线绘制。当视图中轮廓线与重合断面图的图形重叠时，视图中的轮廓线仍应连续画出，不可间断，如图 6-36 所示。

重合断面图均不必标注。

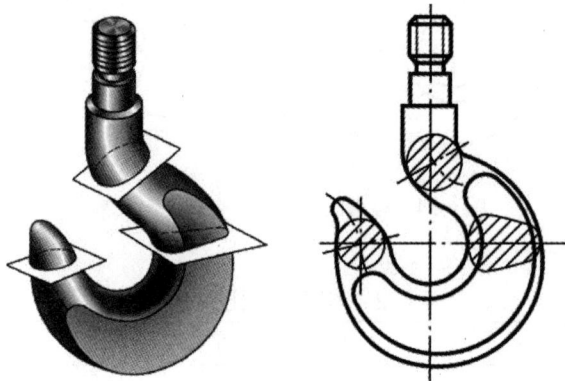

图 6-35　重合断面图画法(1)

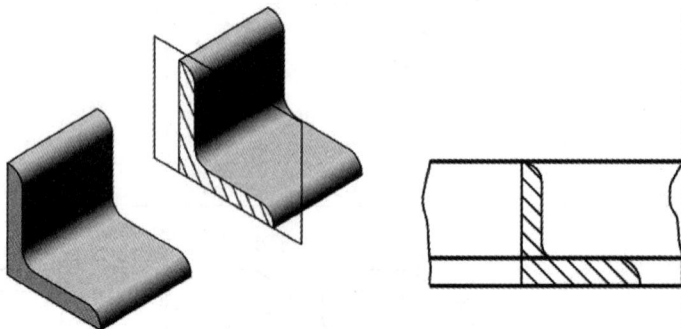

图 6-36　重合断面图画法(2)

6.4　其他表达法

本节关键词

局部放大图、简化画法。

学习小目标

(1) 掌握局部放大图的概念、画法及标注方法，能正确识读。
(2) 能正确绘制和识读常见的简化画法。

学习小提示

本节内容比较多且零乱，要求能看懂教材中图形表达的意思即可。

1. 局部放大图

1) 局部放大图的概念

把图样中部分细小结构用大于原图形所采用的比例画出的图形，称为局部放大图，如图 6-37、图 6-38 所示。

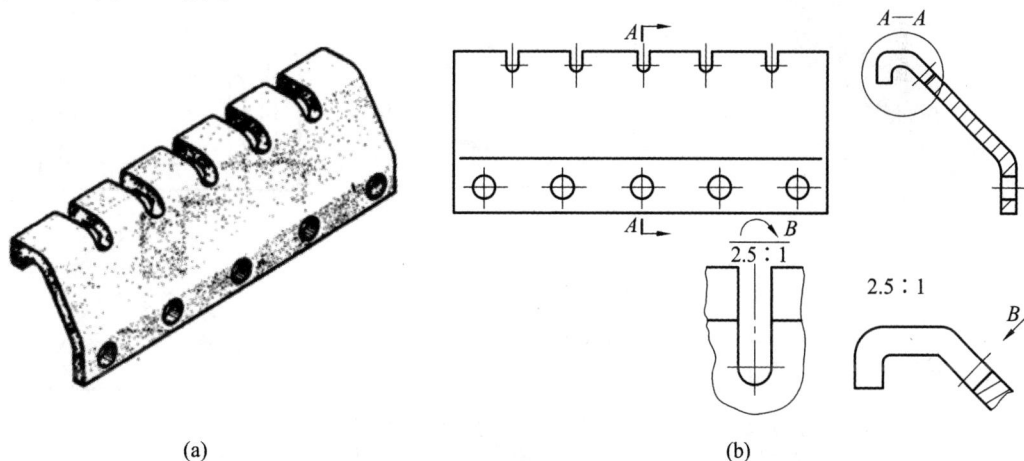

(a)　　　　　　　　　　　　　　(b)

图 6-37　局部放大图(1)

2) 局部放大图的画法

局部放大图可以画成视图、剖视图和断面图，与被放大部位的表达方法无关。局部放大图的比例是指放大图与机件相应要素的线性尺寸的比值，与原图形所采用的比例毫无关系。

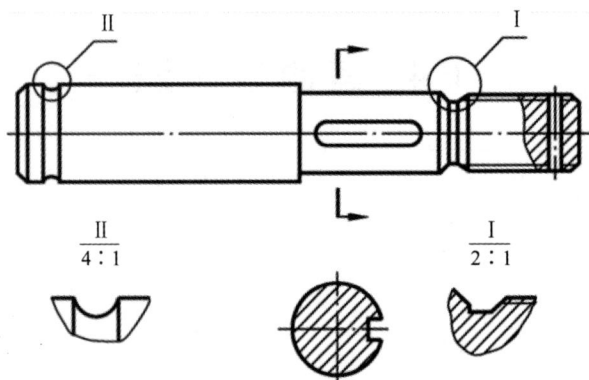

图 6-38　局部放大图(2)

局部放大图一般配置在被放大部位的附近，以方便看图。

画局部放大图时要做到以下两点：

(1) 用细实线圆或长圆在原图形中把需要被放大的部位圈出。

(2) 在局部放大图的上方注写放大图的比例。如果图样中同时有多处被放大，则要用罗马数字Ⅰ、Ⅱ、Ⅲ……依次标明被放大的部位，并在相应局部放大图的上方标出相应的罗马数字(图形名称)和所采用的比例。必要时，可以用几个视图来表达同一个被放大的部位，如图 6-37 所示。

2．简化画法

(1) 机件上的若干按一定规律分布的相同要素(如孔、槽等)，可以只画出一个或几个，其余只需画出中心线表示其中心位置即可。相同结构的简化画法如图 6-39 所示。

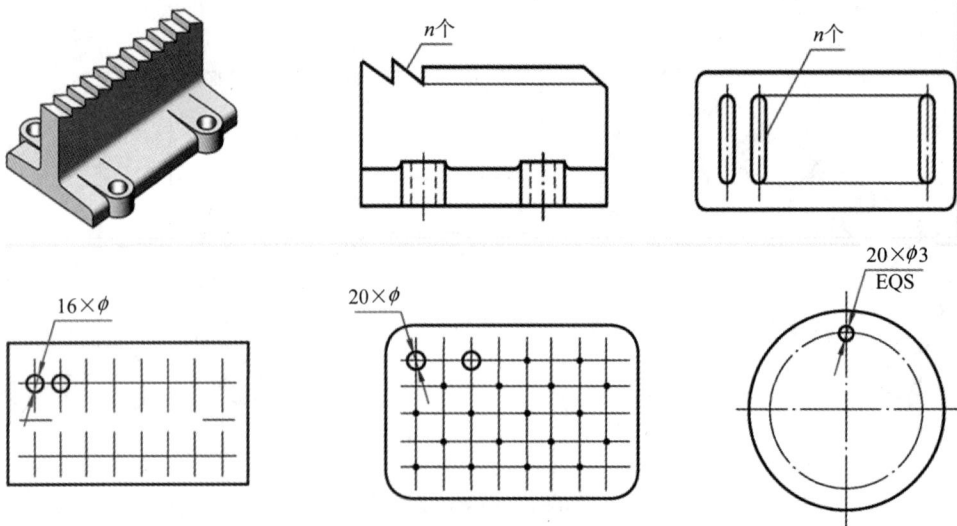

图 6-39　相同结构的简化画法

(2) 在不致引起误解时，可用细实线绘制过渡线，用粗实线绘制相贯线，还可用圆弧代替非圆曲线。当两回转体的直径相差较大时，相贯线可用直线代替曲线，如图 6-40 所示。

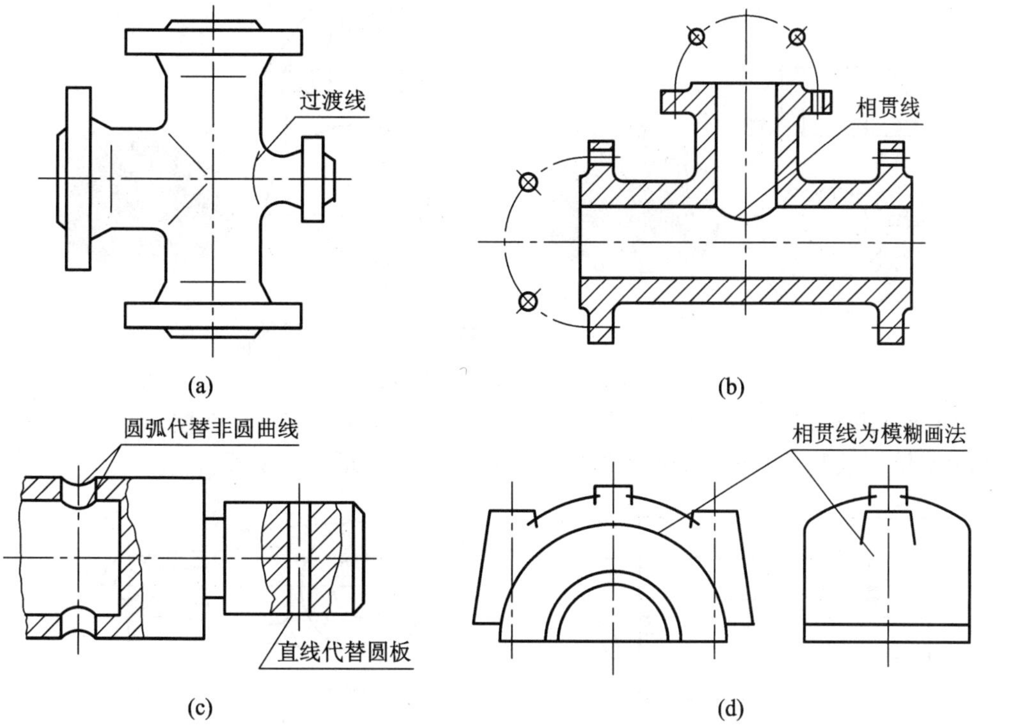

图 6-40　过渡线与相贯线的简化画法

(3) 与投影面倾斜角度小于或等于 30° 的圆或圆弧,其在该投影面上的投影可以不画成椭圆,而用圆或圆弧代替,如图 6-41 所示。

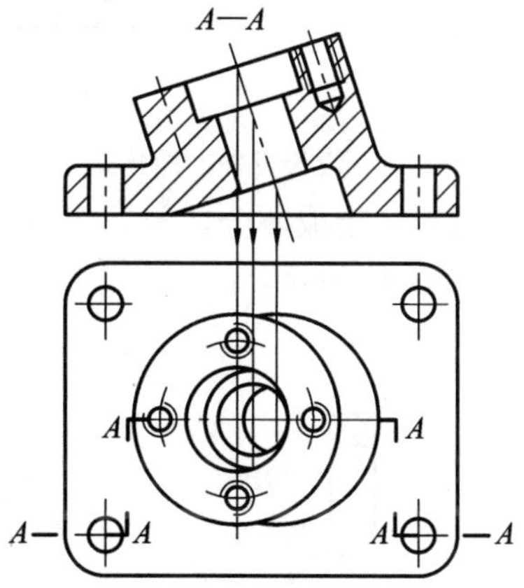

图 6-41　倾斜圆或圆弧的简化画法

(4) 机件上的肋、轮辐等结构,若纵向剖切,则都不用画剖面符号,只用粗实线将它们与其相邻的结构分开(简称横剖纵不剖),如图 6-42 所示。

回转形成的机件上均匀分布但不处于剖切平面上的肋、轮辐、孔等结构,可将这些结构旋转到剖切平面上画出,如图 6-42 所示。

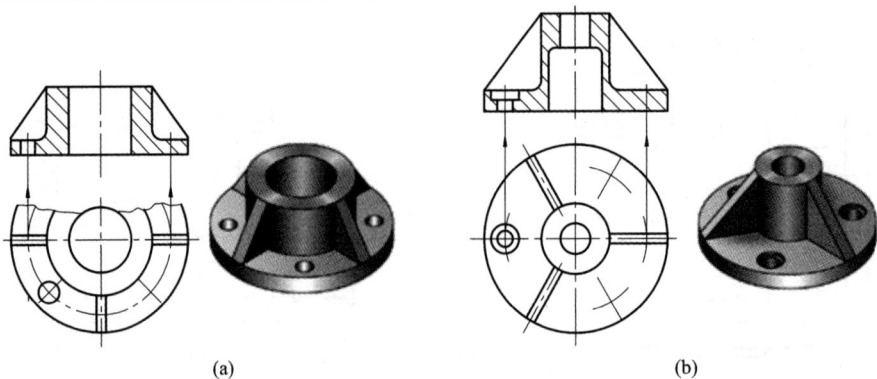

图 6-42　肋与轮辐的简化画法

(5) 较长机件(轴、杆、型材、连杆等)若沿长度方向的形状一致或按一定规律变化时，可断开后缩短绘制，但尺寸仍按机件的设计要求标注，如图 6-43 所示。

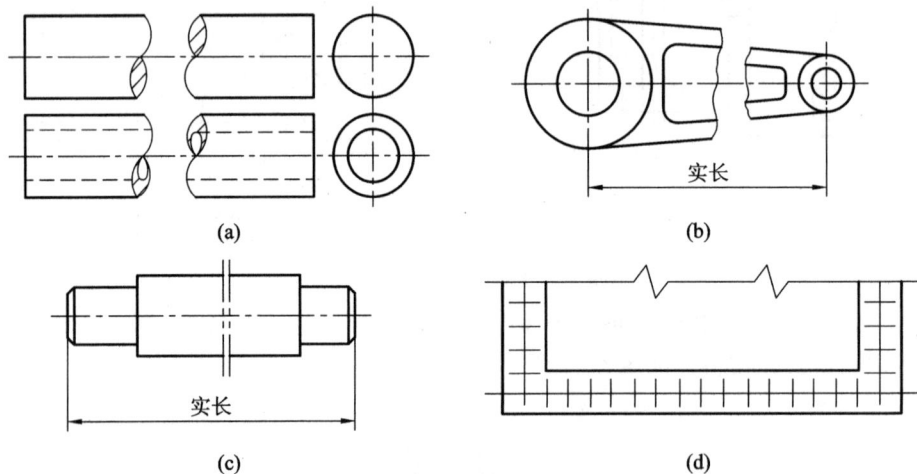

图 6-43　较长机件的简化画法

(6) 对称机件的视图，可以只画一半或四分之一，但要在对称中心线的两端画出两条与其垂直的短的平行细实线，如图 6-44 所示。

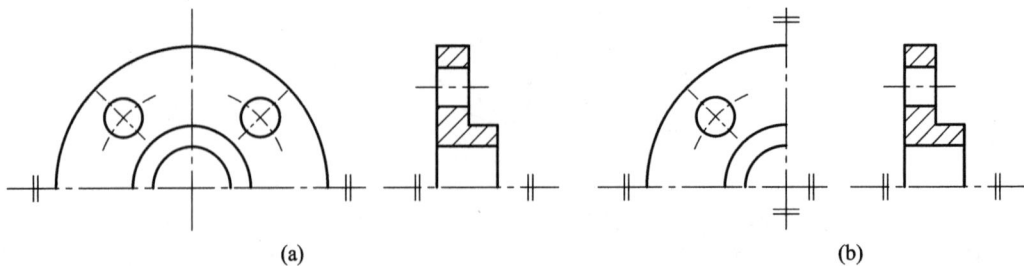

图 6-44　对称机件视图的简化画法

(7) 当回转形成的机件上的平面在图形中不能充分表达时，可用两条相交的细实线表示，如图 6-45 所示。

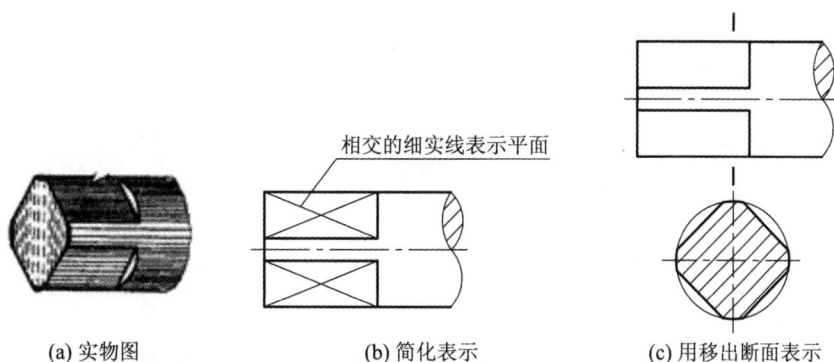

(a) 实物图　　　　　　(b) 简化表示　　　　　(c) 用移出断面表示

图 6-45　平面的简化表示法

(8) 网状物、编织物或机件上的滚花部分，可在图形轮廓附近用细实线局部示意画出，如图 6-46 所示。

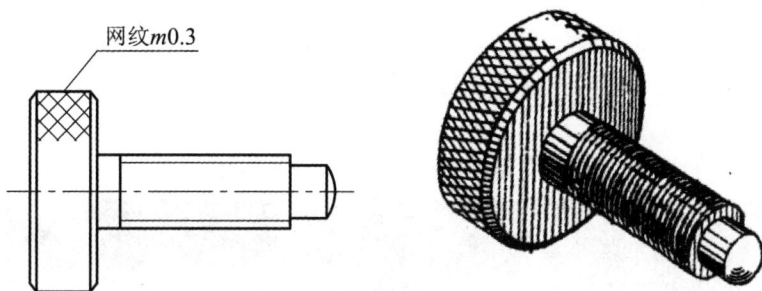

图 6-46　滚花的局部示意画法

(9) 机件上斜度不大的结构或较小的结构，如在一个图形中已经表达清楚，则另外图形的倾斜部分可按小端投影画出，如图 6-47 所示。

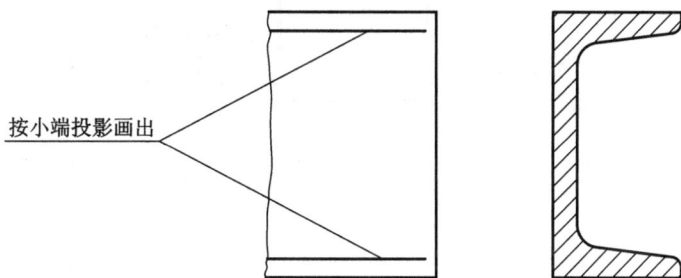

图 6-47　较小结构的简化画法

6.5　运用 AutoCAD2023 绘制机件图样

本节关键词

机件图样。

学习小目标

(1) 能运用 AutoCAD2023 正确绘制剖面符号。

(2) 能运用 AutoCAD2023 正确绘制各种剖视图和断面图。

学习小提示

本节主要介绍在用 AutoCAD2023 绘制机件图样时如何采用剖面填充。在学习时，要结合以前的绘图方法，熟练掌握图案填充命令，能够在工程设计中绘制各种剖面图与剖视图。

下面在图形中填充剖面线。

1．建立新图形

绘图前必须进行有关设置，包括单位、图层、线型、线宽、颜色、文本样式、系统显示颜色、尺寸标注样式、自动捕捉方式等的设置。

2．绘制图形

结合前面学习的绘图命令绘制图形，结果如图 6-48 所示。

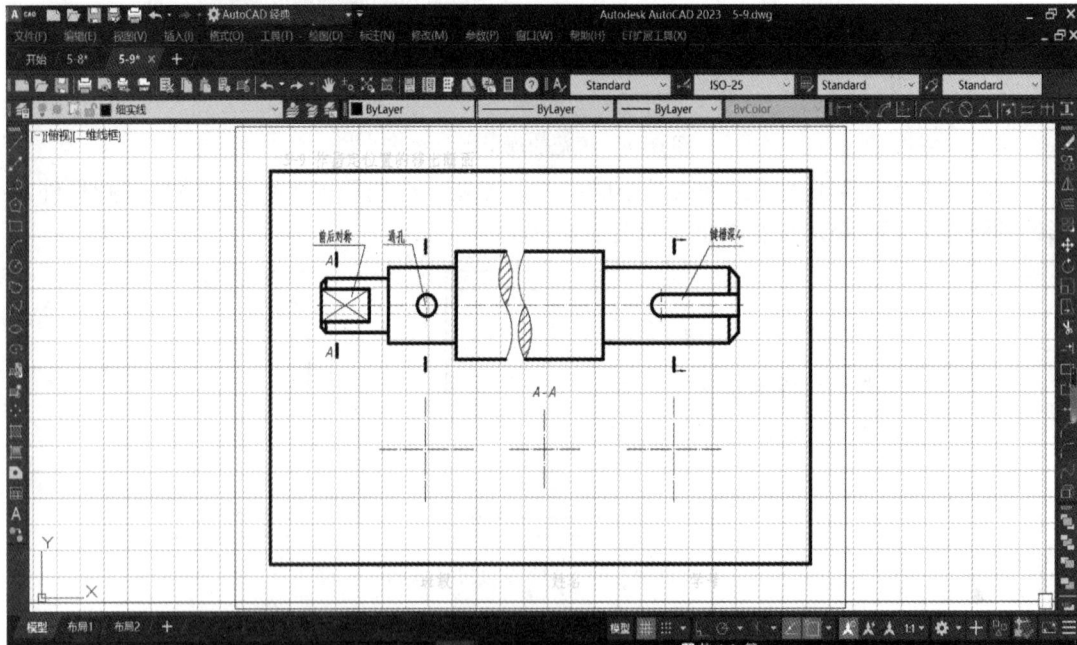

图 6-48　绘制图形

3．填充剖面线

(1) 单击"绘图"工具栏中的"图案填充"按钮，系统会弹出"图案填充和渐变色"对话框，如图 6-49 所示。

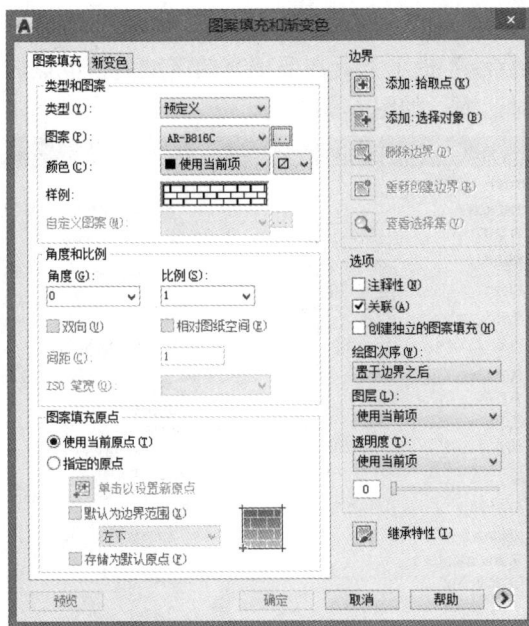

图 6-49　"图案填充和渐变色"对话框

"图案填充和渐变色"对话框中包括设置图案类型、图案的比例和方向、用户自定义图案的间距、要填充图案的区域、确定区域的选择方式(可点选或选择物体)等。点选时图案边界可交叉，但必须封闭；选择物体时，将在封闭的物体内填充。

"图案填充"选项卡用于定义填充图案的样式及有关特性。其中各项的含义如下：

① 类型。

预定义：指定一个预定义的 AutoCAD 填充图案。对于预定义的填充及图案特性，可以设定缩放比例和倾斜角度。

用户定义：用当前线型定义一个简单的直线图案。用户定义可以控制填充图案的间距和倾斜角度，而且可以选择双向，让两组平行线 90° 交叉。

自定义：用于从其他定制的 .PAT 文件而不是 ACAD.PAT、ACADISO.PAT 文件中指定一个图案。自定义可以控制自定义填充图案的缩放比例和倾斜角度。

② 图案：列表框中列出了可用的预定义图案的名称。该下拉列表框中有四个选项卡：ANSI、ISO、其他预定义和自定义。

(注意：机械制图中最常用的是 ANSI31 图案类型，或者是倾斜角为 45°、间距为一定值的剖面线。)

③ 自定义图案：列表显示可用的自定义图案。

④ 样例：显示所选图案的预览图像。

⑤ 角度：让用户指定图案中剖面线的倾斜角度，缺省值是 0。

⑥ 比例：用于设置填充图案的缩放比例。

⑦ 相对图纸空间：用于设置填充图案按图纸空间单位的比例缩放。

⑧ 间距：用于指定用户定义图案中线的间距。

⑨ ISO 笔宽：用于设置 ISO 预定义图案的笔宽。

(2) 选择机械制图中最常用的 ANSI31 图案类型。单击"添加：拾取点"按钮，切换到绘图屏幕，在"拾取内部点："提示下，在要填充的区域内拾取点，然后按 Enter 键返回到"图案填充和渐变色"对话框，如图 6-50 所示。

图 6-50　填充设置

6.6　第三角画法

本节关键词

第三角画法。

学习小目标

(1) 理解第三角画法，并能记住第三角画法的识别符号。
(2) 能区分第一角画法和第三角画法。
(3) 能看懂用第三角画法得到的机械图样。

学习小提示

本节内容是一个补充，作为了解以拓宽视野，这在国际化合作日益加强的今天尤为重要。在学习的时候，要把第三角画法与第一角画法进行比较，从中找出它们的相同与不同之处，从而达到掌握的目的。

　　前面各章所画的视图都是按照第一角画法运用正投影法得到的。国际标准规定，在表达机件的结构时，第一角画法与第三角画法可以等效使用。我国和英国、德国、法国及俄罗斯等国家采用第一角画法，而美国、日本、加拿大等国家则采用第三角画法。随着我国对外开放的不断加强，国际技术交流与贸易合作日益频繁，了解一些第三角画法的知识也是必要的。

　　由相互垂直且相交的三个投影面把空间划分成八个分角，左边为第 1、2、3、4 分角，右边为第 5、6、7、8 分角。物体置于第 1 分角(H 面之上、V 面之前、W 面之左)进行投射称为第一角投影；物体置于第 3 分角(H 面之下、V 面之后、W 面之左)进行投射称为第三角投影，如图 6-51 所示。

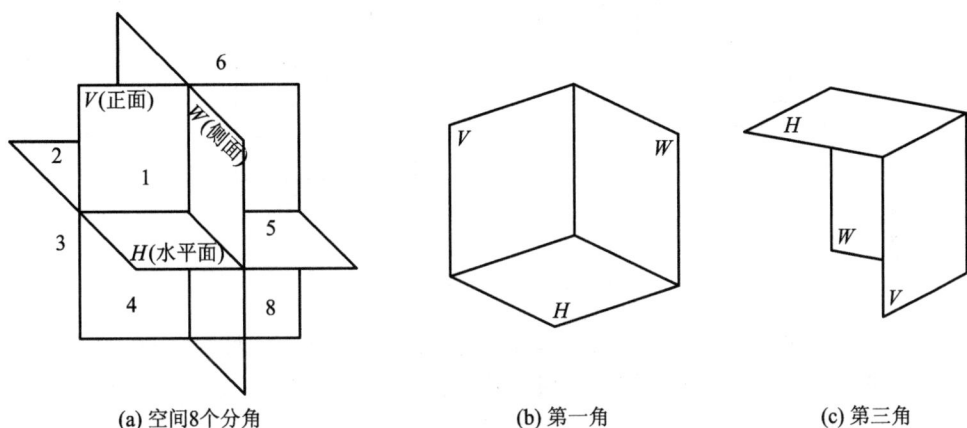

(a) 空间8个分角　　　　(b) 第一角　　　　(c) 第三角

图 6-51　空间的八个角

　　我国采用的第一角画法是将机件置于第一角内，使之处于观察者与投影面之间，即观察者—机件—投影面，进而在投影面上得到视图，如图 6-52 所示。

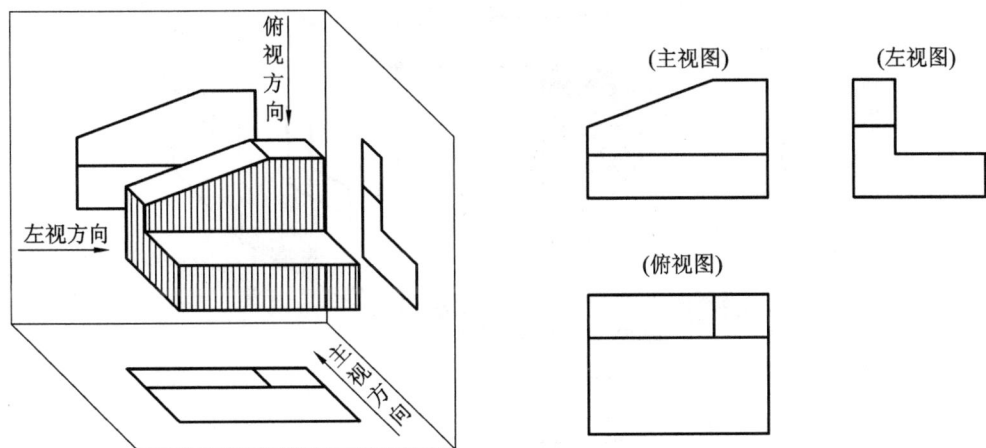

图 6-52　第一角画法举例

　　第三角画法是将机件置于第三角内，使投影面处于观察者与机件之间，即观察者—投影面—机件，进而在假想透明的投影面上得到视图，如图 6-53 所示。

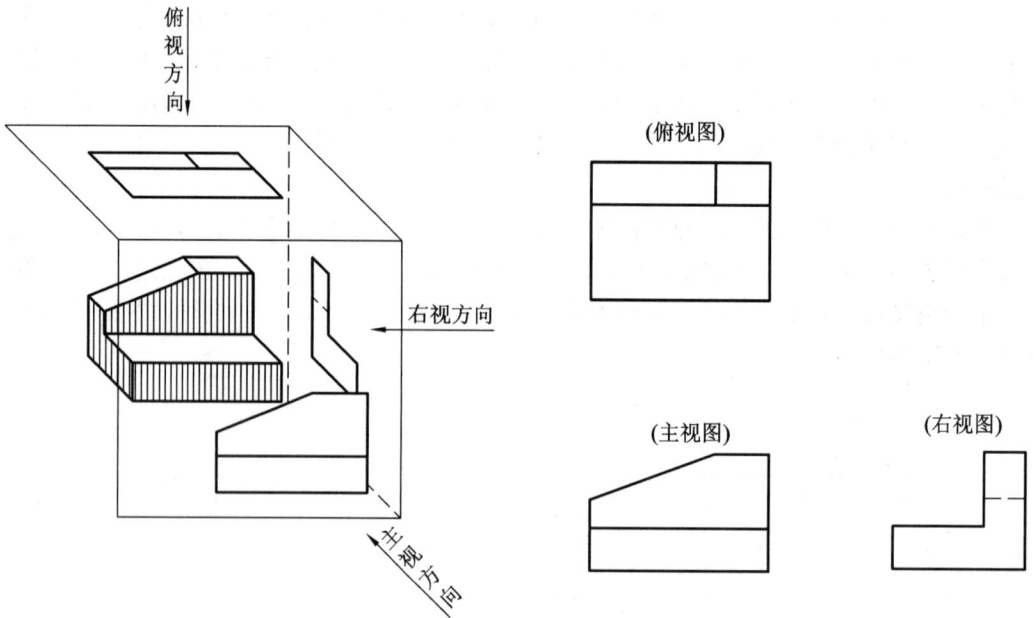

图 6-53　第三角画法举例

　　通过第三角画法得到的视图按图 6-54 的方式展开，展开之后按图 6-55 配置。由展开过程可见，第三角画法的视图之间仍然保持着"长对正、高平齐、宽相等"的对应关系，只不过有些视图的位置与第一角画法有所改变。

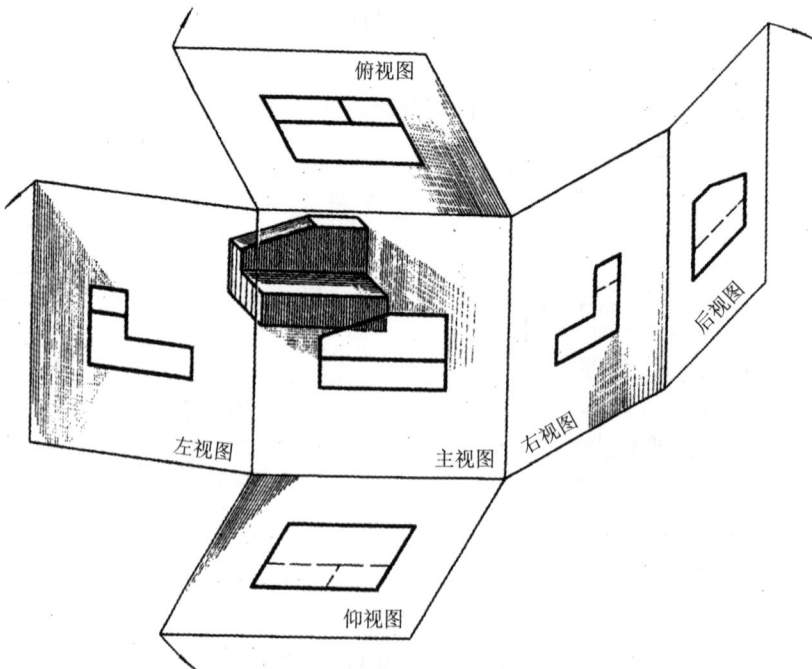

图 6-54　第三角画法投影面的展开

(俯视图)

(左视图)　　　　　(主视图)　　　　　(右视图)　　　　　(后视图)

(仰视图)

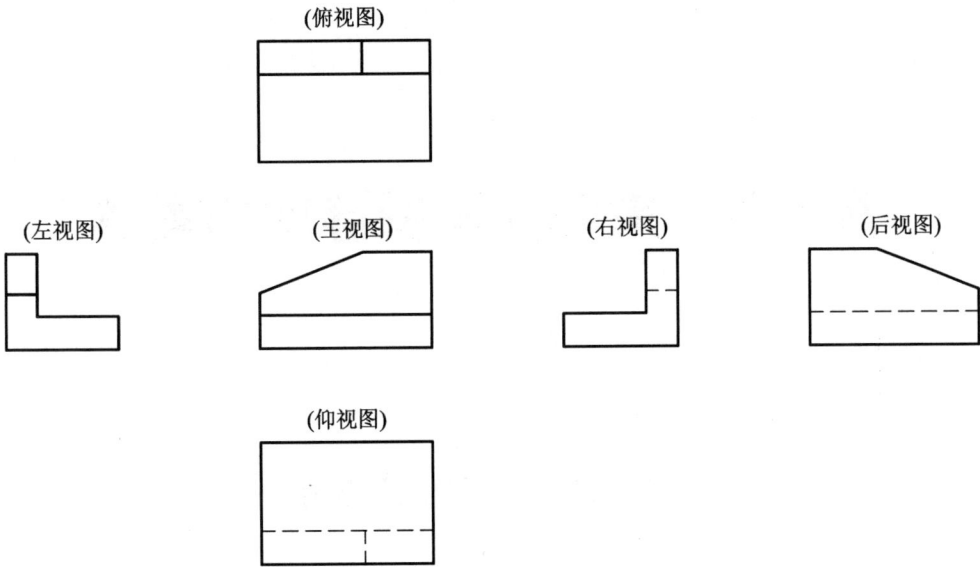

图 6-55　第三角画法视图的配置

与第一角画法的视图配置(见图 6-56)相比，两种画法中主视图、后视图的配置相同，而主视图的左与右、上与下视图位置对调。

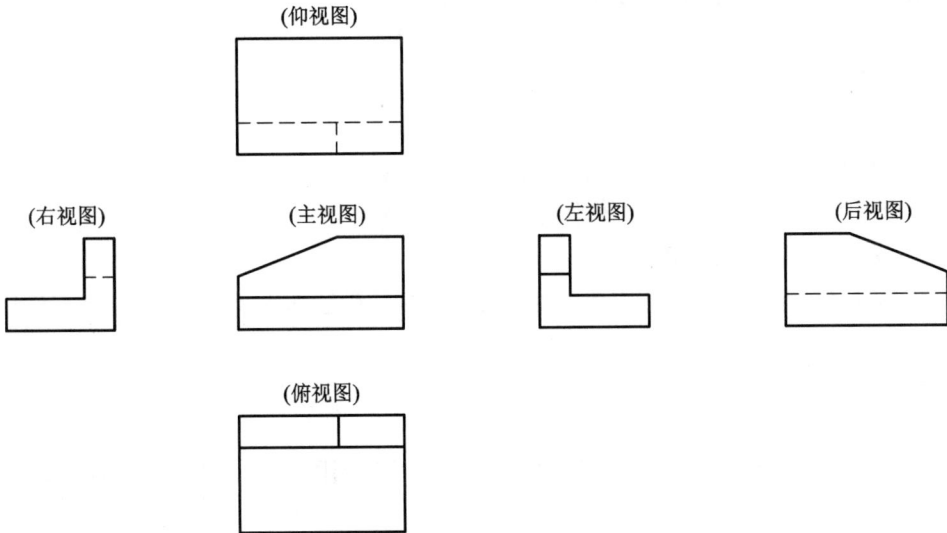

(仰视图)

(右视图)　　　　　(主视图)　　　　　(左视图)　　　　　(后视图)

(俯视图)

图 6-56　第一角画法视图的配置

为了防止造成识图的混淆，国际标准规定了第一角画法与第三角画法的识别符号，如图 6-57(a)、(b)所示。由于我国优先选用第一角画法，因此，在采用第一角画法时，不需要标注识别符号。但如果采用第三角画法，则必须在图样的标题栏附近画出识别符号。

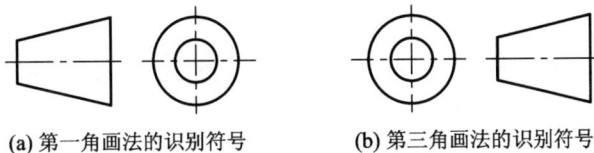

(a) 第一角画法的识别符号　　　　　(b) 第三角画法的识别符号

图 6-57　两种画法的识别符号

第 7 章 常用件与标准件的表达

7.1 螺纹与螺纹紧固件

本节关键词

螺纹五要素、螺纹标记、螺纹画法、螺纹连接。

学习小目标

(1) 掌握螺纹五要素的概念,明确螺距、导程、线数之间的关系。
(2) 能根据螺纹画法的规定,作图连接内、外螺纹。
(3) 能根据常用螺纹的标记识读其含义。
(4) 能根据螺栓连接、螺柱连接、螺钉连接的规定画法作图。

学习小提示

本节主要学习螺纹的要素、标记与画法,以及螺纹紧固件、螺纹连接的规定画法。

1. 螺纹的要素

螺纹是指在圆柱或圆锥表面上沿着螺旋线所形成的具有规定牙型的连续凸起和沟槽。在圆柱或圆锥外表面上形成的螺纹,称为外螺纹;在圆柱或圆锥内表面上形成的螺纹,称为内螺纹。内外螺纹成对使用,用于连接各种机械、传递运动和动力。螺纹具有以下要素:

1) 牙型

通过螺纹轴线的剖面上螺纹的轮廓形状称为螺纹牙型。常见的螺纹牙型有三角形、梯形、锯齿形等。

2) 螺纹的直径

(1) 大径：与外螺纹的牙顶或内螺纹的牙底相切的假想圆柱的直径。外螺纹的大径用"d"表示，内螺纹的大径用"D"表示。

(2) 小径：与外螺纹的牙底或内螺纹的牙顶相切的假想圆柱的直径。外螺纹的小径用"d_1"表示，内螺纹的小径用"D_1"表示。

(3) 中径：通过牙型上沟槽和凸起宽度相等处的假想圆柱的直径。外螺纹的中径用"d_2"表示，内螺纹的中径用"D_2"表示。

公称直径是代表螺纹尺寸的直径，一般是指螺纹大径的基本尺寸，如图 7-1 所示。

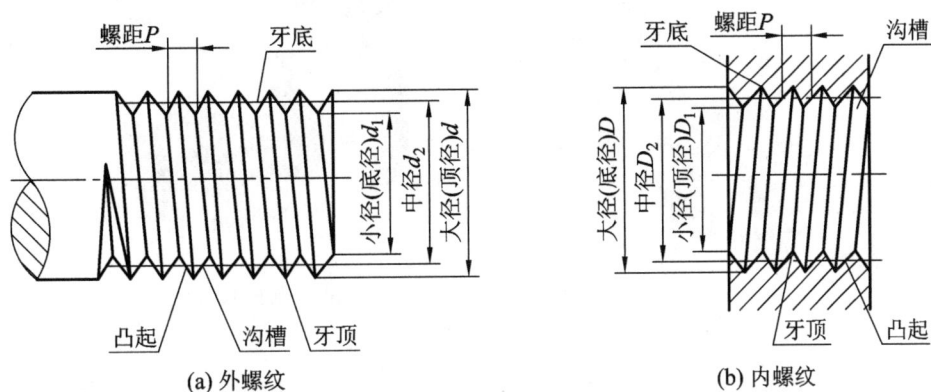

(a) 外螺纹　　　　　　(b) 内螺纹

图 7-1　螺纹要素

3) 线数

螺纹有单线和多线之分。沿一条螺旋线形成的螺纹，称为单线螺纹；沿两条或两条以上螺旋线形成的螺纹，称为多线螺纹，螺纹的线数用 n 来表示。

4) 螺距和导程

螺纹上相邻两牙在中径线上对应两点间的轴向距离称为螺距，用 P 表示。同一螺旋线上的相邻两牙在中径线上对应两点间的轴向距离称为导程，用 P_h 表示。若线数为 n，则导程与螺距的关系为

$$P_h = nP$$

如图 7-2 所示。

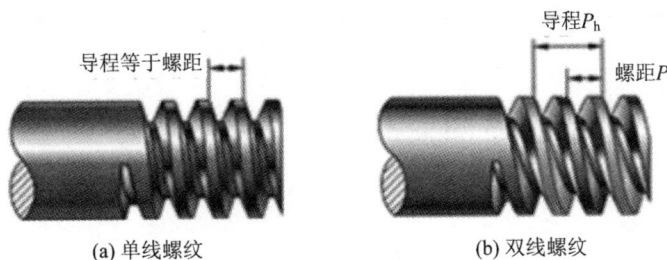

(a) 单线螺纹　　　　　　(b) 双线螺纹

图 7-2　螺纹线数与导程的关系

5) 旋向

螺纹分为左旋螺纹和右旋螺纹两种。沿旋进方向观察，顺时针旋转时旋入的螺纹称为右旋螺纹，逆时针旋转时旋入的螺纹称为左旋螺纹，如图 7-3 所示。常用的螺纹为右旋螺纹。

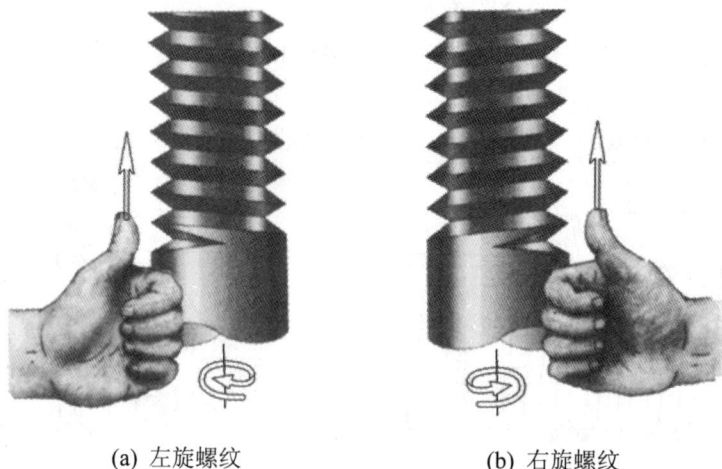

(a) 左旋螺纹　　　　　　　　　　(b) 右旋螺纹

图 7-3　螺纹旋向判别

内外螺纹必须成对配合使用，只有当牙型、公称直径、螺距、线数和旋向五个要素完全相同时，内外螺纹才能相互旋合。

2. 螺纹的规定画法

1) 外螺纹的画法

外螺纹的画法如图 7-4 所示，外螺纹的大径用粗实线表示，小径用细实线表示，螺杆的倒角和倒圆部分也要画出，小径可近似地画成大径的 0.85 倍，螺纹终止线用粗实线表示。在投影为圆的视图上，表示牙底的细实线只画约 3/4 圈，螺杆端面的倒角、倒圆省略不画。

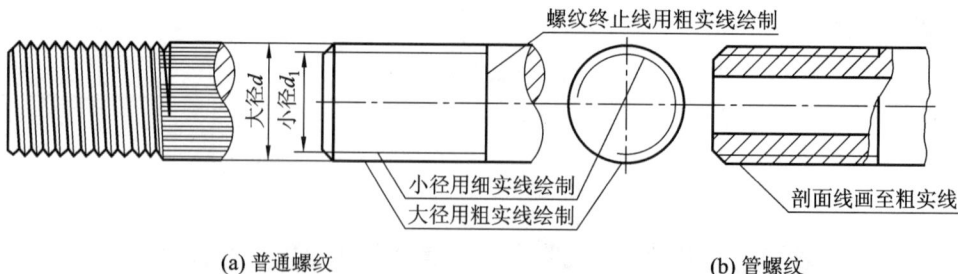

(a) 普通螺纹　　　　　　　　　　(b) 管螺纹

图 7-4　外螺纹的画法

2) 内螺纹的画法

一般以剖视图表示内螺纹。此时，大径用细实线表示，小径和螺纹终止线用粗实线表示，剖面线画到粗实线处。在投影为圆的视图上，小径画粗实线，大径用细实线只画约 3/4 圈。对于不穿通的螺孔，应将钻孔深度和螺孔深度分别画出，钻孔深度比螺孔深度深 $0.3D\sim$

0.5*D*。底部的锥顶角应画成 120°，如图 7-5 所示。

内螺纹不剖时，在非圆视图上其大径和小径均用虚线表示。

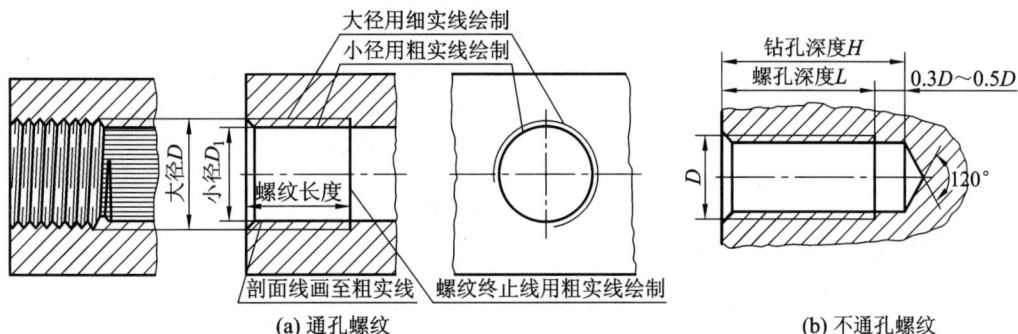

图 7-5 内螺纹的画法

3) 螺纹连接的画法

以剖视图表示内外螺纹连接时，旋合部分按外螺纹的画法绘制，即大径画成粗实线，小径画成细实线，其余部分仍按各自的规定画法绘制，如图 7-6 所示。在剖视图上，剖面线均应画到粗实线。

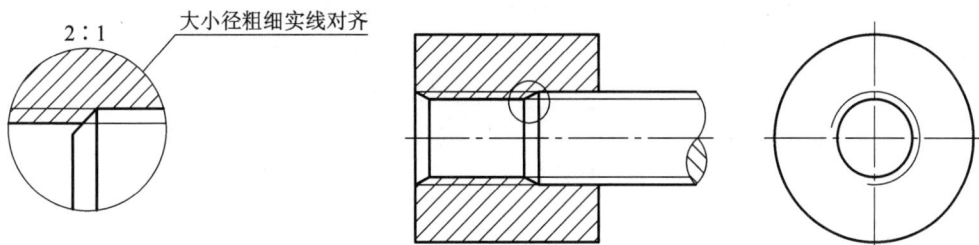

图 7-6 螺纹连接的画法

3. 常用螺纹的标记

1) 普通螺纹的标记

普通螺纹的完整标记，其格式如下：

| 螺纹特征代号 | 公称直径×导程(螺距) | 旋向 |—| 中径公差带代号 顶径公差带代号 |—|
| 旋合长度代号 |

对于普通螺纹，螺纹特征代号为"M"。

单线螺纹的尺寸代号是由螺纹公称直径和螺距组成的，粗牙时的尺寸代号不标注螺距。

当螺纹为左旋时，标注"LH"，右旋不标注旋向。

公差带代号由中径公差带、顶径公差带两个代号组成，它们都是由表示公差等级的数字和表示公差带位置的字母组成的。大写字母表示内螺纹，小写字母表示外螺纹。若两个公差带代号相同，则只标注一个。

旋合长度代号分为短(S)、中(N)、长(L)三种，其中中旋合长度最为常用，可以不标注旋合长度代号。当有特殊需要时，可以直接标注螺纹的长度数值。

【例 7-1】 解释螺纹标记 M10×1—5g6g—S 中各代号的含义。

各代号的含义如图 7-7 所示。

M 10 × 1 — 5g 6g — S

特征代号 ——— 旋合长度代号,分为长(L)、中(N)、短(S)
公称直径 ——— 顶径公差带代号
螺距 ——— 中径公差带代号

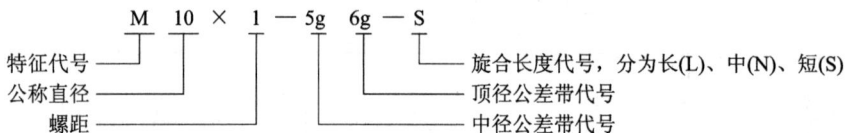

图 7-7 螺纹标记示例

2) 梯形螺纹的标记

梯形螺纹的完整标记形式与普通螺纹相似,其格式如下:

| 螺纹特征代号 | 公称直径×导程(P 螺距) | 旋向 | — | 中径公差带代号 | — | 旋合长度代号 |

梯形螺纹的特征代号用 "Tr" 表示。单线螺纹用 "公称直径×螺距" 表示,多线螺纹用 "公称直径×导程(P 螺距)" 表示。当螺纹为左旋时,标注 "LH",右旋时不标注。其公差带代号只标注中径的。旋合长度只分中旋合长度和长旋合长度两种,其中中旋合长度不标注代号。

【例 7-2】 解释螺纹标记 Tr 50×16(P8)LH—7e—L 的含义。

各代号的含义如图 7-8 所示。

Tr 50 × 16 (P8) LH — 7e — L

特征代号 ——— 旋合长度代号
公称直径 ——— 中径公差带代号
导程 ——— 旋向
———— 螺距

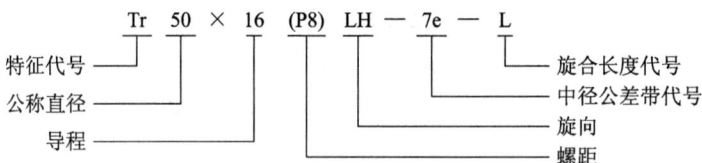

图 7-8 螺纹标记示例

3) 锯齿形螺纹的标记

锯齿形螺纹的特征代号为 "B",它的标注形式基本与梯形螺纹一致。

4) 管螺纹的标记

管螺纹的完整标记由螺纹特征代号、尺寸代号、公差等级和旋向四部分组成,其格式如下:

| 螺纹特征代号 | 尺寸代号 | 公差等级 | — | 旋向 |

55°非密封管螺纹的特征代号为 "G",尺寸代号可查表,有 1/2、1、3/4 等,外螺纹公差等级分 A、B 两级,内螺纹只有一种,不标注。当螺纹为左旋时,标注 "LH"。

密封管螺纹的螺纹特征代号见表 7-1。

当内外螺纹旋合时,其公差带代号用斜线分开,斜线左边表示内螺纹公差带代号,斜线右边表示外螺纹公差带代号,标记示例如下:

M16×1.5—6H/6g

Tr24×5—7H/7e

表 7-1 列出了普通螺纹、梯形螺纹、锯齿形螺纹和管螺纹等的标记方法。

表 7-1　常用标准螺纹的标记方法

螺纹类别	标准编号	特征代号	标记示例	标注图例	附注
普通螺纹	GB/T197—2018	M	M8×1LH M8 M16—5g6g—L	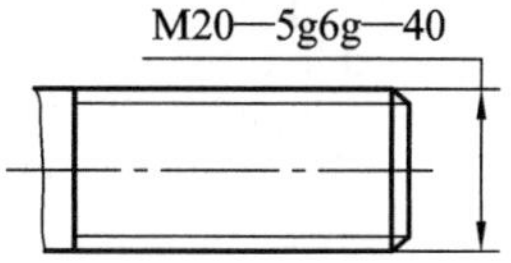 M20—5g6g—40	多线时标注出导程、螺距
梯形螺纹	GB/T5796.4—2022	Tr	Tr40×7—7H Tr40×14(P7)LH—7e	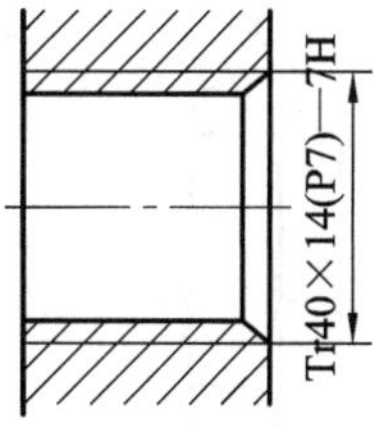 Tr40×14(P7)—7H	
锯齿形螺纹	GB/T13576—2008	B	B40×7—7c B40×14(P7)LH—8c—L	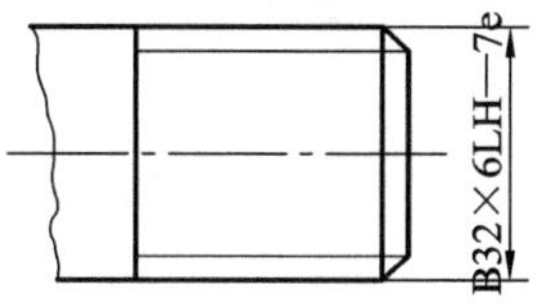 B32×6LH—7e	
55°非密封管螺纹	GB/T7307—2001	G	G1/2A G1/2—LH	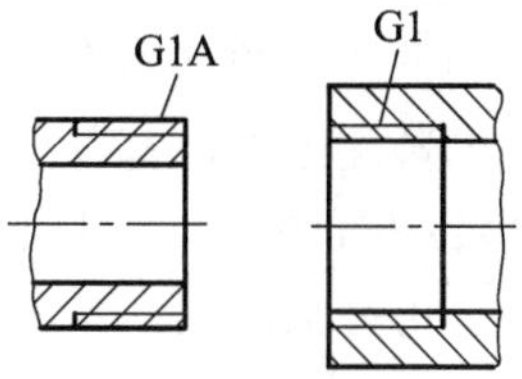 G1A　　G1	外螺纹公差有 A、B 两级，内螺纹仅一种，螺纹副仅标注外螺纹的标记
圆锥外螺纹	GB/T7306.1—2000 GB/T7306.2—2000	R₁	R₁3	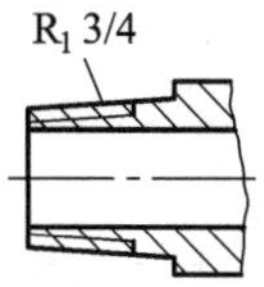 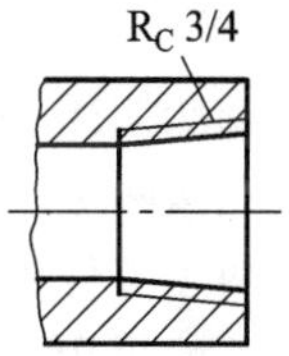 R₁3/4	R₁ 表示与圆柱内螺纹相匹配的圆锥外螺纹，R₂ 表示与圆锥内螺纹相匹配的圆锥外螺纹。表示螺纹副时，尺寸代号只标注写一次
		R₂	R₂3/4		
圆锥内螺纹		R_C	R_C1/2—LH	R_C 3/4	
圆柱内螺纹		R_P	R_P1/2		

4．螺纹紧固件的画法

螺纹紧固件是用一对内、外螺纹来连接和紧固一些零部件的零件。常用的螺纹紧固件有六角头螺栓、双头螺柱、螺钉、螺母、垫圈等。它们都是标准件，在图中只要按规定进行标记，根据标记就可从国家标准中查到它们的结构形式和尺寸数据。为提高绘图速度，在画螺纹连接图时通常采用比例画法，如图 7-9 所示。

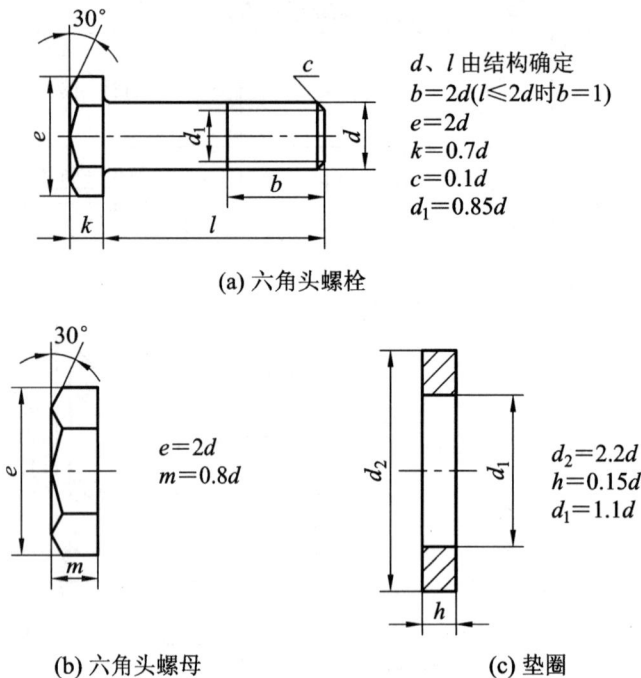

d、l 由结构确定
$b=2d(l \leqslant 2d$ 时 $b=1)$
$e=2d$
$k=0.7d$
$c=0.1d$
$d_1=0.85d$

(a) 六角头螺栓

$e=2d$
$m=0.8d$

(b) 六角头螺母

$d_2=2.2d$
$h=0.15d$
$d_1=1.1d$

(c) 垫圈

图 7-9　螺纹紧固件的比例画法

5. 螺纹连接的画法

常用螺纹紧固件连接的基本形式有螺栓连接、双头螺柱连接和螺钉连接。

在螺纹连接的装配图中，有以下规定画法：

· 相邻两零件表面接触时，只画一条粗实线；相邻两零件表面不接触时，应画成两条线，如间隙太小，可夸大画出。

· 在剖视图中，当剖切平面通过螺纹紧固件的轴线时，螺纹紧固件按不剖画出。

· 在剖视图中，相邻两个被连接件的剖面线方向应相反，必要时也可以相同，但要相互错开或间隔不等。在同一张图纸上，同一零件的剖面线在各个剖视图中的方向应相同，间隔应相等。

· 螺纹紧固件的工艺结构，如倒角、退刀槽等均可省略不画。

1) 螺栓连接

螺栓连接的比例画法如图 7-10 所示。

螺栓连接适用于连接两个不太厚的零件。螺栓穿过两个被连接件上的通孔，加上垫圈，拧紧螺母，就可以将两个零件连接在一起。

为了作图方便，一般采用简化方法画图。采用简化画法画图时，其六角头螺栓头部和六角螺母上的截交线可省略不画。螺栓连接画法中的有关尺寸如下：

$$l \geqslant \delta_1 + \delta_2 + h + m + a$$

式中，l 为螺栓的有效长度；δ_1、δ_2 为被连接件的厚度(已知)；h 为平垫圈厚度(取 $h=0.15d$)；m 为螺母高度(取 $m=0.8d$)；a 为螺栓末端超出螺母的高度，一般可取 $a=(0.2\sim0.4)d$。图 7-10 中，d_1 为螺栓的小径(取 $d_1=0.85d$)，d_2 为垫圈的直径(取 $d_1=2.2d$)。

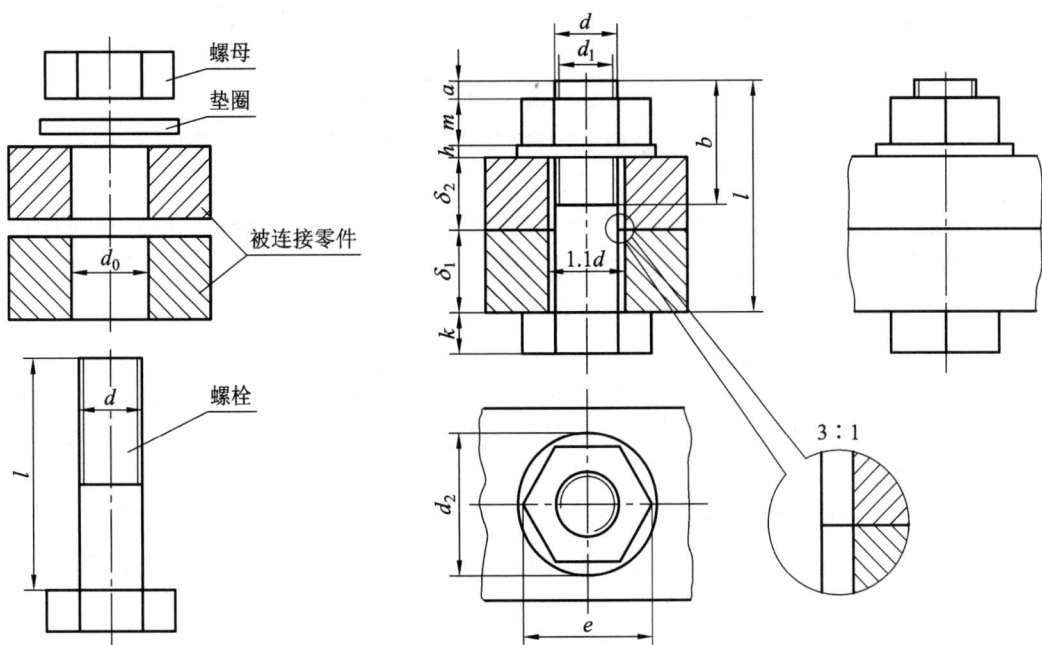

图 7-10　螺栓连接的比例画法

2) 双头螺柱连接

双头螺柱连接常用于两个被连接件中的一个因为厚度太大而不能被加工成通孔的情况。双头螺柱两端都有螺纹，其中一端全部旋入被连接件的螺孔内，称为旋入端，其长度用 b_m 表示；另一端穿过另一被连接件的通孔，加上垫圈，拧紧螺母，如图 7-11 所示。

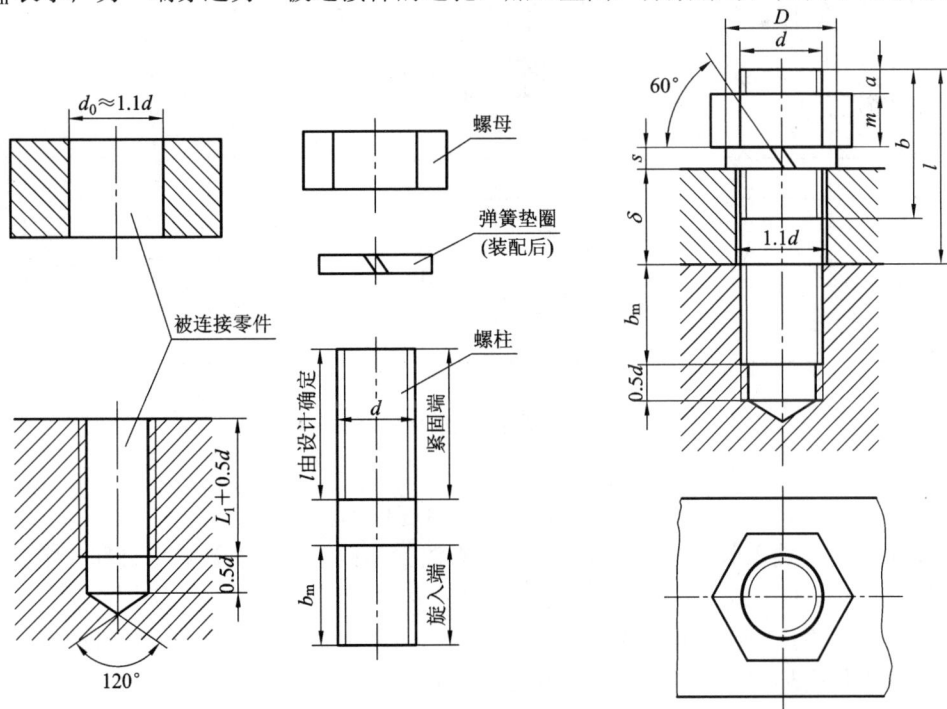

图 7-11　双头螺柱连接的比例画法

旋入端螺纹长度 b_{m} 是根据被连接件的材料决定的，被连接件的材料不同，b_{m} 的取值就不同。通常 b_{m} 有以下几种不同的取值：

- 被连接件材料为钢或青铜时，$b_{\mathrm{m}} = 1d$(GB/T897—1988)。
- 被连接件材料为铸铁时，$b_{\mathrm{m}} = 1.25d$(GB/T898—1988)或 $1.5d$(GB/T899—1988)。
- 被连接件材料为铝合金时，$b_{\mathrm{m}} = 2d$(GB/T900—1988)。

双头螺柱旋入端长度 b_{m} 应全部旋入螺孔内，即双头螺柱下端的螺纹终止线应与两个被连接件的结合面重合，画成一条线。故螺孔的深度应大于旋入端长度，一般取 $b_{\mathrm{m}} + 0.5d$。

螺柱的公称长度按下式计算后取标准长度：

$$l \geqslant \delta + s + m + a$$

式中，l 为螺栓的公称长度；δ 为连接件的厚度(已知)；s 为弹簧垫圈的厚度(取 $h = 0.15d$)；m 为螺母的高度(取 $m = 0.8d$)；a 为螺柱末端超出螺母的高度，一般取 $a = (0.2 \sim 0.4)d$。

3) 螺钉连接

螺钉连接一般用于受力不大且不经常拆卸的地方。被连接的零件中一个为通孔，另一个为不通的螺纹孔。螺孔深度和旋入深度的确定与双头螺柱连接基本一致，螺钉头部的形式有很多，应按规定画出，如图 7-12 所示。

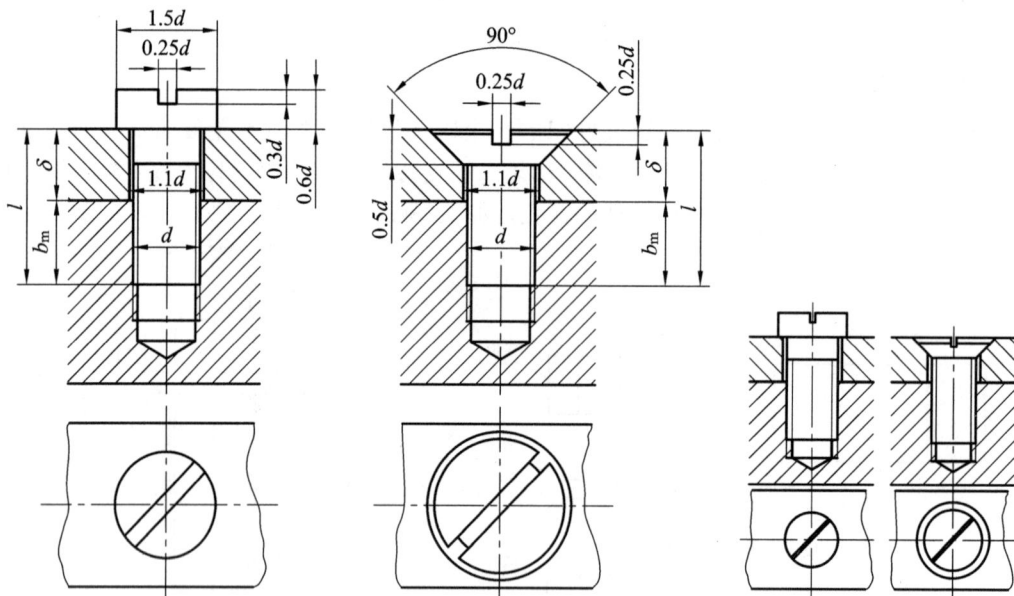

图 7-12　螺钉连接的比例画法

螺钉的公称长度如下：

$$l \geqslant \delta(\text{通孔零件的厚度}) + b_{\mathrm{m}}$$

式中，b_{m} 为螺钉的旋入长度，其取值与螺柱连接时的相同。按上式计算出公称长度后再查表取标准值。

螺钉的螺纹终止线应画在两个被连接件的结合面之上，这样才能保证螺钉的螺纹长度与螺孔的螺纹长度都大于旋入深度，使其连接牢固。

7.2　键连接与销连接

本节关键词

键连接、销连接。

学习小目标

(1) 掌握键、销的作用及常见类型，能读懂有关标记。
(2) 能正确绘制并读懂普通平键在轴和轮毂上的规定画法及标注。
(3) 能绘制并看懂销连接的规定画法。

1．键连接

键主要用来连接轴和装在轴上的传动零件(如带轮、齿轮等)，以及起传递扭矩作用的标准件，如图 7-13 所示。

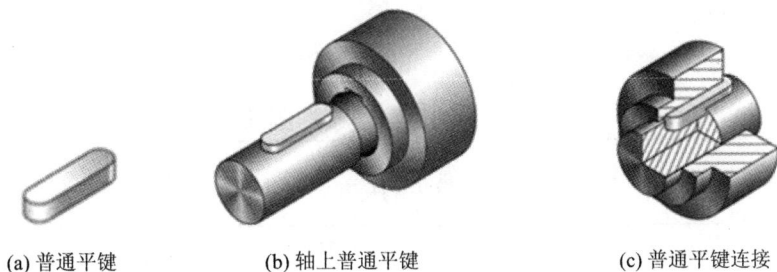

(a) 普通平键　　　　(b) 轴上普通平键　　　　(c) 普通平键连接

图 7-13　键与键连接

常用的键有普通平键、半圆键和钩头楔键等，其中普通平键根据其头部结构的不同可以分为圆头普通平键(A 型)、平头普通平键(B 型)和单圆头普通平键(C 型)三种形式，如图 7-14 所示。

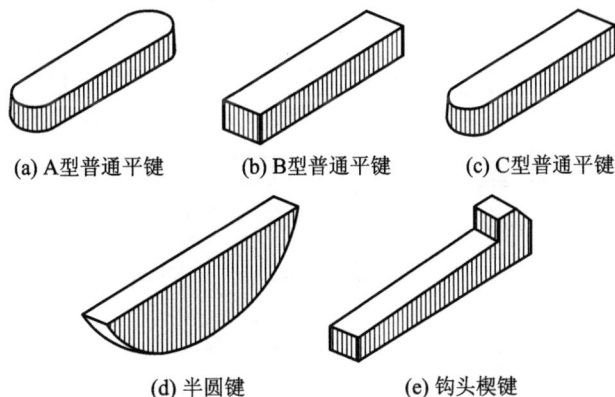

(a) A型普通平键　　　(b) B型普通平键　　　(c) C型普通平键

(d) 半圆键　　　　　(e) 钩头楔键

图 7-14　常用键的类型

国家标准对各种键的画法、标记进行了统一规范，具体可查阅国家标准 GB/T1096—2003、GB/T1099.1—2003、GB/T1565—2003。

【例7-3】 解读"键 18×11×100 GB/T1096—2003"的含义。

查阅国家标准 GB/T1096—2003 可知，此标记的含义是：键宽 $b=18$，键高 $h=11$，键长 $L=100$ 的 A 型普通平键。

采用普通平键连接时，键的长度 L 和宽度 b 要根据轴的直径 d 和传递的扭矩大小从标准中选取适当值。轴和轮毂上的键槽的表达方法及尺寸如图 7-15(a)、(b)所示。常见键连接的画法见表 7-2。

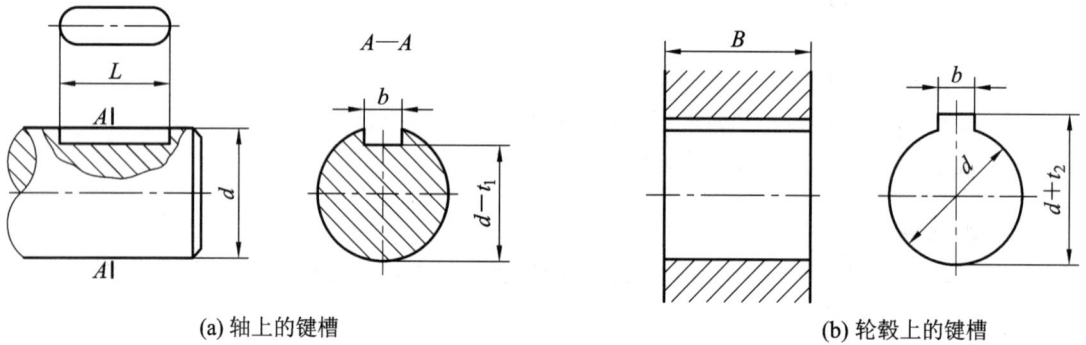

(a) 轴上的键槽　　　　　　　　　　　　(b) 轮毂上的键槽

图 7-15　平键连接画法

表 7-2　常见键连接的画法

键连接名称	键连接画法及尺寸标注	说　明
平键连接		平键两侧面应与轴和轮毂上的键槽侧面接触，其底面与轴上键槽底面接触，均应画成一条线。键的顶面与轮毂上键槽的顶面之间有间隙，应画成两条线
半圆键连接		半圆键两侧面与轴和轮毂上的键槽侧面接触，其底面与轴上键槽底面接触，均应画成一条线。键的顶面与轮毂上键槽的顶面之间有间隙，应画成两条线

键连接名称	键连接画法及尺寸标注	说 明
钩头楔键		两侧面与轴和轮毂上的键槽侧面不接触，应画成两条线。其底面与轴上键槽底面接触，其顶面与轮毂上键槽的顶面接触，均应画成一条线

2. 销连接

销主要用来固定零件之间的相对位置，起定位作用，也可用于轴与轮毂的连接。

销有圆柱销、圆锥销、开口销三种，且均已标准化，见表 7-3。圆柱销利用微量过盈固定在销孔中，经过多次装拆后，连接的紧固性及精度降低，故只宜用于不常拆卸处。圆锥销有 1 : 50 的锥度，装拆比圆柱销方便，多次装拆对连接的紧固性及定位精度影响较小，因此应用广泛。

表 7-3 销的种类、画法与标记

名称	图 例	标记示例及解读	标准代号
圆柱销		销 GB/T119.1—2000 5m6 × 18 表示公称直径 $d = 5$、公差为 m6、公称长度 $l = 18$ 的圆柱销，材料为 35 钢，不经淬火，不经表面热处理	GB/T119.1—2000
圆锥销		销 GB/T117—2000 10 × 60 表示公称直径 $d = 10$、公称长度 $l = 60$ 的 A 型圆锥销，材料为 35 钢，热处理硬度为 $(28 \sim 38)$HRC、表面经过氧化处理	GB/T117—2000
开口销		销 GB/T91—2000 5 × 50 表示公称规格 $d = 5$、公称长度 $l = 50$ 的开口销，材料为 Q215 钢，不经表面热处理	GB/T91—2000

销连接的画法如图 7-16 所示。

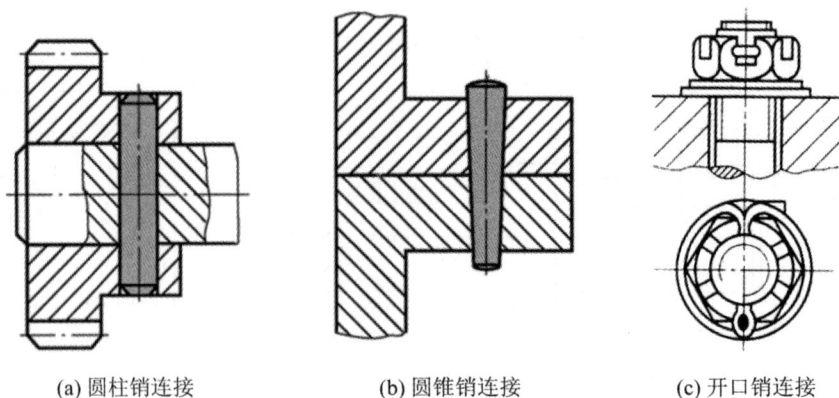

(a) 圆柱销连接   (b) 圆锥销连接   (c) 开口销连接

图 7-16   销连接的画法

7.3 齿 轮

本节关键词

圆柱齿轮、画法。

学习小目标

(1) 掌握齿轮各部分的名称和代号。

(2) 熟悉圆柱齿轮的尺寸的计算公式并能运用该公式进行齿轮参数的计算。

(3) 能按圆柱齿轮的规定画法进行单个齿轮、啮合齿轮的作图和识读。

学习小提示

圆柱齿轮是本节的学习重点，圆柱齿轮的画法实际上很简单，学习的时候要跟着老师的指导熟练记忆与理解。

齿轮属于常用件，是机械传动中广泛使用的传动零件。齿轮可以用来传递动力，改变转速大小和转动方向。常见的齿轮传动形式如图 7-17 所示。其中，最常用的传动形式就是圆柱齿轮传动。圆柱齿轮的齿形可分为直齿、斜齿和人字齿，如图 7-18 所示。本节主要学习圆柱齿轮的参数计算和有关画法。

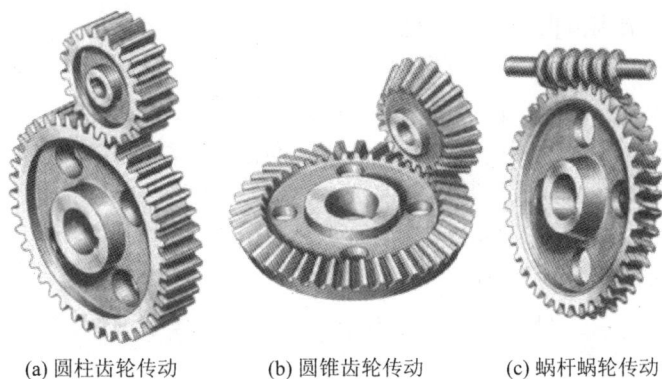

(a) 圆柱齿轮传动　　　(b) 圆锥齿轮传动　　　(c) 蜗杆蜗轮传动

图 7-17　常见的齿轮传动形式

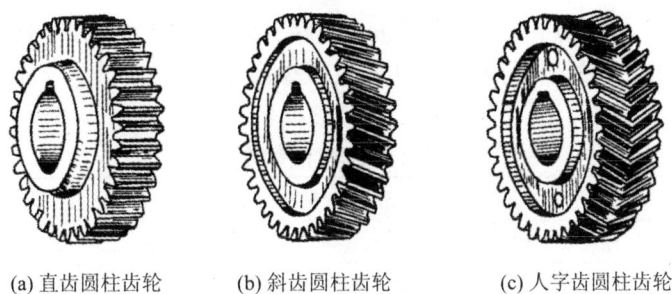

(a) 直齿圆柱齿轮　　　(b) 斜齿圆柱齿轮　　　(c) 人字齿圆柱齿轮

图 7-18　圆柱齿轮

1. 圆柱齿轮参数与计算

圆柱齿轮各部分的名称和尺寸代号如图 7-19 所示。

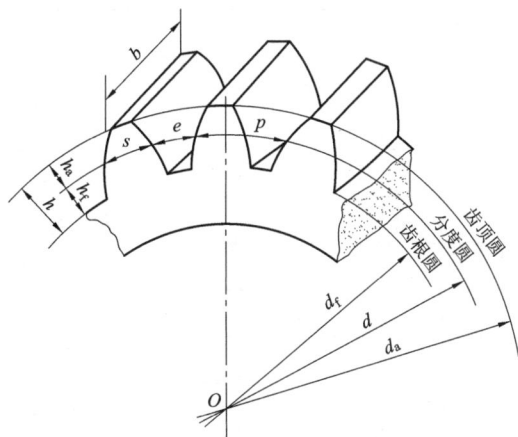

图 7-19　圆柱齿轮各部分的名称和代号

- 齿顶圆直径：通过齿轮轮齿顶端的圆的直径，用 "d_a" 表示。
- 齿根圆直径：通过齿轮轮齿根部的圆的直径，用 "d_f" 表示。
- 分度圆直径：分度圆是一个假想圆，在该圆上的齿厚 s 与齿槽宽 e 相等，分度圆直径用 "d" 表示。
- 齿顶高：分度圆到齿顶圆之间的径向距离，用 "h_a" 表示。
- 齿根高：分度圆到齿根圆之间的径向距离，用 "h_f" 表示。

- 齿高：齿顶圆到齿根圆之间的径向距离，用"h"表示，$h = h_a + h_f$。
- 齿厚：在分度圆上，同一齿两侧齿廓之间的弧长，用"s"表示。
- 齿槽宽：在分度圆上，齿槽宽度的一段弧长，用"e"表示。
- 齿距：在分度圆上，相邻两齿同侧齿廓之间的弧长，用"p"表示。
- 齿形角：渐开线圆柱齿轮基准齿形角为20°，用字母"α"表示。
- 中心距：两圆柱齿轮轴线之间的最短距离，用"a"表示。
- 模数：如果齿轮有 z 个齿，则

$$\text{分度圆周长} = \pi d = pz \quad \text{或} \quad d = zp/\pi$$

令 $m = p/\pi$，则

$$d = mz$$

其中，m 称为模数，单位为 mm。模数的大小直接反映轮齿的大小。一对相互啮合的齿轮，其模数必须相等。为了便于设计和制造齿轮，减少齿轮加工的刀具，模数已经标准化，其系列值如表7-4所示。

表7-4　齿轮模数系列值　　　　　　　单位：mm

系　列	模　　　数																
第一系列	1	1.25	1.5	2	2.5	3	4	5	6	8	10	12	16	20	25	32	40　50
第二系列	1.75　2.25　2.75　(3.25)　3.5　(3.75)　4.5　5.5　(6.5)　7　9　(11)　14　18　22　28　36　45																

圆柱齿轮各部分尺寸的计算公式及计算举例见表7-5(已知齿轮的模数 m、齿数 z)。

表7-5　直齿圆柱齿轮的尺寸计算公式及举例

名　　称	代号	尺　寸　公　式
分度圆直径	d	$d = mz$
齿顶高	h_a	$h_a = m$
齿根高	h_f	$h_f = 1.25m$
齿高	h	$h = h_a + h_f = 2.25m$
齿顶圆直径	d_a	$d_a = d + 2h_a = m(z + 2)$
齿根圆直径	d_f	$d_f = d - 2h_f = m(z - 2.5)$
齿距	p	$p = \pi m$
齿厚	s	$s = p/2$
中心距	a	$a = (d_1 + d_2)/2 = m(z_1 + z_2)/2$

2. 圆柱齿轮的画法

1) 单个圆柱齿轮的画法

单个圆柱齿轮的表达一般只采用两个视图，其中平行于齿轮轴线的投影面的视图常画成全剖视图或半剖视图。单个齿轮的表达也可采用一个视图和一个局部视图。当需要表示斜齿轮和人字齿轮的齿线方向时，可画三条与齿线方向一致的细实线表示。齿顶线和齿顶圆用粗实线绘制，分度线和分度圆用细点画线绘制，齿根线和齿根圆用细实线绘制，也可省略不画。在剖视图中，当剖切平面通过齿轮轴线时，齿根线用粗实线绘制，轮齿按不剖处理，即轮齿部分不画剖面线，如图 7-20 所示。

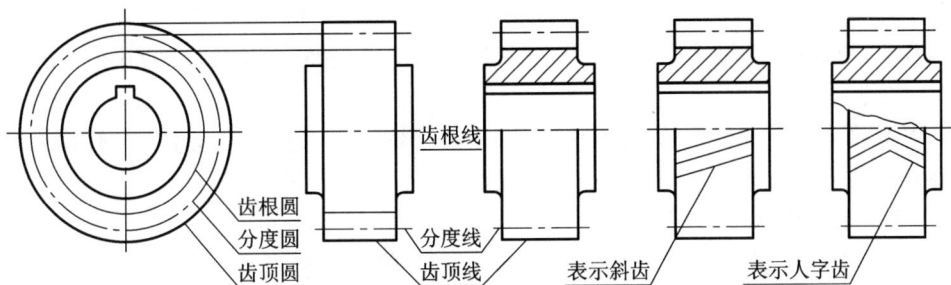

图 7-20　圆柱齿轮的规定画法

2) 圆柱齿轮的啮合画法

在平行于圆柱齿轮轴线的投影面上的全剖视图中，啮合区的一个齿轮轮齿用粗实线绘制，另一个齿轮轮齿的齿顶被遮住，应画虚线。在平行于圆柱齿轮轴线的投影面上的外形视图中，啮合区不画齿顶线，只用粗实线画出节线，如图 7-21 所示。

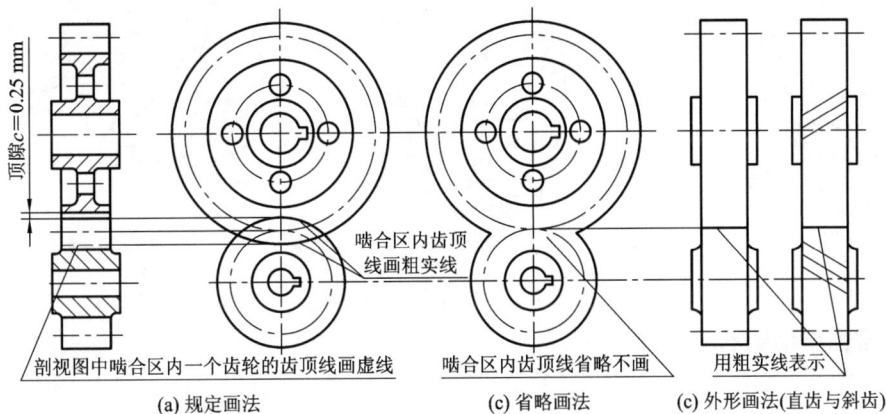

图 7-21　齿轮的啮合画法

7.4　滚 动 轴 承

本节关键词

简化画法、特征画法、规定画法。

学习小目标

(1) 掌握常用滚动轴承的结构、形式及代号。

(2) 熟读常用滚动轴承的各种画法。

(3) 能按规定画法进行滚动轴承的绘图。

📖 **学习小提示**

本节学习常用滚动轴承的结构、形式及代号，重点是熟悉滚动轴承的几种画法。

滚动轴承是支撑转动轴的标准部件。由于滚动轴承可以极大地减小轴与孔相对旋转时的摩擦力，具有机械效率高、结构紧凑等优点，因此已被广泛应用。

1. 常用滚动轴承的结构与形式

滚动轴承的种类很多，但从结构上看，一般都是由内圈、外圈、滚动体及保持架四部分组成。外圈装在机座的轴孔内，一般固定不动；内圈装在轴上，随轴一起转动。图7-22所示为三种常用的滚动轴承。

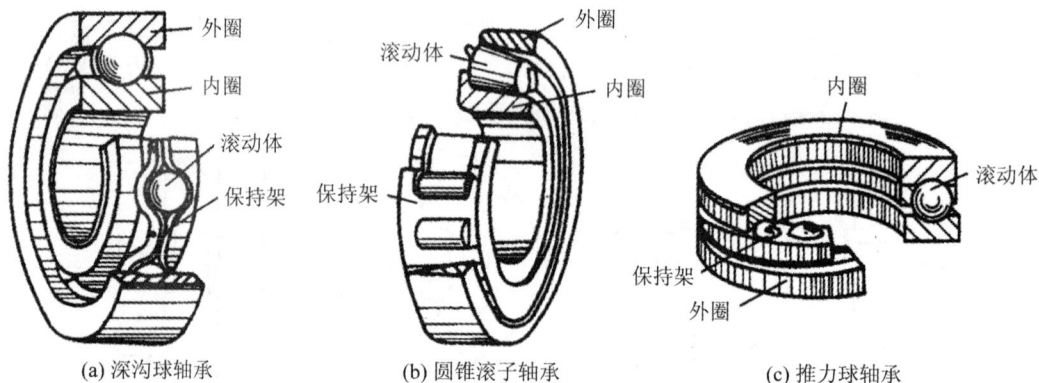

| (a) 深沟球轴承 | (b) 圆锥滚子轴承 | (c) 推力球轴承 |

图 7-22 常用的滚动轴承

2. 常用滚动轴承的代号

滚动轴承的类型、结构和尺寸均已标准化，并规定用代号表示。滚动轴承的代号是用字母加数字表示滚动轴承的结构、尺寸、公差等级、技术性能、特征的产品符号，由前置代号、基本代号和后置代号构成，其排列顺序如下：

| 前置代号 | 基本代号 | 后置代号 |

基本代号由轴承类型代号、尺寸系列代号、内径代号构成。

(1) 轴承类型代号用阿拉伯数字或大写拉丁字母表示(见表7-6)。

表 7-6 轴承类型代号

代号	轴 承 类 型	代号	轴 承 类 型
0	双列角接触球轴承	7	角接触球轴承
1	调心球轴承	8	推力圆柱滚子轴承
2	调心滚子轴承和推力调心滚子轴承	N	圆柱滚子轴承(双列或多列用 NN 表示)
3	圆锥滚子轴承	U	外球面轴承
4	双列深沟球轴承	QJ	四点接触球轴承
5	推力球轴承		
6	深沟球轴承		

(2) 尺寸系列代号由滚动轴承的宽(高)度系列代号和直径代号组合而成，具体代号可以查阅有关国家标准。

(3) 内径代号表示轴承的公称内径，用两位数字表示。滚动轴承的内径代号及含义见表 7-7。

表 7-7　滚动轴承的内径代号及含义

轴承公称内径 / mm		内 径 代 号	示 例	
0.6～10 (非整数)		用公称内径毫米数直接表示，在其与尺寸系列代号之间用 "/" 分开	深沟球轴承　618/2.5	$d = 2.5$ mm
1～9 (整数)		用公称内径毫米数直接表示，对深沟及角接触球轴承 7、8、9 直径系列，内径与尺寸系列代号之间用 "/" 分开	深沟球轴承　625 深沟球轴承　618/5	$d = 5$ mm $d = 5$ mm
10～17	10	00	深沟球轴承　6200	$d = 10$ mm
	12	01	深沟球轴承　6201	$d = 12$ mm
	15	02	深沟球轴承　6202	$d = 15$ mm
	17	03	深沟球轴承　6203	$d = 17$ mm
20～480 (22、28、32 除外)		公称内径除以 5 的商数，商数为个位数，须在商数左边加 "0"，如 08	圆锥滚子轴承　30308 深沟球轴承　6215	$d = 40$ mm $d = 75$ mm
≥500 以及 22、28、32		用公称内径毫米数直接表示，但其与尺寸系列之间用 "/" 分开	调心滚子轴承　239/500 深沟球轴承　62/22	$d = 500$ mm $d = 22$ mm

3．滚动轴承的画法

滚动轴承在装配图中的画法有简化画法或规定画法两种，其中简化画法又可分为通用画法和特征画法。常用滚动轴承的画法如表 7-8 所示。

表 7-8　常用滚动轴承的画法

画法名称	规定画法	简化画法	
		特征画法	通用画法
深沟球轴承 GB/T276—2013	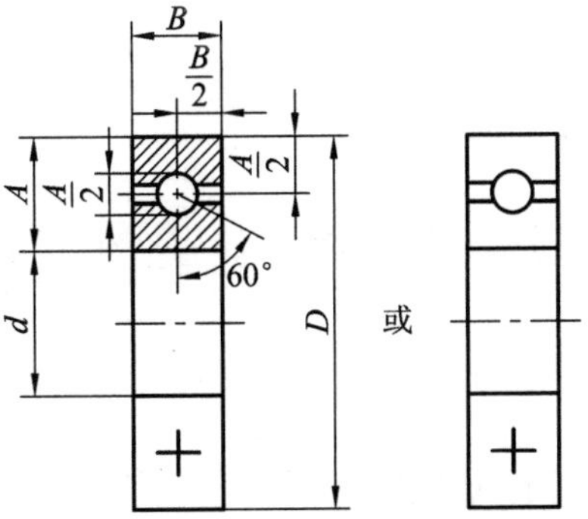	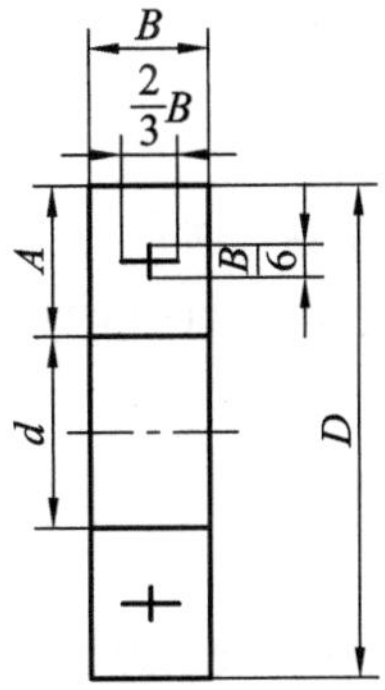	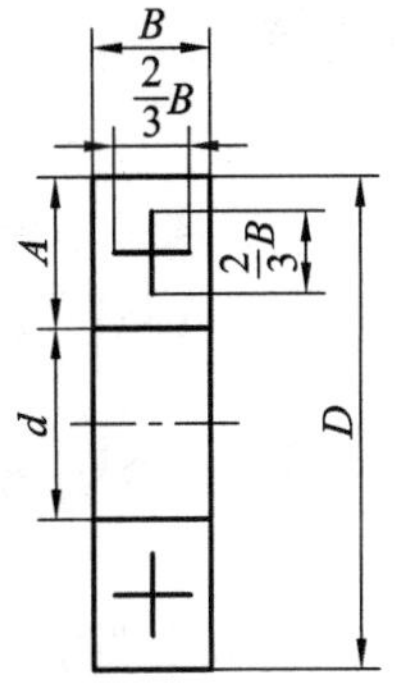

续表

画法名称	规定画法	简化画法	
		特征画法	通用画法
圆锥 滚子轴承 GB/T297—2013	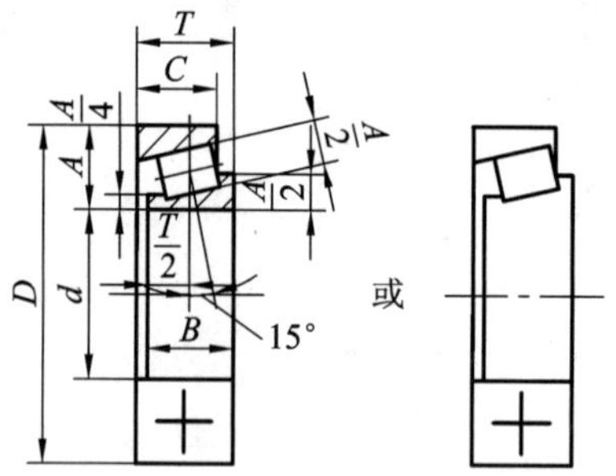	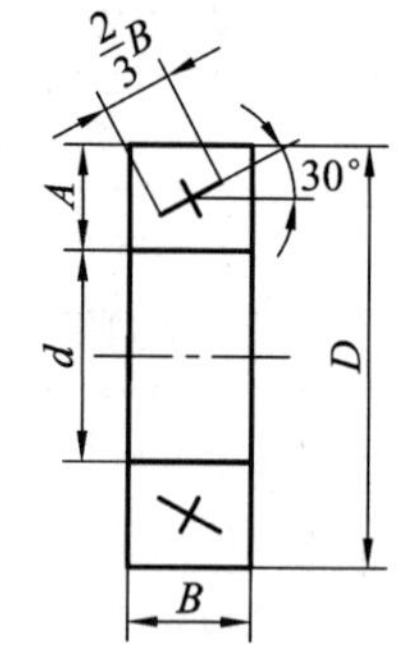	
推力 球轴承 GB/T301—2015	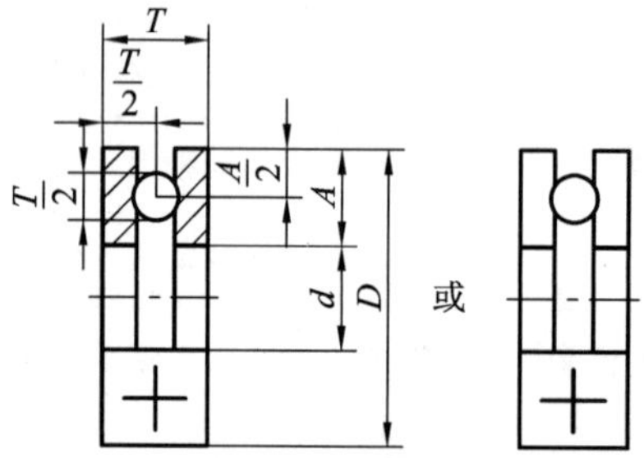	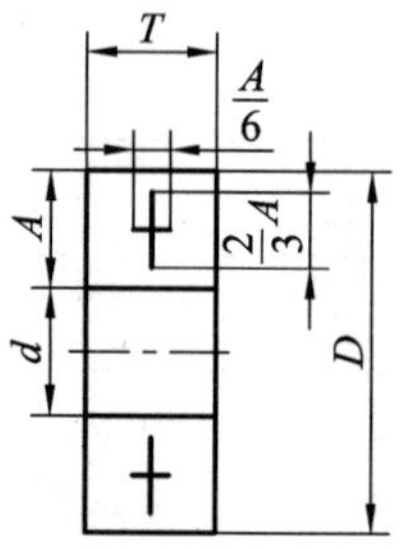	

7.5 弹 簧

本节关键词

识读弹簧。

学习小目标

(1) 掌握弹簧的作用、种类。

(2) 能按圆柱螺旋压缩弹簧的规定画法正确识读装配图中的弹簧画法。

学习小提示

本节主要学习圆柱螺旋压缩弹簧的规定画法和作图步骤，学习的真正目的并不是绘制弹簧零件图，而是看懂装配图中的弹簧画法。

弹簧是一种常用件，主要用来起减振、测力和夹紧等作用。弹簧的种类很多，主要有压缩弹簧、拉伸弹簧、扭转弹簧等，如图 7-23 所示。

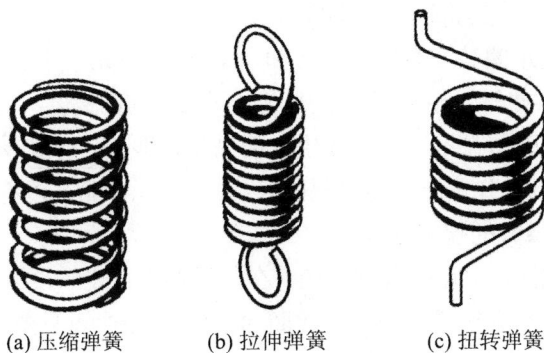

(a) 压缩弹簧　　　　(b) 拉伸弹簧　　　　(c) 扭转弹簧

图 7-23　常见的弹簧种类

本节只简要学习常用的普通圆柱螺旋压缩弹簧的画法。

1. 圆柱螺旋压缩弹簧各部分的名称及尺寸关系

圆柱螺旋压缩弹簧各部分的名称及尺寸关系如图 7-24 所示。

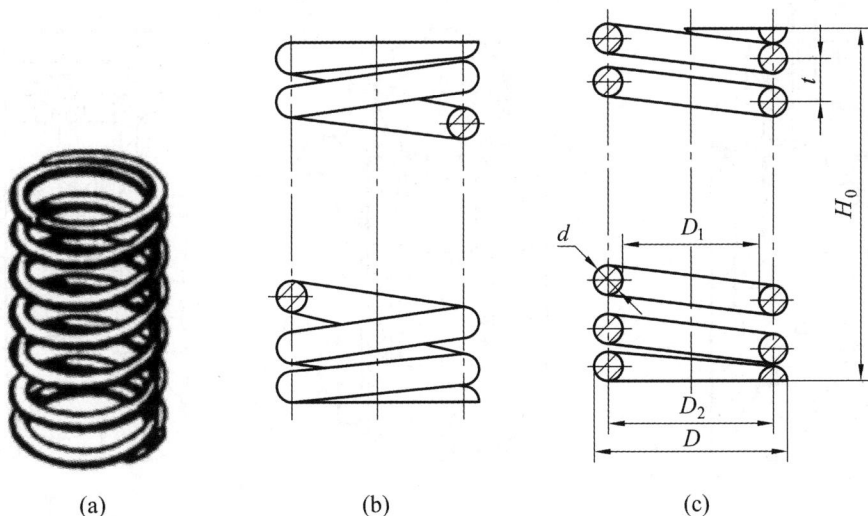

(a)　　　　　　(b)　　　　　　(c)

图 7-24　螺旋压缩弹簧各部分的名称及规定画法

(1) 簧丝直径 d：弹簧钢丝的直径。

(2) 弹簧直径：

外径 D：弹簧的最大直径。

内径 D_1：弹簧的最小直径。

中径 D_2：弹簧内径和外径的平均值，即 $D_2 = (D + D_1) / 2 = D - d = D_1 + d$。

(3) 圈数:

支承圈数 n:为使弹簧工作时受力均匀,增加弹簧的平稳性,弹簧两端通常并紧磨平。并紧磨平的各圈只起支撑作用,故称支承圈。支承圈数有 2.5、2、1.5 圈三种,常用的是 2.5 圈。此时,两端各并紧 1/2 圈,磨平 3/4 圈(即每一端的支承圈数为 11/4 圈)。

有效圈数 n_2:除两端支承圈以外的圈数。

总圈数 n_1:等于支承圈数和有效圈数之和,即 $n_1 = n + n_2$。

(4) 节距 t:除支承圈外,相邻两圈对应点之间的轴向距离。

(5) 自由高度 H_0:弹簧在不受外力作用时的高度,即 $H_0 = nt + (n_2 - 0.5)d$。

(6) 展开长度 L:制造弹簧时所需钢丝的长度,$L \approx n_1 \sqrt{(\pi D_2)^2 + t^2}$ 。

2. 圆柱螺旋压缩弹簧的规定画法

螺旋弹簧可画成视图,也可画成剖视图。在装配图中,被弹簧挡住的结构一般不画出,可见部分应从弹簧的外轮廓线或从弹簧钢丝断面的中心线画起(见图 7-25(a))。当弹簧被剖切,如弹簧钢丝直径在图形上小于或等于 2 mm 时,其断面可采用涂黑表示(见图 7-25(b)),也可采用示意画法(见图 7-25(c))。

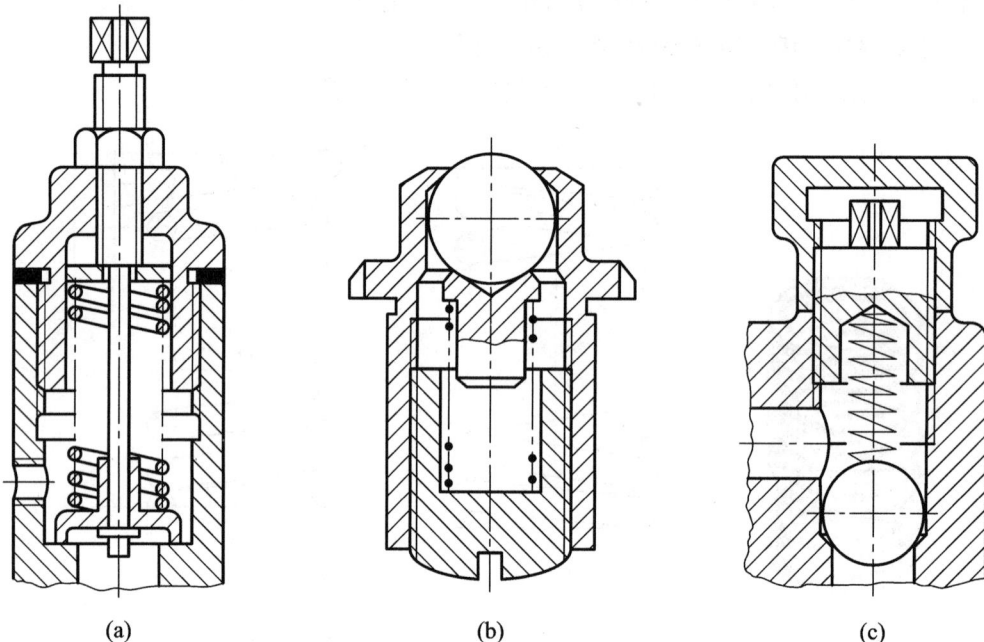

(a)   (b)   (c)

图 7-25 装配图中螺旋弹簧的规定画法

3. 圆柱螺旋压缩弹簧的画图步骤

对于两端并紧、磨平的螺旋压缩弹簧,不论支承圈数多少或者末端并紧情况如何,均可按表 7-9 所示步骤绘制。

作图时,下列数据应为已知:自由高度 H_0、弹簧钢丝直径 d、弹簧外径 D(或内径 D_1)、有效圈数 n(或总圈数 n_1)及旋向。

表 7-9　螺旋压缩弹簧的作图步骤

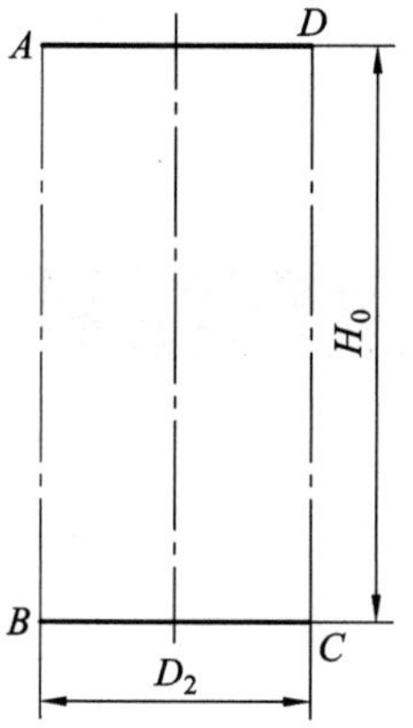	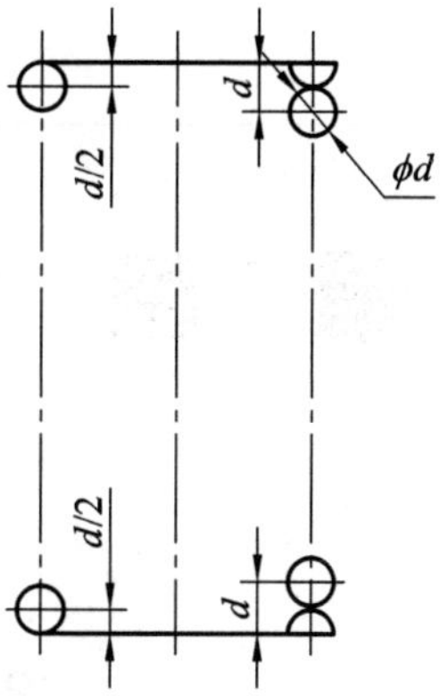
a. 以自由高度 H_0 和中径 D_2 作矩形 $ABCD$	b. 根据弹簧钢丝直径 d 画出支承圈部分
c. 根据节距 t 画出有效圈部分	d. 按右旋方向作出弹簧钢丝端面的公切线，最后画出剖面符号，完成作图

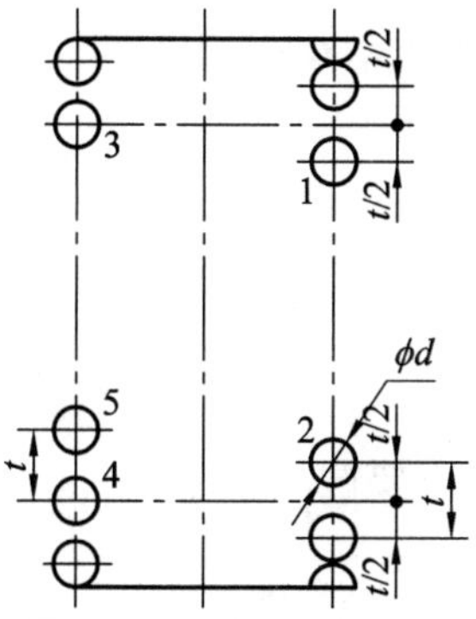

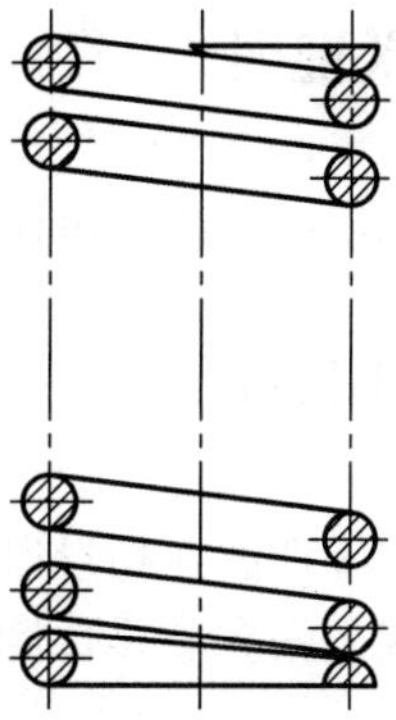

第8章 零件图的识读与绘制

8.1 零件图概述

本节关键词

零件图的作用、零件图的内容。

学习小目标

(1) 能理解零件图在指导制造与检验零件等过程中的重要性。
(2) 能掌握一张完整零件图应具备的内容。

学习小提示

本节主要学习零件图的基本知识，主要包括零件图的概念、作用，一张完整零件图所包含的内容。

每一台机器或部件都是由若干零件按一定的装配关系和技术要求装配而成的，零件是组成机器或部件的最小单元。图 8-1 所示为油泵的分解图，它是由泵体、泵盖、从动齿轮轴、主动齿轮轴、填料压盖等多种零件组成的。

1. 零件图的作用

用来表达零件的结构、大小及技术要求的图样称为零件工作图(简称零件图)。零件图是零件生产中的重要技术文件，是零件制造和检验的依据。机器或部件中，除标准件外，其余零件一般均应绘制零件图。图 8-2 所示的泵体是组成油泵的一个零件。

2. 零件图的内容

1) 一组图形

一组图形是指用恰当的视图、剖视图、断面图及其他规定画法，正确、完整、清晰地表达零件各部分的结构形状。

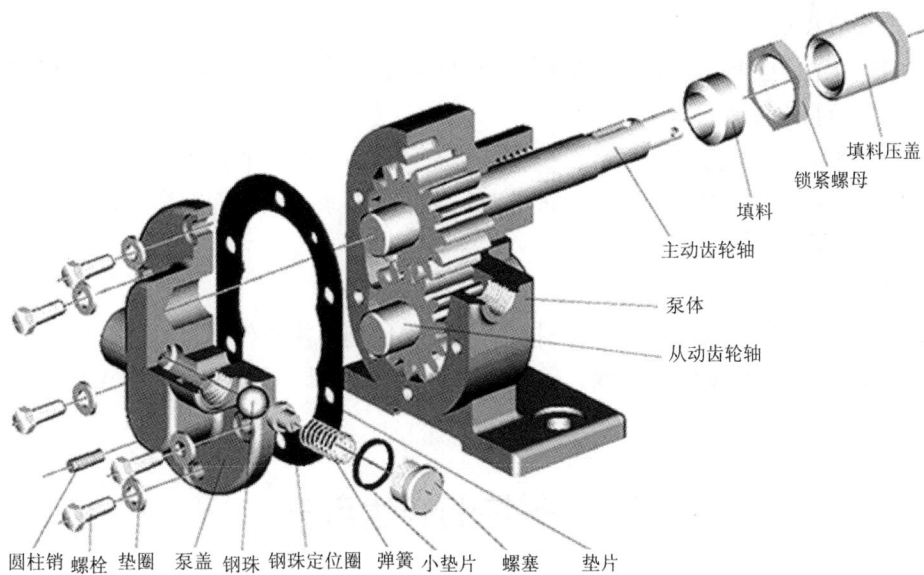

图 8-1　油泵的分解图

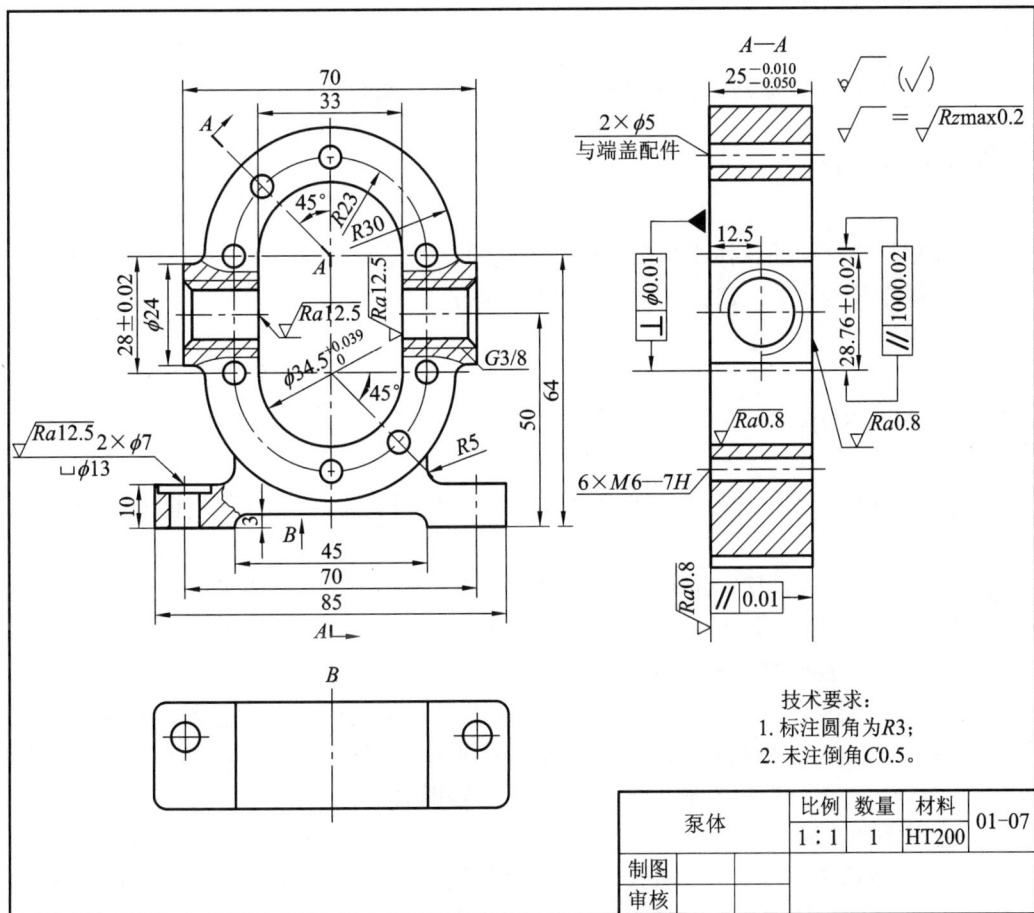

技术要求:
1. 标注圆角为 R3;
2. 未注倒角 C0.5。

泵体	比例	数量	材料	01-07
	1:1	1	HT200	
制图				
审核				

图 8-2　泵体零件图

2) 完整的尺寸

完整的尺寸是指正确、完整、清晰、合理地标注零件制造、检验时所需要的全部尺寸。

3) 必要的技术要求

必要的技术要求是指零件制造、检验和装配过程中应达到的技术指标。除用文字在图纸空白处书写出技术要求外，还有用符号表示的技术要求，如表面粗糙度、尺寸公差、形位公差、热处理要求等。

4) 标题栏

标题栏中一般填写零件的名称、材料、数量、比例、图样代号、单位名称以及设计、制图、审核、工艺、标准化、更改、批准等人员的签名和日期等内容，见第 1 章。教学中一般用简易标题栏，如图 8-2 所示。

8.2　零件的表达方法

本节关键词

主视图、形状特征原则、工作位置原则、加工位置原则。

学习小目标

(1) 能根据主视图的选择原则合理选择主视图。
(2) 能根据其他视图的选择原则选好其他视图。
(3) 能根据需要合理选择零件的表达方案。

学习小提示

本节学习如何合理地选择零件的表达方案，主要包括主视图和其他视图的选择原则。

表达零件内外结构与形状的视图是零件图中的重要内容之一。在确定零件的表达方案时，既要把零件上每一部分的结构形状和位置都表达正确、完整、清晰，又要符合设计和制造的要求，还要便于画图和看图。

要达到上述要求，在选择零件的视图时，应灵活运用前面学过的视图、剖视图、断面图以及简化和规定画法等表达方法。首先考虑主视图的表达方法，再考虑其他视图的表达方法，从而确定一组合适的图形来表达零件的形状和结构。

1.　主视图的选择

主视图是表达零件最重要的视图，在表达零件的结构形状、画图和看图中起着关键作用，因此在确定零件的表达方案时，应把主视图的选择放在首位。选择零件图的主视图时，一般应从主视图的投射方向和零件的摆放位置两方面来考虑，并结合以下三个原则进行。

1) 形状特征原则

选择主视图的投射方向时，应以最能反映零件形状特征的方向为主视图的投射方向，尽可能多地反映零件各部分结构形状及各组成部分的相对位置。例如，图 8-3 所示的支架，向 K 方向投射较其他方向能更清楚地表达该零件各部分的形状结构及相互位置关系，因此选择 K 方向为主视图的投射方向。

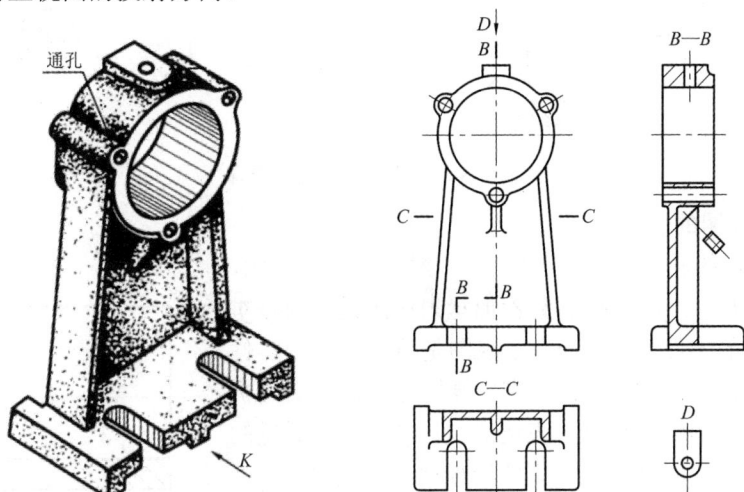

图 8-3 支架主视图的选择

2) 工作位置原则

选择零件的摆放位置时，应尽可能与零件在机器或部件中的工作位置相一致，以便于想象零件在机器中的工作状况，也便于指导安装。图 8-4(a)所示是按照吊钩在工作时的位置(安装位置)来确定的，图 8-4(b)所示是按照前拖钩拖拉汽车时的工作位置来确定的。这样的位置便于读图时把零件和相邻部件联系起来，想象其工作情况，在装配时也便于直接对照图样进行装配。对于叉架类、箱体类零件，一般选用工作位置作为主视图位置。

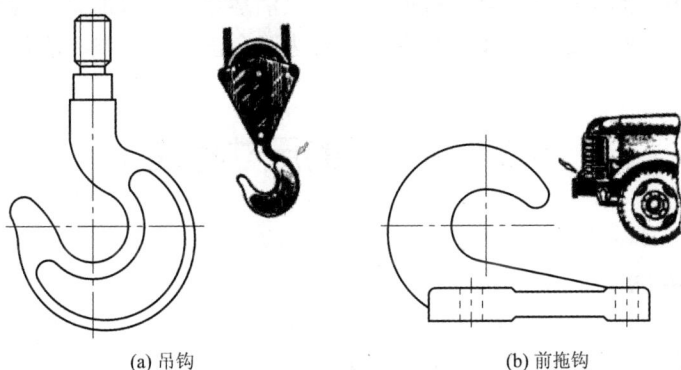

(a) 吊钩   (b) 前拖钩

图 8-4 主视图的选择

3) 加工位置原则

对于工作位置不易确定或按工作位置绘图不便的零件，一般将零件在机械加工中所处的位置作为主视图的位置，以便于工人生产。对于轴套类、轮盘等以回转体形状为主的零件，主视图的方向应尽量符合零件的主要加工位置，即按该类零件加工时主要工序的装夹位置(轴线水平放置)来绘制主视图，如图 8-5 所示。

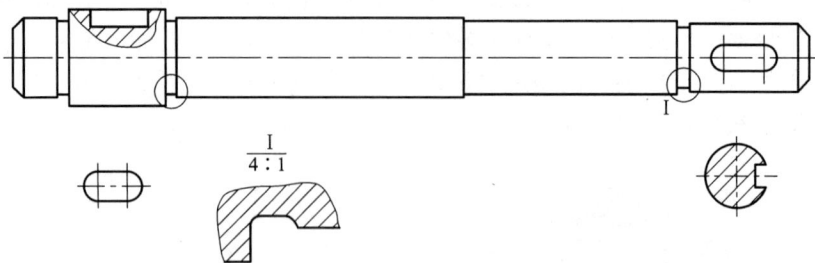

图 8-5　主动轴主视图的选择

2．其他视图的选择

图 8-6 所示的套筒属于简单零件，一般只用一个视图，再加所标注的尺寸，就能把其结构形状表达清楚。但是对于一些较复杂的零件，只靠一个主视图是很难把整个零件的形状结构表达清楚的。因此，在主视图确定后，要分析零件图还有哪些形状结构没有表达清楚，选择适当数量的其他视图，将零件的结构形状完整清晰地表达出来。

选择其他视图时考虑的一般原则是：

(1) 一般优先考虑选用基本视图，然后考虑选用其他视图。

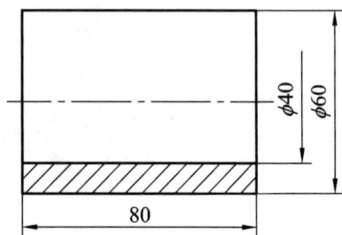

图 8-6　套筒

(2) 在保证充分表达零件结构形状的前提下，尽可能使零件的视图数量最少。

对于如图 8-5 所示的主动轴，主视图确定后，为了表达清楚轴右方的结构形状，在主视图上作移出断面表示其断面形状；为了表达清楚轴左方键槽的结构形状，补充了局部视图；为了表达清楚退刀槽的结构，采用了比例为 4∶1 的局部放大图。

总之，确定零件的主视图与其他视图时，应灵活运用上述各原则，通过多画、多看、多比较、多思考，不断实践，逐步使得零件的表达符合正确、完整、清晰、简洁的要求。

8.3　零件图的尺寸标注

本节关键词

尺寸基准、合理、封闭尺寸链、便于测量。

学习小目标

(1) 明确零件图尺寸标注的要求。

(2) 掌握尺寸基准的不同分类。

(3) 掌握合理标注尺寸的方法，并能正确标注一般零件的尺寸。

学习小提示

本节学习如何标注零件图的尺寸，主要包括零件图的尺寸标注要求和形式、尺寸基准的类型、合理标注尺寸的方法、常见结构的标注方法。

1．零件图尺寸标注的要求

零件的视图只用来表达零件的结构形状，其各组成部分的大小和相对位置由视图上所标注的尺寸数值来确定。零件图的尺寸是零件加工与检验的重要依据，因此零件图的尺寸标注必须做到正确、完整、清晰、合理。

尺寸标注的合理性是指标注的尺寸要符合设计和工艺要求，即要满足使用性能与加工、检验要求。要达到上述要求，标注尺寸时必须正确选择尺寸基准与尺寸标注形式。

2．尺寸基准

尺寸基准是确定零件上尺寸位置的几何元素，是测量或标注尺寸的起点。通常选择零件的主要加工面、重要的配合面、对称面、轴或孔的轴线、对称中心线等作为尺寸基准。根据基准在生产过程中的不同作用，一般将基准分为设计基准和工艺基准。

1) 设计基准

从设计角度考虑，满足零件在机器或部件中对其结构、性能的特定要求，用于确定零件在机器或部件中位置的基准，称为设计基准。如图 8-7 所示，支座的下底面为高度方向的设计基准，支座的左右对称面为长度方向的设计基准，支座的后端面为宽度方向的设计基准。图 8-8 所示的薄壁套筒零件的轴线是径向尺寸的设计基准。

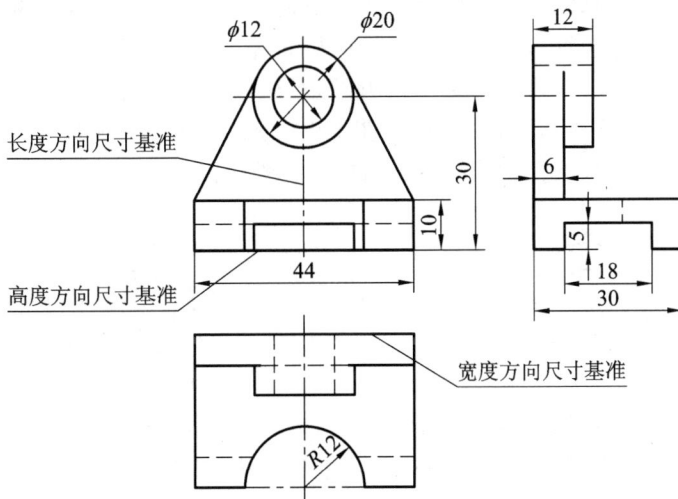

图 8-7　支座的尺寸基准

2) 工艺基准

在零件加工过程中，为便于加工和测量所选定的基准，称为工艺基准。在标注尺寸时，最好使设计基准与工艺基准重合，以减小误差，保证零件的设计要求。图 8-8 所示的薄壁套筒零件的右端面为工艺基准。

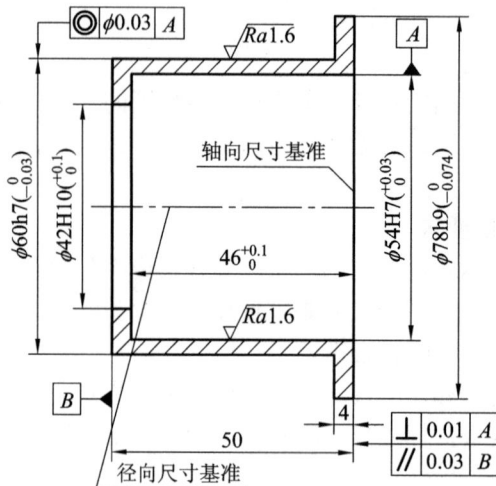

图 8-8　薄壁套筒的尺寸基准

任何一个零件都有长、宽、高三个方向的尺寸，因此，每一个零件也应有三个方向的尺寸基准。为了满足设计和工艺要求，零件上某一方向的尺寸往往是从不同的基准注出的。当同方向不止一个尺寸基准时，根据基准的重要性，分为主要基准与辅助基准。辅助基准与主要基准之间应有联系尺寸，如图 8-7 中的尺寸 30 就是高度方向主要基准与辅助基准的联系尺寸。

3. 合理标注尺寸

(1) 零件的重要尺寸应从基准直接注出。

所谓重要尺寸，是指零件上的配合尺寸、安装尺寸、特性尺寸等影响产品性能、工作精度和装配精度的尺寸。这些尺寸应该从尺寸基准直接注出，不可通过几个尺寸累加的形式进行标注，以保证设计的要求。图 8-9 中轴承孔轴线的中心高就应从安装底面(高度方向主要基准)直接标注(见图 8-9(a))，而不能用图 8-9(b)所示的 b 与 c 的尺寸之和来替代，否则，由于加工误差的影响，轴承孔轴线的中心高尺寸很难保证。

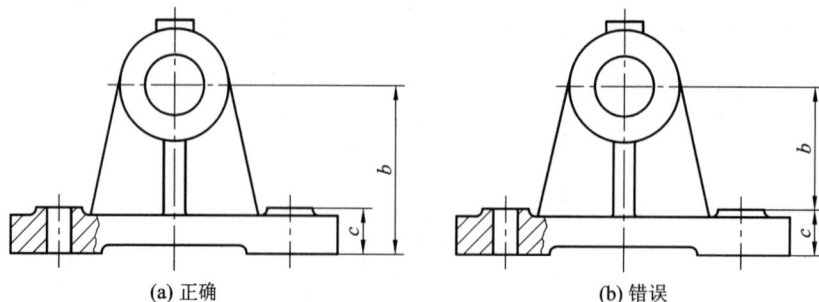

图 8-9　重要尺寸的标注

(2) 避免形成封闭尺寸链。

同一方向的标注尺寸串联并头尾相接组成封闭的图形，称为封闭尺寸链，如图 8-10 所示。

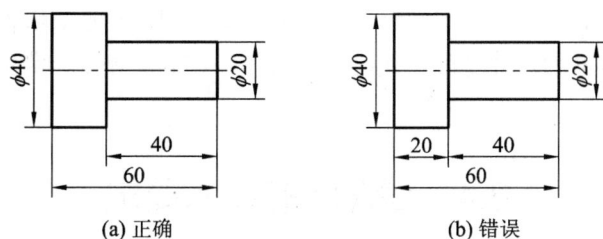

图 8-10　避免形成封闭尺寸链

(3) 标注的尺寸要便于测量。

在满足设计要求的前提下，应尽量考虑使用通用测量工具进行测量，避免或减少使用专用量具。例如，图 8-11(a)中所注长度方向的尺寸在加工和检验时测量较为困难，而图 8-11(b)的标注形式测量较为方便。

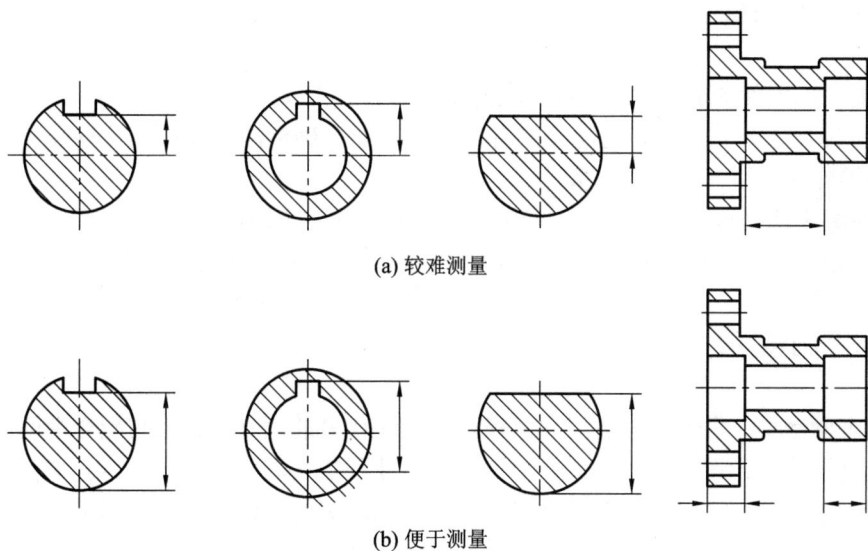

图 8-11　考虑测量方便

(4) 标注尺寸时应考虑便于加工。

图 8-12 所示的轴是按加工顺序标注尺寸的。考虑到该零件在车床上要调头加工，因此其轴向尺寸以两端面为基准，而尺寸 20 ± 0.1、25 ± 0.1 两段长度要求较严，故直接注出。

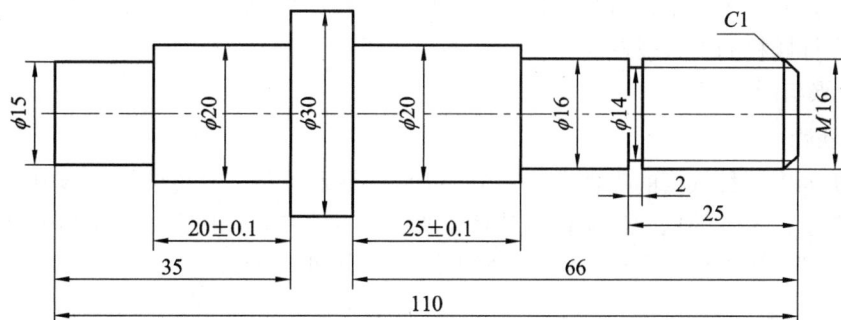

图 8-12　标注尺寸要便于加工

总之，标注尺寸时，首先要了解零件在机器中的作用，其次对零件进行形体分析。弄清长、宽、高三个方向的尺寸基准，找出主要尺寸，在满足加工和测量要求的前提下选择适当的尺寸标注形式。

8.4 零件图的技术要求

本节关键词

尺寸公差、极限、配合、表面结构、形状与位置公差。

学习小目标

(1) 能说出零件图上技术要求的常见种类。

(2) 掌握尺寸公差、极限与配合的有关概念，能正确标注、识读、计算零件的尺寸，并能判断零件的实际尺寸是否合格。

(3) 掌握表面结构的有关术语，能正确识读零件图上表面结构的含义。

(4) 能说出常见形位公差的项目内容，并正确识读零件图上形位公差标注的含义。

学习小提示

关于表面结构，只要求能看懂并解释图上所注代号的意义。极限与配合中的内容比较多，重点是识读零件图上的尺寸，并根据设计尺寸判断实测尺寸是否合格。形位公差比较繁杂，但对于零件相当重要，要结合习题集中的练习好好识读。公差带图形象、生动，要熟练掌握。

在制造零件时，对于尺寸的准确性要求越高，表面要求越光滑，制造成本也越高。我们应该既保证零件加工质量和使用要求，又力求降低成本，制订出合理的技术要求。

零件图的技术要求一般包括尺寸公差、表面结构、形状和位置公差、热处理及表面处理要求等。这些技术要求，有的用规定的符号和代号直接标注在视图上，有的则以简明的文字注写在标题栏的上方或左侧。

1. 极限与配合

1) 互换性

任取机器中同种规格的零件中的一个，不经挑选和修配，就能装到机器中，并满足机器性能的要求，零件的这种性质称为具有互换性。零件具有互换性，不仅利于组织大规模的专业化生产，还可以大大提高质量，降低成本，且便于维修。

2) 尺寸公差

下面以孔为例介绍有关尺寸公差的术语及定义。

(1) 尺寸公差。由于设备条件(如机床、工具、量具等)和技术水平的影响，零件的尺寸不可能做得绝对准确，实际上在使用中也无此必要。因此，在设计零件时，应根据它的使用要求，并考虑加工的可能性和经济性，给零件的尺寸规定一个允许的变动量，这个尺寸允许的变动量称为尺寸公差，简称公差。

实际计算时，公差等于上极限尺寸与下极限尺寸之差，也等于上偏差与下偏差之差，是一个没有符号的绝对值。图 8-13(b)中的公差如下：

$$公差 = 50.007 - 49.982 = 0.007 - (-0.018) = 0.025 \text{ mm}$$

(2) 公称尺寸。公称尺寸是指设计时给定的尺寸，如图 8-13(a)中的尺寸 L、图 8-13(b) 中的尺寸 $\phi50$。公称尺寸可以是一个整数值或一个小数值。

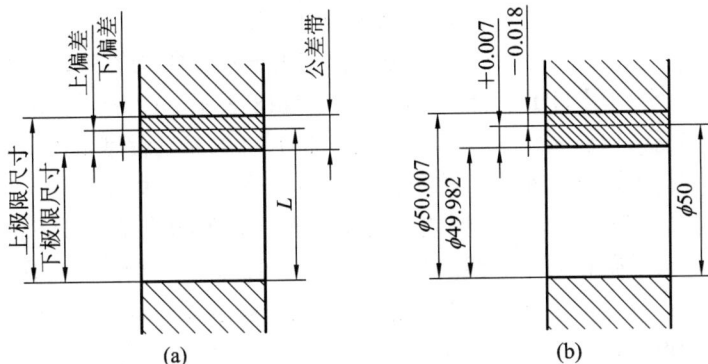

图 8-13　公称尺寸和极限尺寸

(3) 公差带。根据公称尺寸，以及上、下偏差的数值，可算出极限尺寸的大小。图 8-13 中剖面符号较密的带状区域表示尺寸允许的变动量，称为公差带。

(4) 实际尺寸。实际尺寸是指通过实际测量所获得的尺寸。由于存在测量误差，因此实际尺寸并非被测尺寸的真值。

上极限尺寸是指两个界限值中较大的一个，如图 8-13(b)中的尺寸 $\phi50.007$。

下极限尺寸是指两个界限值中较小的一个，如图 8-13(b)中的尺寸 $\phi49.982$。

(5) 偏差。偏差是指某一尺寸减其公称尺寸所得的代数差。偏差数值可以是正值、负值或零。

① 上偏差(孔用 ES 表示，轴用 es 表示)是上极限尺寸减其公称尺寸所得的代数差。例如图 8-13(b)中，孔的上偏差 $ES = 50.007 - 50 = +0.007$。

② 下偏差(孔用 EI 表示，轴用 ei 表示)是下极限尺寸减其公称尺寸所得的代数差。例如图 8-13(b)中，孔的下偏差 $EI = 49.982 - 50 = -0.018$。

③ 实际偏差是实际尺寸减去公称尺寸所得的代数差。实际偏差在上、下偏差所决定的区间内才算合格。上、下偏差统称为极限偏差。极限偏差可以为正、负或零值。

(6) 公差带图。公差带图是由代表上偏差和下偏差或最大极限尺寸和最小极限尺寸的两条直线所限定的一个区域。在公差带图中，确定偏差的一条基准直线即零偏差线。通常零线表示公称尺寸。

3) 标准公差与基本偏差

尺寸的公差带由"公差带大小"和"公差带位置"这两个要素组成。"公差带大小"由标准公差确定,"公差带位置"由基本偏差确定,如图 8-14 所示。

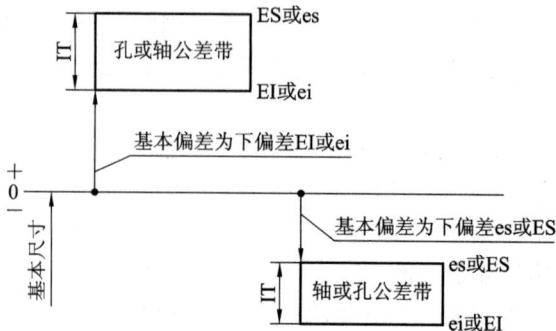

图 8-14　公差带大小及位置

(1) 标准公差的等级、代号及数值。国家标准根据尺寸制造的精确程度,将标准公差的等级分为 20 级,分别用 IT01、IT0、IT1、…、IT18 表示。IT 表示标准公差,数字表示公差等级。由 IT01 至 IT18,公差等级依次降低,即尺寸的精确程度依次降低,而公差数值则依次增大。标准公差数值大小与公称尺寸分段和公差等级有关。

(2) 基本偏差代号及系列。基本偏差是指尺寸的两个极限(上偏差或下偏差)中靠近零线的一个,用来确定公差带相对于零线的位置,如图 8-15 所示。当公差带在零线的上方时,基本偏差为下偏差;反之,基本偏差为上偏差。如图 8-15 所示,基本偏差共有 28 个,它的代号用拉丁字母表示,大写为孔,小写为轴。

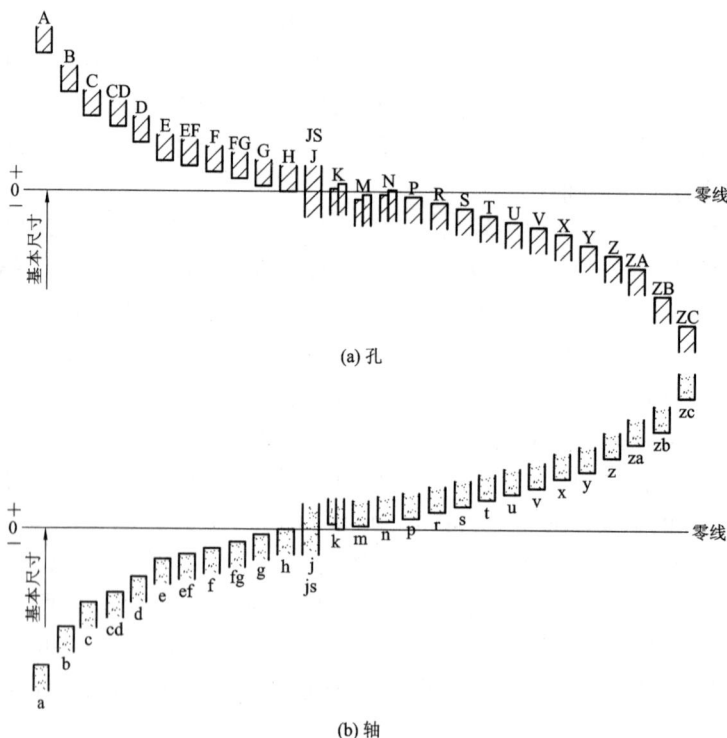

图 8-15　基本偏差系列

从图 8-15 中可以看出,轴的基本偏差中,从 a 到 h 为上偏差 es,而且是负值(h 为零),其绝对值依次减小。js 的公差带关于零线对称,故基本偏差可为上偏差($es = +IT/2$)或下偏差(ei = –IT/2)。从 j 到 zc，基本偏差为下偏差 ei，其中，j 是负值。而 k 至 zc 为正值，其绝对值依次加大。

基本偏差系列图只表示公差带的位置，不表示公差带的大小，因此公差带的一端是开口的，开口的另一端由标准公差限定。

根据孔、轴的基本偏差和标准公差，就可计算出孔、轴的另一个偏差。

孔的另一个偏差为

$$ES = EI + IT \quad 或 \quad EI = ES - IT$$

轴的另一个偏差为

$$es = ei + IT \quad 或 \quad ei = es - IT$$

(3) 公差带代号。孔、轴的公差带代号由基本偏差代号与公差等级代号组成。例如，H8、F8、K7、P7 等为孔的公差带代号；h7、f7、k7、p6 等为轴的公差带代号。

4) 配合

(1) 配合。公称尺寸相同的、互相结合的孔和轴公差带之间的关系称为配合。孔和轴配合时，由于它们的实际尺寸不同，因此将产生间隙或过盈。

(2) 间隙或过盈。孔的尺寸减去相配合的轴的尺寸所得的代数差为正时是间隙，为负时是过盈，如图 8-16 所示。

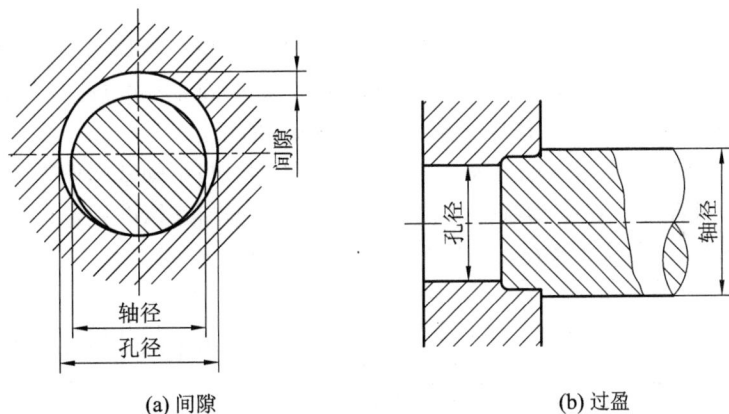

(a) 间隙　　　　　　　　　　　　(b) 过盈

图 8-16　间隙和过盈

(3) 配合类别。根据孔、轴公差带的相对位置不同(如图 8-17(a)所示)，或按配合零件的结合面形成的间隙或过盈不同，配合可以分为以下三类：

① 间隙配合：具有间隙(包括间隙等于零)的配合，此时孔的公差带在轴的公差带之上，如图 8-17(b)所示。

最大间隙：孔的上极限尺寸减去轴的下极限尺寸所得的代数差。

最小间隙：孔的下极限尺寸减去轴的上极限尺寸所得的代数差。

② 过盈配合：具有过盈(包括过盈为零)的配合，此时孔的公差带在轴的公差带之下，如图 8-17(c)所示。

最大过盈：孔的下极限尺寸减去轴的上极限尺寸所得的代数差。

最小过盈：孔的上极限尺寸减去轴的下极限尺寸所得的代数差。

③ 过渡配合：可能具有间隙或过盈的配合。此时孔的公差带与轴的公差带相互交叠，如图8-17(d)所示。对过渡配合，一般只计算最大间隙和最大过盈。

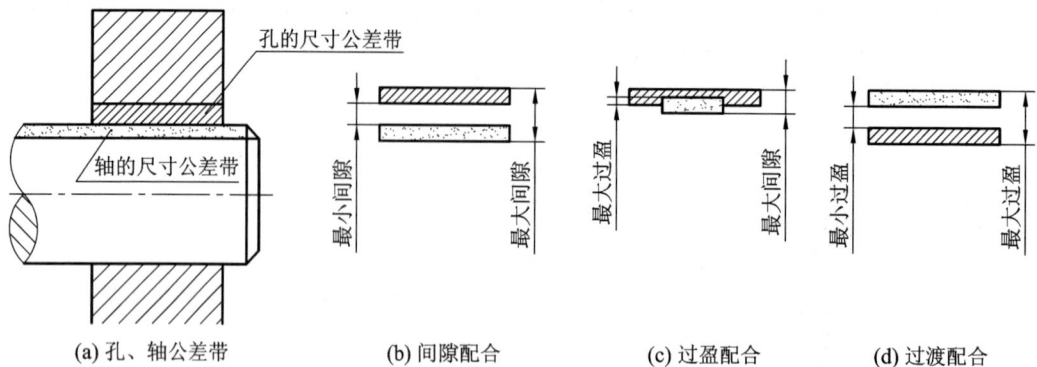

(a) 孔、轴公差带　　　(b) 间隙配合　　　(c) 过盈配合　　　(d) 过渡配合

图 8-17　配合的种类

(4) 配合制。为得到不同性质的配合，可以同时改变两配合零件的极限尺寸，也可以将一个零件的极限尺寸保持不变，只改变另一个配合零件的极限尺寸以达到要求的配合性质，如图8-18所示。为了获得最大的技术经济效益，《极限与配合》标准中规定了两种体制的配合系列——基孔制和基轴制。

① 基孔制。基孔制是基本偏差为一定的孔的公差带，与不同基本偏差的轴的公差带形成各种配合的一种制度。在基孔制中，孔为基准孔，根据国家标准规定，基准孔的代号用大写字母"H"表示，其下偏差(EI)为零，如图8-18(a)所示。

② 基轴制。基轴制是基本偏差为一定的轴的公差带，与不同基本偏差的孔的公差带形成各种配合的一种制度。在基轴制中，轴为基准轴，根据国家标准规定，基准轴的代号用小写字母"h"表示，其上偏差(es)为零，如图8-18(b)所示。

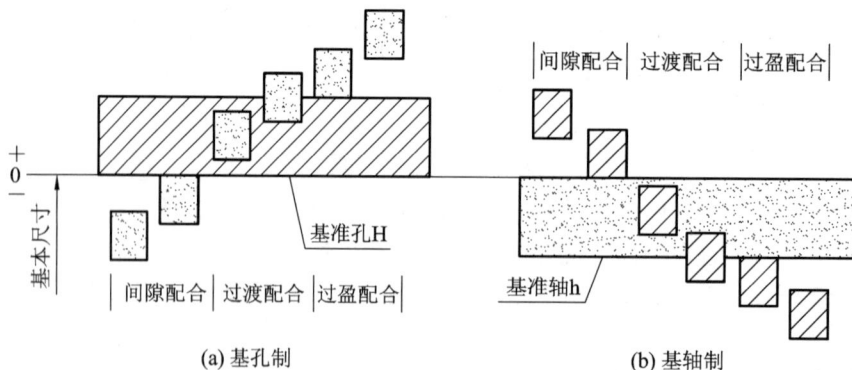

(a) 基孔制　　　　　　　　　　(b) 基轴制

图 8-18　基孔制和基轴制

③ 基准制的选择。在实际生产中，选用基孔制还是基轴制，主要从机器结构、工艺要求和经济性等方面来考虑。一般情况下常采用基孔制，因为加工相同等级的孔和轴时，孔的加工比轴要困难些。

5) 极限与配合的标注与查表

(1) 极限与配合在零件图上的标注。在零件图上标注公差的方法有以下三种形式：

① 用于单件、小批量生产的零件图，一般可只标注极限偏差；② 用于大批量生产的零件图，可以只标注公差带代号；③ 必要时，需要将公差带代号和极限偏差同时标注，极限偏差数值应该加上括号给出，见表 8-1。

表 8-1　零件图上公差带代号、极限偏差的标注形式一览表

零件	只标注极限偏差	只标注公差带代号	公差带代号与极限偏差同时标注
轴	$\phi20^{-0.007}_{-0.020}$	$\phi20g6$	$\phi20g6\left(^{-0.007}_{-0.020}\right)$
孔	$\phi20^{+0.021}_{0}$	$\phi20H7$	$\phi20H7\left(^{+0.021}_{0}\right)$

标注极限偏差时，要注意小数点后的位数以及小数点上下对齐。

(2) 极限与配合在装配图上的标注。在装配图上标注公差与配合时，通常采用组合式注法，如图 8-19(a)所示，即在公称尺寸 $\phi18$ 和 $\phi14$ 后面分别用一个分式表示，分子为孔的公差带代号，分母为轴的公差带代号。对于基孔制的基准孔，基本偏差用代号 H 表示；对于基轴制的基准轴，基本偏差用代号 h 表示。

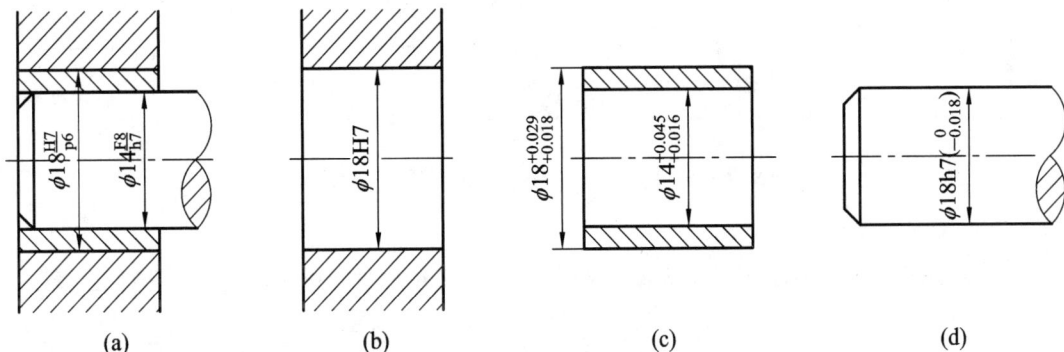

图 8-19　图样上极限与配合的标注方法

(3) 查表方法。对于互相配合的轴和孔，公称尺寸和公差带代号可通过查表获得极限偏差数值。查表的步骤是：先查出轴和孔的标准公差，然后查出轴和孔的基本偏差(配合件只列出一个偏差)，最后由配合件的标准公差和基本偏差的关系算出另一个偏差。优先及常用配合的极限偏差可直接由表查得，也可按上述步骤进行。

2. 表面结构

为了保证零件的使用要求，在机械图样上要根据功能需要对零件的表面质量——表面结构给出适当的要求。表面结构是表面粗糙度、表面波纹度、表面纹理、表面缺陷和表面几何形状的总称。表面结构的各项要求在图样上的标注根据国标GB/T131—2006中的规定执行。我们这里主要学习常用的表面粗糙度的表示法。

1) 表面粗糙度的概念与选用原则

零件加工表面所具有的这种由较小间距的峰与谷所构成的微观几何不平度，称为表面粗糙度。

表面粗糙度的选用，应该既满足零件的使用要求，又要考虑经济合理。其原则是：在满足使用要求的前提下，尽量选用较大的参数值，以降低成本。

2) 评定表面粗糙度常用的轮廓参数

评定零件表面结构状况的参数有多种，其中轮廓参数(由GB/T3505—2009规定)是目前我国机械图样中最常用的评定参数，这里只学习评定表面结构轮廓(R轮廓)的两个高度参数R_a和R_z。

(1) 轮廓算术平均偏差R_a。轮廓算术平均偏差R_a是指在一个取样长度内，坐标值$Z(X)$绝对值的算术平均值，如图8-20所示。

(2) 轮廓最大高度R_z。轮廓最大高度R_z是指在一个取样长度内，轮廓最大峰高和轮廓最大谷深之和的高度，如图8-20所示。

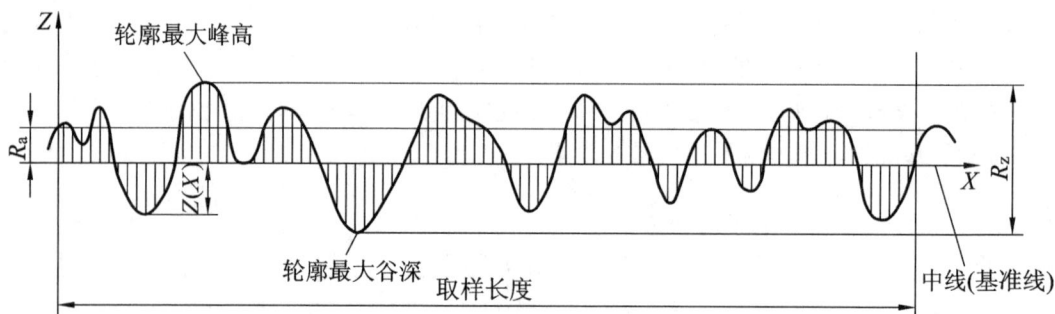

图8-20 轮廓算术平均偏差R_a和轮廓最大高度R_z

3) 表面结构的代号及意义

国标(GB/T131—2006)规定了表面结构的符号、代号、意义以及注法，见表8-2。

表8-2 表面结构的符号、代号及意义

符号或代号	意　义
 线宽＝$h/10$, $H=1.4h$, h为字体高度	基本图形符号，表示未指定工艺方法获得的表面，当通过一个注释解释时单独使用(只用于简化代号标注)

续表

符号或代号	意　义
	扩展图形符号，表示用去除材料的方法获得的表面
	扩展图形符号，表示用不去除材料的方法获得的表面(也可表示保持上道工序形成的表面)
例如： $e\sqrt{d}$ $\begin{smallmatrix}c\\a\\b\end{smallmatrix}$	完整图形符号，用于标注表面结构特征的补充信息，如： 位置 a：注写表面结构的单一要求。 位置 b：注写第二表面结构的要求。 位置 c：注写加工方法，如"车""铣"等。 位置 d：注写表面纹理方向，如"×""M"等。 位置 e：注写加工余量
$\sqrt{Ra0.8}$	表示不去除材料，单向上限值，默认传输带，R 轮廓，算术平均偏差为 0.8 μm，评定长度为 5 个取样长度(默认)，"16%规则"(默认)
$\sqrt{Rzmax0.2}$	表示去除材料，单向上限值，默认传输带，R 轮廓，粗糙度最大值为 0.2 μm，评定长度为 5 个取样长度(默认)，"最大规则"
$\sqrt{-0.8/Ra3\ 3.2}$	表示去除材料，单向上限值，取样长度为 0.8 mm，R 轮廓，算术平均偏差为 0.32 μm，评定长度为 3 个取样长度，"16%规则"(默认)
$\sqrt{\begin{smallmatrix}U\ Ramax3.2\\L\ Ra0.8\end{smallmatrix}}$	表示不去除材料，双向极限值，均为默认传输带，R 轮廓，上限值的算术平均偏差为 3.2 μm，评定长度为 5 个取样长度(默认)，"最大规则"；下限值的算术平均偏差为 0.8 μm，评定长度为 5 个取样长度(默认)，"16% 规则"(默认)

4) 表面结构表示法在图样上的标注

对于每一个平面，一般要求表面结构只标注一次，且尽可能标注在相应的尺寸及其公差的同一视图上。图样上所标注的表面结构要求是指完工零件的表面结构要求，否则要另加说明。表面结构要求的注写和识读方向与尺寸的注写和识读方向一致，具体标注方法见表 8-3。

表 8-3　表面结构要求在图样上的标注方法

标 注 示 例	说　明
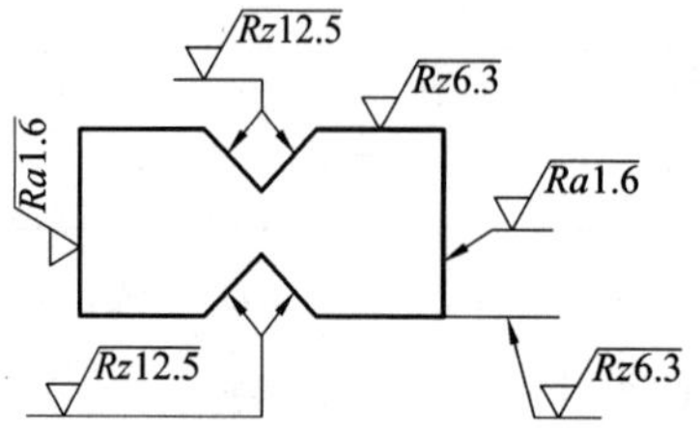	表面结构要求可标注在轮廓线上或其延长线上,符号应与材料表面接触,并从材料外指向材料表面
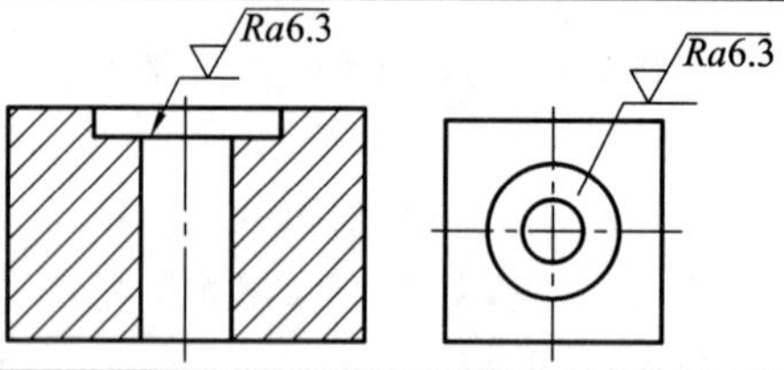	表面结构要求也可以用带箭头或黑点的指引线引出标注
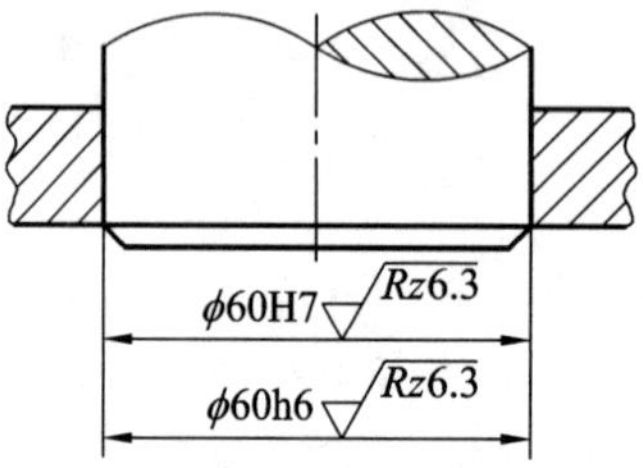	在不致引起误解的情况下,表面结构要求可以标注在给定尺寸的尺寸线上
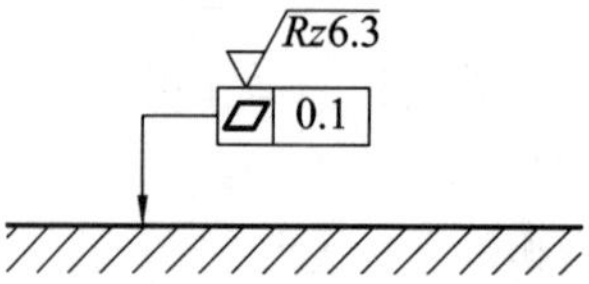	表面结构要求可以标注在形位公差框格的上方
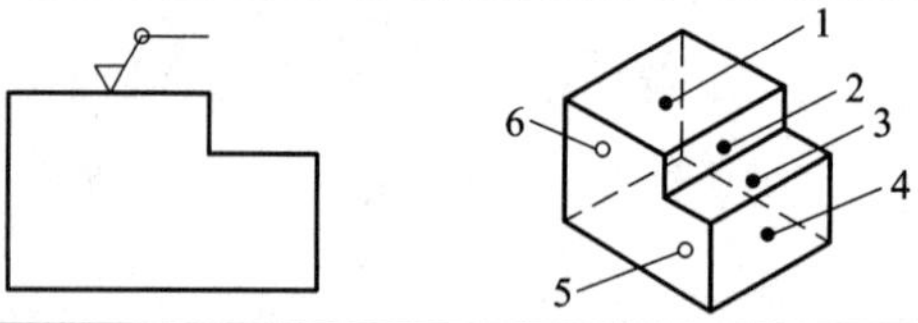	当图样上某个视图构成封闭轮廓的各表面有相同的表面结构要求时,在完整图形符号上加一圆圈,标注在图样中工件的封闭轮廓上
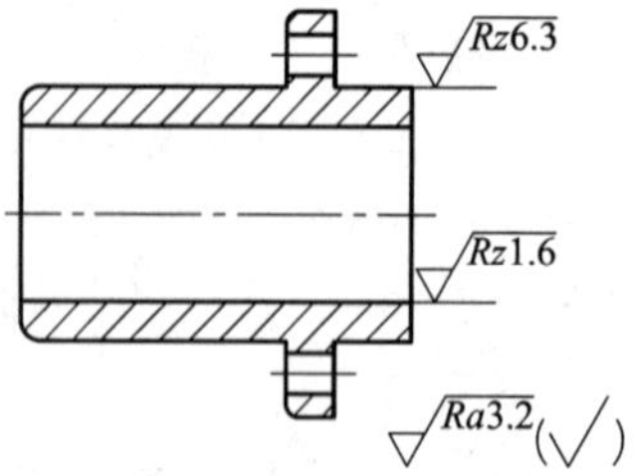	当多个表面具有相同表面结构要求时,其表面结构要求可以统一标注在图样的标题栏附近。此时,表面结构要求的符号后面应在括号内给出无任何其他标注的基本符号,其他不同的表面结构要求则直接标注在图形中
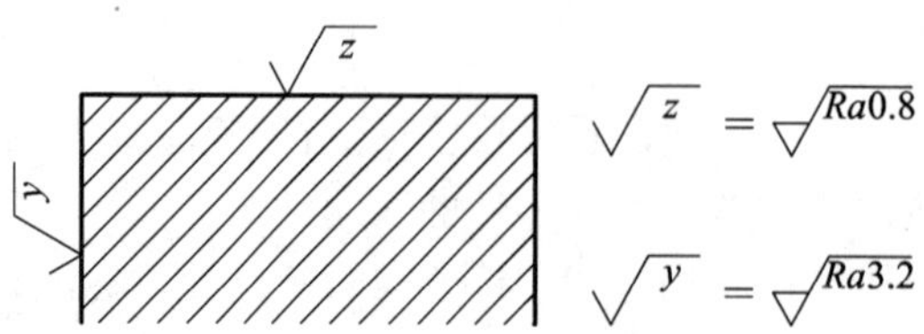	用带字母的完整符号,以等式的形式在图形或标题栏附近标注多个表面具有相同的表面结构要求

续表

标 注 示 例	说 明
	同一表面上有不同的表面粗糙度要求时，必须用细实线画出其分界线，并注出相应的表面结构要求代号和尺寸
	中心孔的工作表面、键槽工作面、倒角、圆角的表面粗糙度代号，可以简化标注

3. 形状和位置公差

形状和位置公差是指零件的实际形状和实际位置对理想形状和理想位置的允许变动量。在机器中某些精确程度较高的零件，不仅需要保证其尺寸公差，还要保证其形状和位置公差。

1) 形状和位置公差的符号、代号

国家标准规定用代号来标注形状和位置公差(简称形位公差)。在实际生产中，当无法用代号标注形位公差时，允许在技术要求中用文字说明。形位公差种类名称和符号见表 8-4。

表 8-4　形位公差种类名称和符号

公　　差		特征项目名称	符号	基准要求
形状	形状	直线度	—	无
		平面度	▱	无
		圆度	○	无
		圆柱度	⌭	无
形状或位置	轮廓	线轮廓度	⌒	有或无
		面轮廓度	◠	有或无
位置	定向	平行度	∥	有
		垂直度	⊥	有
		倾斜度	∠	有
	定位	同轴(同心)度	◎	有
		对称度	═	有
		位置度	⊕	有或无
	跳动	圆跳动	↗	有
		全跳动	↗↗	有

2) 形状和位置公差的标注

形位公差框格是由指引线、形位公差数值和其他有关符号以及基准代号等构成,如图 8-21 所示。

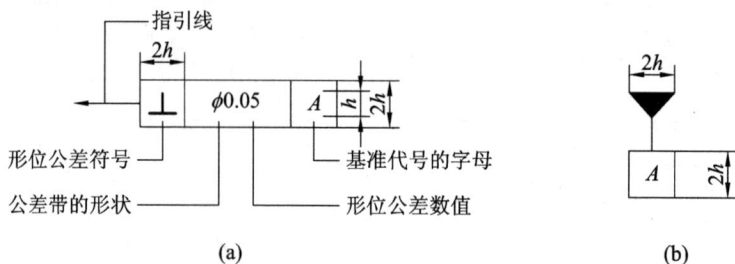

图 8-21 形位公差框格、基准代号

常见形状和位置公差要求的标注方法见表 8-5。

表 8-5 形状和位置公差标注一览表

标 注 图 例	说 明
	当被测要素为线或表面时,指引线的箭头应垂直于被测部位轮廓线或其延长线,并应与尺寸线明显地错开
	当基准要素为线或表面时,基准符号应平行于基准部位轮廓线或其延长线,并与尺寸线明显地错开
	当被测要素或基准要素为轴线、球心、中心平面时,指引线的箭头应与该要素的尺寸线对齐
	当被测要素为多要素的公共轴线时,与框格相连的箭头不允许直接指向轴线,而应各自分别注出

续表

标 注 图 例	说 明
⊚ φ0.1 A–B	当基准要素属于整体轴线时，应分别标出，联合注写"A–B"
∕ 0.015 B ○ 0.004	同一要素同时有多项形位公差要求时，可采用框格并列注法
∕ 0.02 A–B	多个要素有相同形位公差要求时，也可以在框格指引线上绘制多个箭头

3) 形状和位置公差的识读

图 8-22 所示为一根气门阀杆，图上有 4 处形状和位置公差要求。具体每一处公差要求的含义都在图中用文字作了说明，其一般格式是："××的××度公差是××"或"××对××的××度公差是××"。

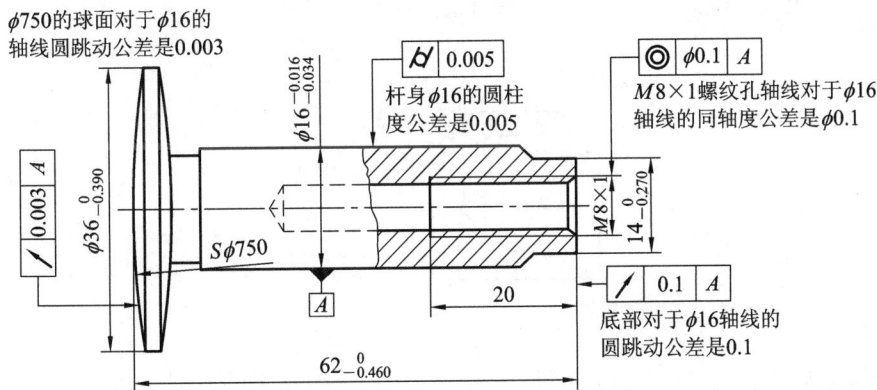

图 8-22　气门阀杆的形位公差及其含义

8.5　零件上常见的工艺结构

本节关键词

铸造圆角、起模斜度、铸件的壁厚、凸台与凹坑、倒角和倒圆、退刀槽和砂轮越程槽、钻孔结构。

学习小目标

(1) 能画零件图中的铸造圆角、起模斜度、铸件的壁厚、凸台与凹坑、倒角和倒圆、退刀槽和砂轮越程槽、钻孔结构等常见工艺结构。

(2) 能正确识读零件图中的这些常见工艺结构。

学习小提示

本节主要学习零件在制造和加工过程中的一些工艺结构，旨在为以后绘制和识读零件图奠定基础，这些内容均需理解，不必机械记忆。

零件的结构形状，除了必须满足零件在机器中的使用要求外，还要符合制造过程中的制造工艺要求。常见的铸造工艺结构主要有铸造圆角、起模斜度、铸件的壁厚等，常见的机械加工工艺结构有凸台与凹坑、倒角和倒圆、退刀槽和砂轮越程槽、钻孔结构等。

1. 铸造圆角

为便于顺利取模，防止浇铸时金属溶液冲坏砂型，以及冷却时转角处产生裂纹，铸件表面的相交处应制成过渡的圆弧面，画图时这些相交处应画成圆角，即铸造圆角，如图 8-23 所示。

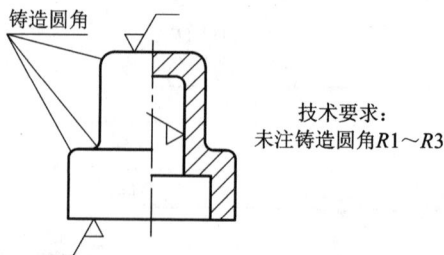

图 8-23　铸造圆角

铸造圆角的半径在 2~5 mm 之间，视图中一般不标注，而是集中注写在图样右下角的技术要求里，如"未注铸造圆角 $R1 \sim R3$"，如图 8-23 所示。

由于有铸造圆角，因此铸件各表面的交线理论上不存在，但为了便于识读，在画图时，

用过渡线来表示这些交线，即用细实线按无圆角时的情况画出，只是交线的起止处与圆角的轮廓线断开(画到理论交点处)，如图 8-24 所示。

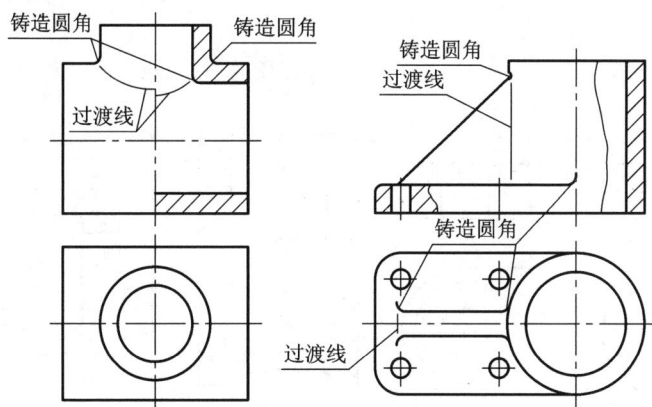

图 8-24 过渡线的画法

2．起模斜度

铸件造型时，为便于顺利取出木模，沿起模方向做出 1∶20 的斜度(约 3°)，即起模斜度，如图 8-25 所示。浇铸后这一斜度留在铸件表面。在画图时，一般不画出起模斜度，必要时可在技术要求中注明。

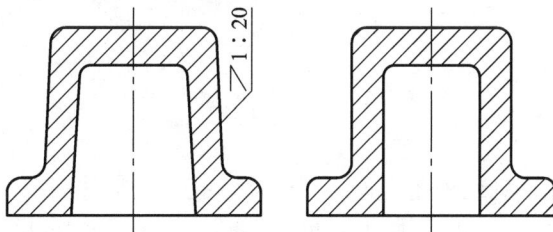

图 8-25 起模斜度

3．铸件的壁厚

为使浇铸到砂型中的金属液体在冷却时不会因冷却速度不同而在壁厚处形成缩孔，铸件的壁厚应尽量保持一致，即使不能一致，也应使其逐渐均匀地变化，如图 8-26(a)所示。如果铸件的壁厚不一致，则容易出现如图 8-26(b)所示的缩孔等缺陷。

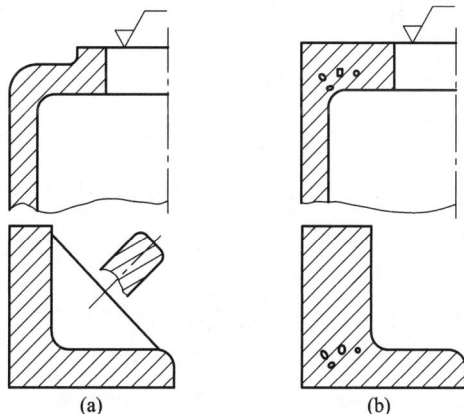

图 8-26 铸件的壁厚及壁厚不均可能导致的铸造缺陷

4．凸台与凹坑

为了减少加工面，保持良好的接触和配合，常在两零件的接触面处设计出凸台或凹坑，如图 8-27 所示。

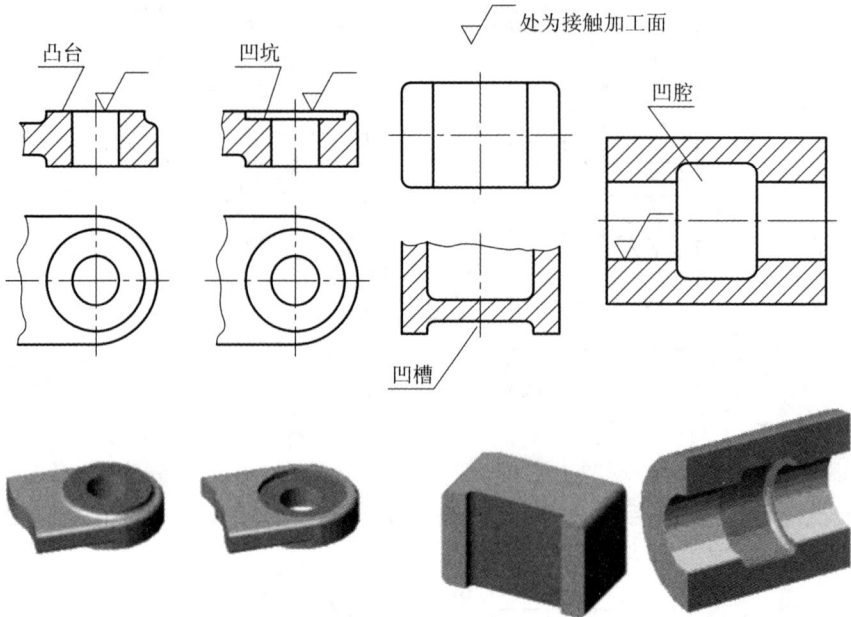

图 8-27　凸台、凹坑和凹槽

5．倒角和倒圆

为便于装配并防止毛刺或锐角伤人，在轴端、孔口及零件的端部通常会加工出倒角。一般倒角是 45°，用"C"表示，轴向尺寸则写在 C 后面，如"C1.5"。

为了避免应力集中而产生裂纹，一般在轴肩转角处加工成圆角，如图 8-28 所示。

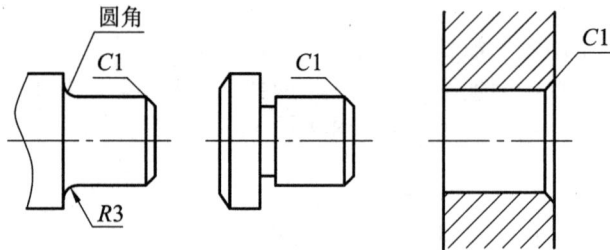

图 8-28　倒角和倒圆

在零件图中，倒角和倒圆应该画出，并标注尺寸。如果所有倒角大小都相同，而且比较小，则可不画出，而在技术要求中集中注写尺寸。

6．退刀槽和砂轮越程槽

在车削螺纹时，为便于退刀，或使相配的零件在装配时表面能良好地接触，需要在待加工面末端先切出退刀槽或砂轮越程槽，其结构和尺寸如图 8-29 所示。

(a) 退刀槽　　　　　　　　(b) 砂轮越程槽

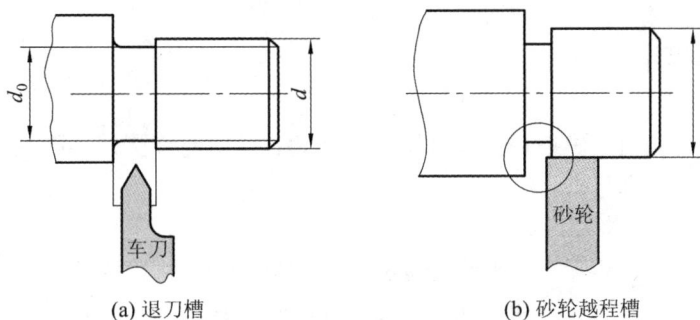

图 8-29　退刀槽和砂轮越程槽

7. 钻孔结构

钻孔时，为确保安全和钻孔精度，要避免钻头在斜面上钻孔，如图 8-30 所示。

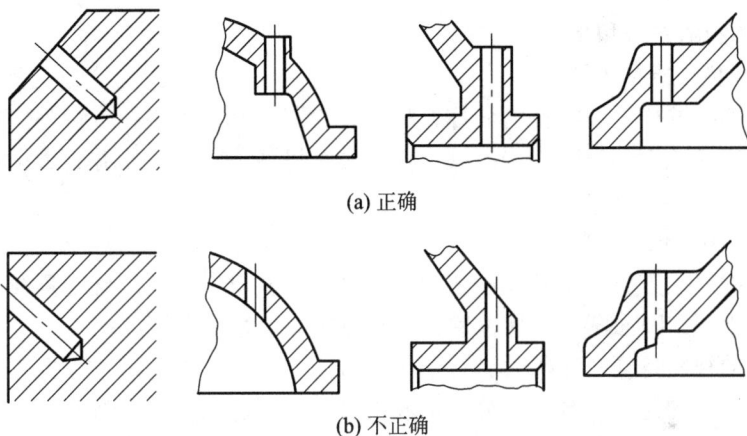

(a) 正确

(b) 不正确

图 8-30　钻孔结构的正确与否

8.6　读零件图

本节关键词

方法、步骤、形体分析法。

学习小目标

(1) 能说出读零件图的一般方法和步骤。

(2) 能正确识读一般复杂程度的零件图，想象出零件的结构形状，分析清楚零件有关尺寸和表面结构要求、形状和位置公差要求等。

学习小提示

本节主要学习如何正确地识读零件图，掌握读零件图的步骤，不能机械记忆，应综合应用前面所学知识认真分析。

读零件图的过程，实际上主要还是读视图、想形状的过程，因此，前面我们所学的用形体分析法和线面分析法看图的方法，在读零件图时仍然是主要方法。

1．读零件图的目的

读零件图，首先是根据零件图的图形、尺寸等信息，想象出零件的结构形状，然后综合有关信息，弄清零件在机器中的作用、尺寸类别、尺寸基准和技术要求，以便确定合理的加工方法。

2．读零件图的方法和步骤

(1) 看标题栏，概括了解。

根据零件图标题栏了解零件的名称、材料、绘图比例、大小、重量等信息。必要时还要结合装配图或其他设计资料，弄清该零件是什么机器上的零件，并大致了解零件的功用和形状。

(2) 分析视图，想象形状。

根据零件的表达方案，了解视图的数量与名称，找出主视图，确定各视图间的对应关系，并找到剖视图、断面图的剖切位置、投射方向、表达重点等。

根据零件的视图特征，对零件进行形体分析。从主视图入手，看零件主要可以分为哪几个部分，对所分的几个部分逐个分析，利用"长对正、高平齐、宽相等"的投影规律，结合其他视图、剖视图、断面图以及简化画法等，找出多个方向下的有关某一部分的图形，尤其要抓住特征投影，再把这些图形联系起来，想象这一部分图形的几何形状，然后把各部分形状按照方位关系综合起来，确定零件的整体结构形状。

一般按照由外表到内部、由大部到细节的顺序读图，即先读零件"外部"由哪些几何形体组成，其次分析并看懂零件"内部"形状，先看宏观部分的结构，再关注某些细枝末节。

(3) 分析尺寸，找出关键。

实际上在分析零件形状时，已经把尺寸顺带分析了，这里进一步分析。首先根据零件图的结构形状以及作用等信息，找出各个方向的主要尺寸基准，再根据形体分析的方法，分析零件的各部分尺寸，分清哪些是零件的关键尺寸(机械加工过程中要重点保证的尺寸)。这些尺寸对选用加工方法起着关键作用。

(4) 了解技术要求。

零件图上的技术要求分为两个部分：一部分是图形上标注的尺寸公差、表面结构要求、形状和位置公差等；另一部分就是标题栏上方的"技术要求"中的一些倒圆、倒角、热处理要求等。

要先分析图形中的加工精度、表面结构要求、形状和位置公差等要求，再分析并了解零件图中所注写的其他技术要求和说明。

3．读零件图举例

以图 8-31 所示的主轴零件图为例，说明识读零件图的方法和步骤。

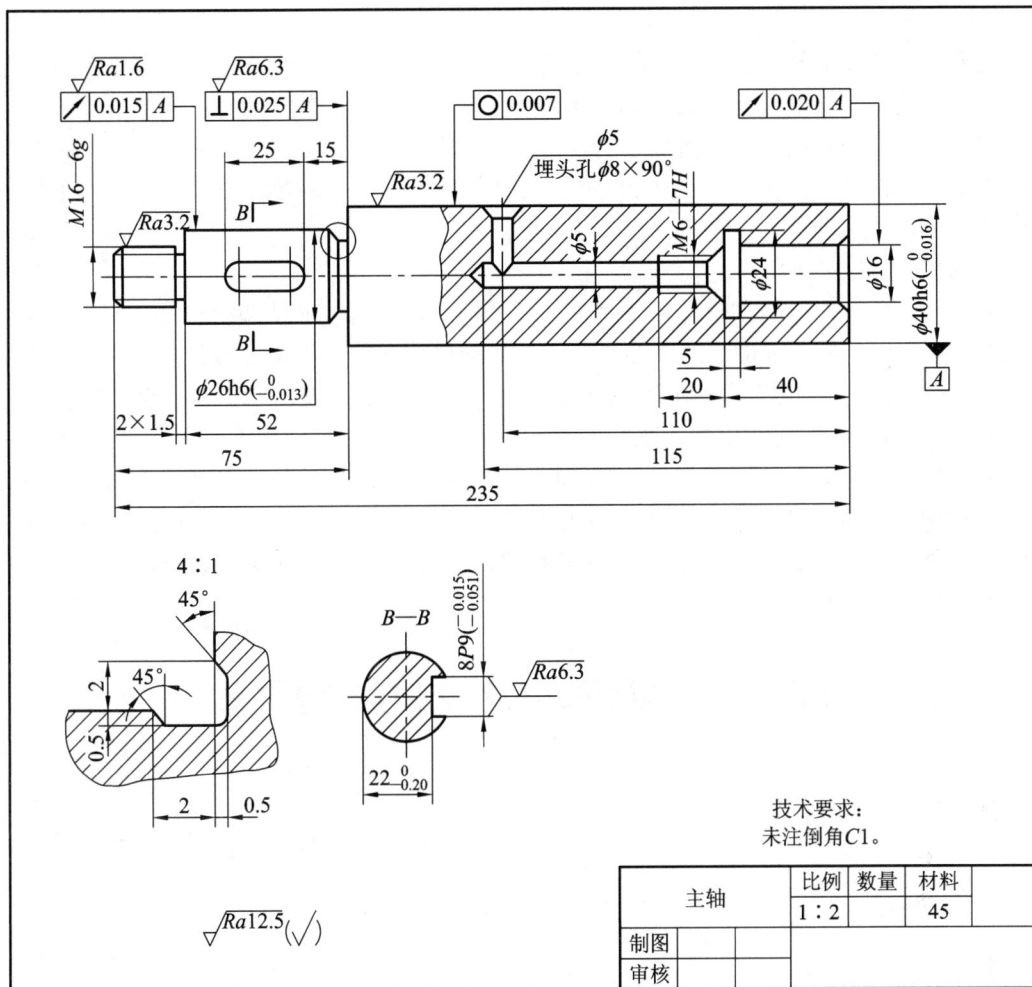

图 8-31　主轴零件图

(1) 看标题栏，概括了解。

由图 8-31 中的标题栏可知，零件的名称为主轴，属于轴套类零件。绘图比例 1：2，表示零件比图形大一倍。材料是 45 钢。

(2) 分析视图，想象形状。

零件图共用了 3 个图形。主视图采用局部剖视表达，剖视的部分表达了轴心线方向和径向两个小孔的内部结构，以及二者的相交情况。左下方的图为放大比例 4：1 的局部放大图，目的是表达退刀槽处的结构形状。右边的图是移出断面图，表达键槽处的端面形状。

运用形体分析法，先看主要部分，再看次要部分；先看整体，再看细节；先看易懂的部分，再看难懂的部分。同时，根据尺寸及功用判断并想象形体。由主视图可知，主轴主要由 3 段组成，从左到右依次为 $M16$ 的外螺纹、直径为 $\phi26h6$ 的圆柱和直径为 $\phi40h6$ 的圆柱，三段之间分别有一个螺纹退刀槽、一个砂轮越程槽。结合移出断面图来看，中间轴段直径为 $\phi26h6$ 的圆柱上有一个平键键槽。右端直径为 $\phi40h6$ 的圆柱轴段，沿着轴心线位置有一个深度为 115 mm、从右向左直径依次为 $\phi16$、$\phi24$、$\phi5$ 的孔，且 $\phi5$ 孔的最左端是一段 $M6$ 的内螺纹。

(3) 分析尺寸。

由于是回转类零件，因此零件的尺寸基准可分为轴向和径向两个方向。径向尺寸基准就是主轴的轴心线。由主视图的 110、40 两个定位尺寸可知，轴向尺寸的主要基准是主轴的左端面，主轴的右端面是轴向尺寸的辅助基准，主、辅基准之间有联系尺寸 235。定形尺寸中重点要保证的是 $\phi26h6$、$\phi40h6$ 两个外圆柱的直径尺寸精度，以及平键键槽的宽度 8P9 的尺寸精度。

(4) 技术要求。

关于尺寸精度，已经在分析尺寸时进行了分析，在分析表面结构要求时，要结合尺寸识读。主轴表面结构要求最高的表面是直径为 $\phi26h6$、长度为 52 的这段外圆表面，表面结构要求代号为 $\sqrt{Ra1.6}$。其次，是直径为 $\phi40h6$ 的这段外圆表面，表面结构要求代号为 $\sqrt{Ra3.2}$。由技术要求可知，未注倒角均为 $C1$。

形状和位置公差要求方面，直径为 $\phi40h6$ 的这段外圆表面有圆度要求，圆度公差为 0.007，同时这段圆柱的左端面对其轴心线又有垂直度要求，垂直度公差为 0.025。另外，有两处有圆跳动公差要求，分别是 $\phi26h6$ 的外圆表面、$\phi16$ 的内孔表面，圆跳动公差要求分别为 0.015、0.020。

8.7　运用 AutoCAD2023 绘制零件图

本节关键词

绘图、标注。

学习小目标

(1) 熟练应用各种绘图命令和作图技巧完成零件图的绘制。
(2) 能正确标注尺寸、形位公差、粗糙度等。
(3) 能进行块的定义、插入及修改，从而提高绘图的效率。

学习小提示

本节以典型机械零件为例，详细介绍 AutoCAD2023 绘制机械零件图的一般流程，以帮助学生掌握综合运用 AutoCAD2023 的图形绘制及编辑命令准确绘制机械零件图的方法。

1. 图块
在机械工程中有大量反复的图形，如粗糙度、轴承、螺栓、螺钉等。在作图时，可事先将它们生成图块。图块是用一个图块名命名的一组图形实体的总称。AutoCAD2023 把图块当作一个单一的实体来处理。用户可以根据需要将制作的图块插入到图中的任意指定位置，插入时可以指定不同的比例因子和旋转角度。使用图块的优点如下：

(1) 高效绘制图形中相同或类似的结构和符号。将经常使用的图形或结构做成图块，在绘制这些图形或结构时，只需插入图块，而不必反复绘制相同的图元，从而大大提高了效率。

(2) 节省存储空间。图形中每增加一个图元，AutoCAD2023 就必须记录此图元的信息，从而增大了图形的存储空间。对于反复使用的图块，AutoCAD2023 仅对其作一次定义。当用户插入图块时，AutoCAD2023 只是对已定义的图块进行引用，这样就可节省大量的存储空间。

(3) 方便编辑。在 AutoCAD2023 中图块是作为单一对象来处理的，常用的编辑命令都适用于图块，还可以嵌套。另外，如果对某一图块进行重新定义，则会使图样中所有引用的图块自动更新。

1) 创建块

可以在当前的图形中将一部分图形作为块保存在当前图形中，而不能在其他图形中调用，当然也可以在其他图形中调用已经定义的块，那么这时候调用的块必须是"写块"。"写块"以文件的形式写入磁盘，在其他图形中可以进行调用。

操作方式如下：

- 菜单命令："插入"→"创建块"。
- 工具栏：单击工具栏中的 按钮。
- 命令行：block(b)。

执行"插入"→"创建块"菜单命令，即直接执行"block"命令，打开"块定义"对话框，如图 8-32 所示。

图 8-32　"块定义"对话框

图 8-32 中，部分选项说明如下：

"名称"下拉列表框：用于输入或者选择图块名称。

"基点"选项组：用于设置插入块的基点位置，可以在 X、Y、Z 文本框中直接输入坐标, 也可以单击拾取点处的 [▣] 按钮切换回绘图窗口, 直接通过鼠标选择基点。

"对象"选项组: 用于在绘图窗口中选择组成图块的图形对象。

通过以上方法创建的块将保存在块所在的文件中, 并且只有在块所在的文件中才能使用, 在命令行中输入"wblock"命令创建的块可以直接保存在计算机的硬盘中, 并能够在其他图形中进行调用。

执行"wblock"命令, 打开"写块"对话框, 如图 8-33 所示。单击该对话框中"目标"选项组中的路径另存为按钮 [...], 就可以将"写块"存储到合适的位置。

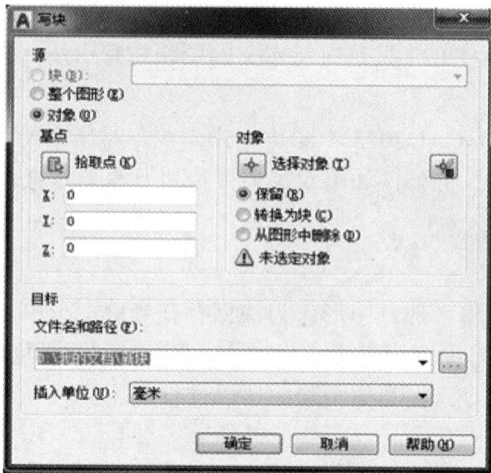

图 8-33 "写块"对话框

2) 插入块

在绘图的过程中需要插入块的时候, 可以选择需要的块并指定块的插入点、缩放比例、旋转角度等属性。

操作方式如下:

· 菜单命令:"插入"→"插入"。

· 工具栏: 单击"绘图"工具栏中的 [▦] 按钮。

· 命令行: insert(i)。

执行"插入"→"插入"菜单命令, 即执行"insert"命令, 打开"插入"对话框, 如图 8-34 所示。

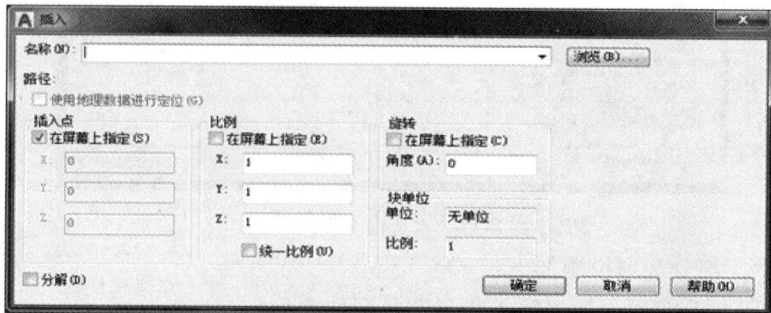

图 8-34 "插入"对话框

3) 定义块属性

块属性就是附加到图块上的一些文字信息，它是块中不可缺少的部分，且进一步增强了块的功能。属性从属于块，当删除块的时候，属性也同时被删除了。

要创建带有属性的块，首先必须创建描述属性特征的属性定义，然后创建带有属性的块，具体操作步骤详见操作实例。

操作方式如下：

- 菜单命令："插入"→"定义属性"。打开的"属性定义"对话框如图 8-35 所示。
- 命令行：attdef。

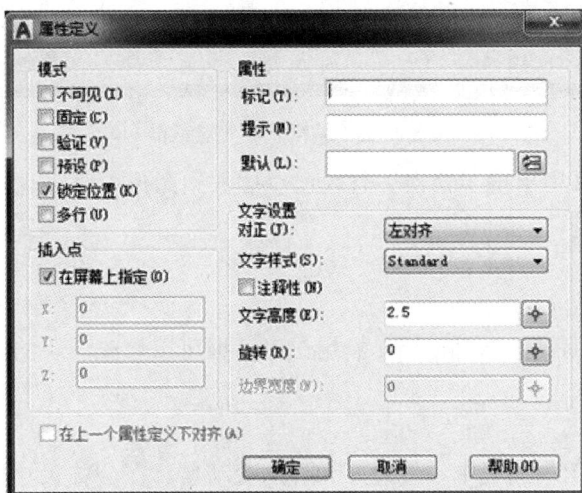

图 8-35 "属性定义"对话框

4) 修改块属性

(1) 当块属性定义过程中出现错误时，可以进行修改。

操作方式如下：

- 菜单命令："插入"→"管理属性"。
- 命令行：battman。

打开"块属性管理器"对话框，如图 8-36 所示，单击 编辑(E)... 按钮，打开"编辑属性"对话框，如图 8-37 所示，这时可以对属性的标记、提示和默认进行修改。

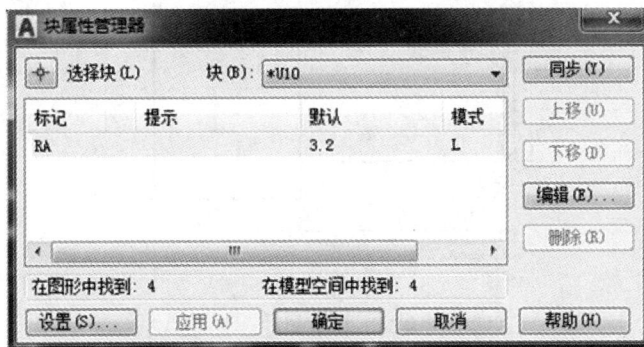

图 8-36 "块属性管理器"对话框

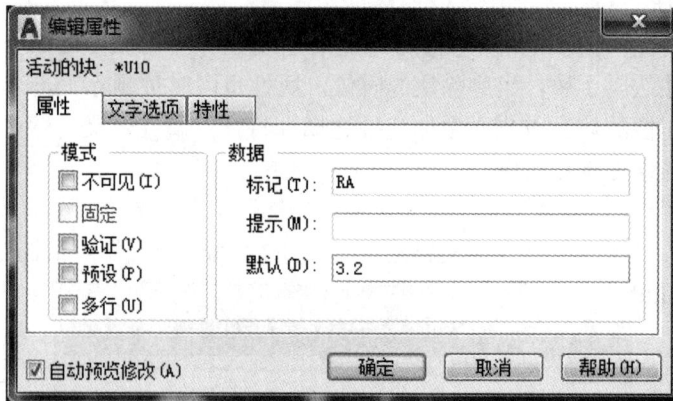

图 8-37   "编辑属性"对话框

(2) 当块属性定义中出现了错误并且块已经插入到图形中时，也可以根据用户的需要进行修改。

操作方式如下：

· 命令行：eattedit。

打开"增强属性编辑器"对话框，利用该对话框可以修改图块的属性值、文本样式及图层特性等参数。

2. 尺寸公差

尺寸公差是指在切削加工中零件尺寸允许的变动量。在公称尺寸相同的情况下，尺寸公差越小，则尺寸精度越高。

设计人员在用 AutoCAD 绘制图纸时，可以通过以下两种方法来创建尺寸公差。

(1) 在"替代当前样式"对话框的"公差"选项卡中设置尺寸的上、下极限偏差。

(2) 标注时利用"多行文字(M)"选项打开多行文字编辑器，然后采用堆叠文字方式标注公差，利用当前样式中的覆盖方式标注尺寸公差。

标注尺寸公差的步骤如下：

(1) 按尺寸绘制图形，如图 8-38 所示。

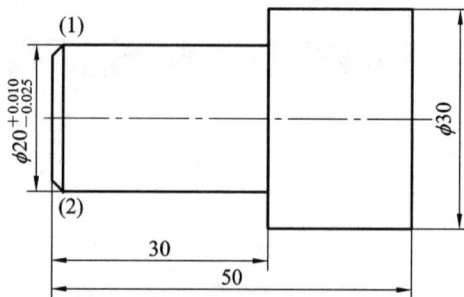

图 8-38   标注尺寸公差

(2) 执行"注释"→"标注样式"菜单命令，或者输入"dimstyle"命令，弹出"标注样式管理器"对话框，如图 8-39 所示。单击图 8-39 中的 替代(O)... 按钮，打开"替代当前样式"对话框,再单击"公差"选项卡,如图 8-40 所示。

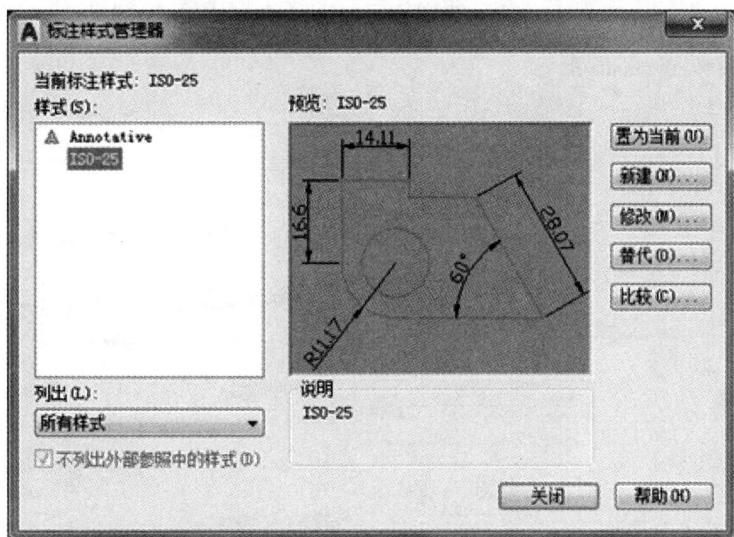

图 8-39　"标注样式管理器"对话框

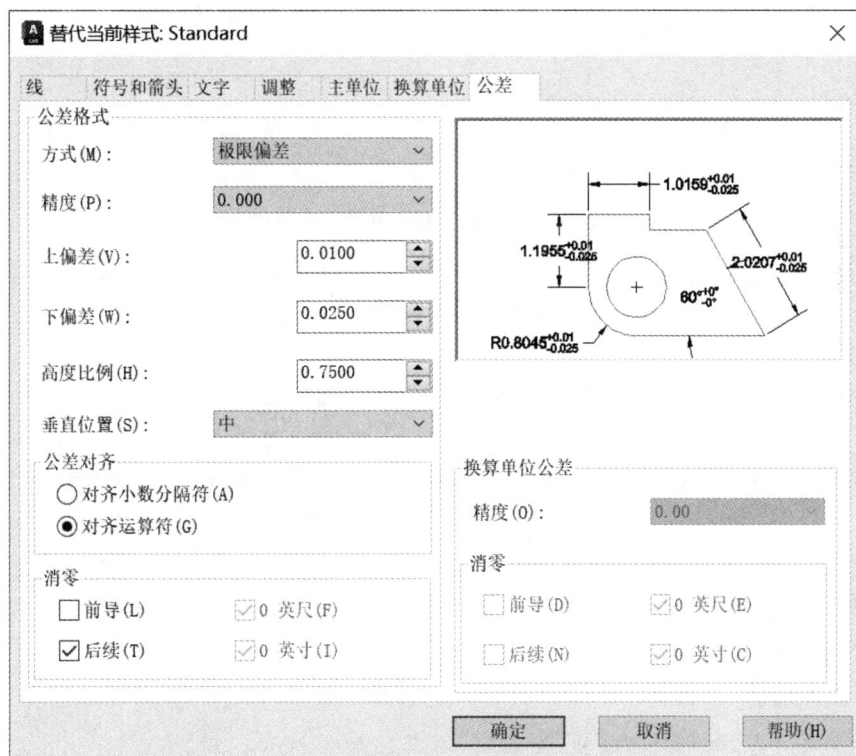

图 8-40　"替代当前样式"对话框中的"公差"选项卡

　　(3) 在"公差"选项卡中的"方式""精度"和"垂直位置"下拉列表中分别选择"极限偏差""0.000""中",在"上偏差""下偏差""高度比例"框中分别输入"0.01""0.025"

"0.75",如图 8-40 所示。

(4) 单击"主单位"选项卡,在"前缀"后面的文本框中输入"%%c",如图 8-41 所示。

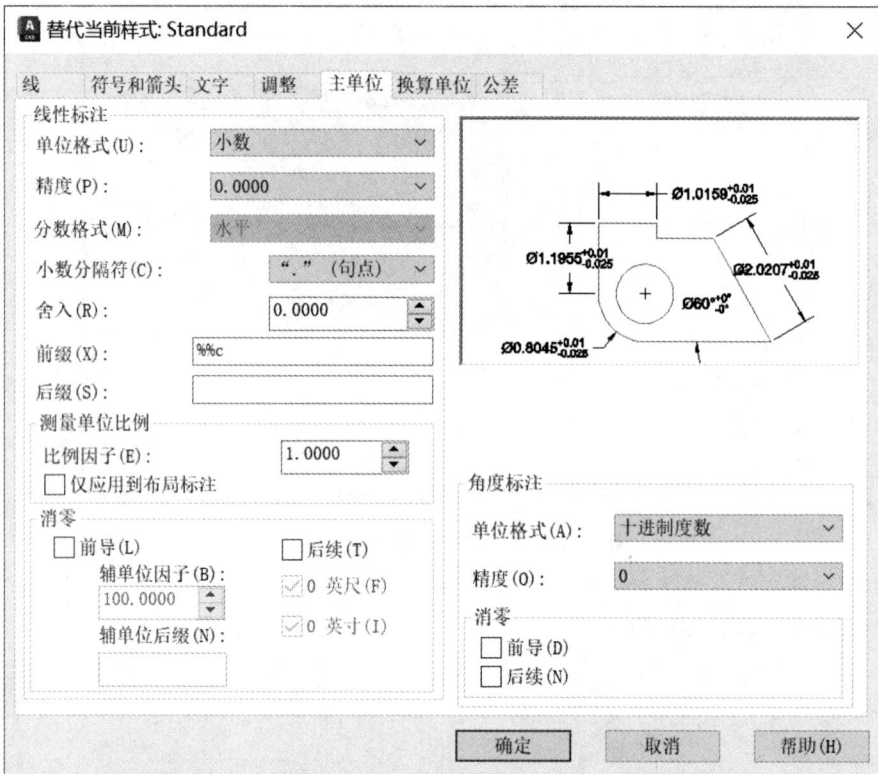

图 8-41 "替代当前样式"对话框的"主单位"选项卡

(5) 单击 确定 按钮,返回"标注样式管理器",单击 关闭 按钮,返回 AutoCAD 图形窗口,并执行 dimlinear 命令,AutoCAD 提示:

命令:_dimlinear

指定第一个尺寸界线原点或 <选择对象>:　　　　//捕捉(1)点

指定第二条尺寸界线原点:　　　　　　　　　　//捕捉(2)点

指定尺寸线位置或 [多行文字(M) / 文字(T) / 角度(A) / 水平(H) / 垂直(V)/旋转(R)]:

　　　　　　　　　　　　　　　　　　// 移动光标指定尺寸线位置

标注文字 = 20

结果如图 8-38 所示。

3. 形位公差

1) 操作方式

* 菜单命令:"注释"→"标注"→"公差"。
* 工具栏:单击"标注"工具栏中的 ⊞1 按钮。
* 命令行:tolerance (tol)。

以上 3 种操作方式都可以进行形位公差的标注。这里执行"标注"→"公差"菜单命令,弹出"形位公差"对话框,如图 8-42 所示。

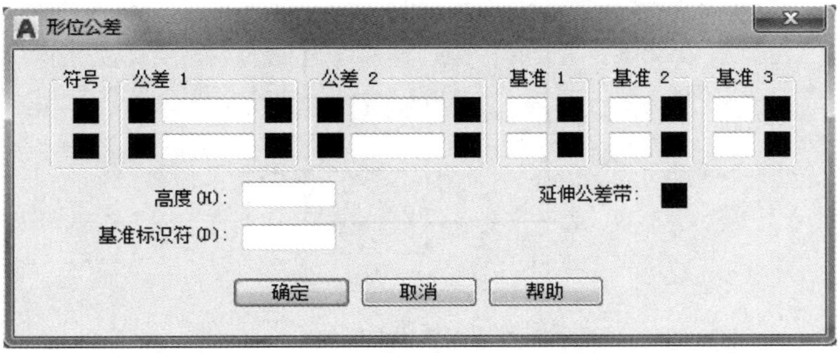

图 8-42 "形位公差"对话框

图 8-42 中各选项的说明如下：

· 符号：单击"形位公差"对话框中"符号"选项对应的黑色方框，弹出"特征符号"选项板，如图 8-43 所示，可以在这里选择相应的形位公差符号。

· 公差 1/公差 2：该选项用于设置公差样式，每个选项下面对应三个方框，第一个黑色方框用于设定是否选用直径符号"ϕ"，中间空白方框用于输入公差值，第三个黑色方框用于选择"附加符号"，单击该黑色方框，弹出"附加符号"选项板，如图 8-44 所示。

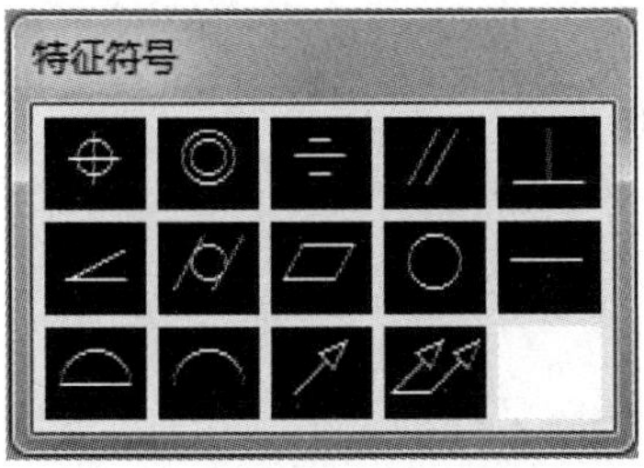

图 8-43 "特征符号"选项板    图 8-44 "附加符号"选项板

· 基准 1/基准 2/基准 3：在该选项中的空白方框处输入形位公差的基准要素代号，在黑色方框中添加的是"附加符号"。

· 高度：该选项用于创建特征控制框中的投影公差零值。

· 延伸公差带：该选项用于在延伸公差带值的后面插入延伸公差带符号。

· 基准标识符：该选项用于创建由参照字母组成的基准标识符。

依照上述方法创建的形位公差没有引线，只是带形位公差的特征控制框，如图 8-45 所示。然而在多数情况下，创建的形位公差都需要带有引线，如图 8-46 所示，因此，经常采用"引线设置"对话框中的"公差"选项。

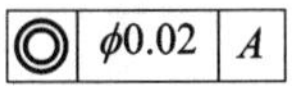

图 8-45 不带引线的形位公差 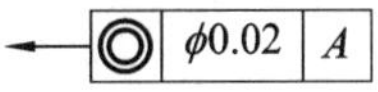   图 8-46 带引线的形位公差

2) 用"引线标注"命令标注形位公差

用"引线标注"命令"QLEADER"标注形位公差，如图 8-47 所示。具体步骤如下：

(1) 按尺寸绘制图形。

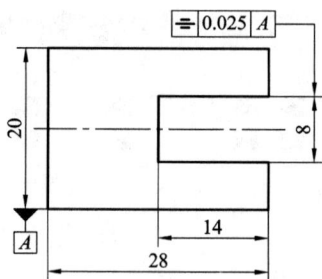

图 8-47　标注形位公差

(2) 输入"qleader"命令，AutoCAD 提示：

　　指定第一个引线点或 [设置(S)] <设置>：

输入"s"，打开"引线设置"对话框，如图 8-48 所示。在"注释"选项卡(见图 8-48)中选择注释类型为"公差"，然后在"引线和箭头"选项卡(见图 8-49)中进行相关设置，设置完成后单击 确定 按钮。

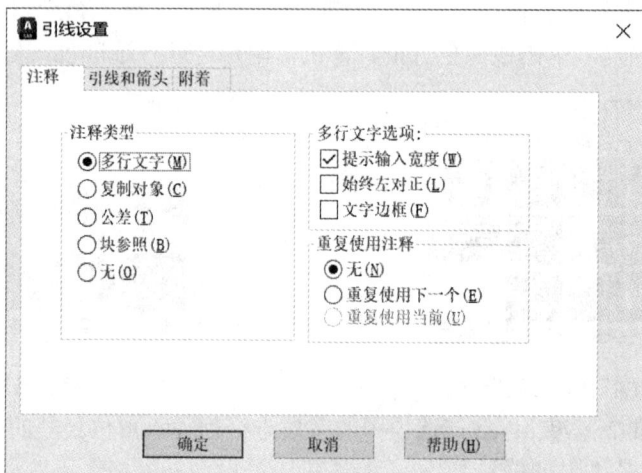

图 8-48　"引线设置"对话框的"注释"选项卡

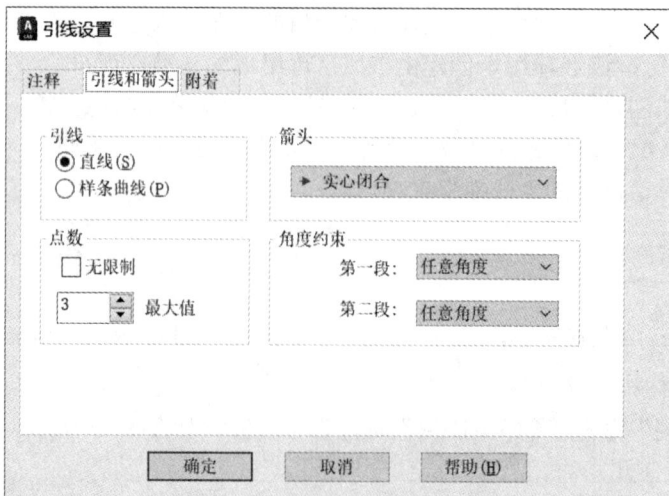

图 8-49　"引线设置"对话框的"引线和箭头"选项卡

之后 AutoCAD 提示：

  指定第一个引线点或 [设置(S)] <设置>：<对象捕捉 开>　//选择"8"尺寸线上的端点

  指定下一点：　　　//向上拖动鼠标在适当的位置单击鼠标左键

  指定下一点：　　　//向左拖动鼠标在适当的位置单击鼠标左键

弹出如图 8-50 所示的"形位公差"对话框，设置完成后单击 确定 按钮。

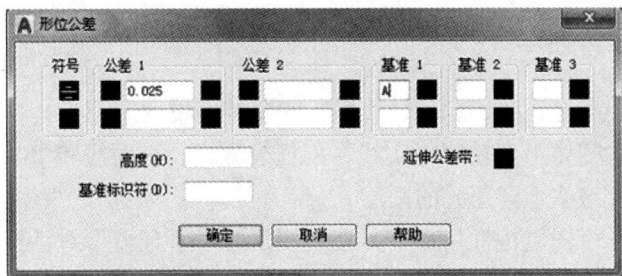

图 8-50　"形位公差"对话框

4．油泵盖零件图的绘制

图 8-51 所示的油泵盖零件图是一个典型的盘类零件，用了一个全剖视的主视图和一个左视图来完整地表达。下面以该油泵盖零件图为例介绍零件图的绘制方法。

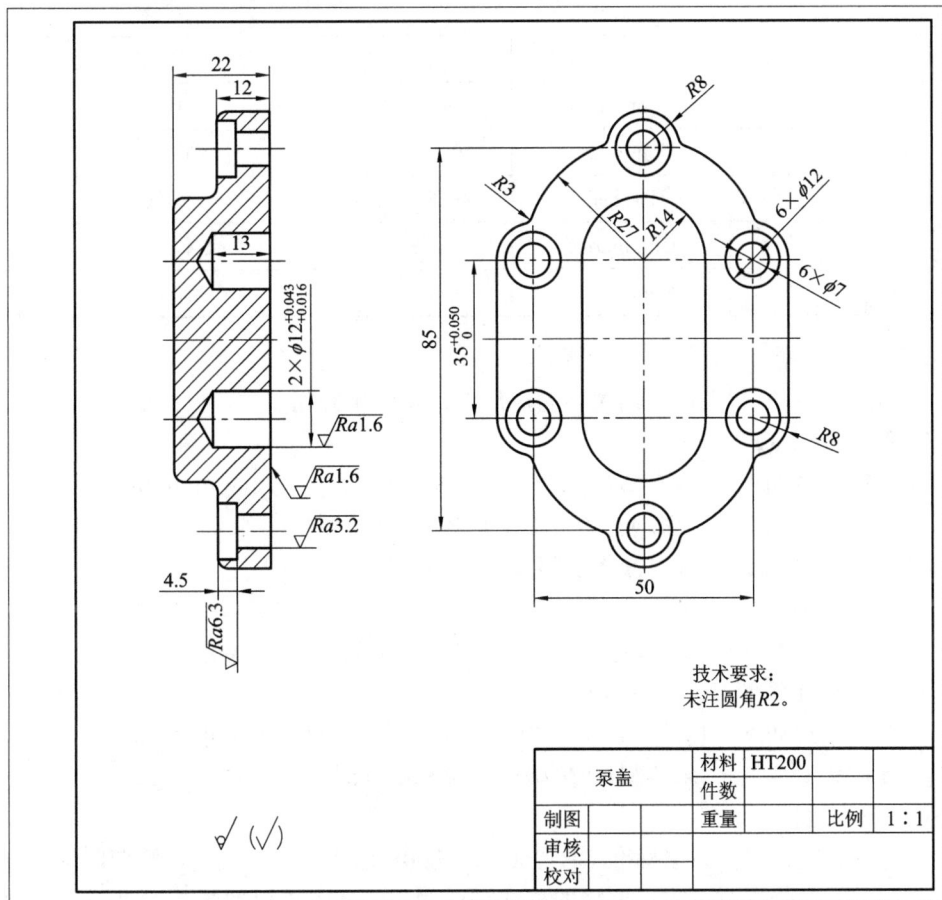

图 8-51　油泵盖零件图

1) 绘图环境的设置

根据图形大小，选用 A4 图幅按 1∶1 的比例输出图纸。下面完成绘图环境的设置。

(1) 图形界限设置。

在命令输入窗口输入"limits"，命令行提示输入左下角的点时，选择默认的左下角点坐标"0，0"，然后输入右上角点坐标"210，297"，完成 A4 图幅的图形界限设置。按下状态栏中的"栅格"按钮，图形界限范围以网格点显示。

(2) 图层设置。

图层设置包括图层名、图层颜色、线型、线宽等的设置。

机械零件图一般需要用到轮廓粗实线、剖视分界线、剖面线和中心线四种图元，故首先创建四个用于放置这些不同图元的图层。

选择"默认"→"图层特性"命令，在"图层特性管理器"对话框中，按前面介绍的方法完成如表 8-6 所示的图层设置。

表 8-6　图层的设置

图层名	颜色	线型	线宽	对应图中的图线
0	黑色	Continuous	缺省	图框、标题栏(超宽线 0.7)
点画线	红色	Center	缺省	中心线
尺寸标注	绿色	Continuous	缺省	尺寸标注、粗糙度
剖面线	蓝色	Continuous	缺省	剖面线
轮廓线	黑色	Continuous	0.3	粗实线
虚线	青色	Dashed	缺省	虚线
注释文字	紫色	Continuous	缺省	文本、注释
细实线	黄色	Continuous	缺省	细实线

(3) 绘制图框线。

① 用矩形命令绘制表示图幅大小的矩形框，操作步骤如下：

　　命令：_rectang

　　指定第一个角点或 [倒角(C) / 标高(E) / 圆角(F) / 厚度(T) / 宽度(W)]：0，0

　　指定另一个角点或 [面积(A) / 尺寸(D) / 旋转(R)]：210,297

② 用矩形命令绘制图框，操作步骤如下：

　　命令：_rectang

　　指定第一个角点或 [倒角(C) / 标高(E) / 圆角(F) / 厚度(T) / 宽度(W)]：w

　　指定矩形的线宽 <0.0000>：0.7

　　指定第一个角点或 [倒角(C) / 标高(E) / 圆角(F) / 厚度(T) / 宽度(W)]：25，5

　　指定另一个角点或 [面积(A) / 尺寸(D) / 旋转(R)]：205，292

(4) 绘制标题栏。

对于标题栏的格式，国家标准(GB10609.1—2008)已作了统一规定，绘图时应遵守。为简便起见，学生在作图时可将标题栏的格式加以简化，建议采用如图 8-52 所示的格式。

		材料		
图　名		数量		
制图		重量		比例
审核				
校对				

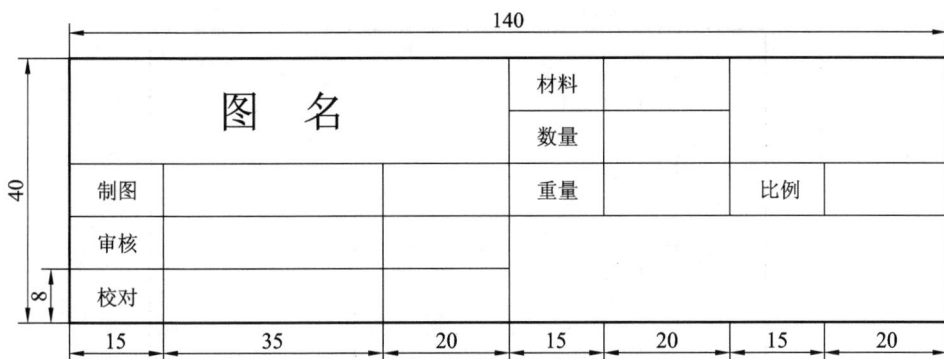

图 8-52　标题栏格式

(5) 保存成样板文件。

操作过程为：单击下拉菜单 **A·** →选择"另存为"→弹出"图形另存为"对话框，输入文件名"A4(210×297)"，文件类型选择"AutoCAD 图形样板(*.dwt)"→单击 **保存(S)** 按钮，如图 8-53 所示。

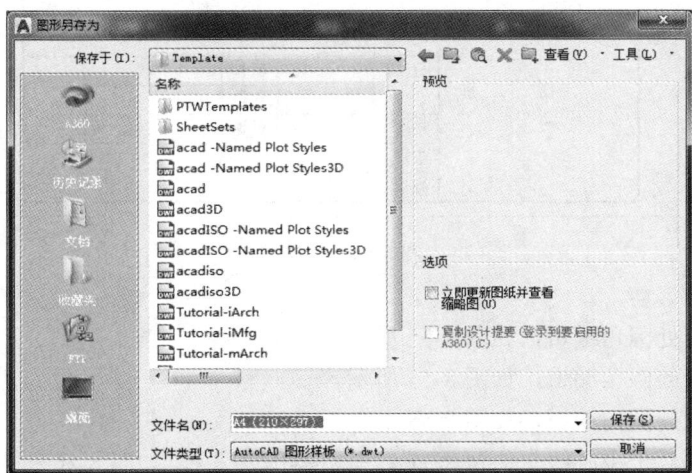

图 8-53　"图形另存为"对话框

2) 绘制图形

(1) 用样板"A4(210×297)"新建文件，文件名为"油泵盖"。

(2) 绘制中心线。

(3) 绘制主视图上半部分的轮廓线。

在绘制主视图时，我们可以通过 Offset(偏移)和 Trim(修剪)两个编辑命令完成大部分图形的操作。

绘制主视图上半部分轮廓线的步骤如下：

① 以中心线 1 为参照，偏移出直线 a，如图 8-54 所示。

② 以中心线 1 为参照，偏移出直线 b，如图 8-54 所示。

③ 以中心线 2 为参照，偏移出直线 c，如图 8-54 所示。

④ 以中心线 2 为参照，偏移出直线 d，如图 8-54 所示。

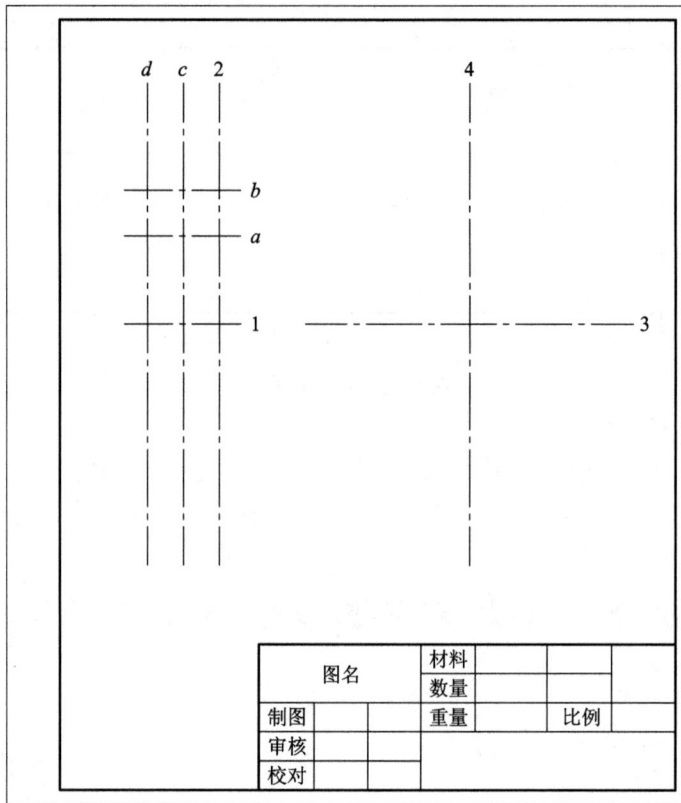

图 8-54 偏移

⑤ 对其进行修剪。

⑥ 进行第一处圆角编辑，如图 8-55 所示。

⑦ 进行第二处圆角编辑，如图 8-55 所示。

⑧ 进行第三处圆角编辑，如图 8-55 所示。

⑨ 绘制出相对于中心线 1 的距离为 42.5 的螺孔轴线 e，如图 8-56 所示。

⑩ 绘制出相对于中心线 1 的距离为 17.5 的螺孔轴线 g，如图 8-56 所示。

⑪ 绘制螺孔轮廓线，如图 8-57 所示。

⑫ 修剪掉多余的线段，如图 8-57 所示。

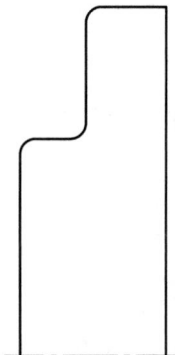

图 8-55 倒圆角

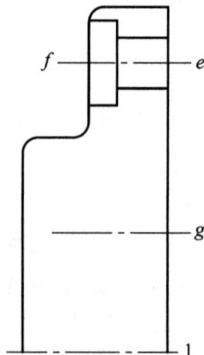

图 8-56 修剪多余线段

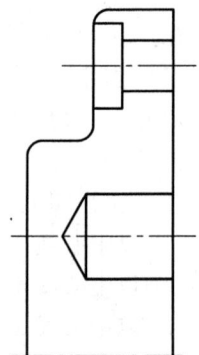

图 8-57 修剪编辑后的图形

(4) 镜像主视图下半部分的轮廓线，如图 8-58 所示。

(5) 绘制剖面线。

激活"Hatch"命令，会弹出"Boundary Hatch"对话框。在该对话框中设置好填充图案、角度、比例等选项后，选择需要填充的范围即可。填充效果如图 8-59 所示。

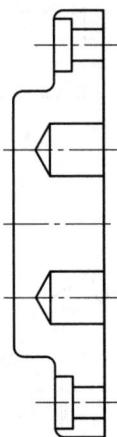

图 8-58　镜像后的效果　　　　　　图 8-59　填充效果

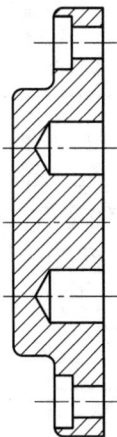

(6) 绘制左视图。

① 定位水平点画线上方三个阶梯孔的中心，通过对左视图中心线的偏移来实现，如图 8-60 所示。

② 绘制三个孔，如图 8-61 所示。

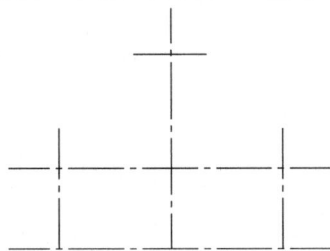

图 8-60　绘制基准线　　　　　　　　图 8-61　复制三个孔效果

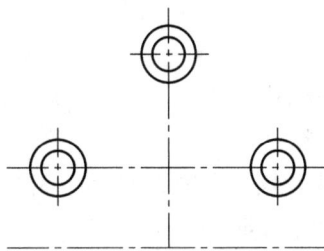

③ 绘制外轮廓线，如图 8-62～图 8-64 所示。

④ 通过圆和直线命令绘制出内轮廓线，如图 8-65 所示。

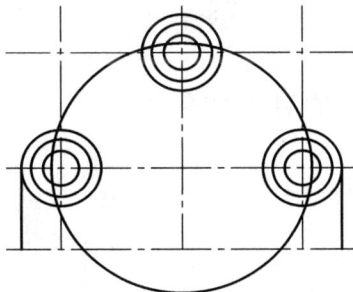

图 8-62　绘制外轮廓线(1)　　　　　图 8-63　绘制外轮廓线(2)

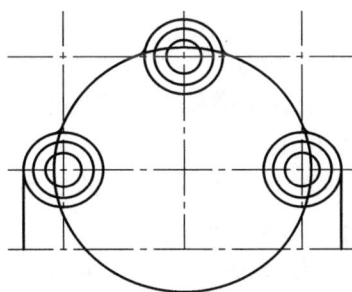

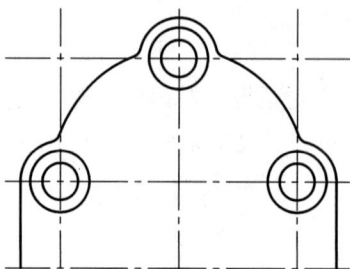

图 8-64　绘制外轮廓线(3)　　　　　　　　图 8-65　绘制内轮廓线

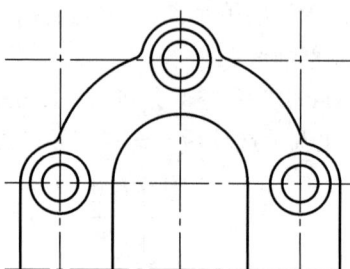

⑤ 通过镜像复制，将左视图的所有轮廓线绘制出来。

⑥ 修饰图形，显示线宽后，如图 8-66 所示。

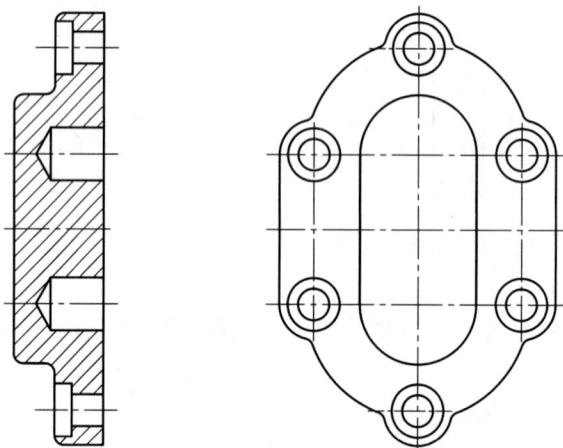

图 8-66　完成所有轮廓线绘制

3) 尺寸标注

(1) 线性尺寸标注。

标注主视图上长度为 12 的尺寸线，操作步骤如下：

命令：_dimlinear。

指定第一个尺寸界线原点或 <选择对象>：　　　// 捕捉一个尺寸界线的起点

指定第二条尺寸界线原点：　　　　　　　　　// 捕捉另一个尺寸界线的起点

指定尺寸线位置或 [多行文字(M) / 文字(T) / 角度(A) / 水平(H) / 垂直(V) / 旋转(R)]：
　　　　　　　　　　　　　　　　　　// 指定尺寸线的位置

标注文字 = 12

线性尺寸标注结果如图 8-67 所示，其余线性尺寸的注法相同。

(2) 半径标注。

标注左视图上一个半径为 3 的尺寸，操作步骤如下：

命令：_dimradius。

选择圆弧或圆：　　　　//选择左视图上的一个圆弧

标注文字 = 3

指定尺寸线位置或 [多行文字(M) / 文字(T) / 角度(A)]：　　//指定尺寸线的位置

半径尺寸标注结果如图 8-68 所示，其余半径尺寸的注法相同。

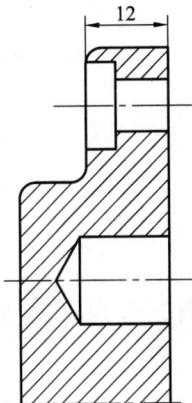

图 8-67　线性尺寸标注　　　　　　图 8-68　半径尺寸的标注

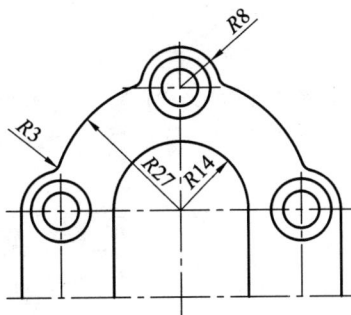

(3) 直径标注。

标注直径为 12 和直径为 7 的两个圆的尺寸，操作步骤如下：

命令：_dimdiameter。

选择圆弧或圆：　　　　　//在左视图上选择直径为 12 的圆

标注文字 = 12

指定尺寸线位置或 [多行文字(M) / 文字(T) / 角度(A)]：m

　　　　//输入"多行文字"选项，打开文字格式对话框在尺寸数字前输入"6×"

指定尺寸线位置或 [多行文字(M) / 文字(T) / 角度(A)]：// 指定尺寸线的位置

用同样的方法标注直径 7 的圆。直径标注结果如图 8-69 所示。

(4) 公差标注。

标注主视图上直径为 12 的盲孔的公差尺寸，如图 8-70 所示。

标注左视图上两个孔间距的公差尺寸，如图 8-71 所示。

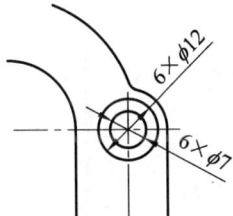

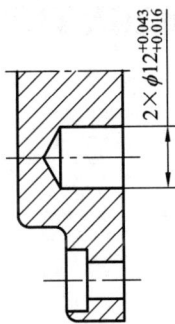

图 8-69　直径标注　　　　图 8-70　盲孔直径标注　　　　图 8-71　孔间距标注

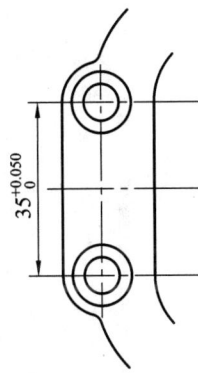

4) 表面结构要求标注

机械制图中的表面结构采用专用的符号并且有参数代号、参数值及文字说明，需要制订带有属性的块，通过块来实现表面结构的自动标注。用 AutoCAD 绘图的最大优点就是其具有库的功能且能重复使用图形的部件。利用 AutoCAD 提供的块，采用写入块和插入块等操作就可以把用 AutoCAD 绘制的图形作为一种资源保存起来，在一个图形文件或者不同的图形文件中重复使用。

(1) 绘制粗糙度的图块。

设置极轴增量角为 30°，在"尺寸标注"层内按图 8-72 所示绘制图形。

(2) 定义粗糙度块属性。

单击"插入"—"定义属性"，打开"属性定义"对话框，如图 8-73 所示。

参照图 8-72 设置标记名为"RA"，提示语为"输入粗糙度值"，默认值为"3.2"，文字对正方式为"左对齐"等，然后单击"确定"按钮，返回图形窗口，指定插入点，见图 8-73。

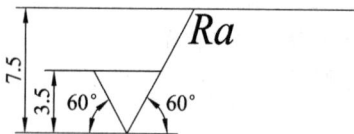

图 8-72　粗糙度符号

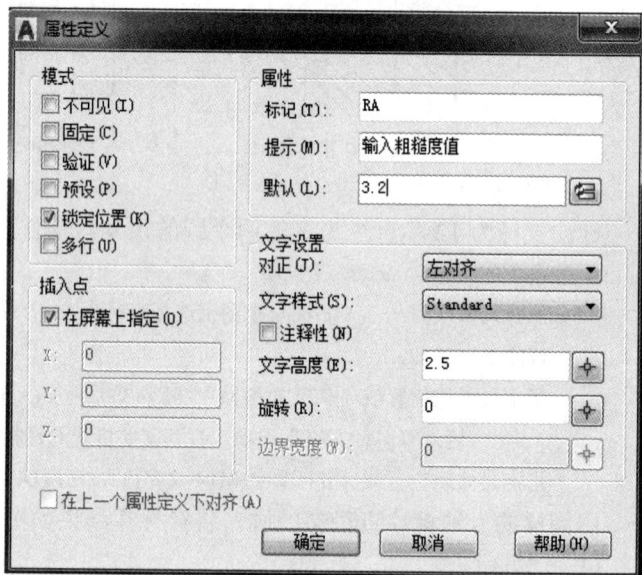

图 8-73　"属性定义"对话框

(3) 写块。

单击"插入"—"写块"，弹出"块定义"对话框，如图 8-74 所示。

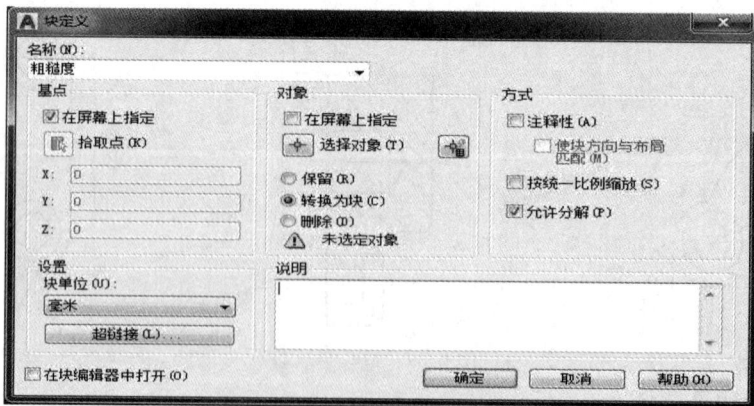

图 8-74　"块定义"对话框

在"块定义"对话框的"名称"框中输入块名"粗糙度"。

在"对象"下选择"转换为块"。

选择基点时要选符号的尖端。选择"选择对象"，使用鼠标选择要包括在块定义中的对象，按"确定"完成块定义。

(4) 插入表面结构。

单击"插入"—"块"，打开"插入"对话框，在"名称"栏中输入块名，在屏幕上选取插入点、比例、旋转角度，选择"确定"。插入表面结构后如图 8-75 所示。

提示：使用插入命令在零件图上标注粗糙度，在插入时系统会提示修改属性值。

注意：块定义命令"BLOCK"建立的是内部块，即只能在当前图中插入。

按以上步骤完成了油泵盖零件图的绘制和标注，效果如图 8-76 所示。

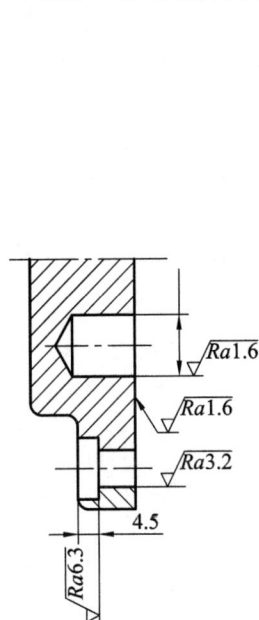

图 8-75　插入表面结构　　　　　图 8-76　油泵盖绘制和标注效果图

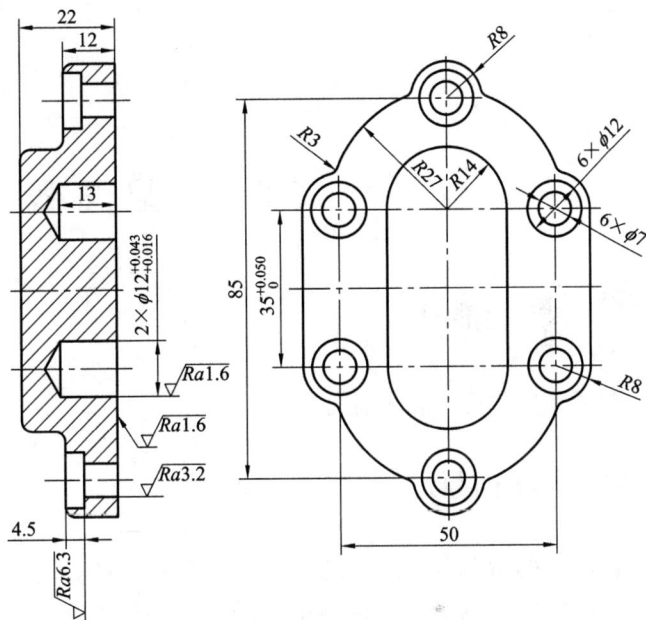

5) 文字注释

在工程绘图中，技术要求和其他一些文字注释是必不可少的。在图形中插入文字注释可以用单行文字和多行文字两种方法。在插入文字注释时，要将文字注释层设为当前层进行。

6) 填写标题栏

填写标题栏时，可以用单行文字和多行文字两种方法输入文字。填写标题栏时，将标题栏层设为当前层进行。

第 9 章　装配图的识读与绘制

9.1　装配图概述

本节关键词

装配图的作用、装配图的内容。

学习小目标

(1) 熟悉装配图的概念及其在设计、生产中的作用。
(2) 能对照一张完整的装配图找出其具备的内容。

学习小提示

本节主要学习装配图的基本知识，主要包括装配图的概念、作用及内容，此部分内容和零件图的内容既有区别又有联系，均重在理解。

1．装配图的概念

装配图是表达机器(或部件)的图样。一台机器(或一个部件)是由若干个零(部)件根据机器的工作原理、性能要求，按照一定的装配关系装配在一起的。图 9-1 所示的滑动轴承由轴承座、上轴衬、下轴衬、轴衬固定套、轴承盖、螺栓、螺母、油杯组成。图 9-2 所示则是表达该产品及其组成部分的结构形状、各零件间的装配关系和技术要求等的装配图。

2．装配图的作用

(1) 在产品设计过程中，通常要求先绘制出装配图，然后根据零件间的装配关系从装配图中拆画出零件图。

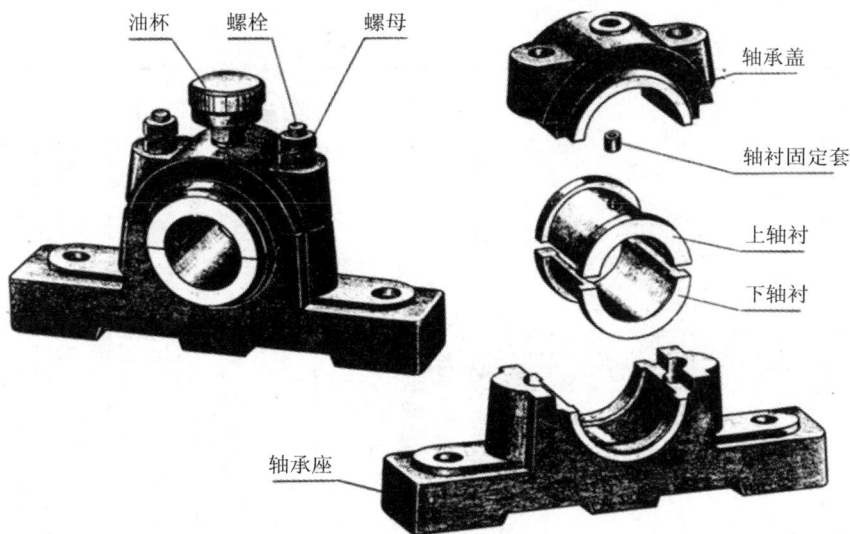

图 9-1　滑动轴承

(2) 在产品生产过程中，先根据零件图进行零件的加工，然后对照装配图按工艺顺序进行装配，再根据装配图对装配好的产品进行调试，验证其是否合格。

(3) 在机器或部件的管理和维修中，也需要通过装配图来了解机器的结构、性能和工作原理才能对故障进行分析和诊断。

因此，装配图既是设计、指导生产和交流技术的重要技术文件，又是装配、检验、安装及维修等环节中不可缺少的技术资料。

3. 装配图的内容

一般来说，一张完整的装配图应具备以下几个方面的内容：

1) 一组视图

可选择一组视图，采用恰当的表达方法来正确、完整、清晰地表达出机器(或部件)的工作原理、各组成零件间的连接关系和装配关系及零件的主要结构形状等。图 9-2 所示的滑动轴承装配图是通过半剖视图的主视图、右半边拆去轴承盖和上轴承衬等的俯视图将装配体表达清楚的。

2) 几类尺寸

装配图中的尺寸一般只标注必要的机器(或部件)的规格(性能)尺寸、各零件间的装配尺寸、总体尺寸、安装及检验等所需的尺寸和其他重要尺寸，如图 9-2 所示。

3) 技术要求

应该采用文字在图纸空白处进行说明或标注标记、代号以指明该机器(或部件)在制造、检验、装配、运输和安装过程中应达到的技术要求。

4) 零件序号、标题栏、明细栏

按照国家标准规定的格式，在图纸右下角画出标题栏和明细栏。标题栏主要填写机器(或部件)的名称、图号、比例及责任人签名等内容。各零件必须按一定格式进行编号并填写在明细栏里，明细栏紧接标题栏画出，填写各零件的序号、名称、数量、材料、备注、标准件的规格和代号等，如图 9-2 所示。

图 9-2 滑动轴承装配图

技术要求:

1. 上, 下轴衬与轴承座及轴承盖之间应保证接触良好。
2. 轴衬最大压力 P≤29.4 MPa。
3. 轴衬与轴颈最大线速度 v≤8 m/s。
4. 轴承温度低于 120℃。

8	油杯12	1		JB/T79403—1995
7	螺母M12	4		GB/T6171—2000
6	螺栓M12×130	2		GB/T5782—2000
5	轴承固定套	1		
4	上轴衬	1	ZQA19-4	
3	轴承盖	1	HT150	
2	下轴衬	1	ZQA19-4	
1	轴承座	1	HT150	
序号	名称	数量	材料	备注
设计		共 张 第 张		(单位)
校对		质量		滑动轴承
审核		比例	1:2	(图号)

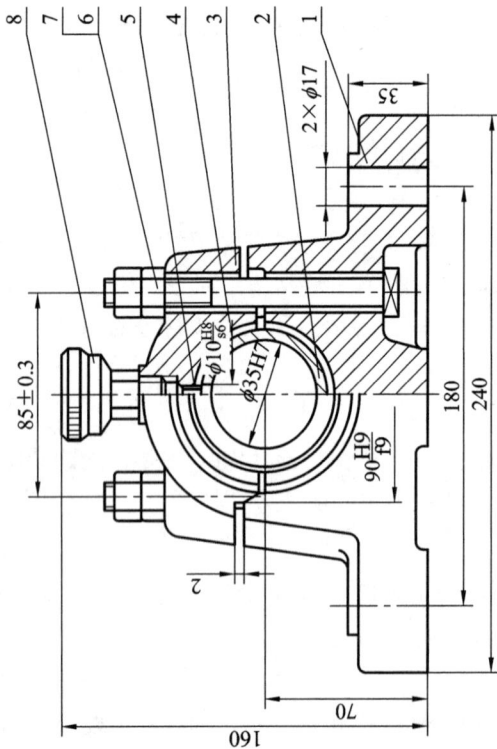

拆去轴承盖和上轴衬等

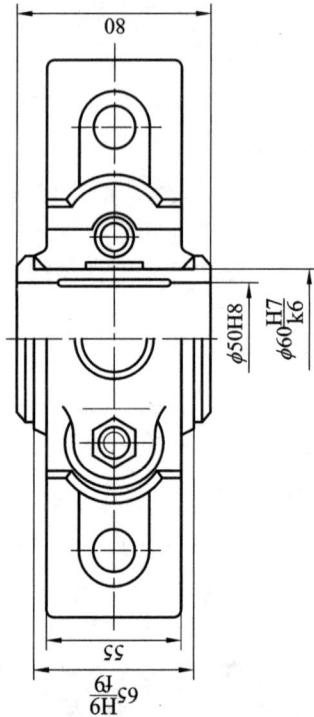

9.2 装配图的表达方法

本节关键词

规定画法、特殊表达方法。

学习小目标

(1) 能说出装配图视图特别是主视图的选择方案。
(2) 掌握装配图的画法规定，并能在绘制装配图中熟练运用这些规定。

学习小提示

本节主要学习装配图视图的表达方案的选择、装配图的规定画法和特殊表达方法。

装配图和零件图的表达方法基本相同，前面所学的零件图的各种表达方法，如视图、剖视、断面图、简化画法等方法都适用于装配图的表达。但是，零件图和装配图又有区别，零件图主要用来表达单个零件的结构、形状等，而装配图主要表达装配体的工作原理和零件间的装配关系，所以针对装配图的特点，国家标准还规定了一些装配图的规定画法和特殊表达方法。

1. 装配图的规定画法

1) 接触面、配合面的画法

在装配图中，相邻两零件的接触表面或者基本尺寸相同且相互配合的工作面，只用一条共有轮廓线表示，而非接触面或者非配合面应画出两条各自的轮廓线，如图 9-3 中的①、④所示。

2) 剖面线的画法

在装配图的剖视图中，相邻两金属零件的剖面线其倾斜方向应相反，或者采用方向一致但间隔不等的方式加以区别。在同一张图样上，表示同一零件的剖面线应方向相同、间隔相等，如图 9-3 所示。剖面区域厚度小于 2 mm 时，可以用涂黑的方式来代替剖面线，如图 9-3 中的⑤所示。

3) 紧固件和实心件的画法

在装配图中，为了画图便捷和图面清晰，对于一些实心零件(如轴、杆、键、销、钩子、手柄等)和一些标准件(如螺栓、螺钉、螺柱、螺母、垫圈等)，在绘制时若按纵向剖切且剖切平面通过其轴线(或对称平面)，则这些零件均按不剖绘制，如图 9-3 中的⑥所示；若这些零件上有些结构(如凹槽、键槽、销孔等)需要说明，则可采用局部剖视图来表达，如图 9-3 中的③所示。

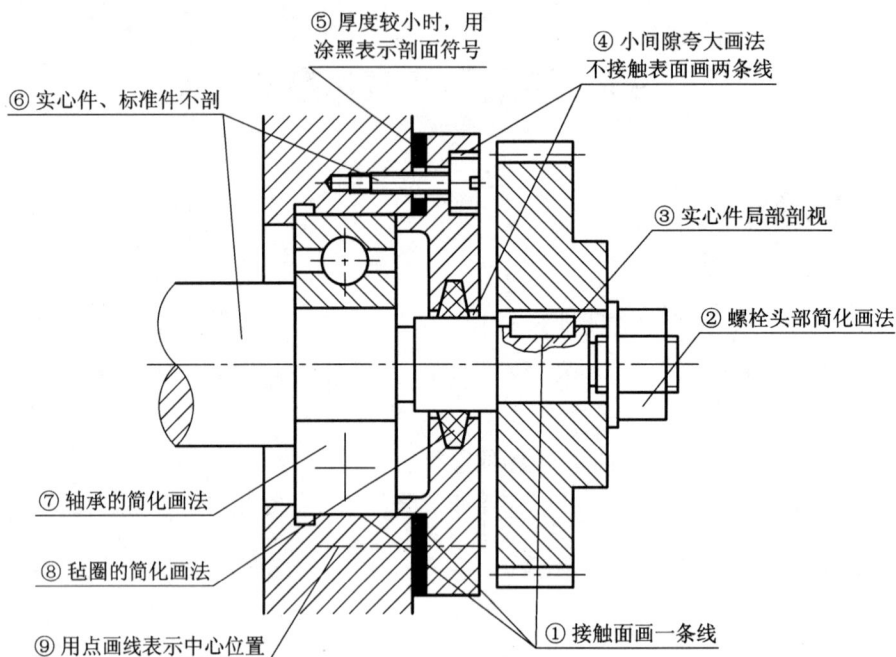

图 9-3 装配图的规定画法和特殊画法

2．装配图的特殊表达方法

1) 拆卸画法

在装配图中的某个视图上，为了避免某些零件遮住需要表达的内部机构或零件的构造，而这些零件本身在其他视图中已经表达清楚，可假想拆去某些零件，只画出剩余部分的视图，当需要说明时，应在相应的视图上方注写"拆去××件"字样。这种表达方法称为拆卸画法，如图 9-2 中的俯视图就是拆去轴承盖和上轴衬等绘制出的视图。

2) 假想画法

在装配图中，为了表示运动零件的运动范围或极限位置，可用细双点画线表示它们的极限位置外形图。如图 9-4 所示的三星齿轮传动机构，当转速和转向发生改变时，图中手柄处在Ⅱ、Ⅲ两个极限位置就是用细双点画线画出的假想表示法。

此外，当需要表达与本部件相关但又不属于本部件的其他相邻零、部件时，也可采用假想画法，将其他相邻零、部件的轮廓用细双点画线画出，如图 9-4 中不属于该部件的主轴箱。

3) 展开画法

当传动机构的投影出现重叠的情况时，为了表示传动机构的传动路线和装配关系，可以用展开表示法来表示，假想按传动顺序沿轴线剖切，然后依次展开在同一平面内，再画出其剖视图。对于此种表示法，必须进行标注，如图 9-4 中的"A—A 展开"。

4) 夸大画法

在装配图中，对于薄片零件、细丝弹簧、金属丝、微小间隙等结构，无法按其实际尺寸画出，此时，可不按比例将零件或间隙适当夸大画出，如图 9-3 中的④所示，能明显地看到轴和端盖之间两条粗实线表达的间隙。

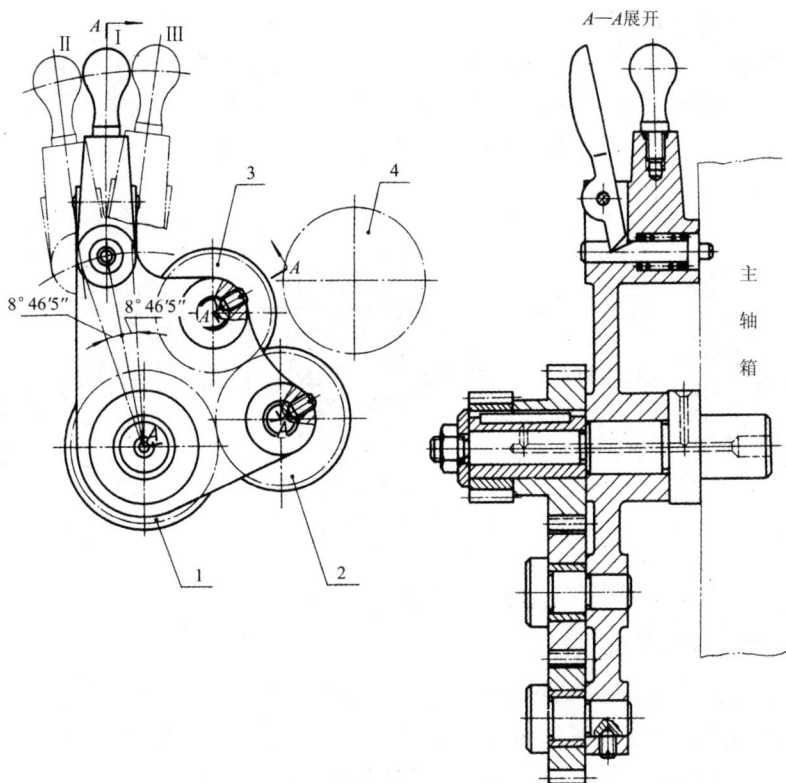

图 9-4　三星齿轮传动机构的假想画法和展开画法

5) 简化画法

在装配图中的简化画法如下:

(1) 对螺栓连接、螺钉连接等规格相同的零件组，在不影响理解的前提下可详细地画出一组，其余可用细点画线表示其装配位置，如图 9-3 中的⑨所示。

(2) 对零件的工艺结构(如小圆角、退刀槽、倒角、起模斜度、滚花等)均可不画。

(3) 滚动轴承允许一半采用规定画法，另一半采用通用画法画出，如图 9-3 中的⑦所示。

(4) 螺母和螺栓头部允许采用简化画法，如图 9-3 中的②所示。

(5) 当剖切平面通过的某些部件为标准产品或该部件已由其他图形表达清楚时，可按不剖绘制，如图 9-2 中的油杯。

(6) 可以用细点画线表示链传动中的链，用粗实线表示带传动中的带，如图 9-5 所示。

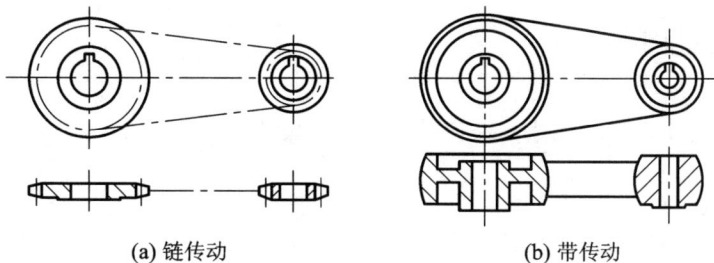

(a) 链传动　　　　　　　　　　　　(b) 带传动

图 9-5　装配图中链、带的画法

6) 单个零件的单独视图画法

在装配图中，当某个零件的形状表达不清楚将对理解装配关系有影响时，可以单独画出该零件的某一视图，但必须标注清楚视图名称，并在相应的视图附近用箭头表示其投射方向，且要注上相同的字母，如图 9-6 中的转子油泵 B 向视图。

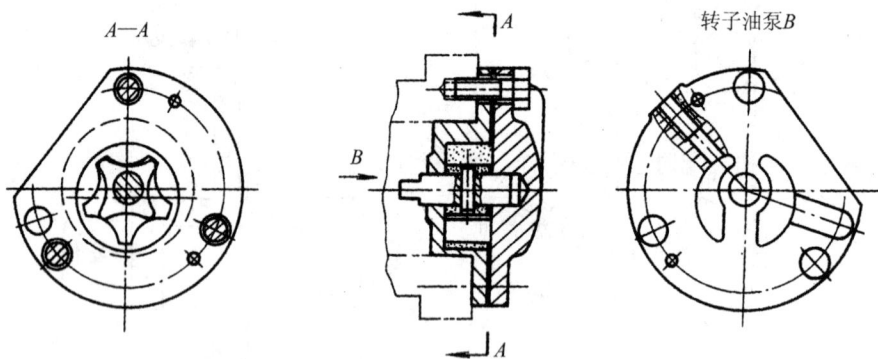

图 9-6　装配图的单个零件画法

3. 装配图表达方案的确定

装配图表达方案的确定和零件图一样，必须选用以主视图为中心的一组视图，要能正确、清晰、完整地表达出装配体的工作原理、各零件间的装配关系等。装配图表达方案的确定，依然是本着先确定主视图，再确定其他视图的原则进行。

1) 主视图的选择

(1) 主视图的投射方向应能反映装配体的工作位置和它的总体结构特征。

(2) 主视图的投射方向应能较集中地表达装配体的工作原理和主要装配关系。

2) 其他视图的选择

根据确定的主视图，对尚未表达清楚的装配关系、零件外形及局部结构等必须选择相应视图加以补充说明。根据需要可以选择基本视图、剖视图、局部视图和断面图等，通常应先考虑基本视图，再考虑剖视图、局部视图等。

9.3　装配图的尺寸标注

本节关键词

规格(性能)尺寸、装配尺寸、安装尺寸、外形尺寸。

学习小目标

(1) 掌握装配图中几种必要的尺寸类型。

(2) 能判别出装配图中尺寸的类别。

学习小提示

本节主要介绍装配图中尺寸标注的几种必要的类型，应掌握它们的名称和用途，并在平时的练习中学会分析装配图中的尺寸，能分清楚各尺寸分别属于哪种类型。

装配图是设计和装配时要用的图样，所以它的尺寸标注要求和零件图的尺寸标注要求不同，装配图不需要标注出零件的全部尺寸，一般只需标注以下几种必要的尺寸。

1. 规格(性能)尺寸

规格(性能)尺寸是用以表明机器或部件工作性能或产品规格的尺寸。这类尺寸是设计产品、了解和选用零部件的主要依据，如图 9-7 中球阀的阀体 1 和阀盖 2 的通孔直径 ϕ20 mm。

2. 装配尺寸

装配尺寸是用以保证机器或部件的性能和装配要求的尺寸。装配尺寸有以下两种。

1) 配合尺寸

当零件间有配合要求时，必须标注出配合尺寸。例如，图 9-7 中阀体 1 与阀盖 2 的配合尺寸是 ϕ50H11/h11；阀杆 12 与填料压紧套 11 的配合尺寸是 ϕ14H11/c11；阀杆 12 下部凸缘与阀体 1 的配合尺寸是 ϕ18H11/c11 等。

2) 相对位置尺寸

相对位置尺寸表示装配体在装配时必须要保证的距离和间隙等相对位置尺寸。例如，图 9-7 中球阀通孔中心线到扳手 13 的距离为 84 mm，阀杆 12 中心线到阀体 1 右端面的距离为 54 mm，还有图 9-2 中轴承座 1 和轴承盖 3 之间的间隙为 2 mm。

3. 安装尺寸

安装尺寸表示将零、部件安装到机器上或将机器安装在基座上所需的相关尺寸。例如，图 9-7 中球阀阀体 1 与阀盖 2 上的接口尺寸 $M36 \times 2$，螺柱 6 在 A—A 视图上的中心距尺寸 49 mm。

4. 外形尺寸

外形尺寸是机器或部件的总长、总宽和总高尺寸，它反映了机器或部件的外形轮廓的大小，为包装、运输和安装等所需的空间大小提供依据。例如，图 9-7 中球阀外形尺寸有总长 115 ± 1.1 mm，总高 121.5 mm，总宽 75 mm。

5. 其他重要尺寸

其他重要尺寸是指在机器或部件设计过程中需要保证，但又不包括在上述四种尺寸中的重要尺寸，如设计时的计算尺寸、运动件运动范围的极限尺寸、齿轮宽度等。

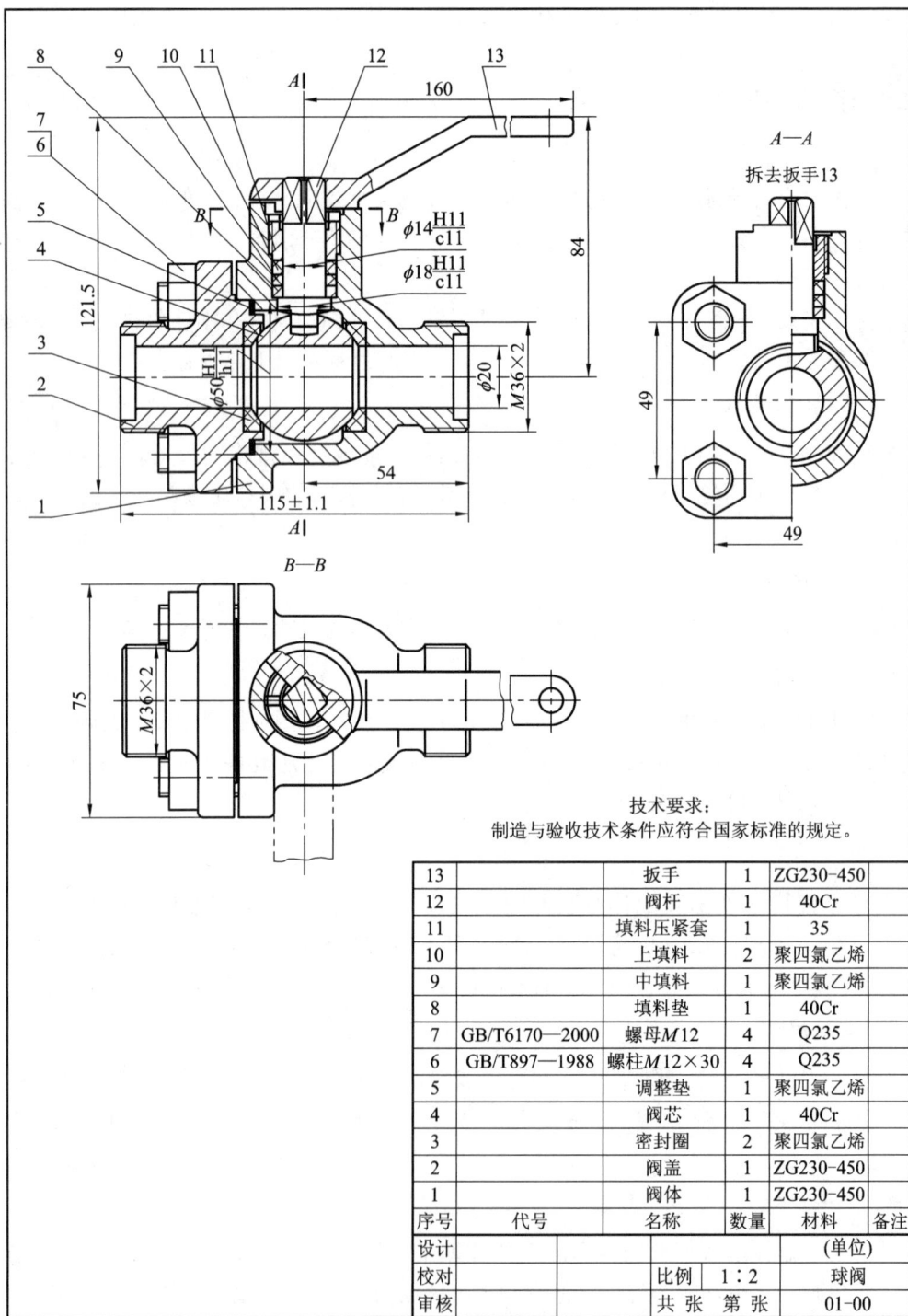

技术要求：
制造与验收技术条件应符合国家标准的规定。

13		扳手	1	ZG230-450	
12		阀杆	1	40Cr	
11		填料压紧套	1	35	
10		上填料	2	聚四氯乙烯	
9		中填料	1	聚四氯乙烯	
8		填料垫	1	40Cr	
7	GB/T6170—2000	螺母 M12	4	Q235	
6	GB/T897—1988	螺柱 M12×30	4	Q235	
5		调整垫	1	聚四氯乙烯	
4		阀芯	1	40Cr	
3		密封圈	2	聚四氯乙烯	
2		阀盖	1	ZG230-450	
1		阀体	1	ZG230-450	
序号	代号	名称	数量	材料	备注
设计				(单位)	
校对			比例	1:2	球阀
审核			共 张 第 张	01-00	

图 9-7 球阀装配图

总之，在装配图上标注尺寸要具体情况具体分析，上述五种尺寸并不是在每张装配图上都要注全，有时同一个尺寸可能有多个含义，所以在装配图中进行尺寸标注的时候还要根据实际需要加以确定。

9.4　装配图上的零件编号、明细栏与技术要求

本节关键词

零件编号、明细栏。

学习小目标

(1) 掌握装配图上零件编号的规定，能编排装配图中零件的序号。

(2) 会画零件明细栏，并能填写明细栏，能按照书写规定书写技术要求。

学习小提示

本节介绍的主要内容是装配图中的零件编号、明细栏和技术要求的书写。

为了满足看图、图样管理和组织生产的要求，在装配图中所有零、部件(包括标准件)均须按一定顺序进行编号，并将零件的序号、名称、数量、材料等内容填写在标题栏上方相应的明细栏里。

1. 零件序号的编排规则

(1) 将装配图中相同的零、部件只编写一个序号，如图 9-7 中有 4 个相同的螺柱和 4 个相同的螺母，但分别只编一个序号，装配图中的序号和明细栏中的序号必须保持一致。

(2) 在编写装配图中零件的序号时，应按照顺时针或逆时针方向编排，在水平或垂直方向排列整齐，如图 9-7 所示。

(3) 零件序号和所标注零件之间用指引线连接，指引线从零件的可见轮廓范围内引出，也可在末端画一圆点，在指引线的另一端画一水平细实线或圆，在水平细实线上或圆内注写序号，序号的字高应比装配图中所注尺寸数字的高度大一号或两号，如图 9-8 所示，同一装配图上编写序号的形式必须一致。

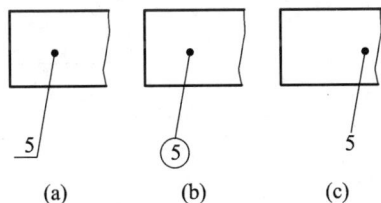

图 9-8　序号的指引线画法

(4) 当所指零件很薄或零件涂黑的剖面不宜画圆点时，可在指引线末端画出箭头并指向该零件的轮廓，如图 9-9 所示。

(5) 各指引线不能相交，当通过剖面区域时，指引线不应与剖面线平行。一般指引线应画成直线，必要时可以弯折一次，如图 9-10 所示。

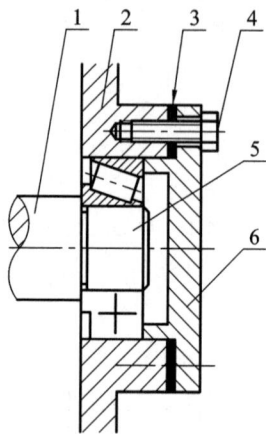

图 9-9　指引线末端画箭头

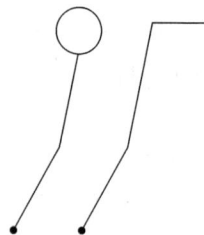

图 9-10　指引线可弯折一次

(6) 对于一组紧固件，如螺栓、垫片和螺母以及装配关系比较清楚的零件组，可以采用公共指引线，其编写形式如图 9-11 所示。

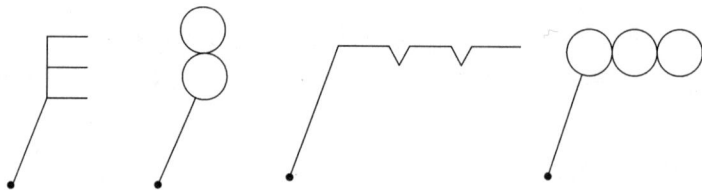

图 9-11　公共指引线

2．明细栏

明细栏是说明机器或部件所含零、部件的详细目录，在装配图中有以下要求：

(1) 明细栏一般配置在装配图标题栏的上方，为了便于补充编排序号时被遗漏的零件，明细栏要按照由下而上的顺序填写，当标题栏上方位置不够时可以分段画在标题栏的左方。其尺寸和格式已经标准化，如图 9-12 所示。

(2) 明细栏一般由零件序号、代号、名称、数量、材料、重量(单件、总计)、备注 7 个部分组成，也可按实际需要增加或减少，如图 9-7 所示。

图 9-12　明细栏格式

3. 技术要求

装配图的技术要求一般写在图纸右下方的空白处,如图 9-7 所示。其内容主要包括装配要求、检验要求、使用要求、包装要求及安装、运输要求等。

9.5　常见的装配结构

本节关键词

接触面与配合面的结构、紧固与定位结构、密封装置、防松装置、合理性。

学习小目标

(1) 熟悉常见的接触面或配合面的结构。
(2) 熟悉紧固与定位结构及密封装置。
(3) 熟悉便于装拆的装配结构。

学习小提示

本节要学习的主要内容是装配图中常见的接触面或配合面的结构、紧固与定位结构及密封装置、便于装拆的装配结构等,内容既多又杂。

在设计装配图时,应注意装配结构的合理性,以保证机器和部件的性能及装配质量,使其连接可靠并且要便于零件装拆。

1. 零件间接触面与配合面的结构

零件间接触面与配合面的结构合理与否见表 9-1。

表 9-1　零件间接触面与配合面的结构合理与否一览表

零件间接触面与配合面的结构		说　明
合理	不合理	
		两个相互接触的零件,在同一方向上只应有一个接触面和配合面

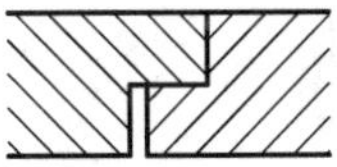

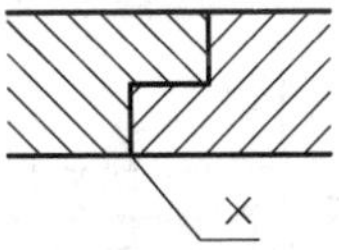

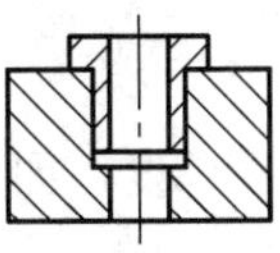

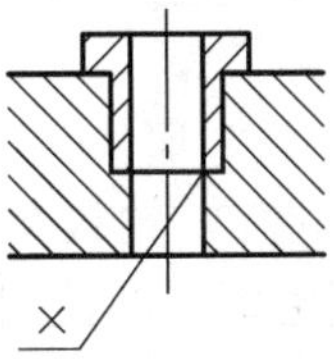

续表

零件间接触面与配合面的结构		说　明
合理	不合理	
		两圆锥面配合时，接触部分应该有足够的长度，同时不能再与其他端面接触，接触面与配合面的结构中圆锥体的端面与锥孔的底部之间应留空隙
		轴肩端面与孔端面接触时，可在接触面转角处加工出倒圆、倒角和退刀槽等以使接触面定位可靠

2. 紧固与定位结构及密封装置

(1) 轴上零件必须有轴向定位装置，以免发生轴向移动，如图 9-13 中的弹簧挡圈。

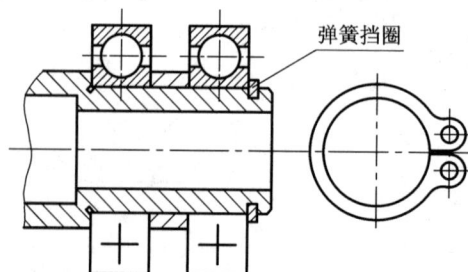

图 9-13　轴向定位挡圈

(2) 为了使轴上零件定位可靠，轮毂孔的长度应大于相应轴段长度，如图 9-14 所示。

(3) 为防止滚动轴承的润滑剂渗漏，同时也避免外部的灰尘、杂质等进入，装配件常采用密封装置。常用的密封件有毛毡圈和油封等，图 9-14 所示为典型的密封装置。

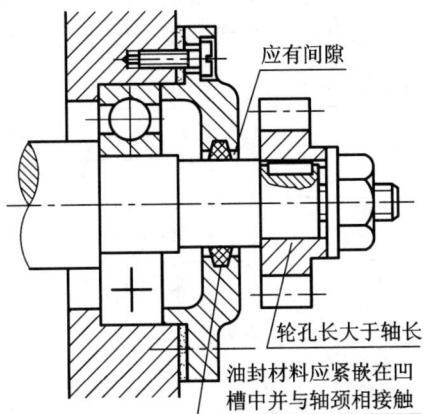

应有间隙

轮孔长大于轴长

油封材料应紧嵌在凹
槽中并与轴颈相接触

图 9-14　轴向定位及密封装置

3. 防松装置

机器在工作时，由于受到冲击或振动，紧固件可能会产生松动现象，因此，在某些装
置中需采用防松装置。图 9-15 所示为几种常用的防松装置。

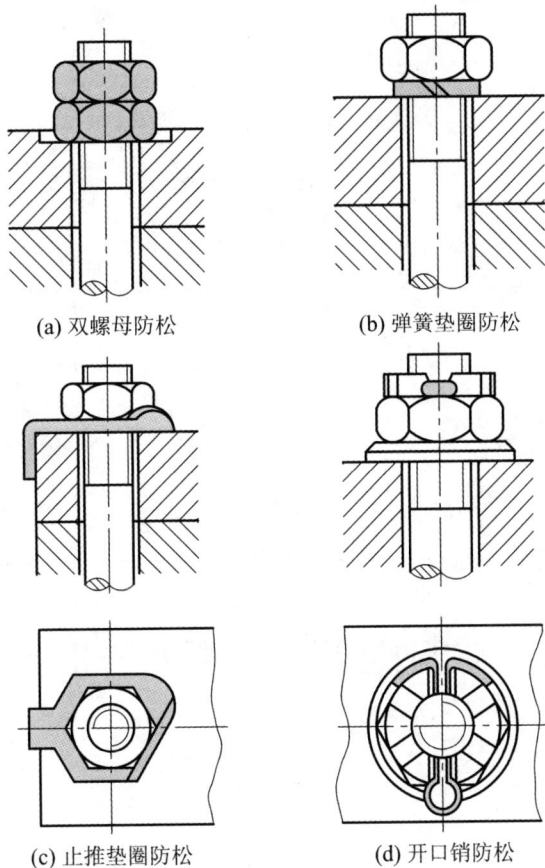

(a) 双螺母防松　　　　　　　　　　　(b) 弹簧垫圈防松

(c) 止推垫圈防松　　　　　　　　　　(d) 开口销防松

图 9-15　防松装置

4. 便于装拆的结构

表 9-2 所示为常见装配结构是否便于装拆的情况。

表 9-2　常见的装配结构是否便于装拆一览表

装 拆 结 构		说　　明
便于装拆	不便于装拆	
		滚动轴承以轴肩或孔肩定位时，轴肩或孔肩的高度必须小于轴承内圈或外圈的厚度，以便于轴承的拆卸
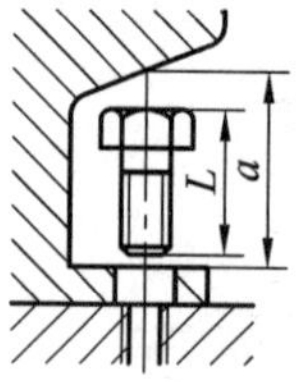 $a>L$	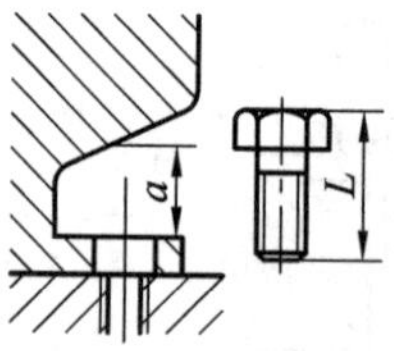 $a<L$	若在箱体上需要螺钉固定，则需要考虑拆装的可能性，要留出足够的装卸空间
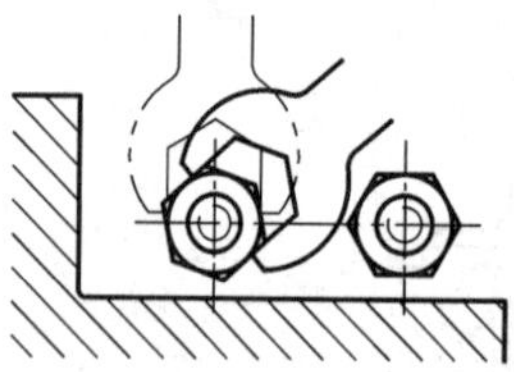	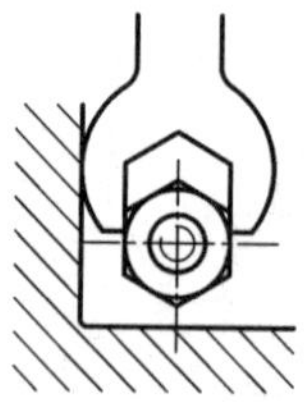	若在箱体上需要螺钉固定，则要留出扳手的活动空间

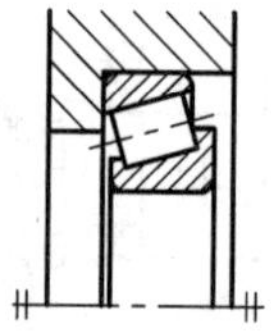

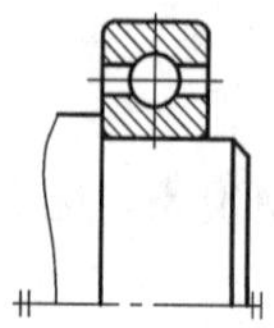

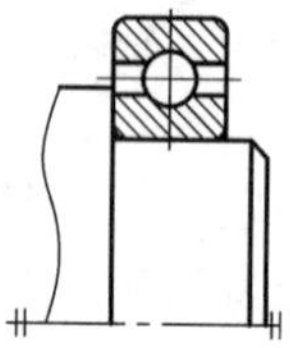

9.6　绘制装配图的一般方法和步骤

本节关键词

绘制装配图。

学习小目标

(1) 会分析装配体的结构和工作原理。
(2) 掌握绘制装配图的方法和步骤，并具备初步绘制简单装配图的能力。

学习小提示

　　本节的主要内容是装配体的结构和工作原理、绘制装配图的方法和步骤。本节的学习重点和难点是绘制装配图的步骤。

　　现以图 9-16 所示的机用虎钳为例来介绍绘制装配图的方法和步骤。

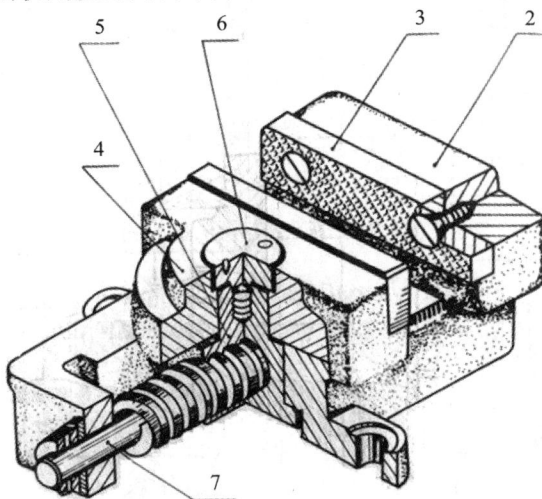

图 9-16　机用虎钳

1．分析装配体的结构和工作原理

　　在画装配图之前，要观察和研究相关资料，对所画装配体进行仔细的分析，了解零部件的结构特点、性能、工作运动情况，以及零部件间的装配关系和装拆方法等，为画装配图作好必要的准备。机用虎钳是安装在机床工作台上便于零件切削加工的一种通用夹具，其工作原理是：当螺杆 7 被转动时，活动螺母 5(用螺钉 6 和活动钳身 4 固定在一起)可以带动活动钳身 4 沿着螺杆 7 作直线往复移动，使钳口板 3 实现开启或闭合，从而实现夹紧或松开被夹紧件的目的。

2．确定表达方案，选定一组视图

　　对所画装配体有一定的了解后，应根据 9.2 节介绍的装配图的表达方法来确定合适的表达方案，选择合理的主视图和其他视图。

　　经过分析可知，该装配体采用以下表达方案：主要由主、俯、左三个基本视图，一个局部放大图，一个移出断面图组成。主视图采用全剖视图，反映机用虎钳的工作原理和主要零件间的装配关系；俯视图则反映固定钳身的结构形状，钳口板与钳座的局部结构采用局部剖视图表达；左视图采用半剖视图，同时表达出外部结构和内部情况；还采用一个 2：1 的局部放大图，表达螺杆 7 上矩形螺纹的详细结构。具体表达方案如图 9-17 所示。

技术要求

装配后应保证螺杆转动灵活。

序号	代号	名称	数量	材料	备注
11	GB68—85	沉头螺钉 M8×16	4	Q235A	
10		圆环	1	Q235A	
9	GB117—86	销钉 A4×26	1	15	
8	GB97—85	垫圈 12—14 OHV	1	Q235A	
7		螺杆	1	45	
6		螺钉	1	Q235A	
5		螺母	1	ZQSn6-6-3	
4		滑动钳身	1	HT150	
3		钳口板	1	45	
2		固定钳身	1	HT150	
1		垫圈	1	Q235A	

设计		比例	1：2	机用虎钳
校对		质量		
审核		共 张 第 张		

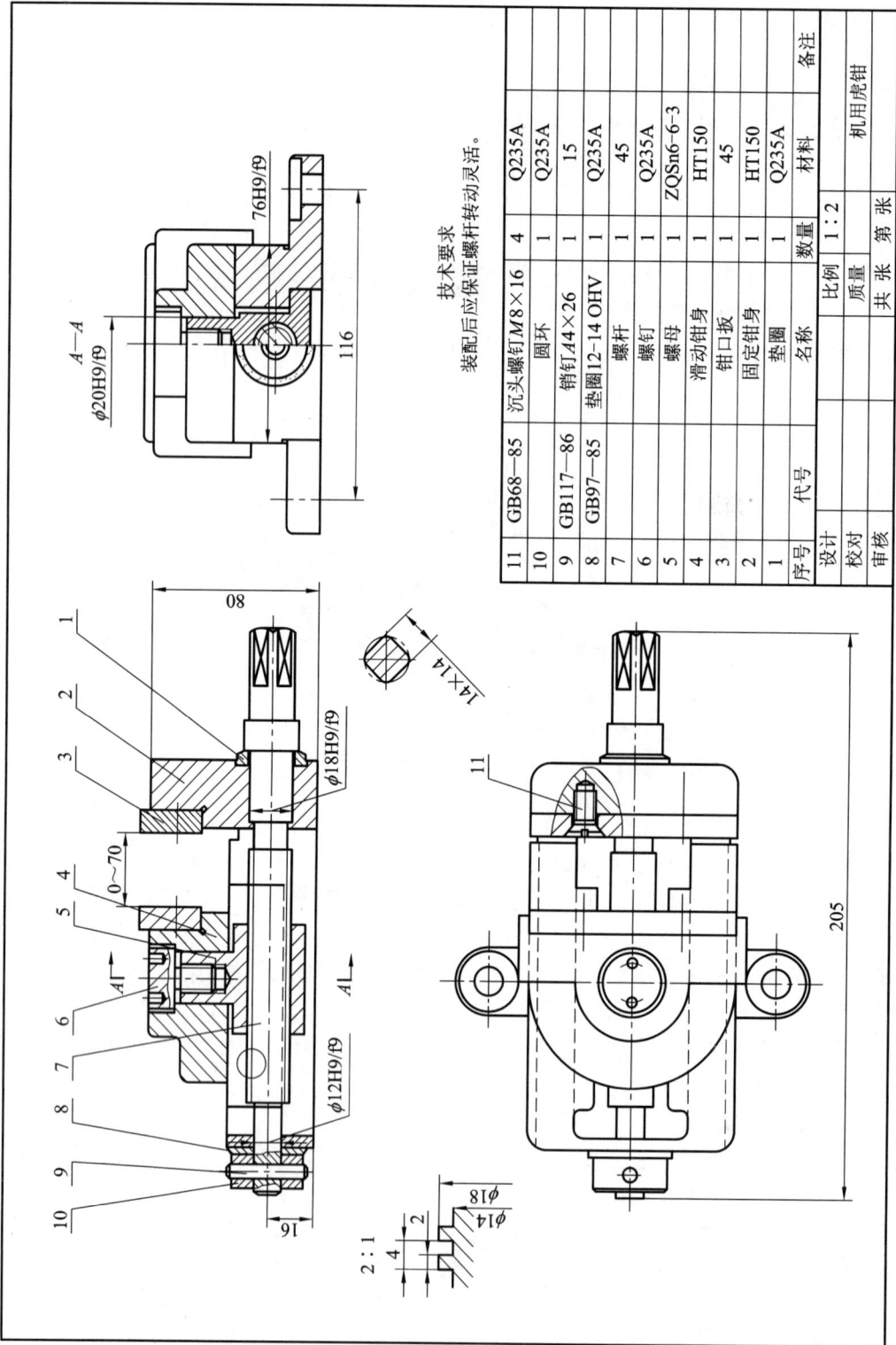

图 9-17 机用虎钳装配图

3．绘制装配图的方法和步骤

(1) 确定了装配体的视图和表达方案后，根据视图数量和装配体的大小确定图幅和比例，画出图框，定出标题栏和明细栏框格。

(2) 布置各视图的位置，画出各视图的主要基准线，如中心线、对称线、轴线和主要的端面轮廓线等。

(3) 从主要装配干线上的零件入手，沿着装配干线，按照由里到外、由近到远、从上到下、先小后大的顺序逐一画出主干线上的每个零件。一般从主视图开始，其他几个基本视图配合起来一起进行，以保证各视图投影关系准确，防止漏线。

(4) 画完底稿后必须先检查整理，再加深图线，并画出全部剖面线，最后标注所有尺寸。

(5) 编写零、部件序号，制定必要的技术要求，并填写标题栏、明细栏。

(6) 完成全图后，仔细校核以确保准确无误，最后签名并填写时间。

9.7　读装配图及拆画零件图

本节关键词

读图方法。

学习小目标

(1) 掌握装配图的读图方法和步骤，能正确识读简单装配图。
(2) 熟悉装配图拆画成零件图的方法和步骤，能拆画主要零件的零件图。

学习小提示

本节的主要内容是识读装配图，重点是看懂简单装配图的装配关系、工作原理，以及主要零件的结构形状，并能拆画出主要零件的零件图。我们要用恢复原形法，弄清遮挡关系，想象出装配图中每个零件本来的形状结构，这是读装配图的关键。

在产品的设计和制造、机器的装配、设备的维修和技术的交流过程中，常需要读装配图，同时设计过程中也经常要参阅一些装配图，以及由装配图拆画零件图。因此，作为工程技术人员，必须掌握读装配图的方法和步骤，并能由装配图拆画零件图。

1．读图的方法步骤

下面以图 9-18 所示的千斤顶装配图为例来说明识读装配图的一般方法和步骤。

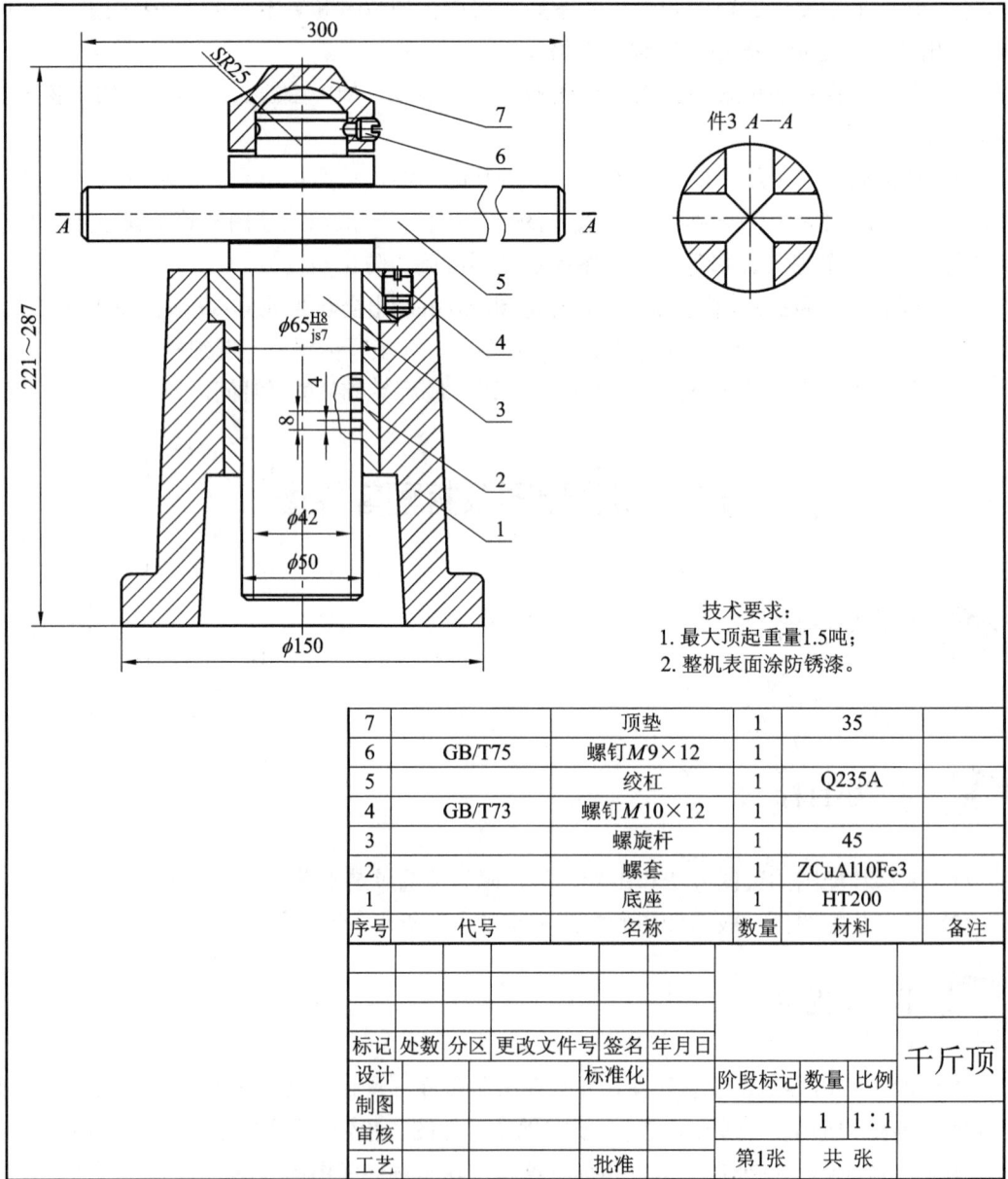

技术要求:
1. 最大顶起重量1.5吨;
2. 整机表面涂防锈漆。

序号	代号	名称	数量	材料	备注
7		顶垫	1	35	
6	GB/T75	螺钉 M9×12	1		
5		绞杠	1	Q235A	
4	GB/T73	螺钉 M10×12	1		
3		螺旋杆	1	45	
2		螺套	1	ZCuAl10Fe3	
1		底座	1	HT200	

标记	处数	分区	更改文件号	签名	年月日				
设计				标准化			阶段标记	数量	比例
制图								1	1:1
审核									
工艺				批准			第1张	共 张	

千斤顶

图 9-18 千斤顶装配图

1) 概括了解

(1) 读标题栏。从标题栏中可以了解装配体的名称、画图比例。从装配体的名称联系生产实践知识,往往可以知道装配体的大致用途。从标题栏中可知,该装配体名叫千斤顶,绘图比例为 1:1。千斤顶是一种可以用比较小的力就能把重物顶起、下降或移位的简单起重机具。

(2) 了解明细栏。从明细栏中的序号一栏可以了解各标准件和专用件的名称、数量、材料、规格和标准代号等。由明细栏了解到该装配体由底座、螺旋杆、绞杠、螺套、顶垫和螺钉 7 种零件组成，其中螺钉为标准件。

(3) 初步看图。大致浏览两个基本视图、尺寸标注和技术要求，初步了解千斤顶的表达方法及两视图间的大致对应关系，以便为进一步看图打下基础。

2) 分析视图

分析视图主要是弄清楚装配图中采用了哪些视图、剖视图、断面图、特殊画法和规定画法等。分析视图时一般先从主视图开始，找出各个视图之间的投影关系一一进行分析。然后找出剖视图、断面图所对应的剖切位置，并能明确它们表达的重点和意图，为深入读图作好准备。

千斤顶装配图只用了一个基本视图和一个剖视图就完整地表达出了主要零件的结构形状、工作原理和装配关系。其中，主视图采用全剖视图表达了底座 1、螺套 2、螺旋杆 3、绞杠 5 等零件的内外结构，以及螺套 2 与底座 1 的配合关系。在主视图上采用局部剖视图表达了螺旋杆 3 的螺纹牙型，以及顶垫 7 与螺旋杆 3 由螺钉 6 连接的关系。为了表达螺旋杆 3 的一对十字交叉孔与绞杠 5 的配合关系，单独画出了该零件孔轴心线处的剖视图。

3) 深入了解零件间的工作原理和传动关系

在概括了解的基础上，仔细分析视图，从而了解它的工作原理，弄清零件相互间的配合要求、定位和固定、传动关系以及零件的装拆顺序等。具体分析如下：

千斤顶作为生活生产中常用的简单起重机具，利用螺旋传动来传递运动，一般用于车辆修理及其他起重、支撑等工作。

千斤顶工作时，重物置于顶垫 7 之上，将绞杠 5 插入螺旋杆 3 上部的孔中，旋转绞杠 5，螺旋杆 3 在螺套 2 中通过螺纹传动实现上、下移动，从而使顶垫 7 实现重物的顶起或放下。由图 9-18 中高度尺寸 221～287 mm 可知，千斤顶最大顶起距离为 66 mm。

4) 分析零件

分析零件是为了弄清每个零件的主要结构形状和作用，并进一步了解各零件间的连接关系、结构组成及润滑、密封情况。

对于装配图中的标准件，可由明细栏确定其数量、规格和标准代号。例如，螺母、螺栓、滚动轴承等均可从手册中查到。对于图 9-18 所示的千斤顶装配图，分析零件如下：

底座 1：底座是千斤顶安放的基础，材料为 HT200，其基本体为同轴回转体，与螺套 2 连接的部位配合尺寸为 $\phi 65H8/js7$，且螺钉孔必须与螺套 2 配合。

螺套 2：螺套 2 由上至下装入底座 1 中，它们之间的配合尺寸为 $\phi 65H8/js7$，为基孔制间隙配合。两者上表面由紧定螺钉 4 固定，从而限制螺套的转动，螺套 2 磨损后可拆下来进行更换。

螺旋杆 3：螺旋杆是千斤顶的关键零件之一，它的牙型为矩形螺纹，中部与螺套 2 内螺纹配合形成螺旋副。由 A—A 视图可知，两个垂直交叉的孔可装入绞杠，绞杠的转动带动螺旋杆 3 转动。

顶垫 7：顶垫的上表面用于支撑重物。顶垫 7 与螺旋杆 3 顶部以球面接触，这样既可减小摩擦力，使顶垫不会随同螺旋杆回转，又可自动调心使顶垫上平面与重物贴平。顶垫 7 上表面加工出特定的花纹来增大摩擦力，并由螺钉 6 锁定防止它脱出。

5) 分析尺寸与技术要求

通过读图分析，可对装配体有比较完整的了解，接下来就结合图上标注的尺寸和技术要求了解装配、调试、安装等注意事项。

千斤顶装配图中的规格尺寸为 221～287 mm，说明千斤顶的顶举高度为 66 mm；配合尺寸为 ϕ65H8/js7，外形尺寸为 ϕ150 mm、221 mm。

该千斤顶的最大顶起重量为 1.5 吨，为了防止在使用过程中发生锈蚀，需在其外表面涂刷防锈漆。

经过上述分析，对各部分零件都有了更深刻的认识，这样就完成了读装配图的全过程。

2. 由装配图拆画零件图

根据装配图拆画零件图是继续设计零件的过程，也是检验读装配图和画零件图的能力的一种常用方法。

1) 确定零件的表达

拆画零件图时，首先应对所拆零件的作用进行分析，然后根据视图的封闭线框和剖面线等特征将该零件从装配图中分离出来，接着按照投影关系，采用恢复原形法补齐视图中所缺的图线。有时根据零件图视图表达的要求，还需要重新确定视图的表达方案。

2) 需要注意的问题

(1) 抄注。装配图中已标注出的尺寸，一定是必须保证的重要尺寸，是装配体设计的依据。在拆画零件图时，这些尺寸应按原尺寸数值照抄到零件图上。零件间的配合尺寸，应根据其配合代号查出相应的上、下偏差数值，标注在零件图上。

(2) 查阅。对于螺栓、螺母、螺钉、键、销等标准件的规格尺寸和标准代号，一般在明细栏中已列出，详细尺寸应查阅有关标准后按标准数值进行标注。

对于标准规定的退刀槽、倒角、圆角等结构的尺寸，也应查阅相应的标准数值再进行标注。

(3) 量取。对于装配图上没有标注出的一般尺寸，可直接在装配图上进行量取，再通过图纸尺寸比例计算出数值来进行标注。

(4) 计算。某些特殊的尺寸，应根据装配图所给定的尺寸，通过计算来确定其数值。比如，标准齿轮的分度圆尺寸、齿顶圆尺寸、齿根圆尺寸等，应根据给出的模数、齿数及有关公式来进行计算。

(5) 其他。对于零件图上的形位公差、表面结构要求及其他技术要求，可根据装配体的实际情况及零件的作用、工艺特点等查阅有关资料以及已有的生产经验来综合确定。

根据图 9-18 所示的千斤顶装配图，拆画底座 1 的零件图，如图 9-19 所示。

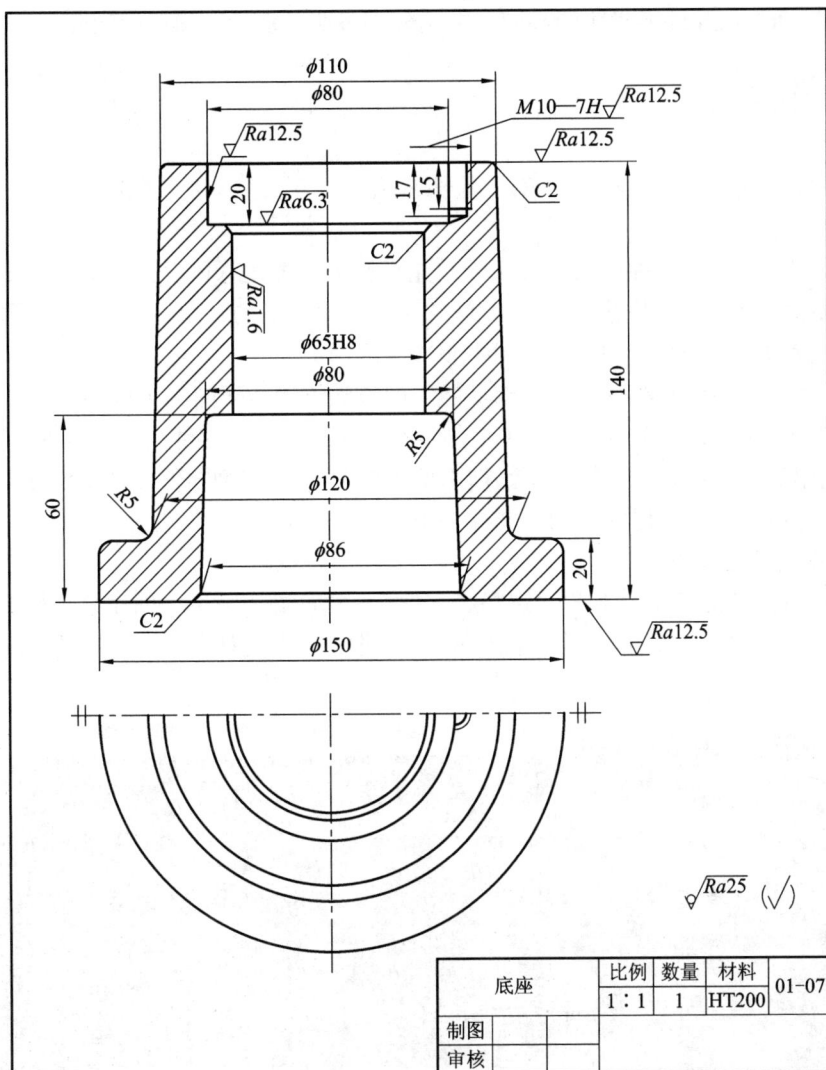

图 9-19　千斤顶底座零件图

9.8　运用 AutoCAD2023 绘制装配图

本节关键词

外部参照、方法与步骤。

学习小目标

(1) 熟悉 AutoCAD2023 使用外部参照方法组合成装配图的方法与步骤。

(2) 掌握插入块和外部参照的异同，能用外部参照方法绘制简单装配图。

学习小提示

本节主要介绍使用 AutoCAD2023 "外部参照"的方法来绘制装配图。

绘制装配图通常有两种方法：方法一是先直接画出表达总体设计方案的装配图，再根据实际要求拆画出零件图并进行设计；方法二是先画出产品的各个零件图，再利用插入"块"或者"外部参照"方法将绘制的零件图拼装成装配图。

下面以千斤顶为例介绍使用"外部参照"的方法绘制装配图。

先绘制千斤顶各部分零件图，各零件的绘图比例应一致，零件尺寸可以先不标注(已标注的零件图附着时可以将尺寸标注层、技术要求层关闭)，每个零件文件均保存为 DWG 文件格式，并将所有零件图保存在同一文件夹中。

1. 建立新绘图环境

启动 AutoCAD2023 应用程序，选择"文件"→"新建"命令，创建绘图样板，并设置好图层、线型、线宽、标注样式等，插入 A3 图纸框，保存文件名为"千斤顶装配图.dwg"，如图 9-20 所示。

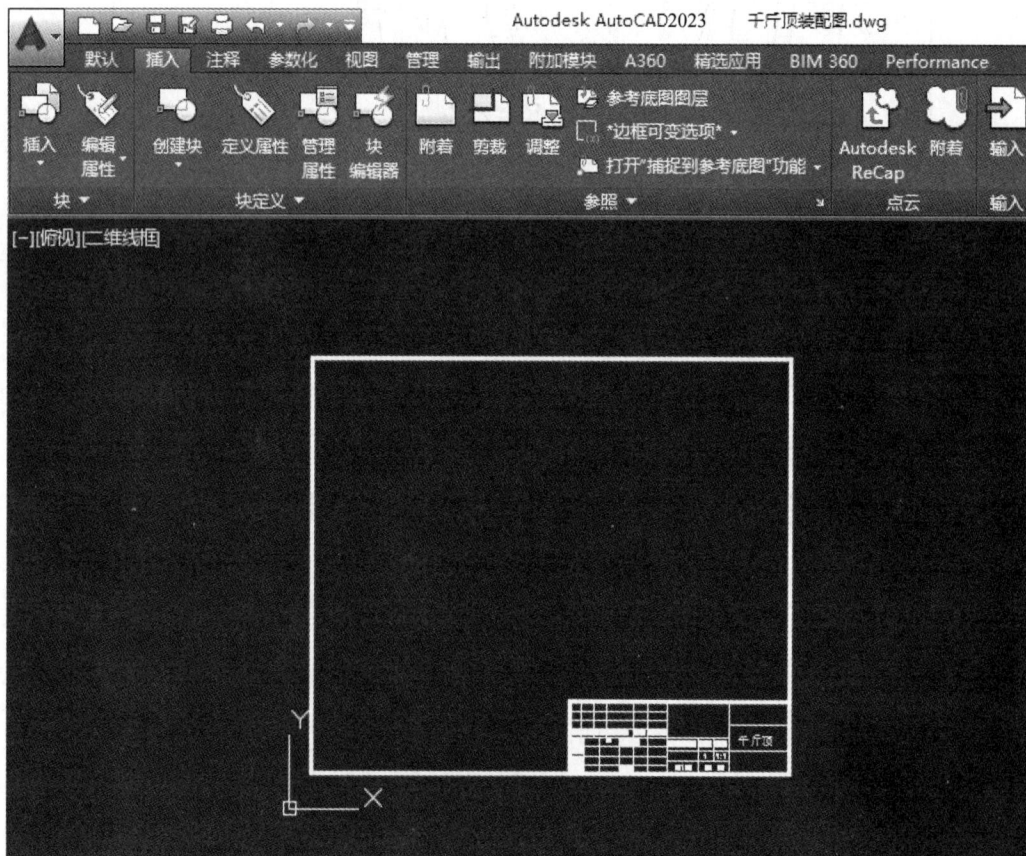

图 9-20　建立新文件

2．使用"外部参照"命令将零件图引入新文件

点击"插入"→"参照"→"附着"或者使用命令"xattach"(或"xa")。

(1) 单击"附着"按钮，弹出"选择参照文件"对话框，如图 9-21 所示。

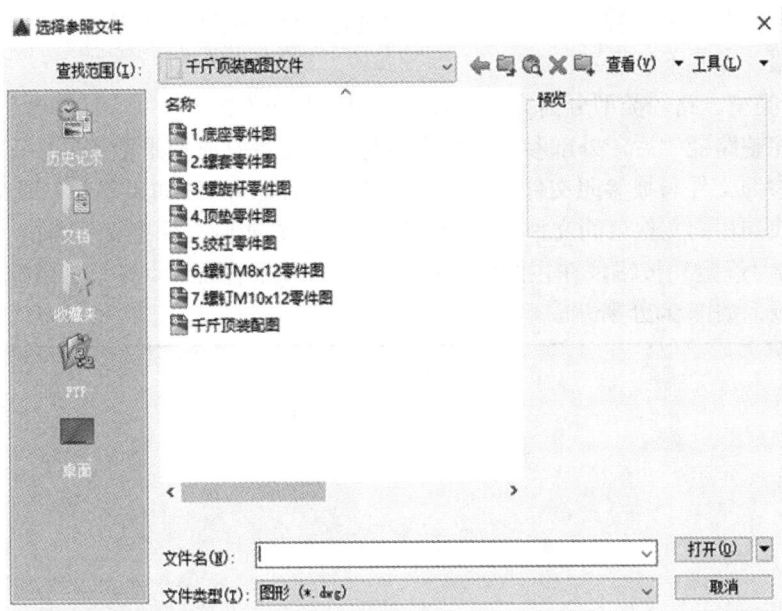

图 9-21　"选择参照文件"对话框

(2) 选择需要附着的外部参照文件"1.底座零件图"，单击"打开"按钮，系统自动弹出"附着外部参照"对话框。在该对话框中设置比例、插入点、旋转角度等参数，"参照类型"选择"附着型"，"路径类型"选择默认的"完整路径"，如图 9-22 所示。

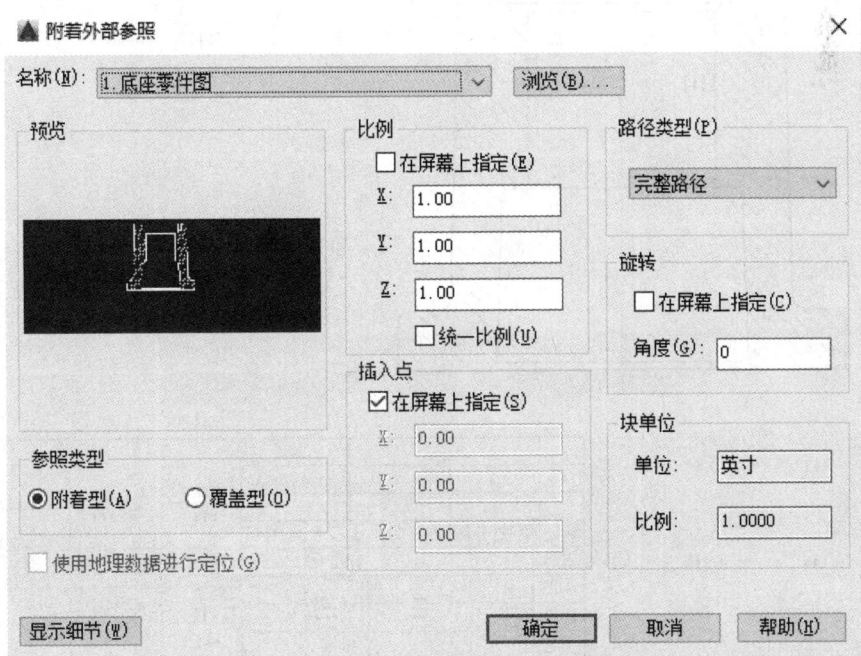

图 9-22　"附着外部参照"对话框

① 参照类型。参照类型分为附着型和覆盖型。

附着型：在图形中附着"附着型"外部参照时，如果其中含有其他外部参照，则将嵌套的外部参照包含在内。

覆盖型：在图形中附着"覆盖型"外部参照时，任何嵌套在其中的"覆盖型"外部参照都将被忽略，而且不能显示。

② 路径类型。路径类型分为完整路径、相对路径和无路径。

选择"完整路径"后，外部参照的路径信息会全部保存到图形数据库中。选择"相对路径"，只要参照文件与被参照文件之间保存相同的文件名即可。如果外部参照文件移动了，则电脑自己找到相同文件名的文件并打开。"无路径"参照则只保存文件名。

(3) 点击"确定"按钮，在主绘图区域指定外部参照的插入点，这样就完成了外部参照的附着命令，如图 9-23 所示。

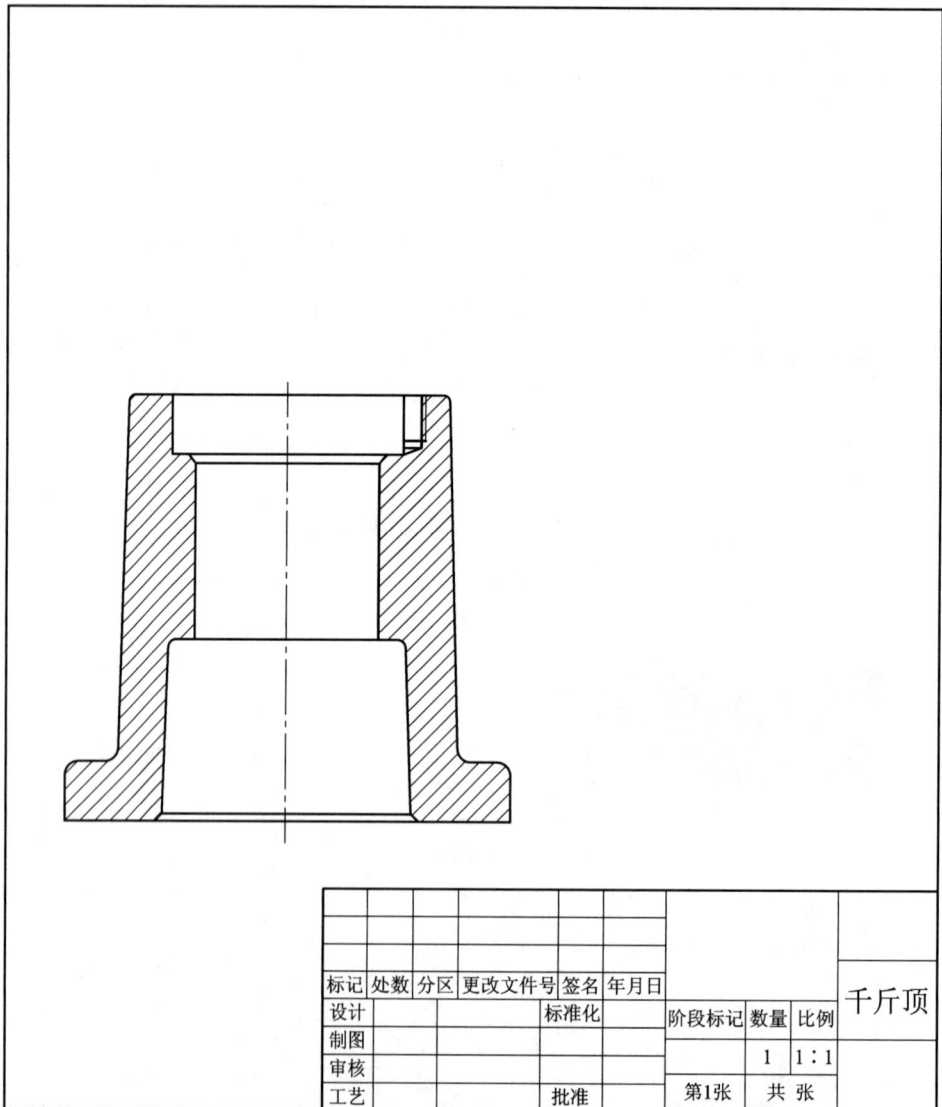

标记	处数	分区	更改文件号	签名	年月日				千斤顶
设计				标准化		阶段标记	数量	比例	
制图							1	1：1	
审核									
工艺				批准		第1张	共 张		

图 9-23　附着外部参照(底座零件图)

(4) 附着其他零件图。

设置合理的基点，使用同样的方法，在千斤顶装配图中附着"2. 螺套零件图""3. 螺旋杆零件图""4. 顶垫零件图""5. 绞杠零件图""6. 螺钉 $M8 \times 12$ 零件图""7. 螺钉 $M10 \times 12$ 等零件图"7 个零件图，如图 9-24 所示。

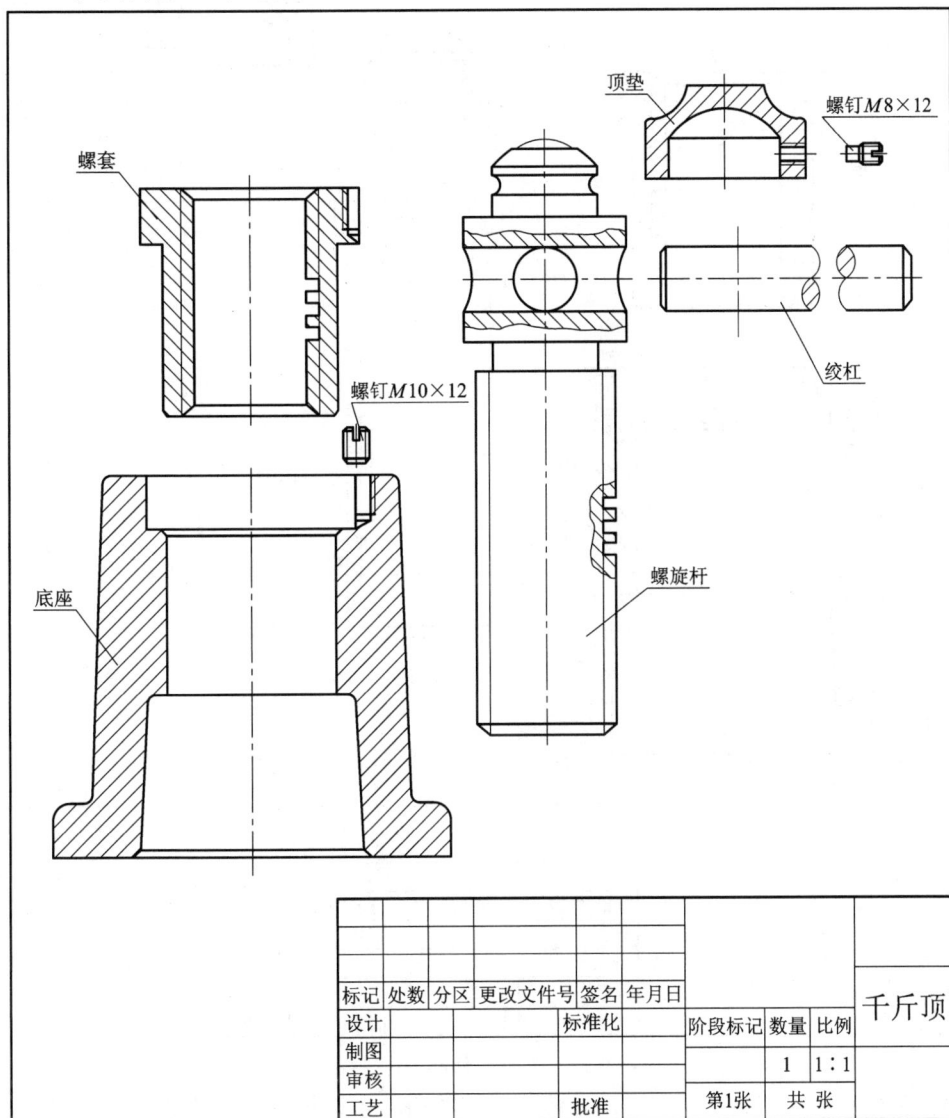

图 9-24　附着其他零件图

(5) 绑定外部参照。

为了使外部参照文件永久地引入当前的装配图中，我们需要对这些外部参照文件进行"绑定"。执行"插入"→"参照"命令，打开"外部参照"选项板，选中需要绑定的文件，单击右键选择"绑定"菜单，弹出"绑定外部参照/DGN 参考底图"对话框，选择"绑定"并单击"确定"按钮，该文件就绑定在当前文件中了。

3. 整理、移动各零件图

对于图 9-24 所示的附着外部参照后的图形，要让各零件图配合成完整的装配图，必须经过整理和移动，如图 9-25 所示。

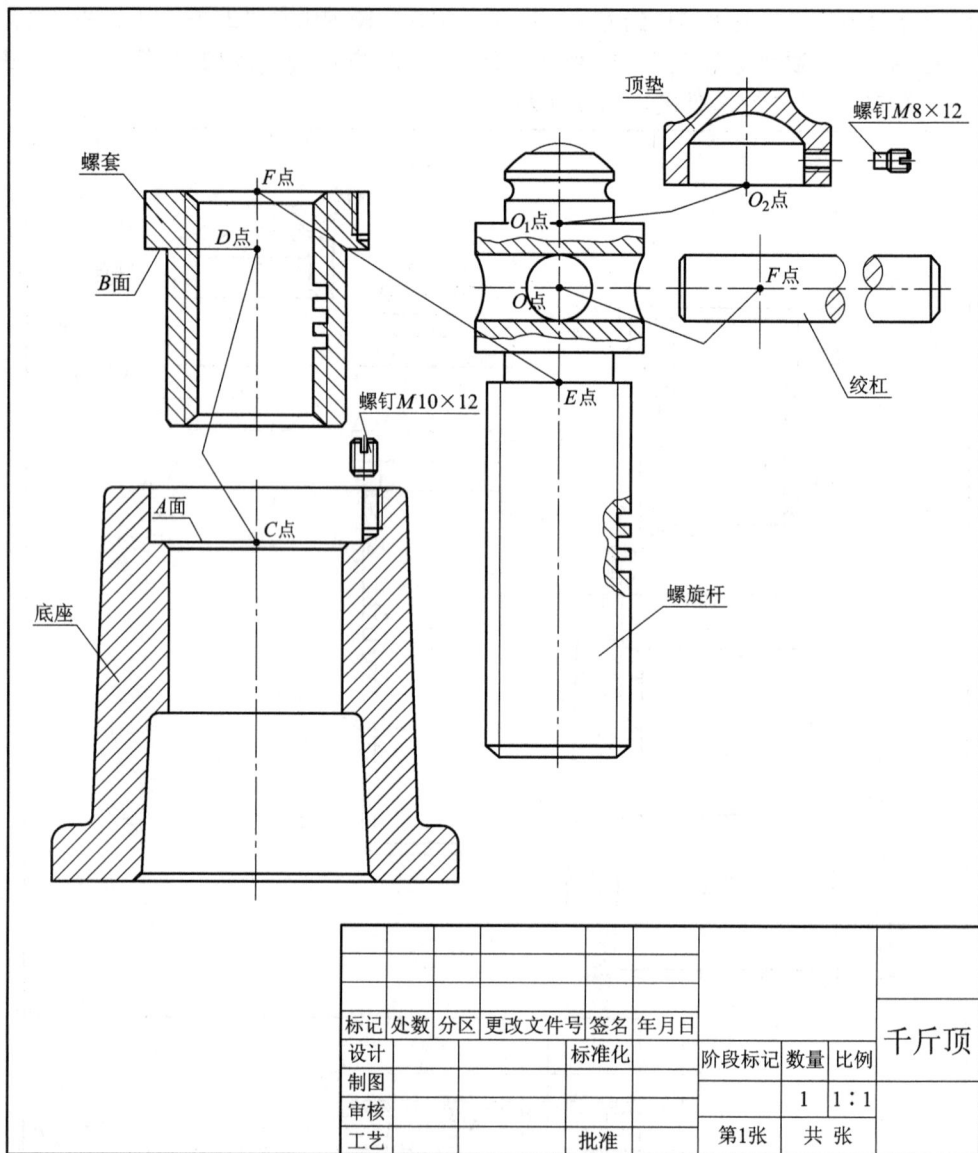

图 9-25　整理、移动各零件图

(1) 螺套被移动到底座之中时，轴线与轴线重合，A 面与 B 面重合，螺套上的 D 点与底座上的 C 点重合。

(2) 螺旋杆与螺套之间的定位基点是螺套上的 F 点，螺旋杆上的 E 点应该与螺套上的 F 点重合。

(3) 顶垫与螺旋杆之间的定位基点为螺旋杆上的 $SR25$ 球面的球心 O_1 点，顶垫球心 O_2 点应与 O_1 点重合。

(4) 绞杠要穿进螺旋杆的孔中，绞杠的轴线与螺旋杆孔的轴线必须同轴，将圆心 O 作为定位基点，在绞杠零件图适当位置上画一条辅助线，与轴线的交点为 F，则移动绞杠使 F 点与 O 点重合。

(5) M8 螺钉的圆柱端面与螺旋杆 ϕ35 的圆柱面应留有一定的间隙(1 mm)，利用"偏移"命令将 A 线向右偏移 1 mm，两线相交于基准点 B，如图 9-26(a)所示。移动螺钉使 B、C 两点重合，移动后的位置如图 9-26(b)所示。

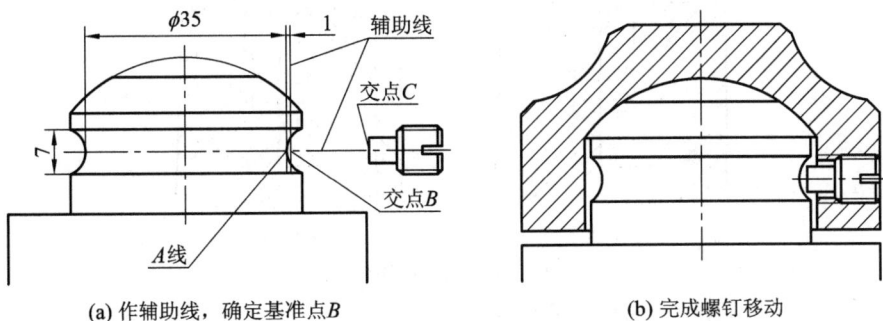

(a) 作辅助线，确定基准点B　　　　　　　(b) 完成螺钉移动

图 9-26　M8 螺钉的定位

(6) M10 螺钉顶面与底座上表面应在同一平面上，因此选基准点为 A 点，如图 9-27(a)所示，使用"移动"命令让 C 点与 A 点重合，如图 9-27(b)所示。

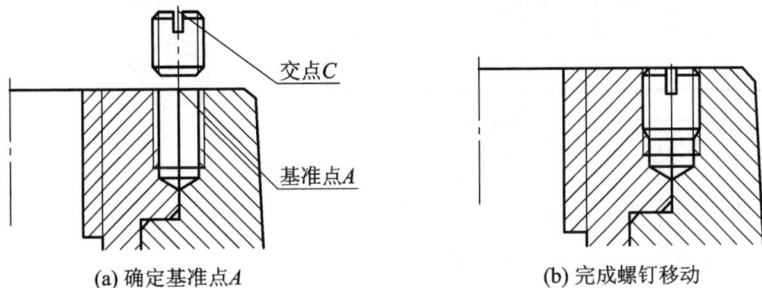

(a) 确定基准点A　　　　　　　　(b) 完成螺钉移动

图 9-27　M10 螺钉的定位

4. 编辑图形

单击工具栏"插入"→"参照"→"编辑参照"或者直接输入"Refedit"命令对外部参照图形进行编辑，根据要求与零件间的前后位置关系和配合关系，利用修剪、延伸、打断、特性修改等命令对图形进行编辑修改，删掉多余的图线，补齐缺少的图线，更改后保存。本装配图中两个修改要点如下：

(1) 剖面线的处理方式如图 9-28 所示。

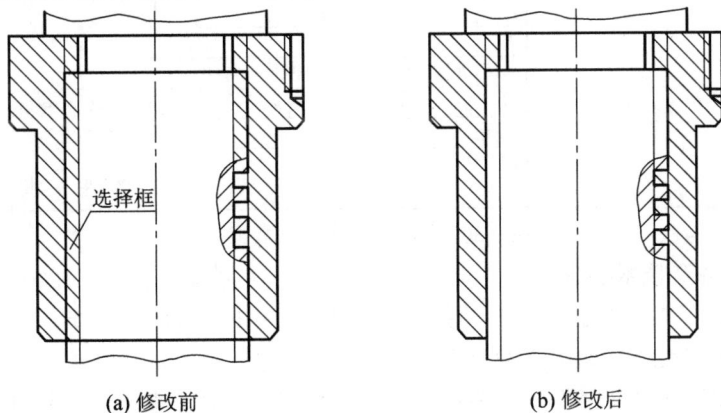

(a) 修改前　　　　　　　　　　(b) 修改后

图 9-28　剖面线的处理

(2) 内外螺纹轮廓线的处理如下：螺栓、螺柱、螺钉等紧固件装配到螺纹孔之后，图线出现重叠，粗细线不分，如图 9-29(a)所示，因此需要进行修改，修改后的图形如图 9-29(b)所示。

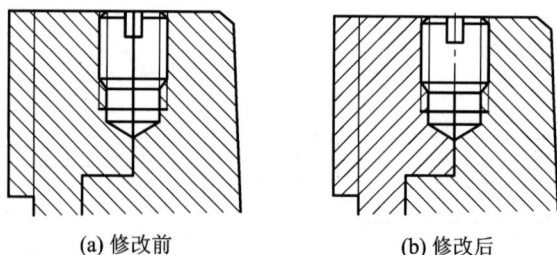

(a) 修改前　　　　　　　　(b) 修改后

图 9-29　内外螺纹轮廓线的处理

编辑后的千斤顶装配图如图 9-30 所示。

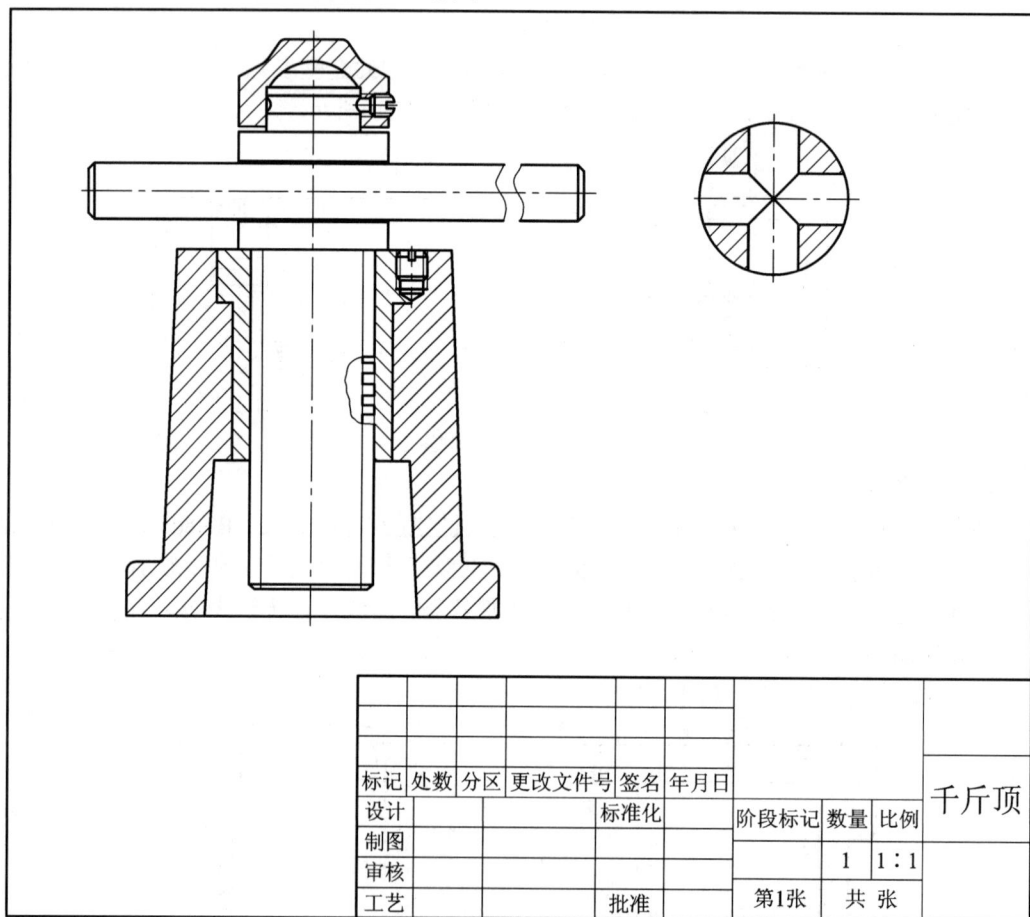

标记	处数	分区	更改文件号	签名	年月日			千斤顶
设计				标准化				
制图						阶段标记	数量	比例
审核							1	1:1
工艺				批准		第1张	共　张	

图 9-30　编辑后的千斤顶装配图

5. 标注尺寸及技术要求

将图层切换至"尺寸标注"层，按照装配图中尺寸标注的要求，选择合理的尺寸标注样式，标注出所需尺寸，如图 9-31 所示。

使用"绘图"→"文字"→"多行文字"命令完成"技术要求"的标注。

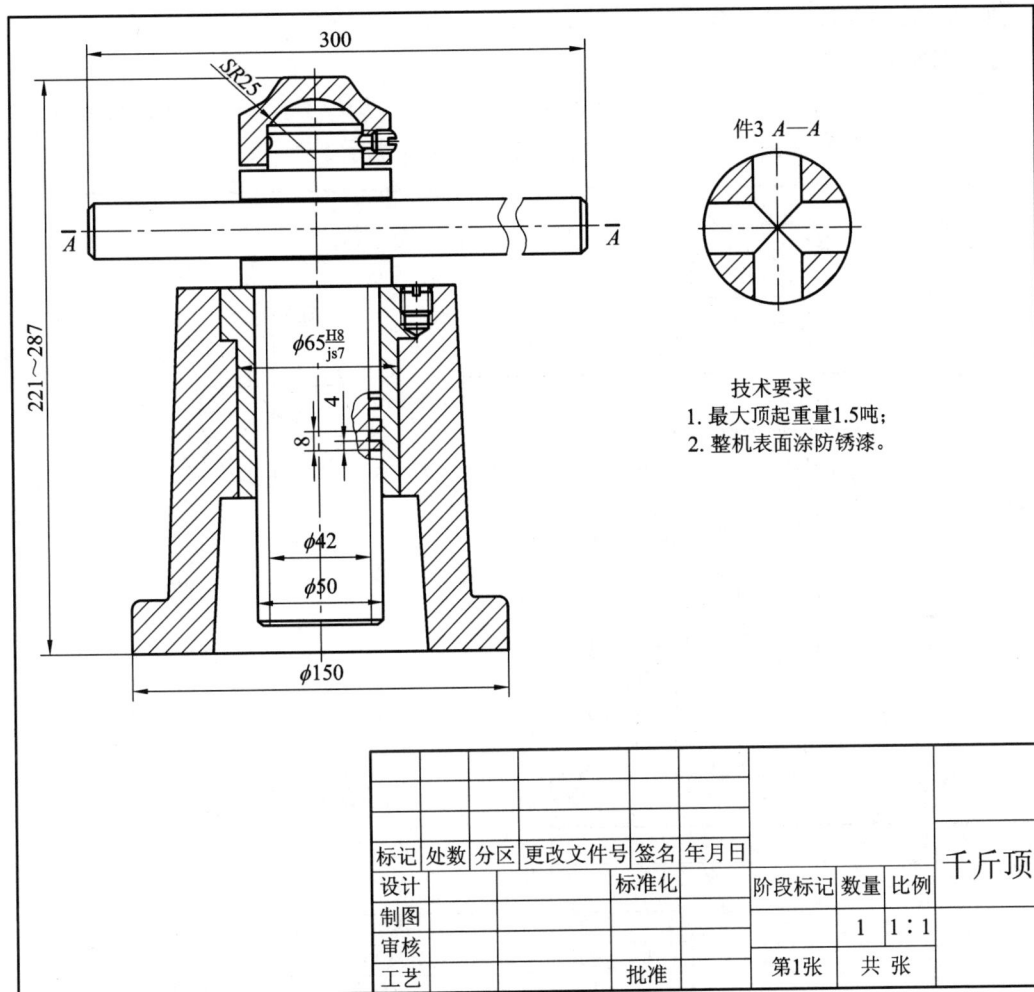

图 9-31　标注尺寸和技术要求的千斤顶装配图

6. 标注零件序号及明细栏

1) 标注零件序号

利用"Qleader"(引线)和"Mleader"(多重引线)命令进行序号的引线标注。绘制引线时，最好使用辅助线使序号引线排列整齐，再将序号移动至辅助线上，最后将辅助线删掉，如图 9-32 所示。

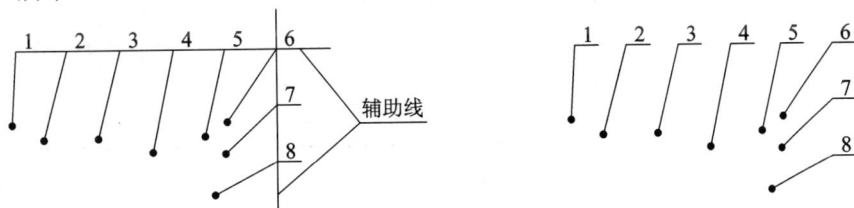

图 9-32　使用辅助线绘制零件序号

2) 填写标题栏和明细栏

标题栏和明细栏中的汉字使用"仿宋-GB2312"字体，数字和字母使用"isocp.shx"字体，明细栏中书写序号的数字应该从下向上排列。

7．调整并保存文件

完成上述操作后，对装配图的整个布局进行调整，仔细检查后千斤顶装配图就绘制完成了，保存文件至文件夹，装配图的最终结果如图 9-33 所示。

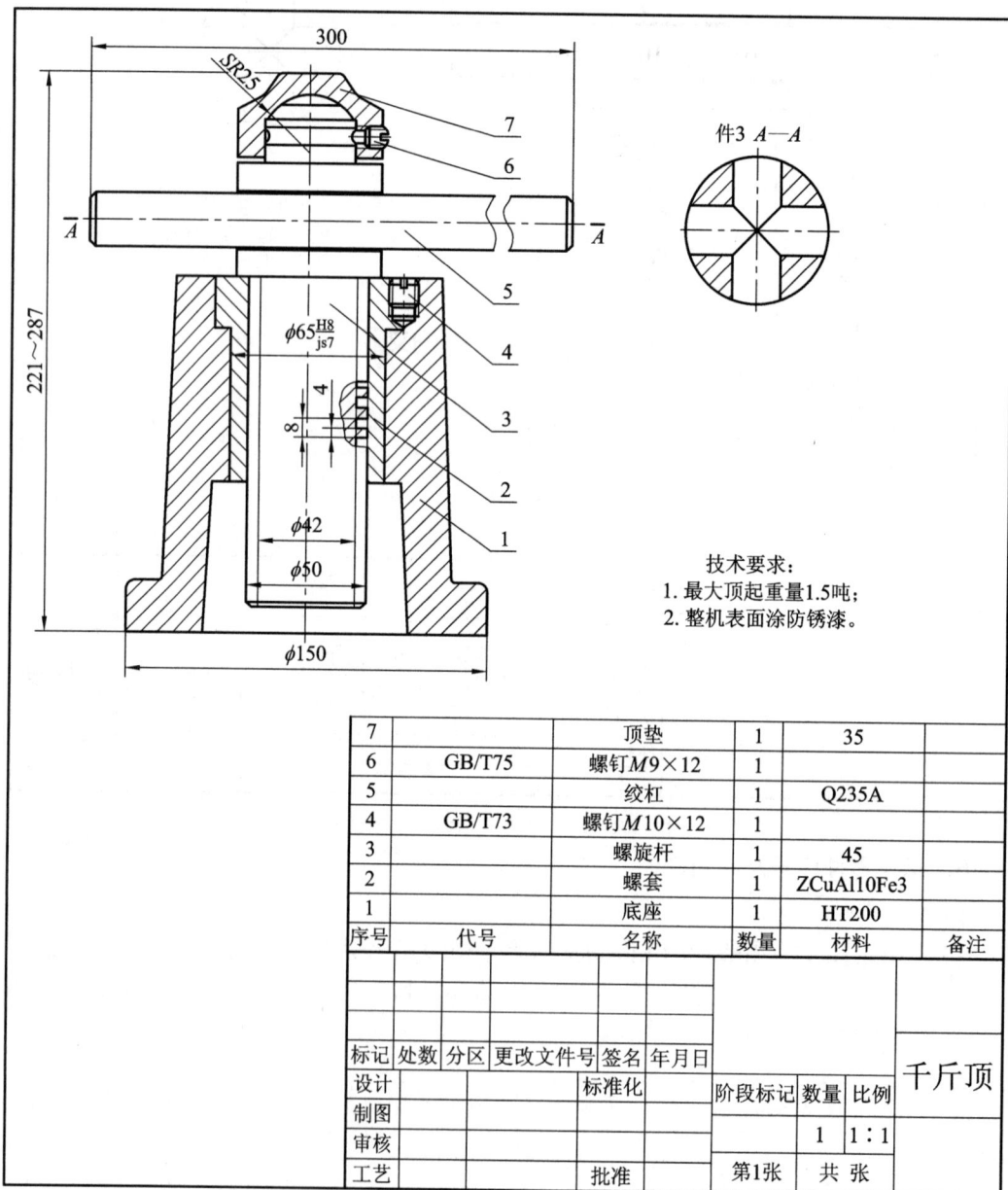

技术要求:
1. 最大顶起重量1.5吨;
2. 整机表面涂防锈漆。

序号	代号	名称	数量	材料	备注
7		顶垫	1	35	
6	GB/T75	螺钉$M9×12$	1		
5		绞杠	1	Q235A	
4	GB/T73	螺钉$M10×12$	1		
3		螺旋杆	1	45	
2		螺套	1	ZCuAl10Fe3	
1		底座	1	HT200	

标记	处数	分区	更改文件号	签名	年月日				千斤顶
设计				标准化					
制图						阶段标记	数量	比例	
审核							1	1:1	
工艺				批准		第1张	共 张		

图 9-33　千斤顶装配图

第 10 章　典型机械零件测绘训练

10.1　机械零件测绘技术基础

本节关键词

零件测绘、测绘工具、测绘方法与步骤、零件草图。

学习小目标

(1) 掌握零件测绘的方法与步骤。
(2) 能正确使用测量工具测量零件的尺寸，并熟练绘制零件草图。
(3) 能根据零件草图，用计算机绘制零件图。

学习小提示

针对测绘项目明确测绘目的和要求，对零件进行正确的测绘。

1. 零件测绘及其作用

零件的测绘是依据实际零件画出其图形、测量并标注尺寸、制订技术要求的过程。在实际应用时，应首先徒手画出零件草图，测量出零件尺寸，并确定出技术要求，然后根据零件草图绘制出零件工作图。

2. 零件测绘的方法与步骤

零件的测绘流程图如图 10-1 所示。

1) 了解、分析零件

了解零件的名称、材料和它在装配体中的作用，及其与其他零件的关系，分析零件的结构形状、制造工艺、技术要求以及热处理要求等。

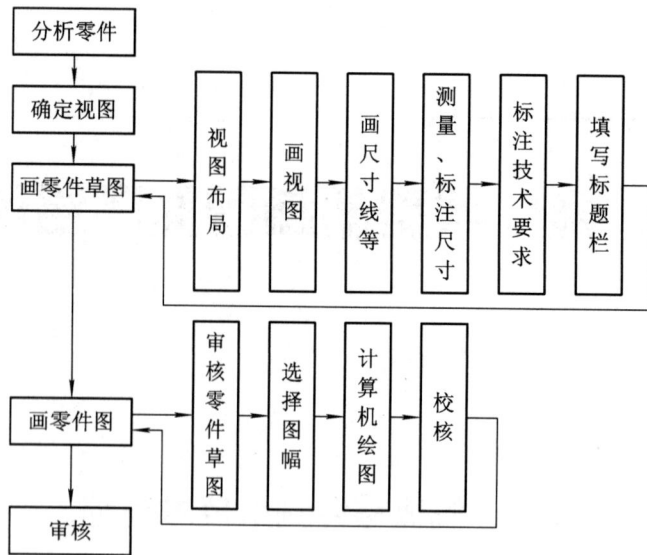

图 10-1 零件测绘流程图

2) 确定表达方案

在对零件全面了解、分析的基础上，根据零件的最大形状特征原则、加工位置或工作位置原则，确定最佳的表达方案。常见典型零件的表达见表 10-1。

表 10-1 常见典型零件的表达

零件类型	结构特点	加工特点	表 达 特 点	基本视图数量
轴套类	主体部分由直径不等的回转体组成；局部结构包括销孔、键槽、退刀槽、螺孔、圆角、倒角、中心孔等	一般以车削、磨削为主	选加工位置作为主视图位置，垂直轴线方向作为投射方向——反映主体的形状和各部分的相对位置。辅助视图包括断面图、局部视图、局部剖视图、局部放大图等——反映内部结构和局部结构	一般 1 个视图
盘盖类	主体部分为回转体；其他结构主要有轮辐、轮齿、键槽、连接孔、螺孔等	以车削为主	选加工位置作为主视图位置，多采用全剖视图或半剖视图，偶尔也配有个别局部剖视图——反映主要部分和孔、槽等结构。辅助视图包括：其他基本视图——反映零件外形和各部分(如孔、轮辐等)的相对位置；断面图、局部视图和斜视图——表达局部结构	一般 2 个基本视图

零件类型	结构特点	加工特点	表 达 特 点	基本视图数量
叉架类	形状不规则、较复杂	多道工序加工	选工作位置作为主视图或放正位置(对于倾斜安装的零件),选最能反映零件主要形状特征的方向作为投射方向。多用局部剖图、半剖视图或全剖视图——反映主要结构的外、内形状。 辅助视图包括:基本视图——更多地反映主要结构的形状;局部视图、斜视图或采用简化画法——反映不完整或倾斜结构的外形;剖视图、局部剖视图、断面图等——表达内部结构和断面形状	一般 2～3 个基本视图
箱体类	结构、形状较复杂	多道工序加工	选工作位置作为主视图位置,选最能反映零件主要形状特征的方向作为投射方向。表达方法包括半剖、局部剖视图等——反映主体结构的内外形状。 辅助视图包括:2 个及以上基本视图——进一步反映零件主要部分的结构形状;局部视图、斜视图、断面图等——反映局部或倾斜结构形状	一般 3 个以上基本视图

注意:

(1) 对于同一个零件,所选择的表达方案可以有所不同,但必须以视图表达清晰和看图方便为前提来选择一组图形。

(2) 选用视图、剖视图和断面图时应统一考虑,内外兼顾。同一视图中,若出现投影重叠,可根据需要选用几个图形(如视图、剖视或断面图),分别表达不同层次的结构形状。

3) **画零件草图**

零件草图是指不需要借助尺规等专用绘图工具,在测绘现场通过目测实物大小按一定比例徒手画出且标有尺寸的零件图样。零件草图并不是潦草的图,它必须包含零件图的所有内容,并且要做到表达完整,图线清晰,尺寸标注正确、完整、清晰、合理,技术要求必须合理。

下面我们以图 10-2 所示的套筒的零件草图为例介绍零件草图的绘制步骤。

绘制步骤如下:

(1) 在图纸上定出各视图的位置。画出各视图的基准线、中心线,如图 10-2(a)所示。安排各视图的位置时,要考虑到各视图间应有标注尺寸的地方,右下角留有标题栏的位置。

(2) 详细地画出零件外部和内部的结构形状,如图 10-2(b)所示。

(3) 选择基准,画尺寸线、尺寸界线及箭头,注出零件各表面粗糙度符号。经过仔细校核后,描深轮廓线,画好剖面线,如图 10-2(c)所示。

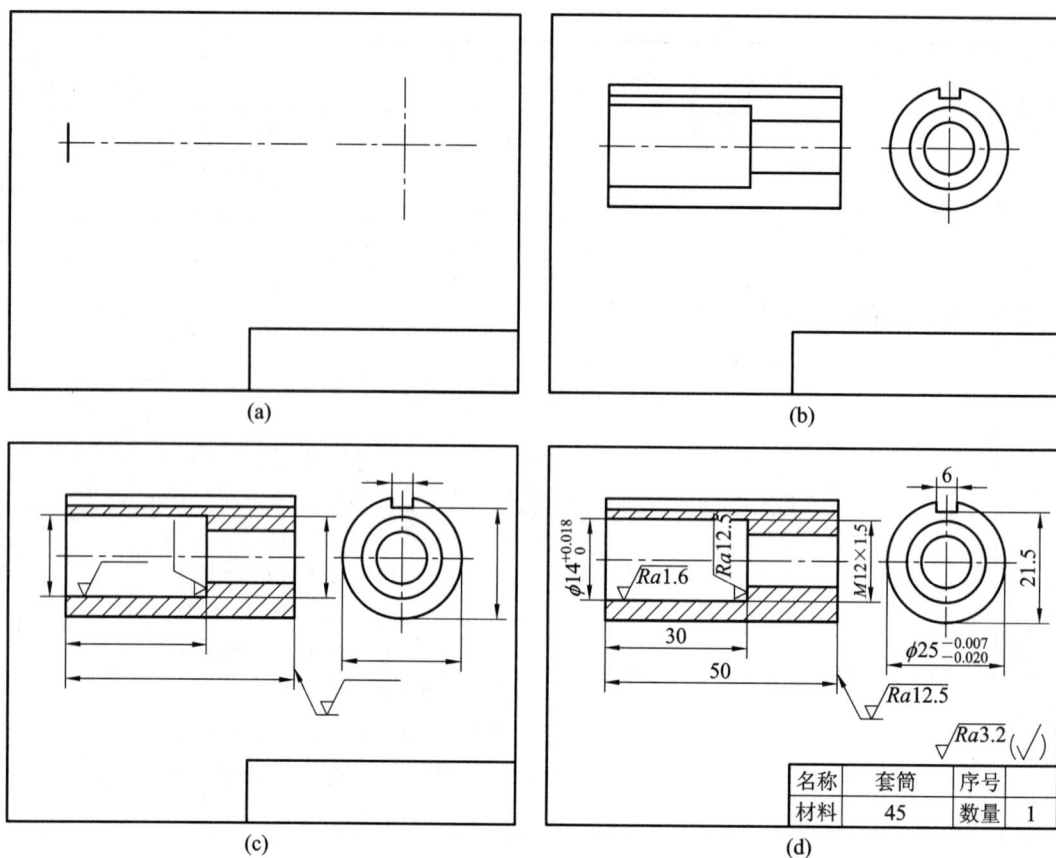

图 10-2　零件草图的绘图步骤

(4) 测量尺寸，确定技术要求，并将尺寸数字、技术要求写入图中，填写标题栏内容，如图 10-2(d)所示。

① 尺寸数字的处理。零件的尺寸有的可以直接测得，有的要经过一定的运算后才能得到，如中心距等，测量所得的尺寸还需进行处理。

对于一般的尺寸，大多数情况下要圆整到整数，而重要的直径、标准结构(如螺纹、键槽、齿轮的轮齿)的尺寸要取相应的标准值。对于没有配合关系的尺寸或不重要的尺寸，一般圆整到整数；有配合关系的尺寸(配合的孔、轴)，只测量它的公称尺寸，其配合性质和相应公差值应查阅手册。有些尺寸要进行复核，如齿轮传动轴孔的中心距要与齿轮的中心距核对。因磨损、碰伤等原因而使尺寸变动的零件要进行分析，标注复原后的尺寸。零件的配合尺寸要与相配零件的相关尺寸协调，即测量后尽可能将这些配合尺寸同时标注在有关零件上。

② 表面粗糙度的确定。零件表面粗糙度等级可根据各个表面的工作要求及精度等级来确定，可以参考同类零件的粗糙度要求或使用粗糙度样板进行比较确定。一般表面粗糙度等级可根据如下方面来确定：

a. 一般情况下，零件的接触表面比非接触表面的粗糙度要求高。

b. 零件表面有相对运动时，相对速度越高，所受单位面积的压力越大，表面粗糙度要求越高。

　　c. 间隙配合的间隙越小，表面粗糙度要求应越高，过盈配合为了保证连接的可靠性亦应有较高要求的表面粗糙度。

　　d. 在配合性质相同的条件下，零件尺寸越小，则表面粗糙度要求越高，轴比孔的表面粗糙度要求高。

　　e. 需密封、耐腐蚀或装饰性的零件表面粗糙度要求高。

　　f. 受周期载荷作用的零件表面粗糙度要求应较高。

　　常用表面粗糙度的选用可参见表 10-2。

表 10-2　一般机械中常用表面粗糙度的选用

Ra 值	应　　用
12.5	粗加工的非配合面：轴端面、倒角、钻孔、不重要的表面
6.3	半精加工表面：轴、套、壳体、盖等端面，齿顶圆表面，退刀槽，螺栓孔等
3.2	半精加工表面：外壳、箱体、盖、套筒、支架和其他零件连接而不形成配合的表面，定心配合的支承端面，键槽的工作面
1.6	要求定心及配合的孔的表面、定位销孔表面、8 级齿轮的齿面、蜗轮的齿面
0.8	保证定心及配合的表面、与轴承配合的表面、蜗杆的齿面、毛毡油封的轴表面
0.4	7 级齿轮的齿面、与橡胶油封接触的轴表面

　　注：代号 ∀ 表示用铸、锻、冲压、热轧、冷轧等不去除材料的方法获得的表面。

　　③ 形位公差的确定。标注形位公差时可参考同类型零件，用类比法确定，无特殊要求时一律不标注。具体标注方法参阅有关手册。

　　④ 公差配合的选择。公差配合的选择可参考类似部件的公差配合，通过分析比较来确定。如在齿轮油泵和减速器中，齿轮与轴之间、滚动轴承轴承座与泵体孔之间、轴承内圈与轴之间都有配合要求，选择时可参考有关手册。一般减速器齿轮精度为 7～8 级(第 Ⅱ 公差组)，中心距公差按 IT8 选用，极限偏差对称分布，即为 $\pm f_a$。(f_a = IT8/2，也可按 GB/T13924 —2008 选用。)

　　⑤ 其他技术要求的确定。凡是用符号不便于表示而在制造时或加工后又必须保证的条件和要求，都可注写在"技术要求"中，其内容参阅有关资料手册，用类比法确定。

　　绘制零件草图时，要注意以下几个方面：

　　a. 注意保持零件各部分的比例关系及各部分的投影关系。

　　b. 零件的制造缺陷，如气孔、砂眼、刀痕及磨损部位不要画出。

　　c. 零件上用于制造、装配需要的工艺结构，如倒角、倒圆、退刀槽、铸造圆角、凸台、凹坑等，必须画出。

　　d. 测量尺寸时应在画好视图、注全尺寸界线和尺寸线后集中填写尺寸数字。

　　4) 整理画出零件图

　　零件草图是在现场测绘的，表达不一定完善、合理。因此，在画零件图之前，应进一

步对草图反复进行校对、检查、审核和整理。整理的内容包括以下几个方面:

(1) 检查零件的视图投影关系是否正确,表达方案是否完整、清晰。

(2) 尺寸标注及布局是否齐全、合理,如不合理应及时修改。

(3) 尺寸公差、形位公差和表面粗糙度等技术要求是否合理,应尽量将其标准化和规范化。

经过复查、补充、修改后,将整理好的零件草图利用绘图仪器或计算机绘制出正规的零件工作图,由此完成全部测绘工作。

3. 常用测量工具及测量方法

零件测绘时,由于零件的复杂程度及测量精度不同,一般需要使用多种不同的工具和仪器。在实际测绘中,使用的测量工具、方法很多,常见的测量工具、测量方法及有关说明见表 10-3。

表 10-3　常见测量项目、常用测量工具与测量方法一览表

测量尺寸类型	测 量 方 法	说　明
测量直线尺寸	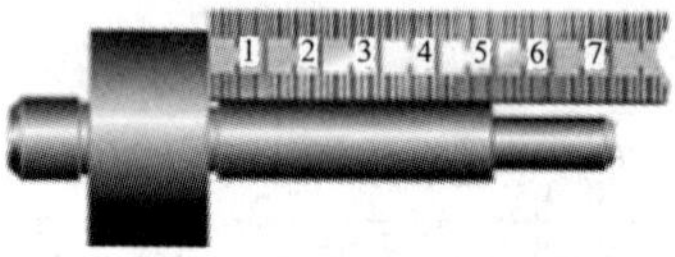	一般可用直尺直接测量,有时也可用三角板与直尺配合进行。当要求尺寸精确时,可用游标卡尺测量
测量孔间距	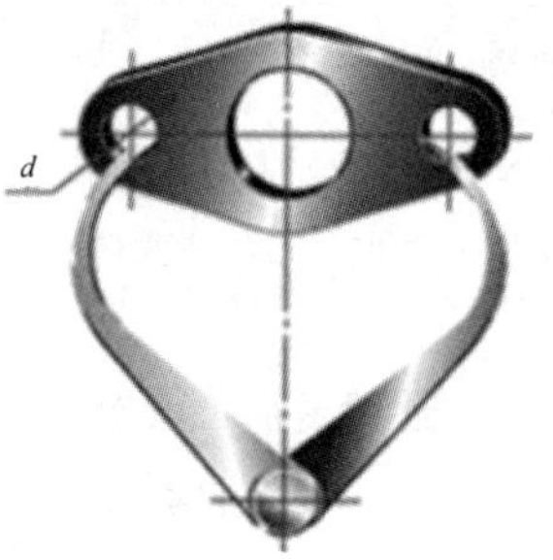	用外卡钳测量相关尺寸,再进行计算
测量轴孔中心高	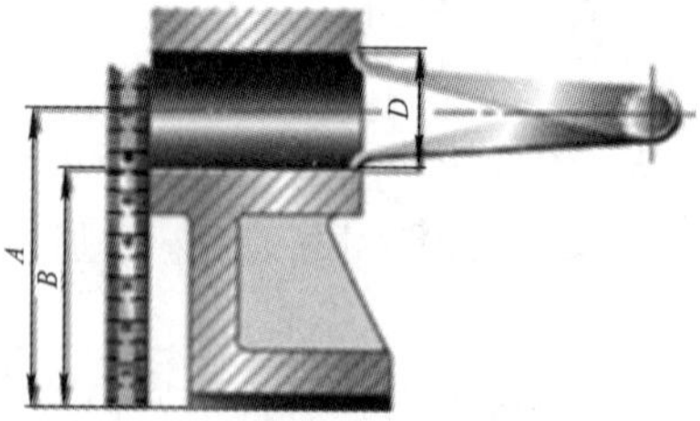	用内卡钳及直尺测量相关尺寸,再进行计算
测量壁厚	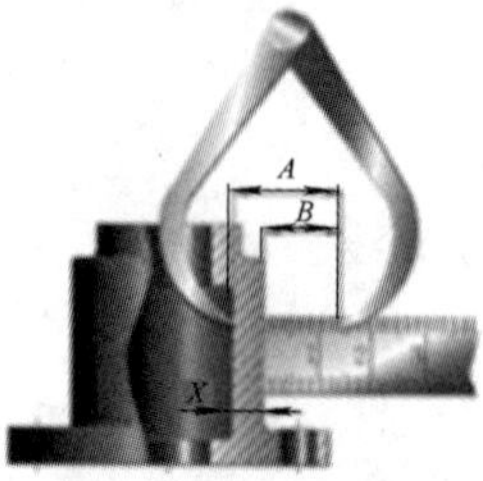	可用外卡钳与直尺配合使用

测量尺寸类型	测 量 方 法	说　　明
测量回转体的内外径	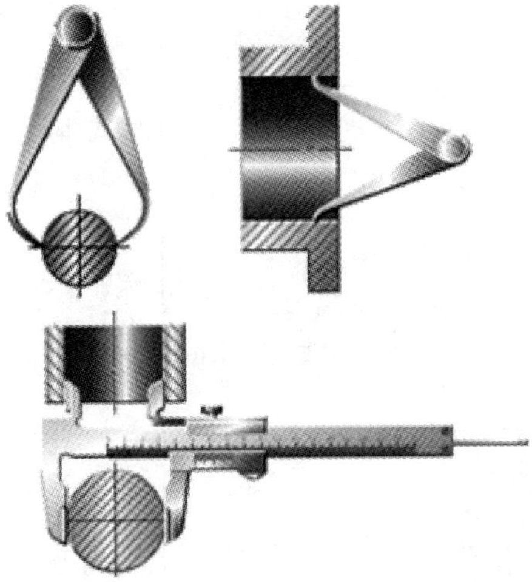	测量外径用外卡钳，测量内径用内卡钳，测量时要将内、外卡钳上下、前后移动，量得的最大值为其内径或外径。用游标卡尺测量时的方法与用内、外卡钳时相同
测量圆角	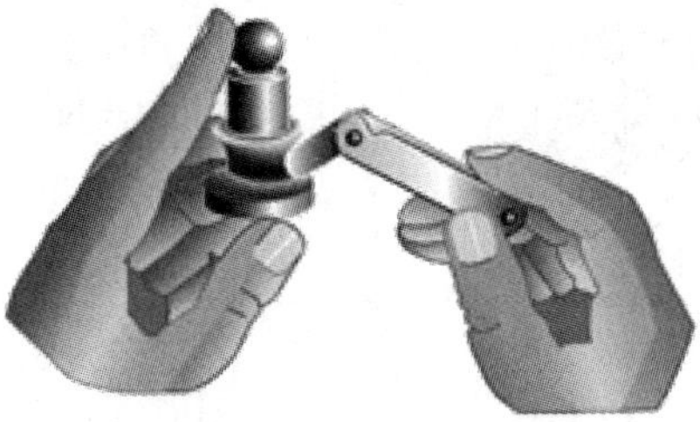	每套圆角规有很多片，一半测量外圆角，一半测量内圆角，每片上均有圆角半径，测量圆角时只要在圆角规中找出与被测量部分完全吻合的一片，则片上的读数即为圆角半径。铸造圆角一般目测估计其大小即可。若手头有工艺资料，则应选取相应的数值而不必测量
测量螺纹	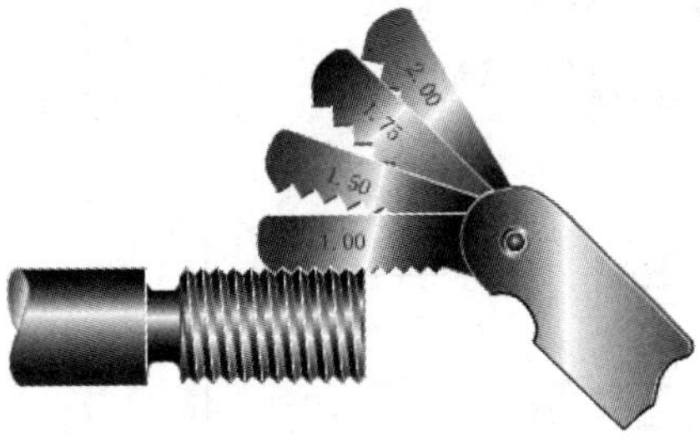	用螺纹规测量螺距： 　　螺纹规由一组钢片组成，每一个钢片的螺距大小均不相同，测量时只要某一钢片上的牙型与被测量的螺纹牙型完全吻合，则钢片上的读数即为其螺距大小
	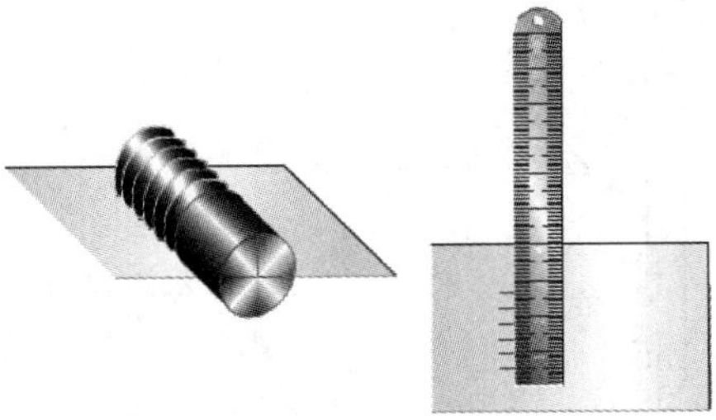	用压痕法测量螺距： 　　在没有螺纹规的情况下，可以在纸上压出螺纹的印痕，然后测算出螺距的大小，根据算出的螺距再查手册取标准值

测量尺寸类型	测 量 方 法	说　　明
测量曲线轮廓或获取曲面的半径	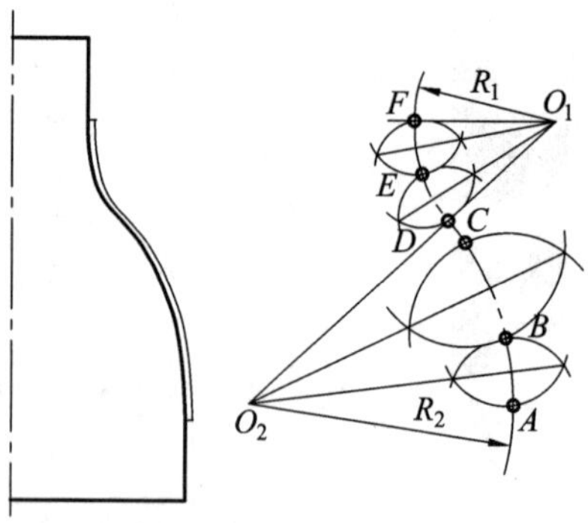	铅丝法：将铅丝弯成与被测曲线或曲面部分的实形相吻合的形状，然后将铅丝放在纸上画出曲线，将曲线适当分段，用中垂线法求得各段圆弧的中心，最后量得半径
		拓印法：在零件的被测部位覆盖一张白纸，用手轻压纸面，用铅芯或复写纸在纸面上轻磨，即可印出曲面轮廓，得到真实的平面曲线，再求出各段圆弧的半径
测量角度	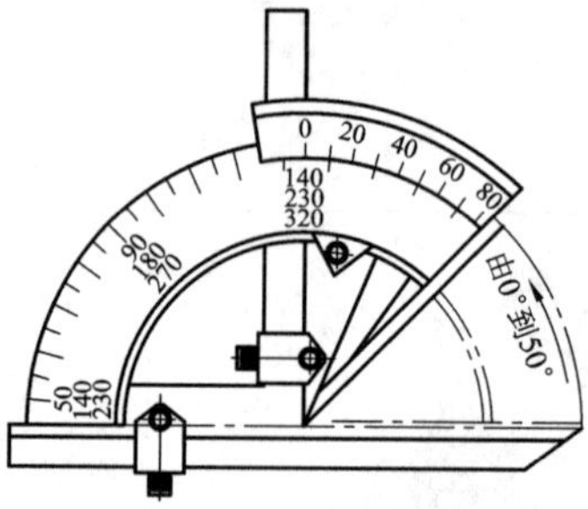	测量 0°～50° 之间的角度：　　角尺和直尺都装上，把零件的被测部位放在基尺和直尺的测量面之间进行测量
		测量 50°～140° 之间的角度：　　把直尺和卡块卸掉，再把角尺拉到下面，直到角尺短边与长边的交线和基尺的尖棱对齐为止，把零件的被测部位放在基尺和角尺短边的测量面之间进行测量

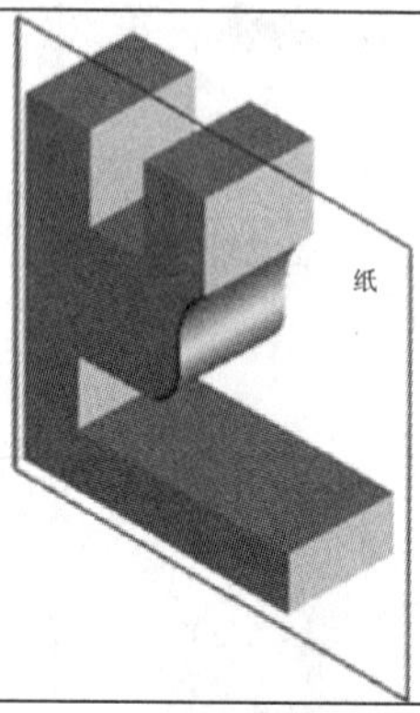

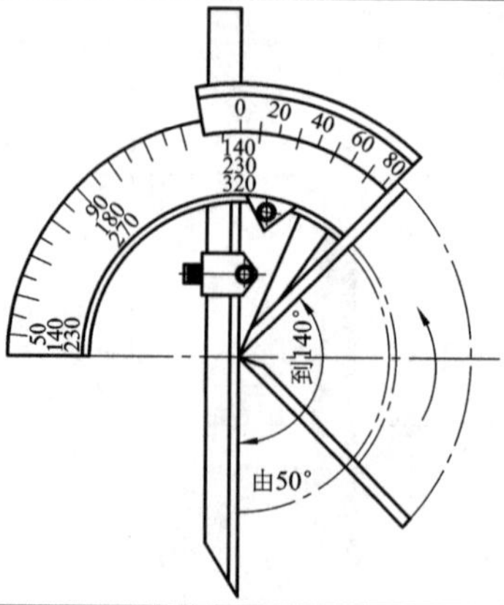

测量尺寸类型	测 量 方 法	说　　　　明
测量角度		测量 140°～230° 之间的角度： 把直尺和卡块卸掉，只装角尺，但要把角尺推上去，直到角尺短边与长边的交线和基尺的尖棱对齐为止，把零件的被测部位放在基尺和角尺短边的测量面之间进行测量
		测量 230°～360° 之间的角度： 把角尺、直尺和卡块都卸掉，只留下扇形板和主尺(带基尺)，把零件的被测部位放在基尺和扇形板的测量面之间进行测量

进行尺寸测量时，一般应注意下列事项：

(1) 正确选择测量基准，以减少测量误差。

(2) 如果测得尺寸为小数，则应圆整为整数标注。

尺寸圆整的基本原则是四舍六入五单双法，如表 10-4 所示。

表 10-4　尺寸圆整规则

测量数值	圆整值	遵 循 规 则
4.8419	4.8	四舍
14.3991	14.4	六入
4.6513	4.7	五后非零，则进一
13.8507	13.8	五后为零视双数，五前为双应舍去
27.7509	27.8	五后为零视单数，五前为奇单应进一

(3) 模型上的截交线和相贯线不能机械地参照实物绘制，因为它们常常由于制造上的缺陷而被歪曲。画图时要分析弄清它们是怎样形成的，然后用相应方法画出。

10.2　典型机械零件的测绘技术训练

本节关键词

典型零件、测绘。

学习小目标

(1) 掌握零件的测绘方法和步骤。

(2) 能正确使用常用测量工具测绘标准件及其他零件。

(3) 提高机械图样的表达能力，培养综合运用所学知识解决实际问题的能力和独立工作能力。

学习小提示

本节内容主要是动手实践，基本的方法步骤明确之后，接下来就是实施了。

1. 零件测绘训练的目的与要求

1) 零件测绘训练的目的

(1) 熟悉测绘方法，培养手工和计算机绘制各种机械图样的能力。

(2) 培养学生独立分析、思考和动手实践的能力。

(3) 为后续的课程设计和毕业设计奠定基础。

2) 零件测绘训练的要求

(1) 明确测绘的目的、要求、内容及方法和步骤。

(2) 熟悉与测绘有关的内容，如视图表达、尺寸测量方法、标准件和常用件、零件图与装配图。

(3) 认真绘图，保证图样质量，做到图样正确、完整、清晰、整洁。

(4) 做好准备工作，如测量工具、绘图工具、资料、手册、仪器用品等。

(5) 在测绘中要独立思考，一丝不苟，有错必改，反对不求甚解、照抄、容忍错误的做法。

2. 零件测绘训练的内容、任务和进度计划

1) 零件测绘训练的内容

零件测绘训练的内容包括常用标准件的测绘、一级圆柱齿轮减速箱的测绘。

2) 测绘任务

(1) 手工绘制零件工作图和装配图一套。

(2) 计算机绘制零件工作图和装配图一套。

3) 测绘工作量及进度

测绘工作量及进度计划见表 10-5。

表 10-5　测绘工作量及进度

序号	内　　容	时间/天
1	布置测绘任务，组织分工，学习测绘注意事项，拆卸部件，手工绘制装配示意图	0.5
2	手工绘制轴、齿轮、齿轮轴、箱盖、机座零件草图，测量尺寸	2.5
3	手工绘制零件工作图	2.0
4	手工绘制装配图	1.5
5	CAD 绘制零件工作图	2.0
6	CAD 绘制装配图	1.0
7	装订图样，归还物品，总结、验收	0.5
合　　计		10.0

3. 测绘的准备工作

1) 学生分组

(1) 根据班级学生人数，分成若干个学习小组。注：应根据学生的学习成绩、动手能力、组织能力等均衡分组，以便学生之间能取长补短，保证测绘能顺利进行。

(2) 每组指定一个小组长，负责测绘体、工具、量具、资料的借取、保管和返还，并能督促组员遵守工作纪律，保持工作场地的整洁。

2) 准备工作

(1) 测绘指导书：每人一份。

(2) 测绘装配体：每组一台，测绘之前应对测绘体进行清理、检查。

(3) 量具和工具：0～150 mm 游标卡尺、0～25 mm 千分尺、25～50 mm 千分尺、钢直尺、活络扳手、螺纹量规、内卡钳、外卡钳等。

(4) 测绘工具：图板、丁字尺、绘图仪器、绘图纸等绘图用品。

(5) 参考资料：

教科书：《机械制图(第 2 版)》(刘力主编，高等教育出版社，2004 年 7 月)；《机械制图习题图册(第 2 版)》(刘力主编，高等教育出版社，2004 年 6 月)。

参考书：《机械设计与制造工艺简明手册(第二版)》(许毓潮、何祚蒨、李孟冬、苏洪主编，中国电力出版社，1998 年 5 月)。

(6) 测绘教室：测绘用教室(绘图桌、凳)，计算机绘图教室(计算机及相应软件)。

[测绘实践一]　标准件的测绘

在标准件测绘中不需要绘制草图，只要将它们的主要尺寸测量出来，查阅有关设计手册，就能确定它们的规格、代号、标注方法、材料和质量等，然后将其填入表 10-6 所示的标准件信息一览表中。

表 10-6 标准件(或部件)信息一览表

序　号	名称及规格	材　料	数　量	标准号或代号

1．螺纹紧固件的标记测定

常用的螺纹紧固件有螺栓、螺钉、螺柱、螺母和垫圈等。

现以螺栓、螺母为例，介绍确定其规定标记的方法和步骤。

1) 六角头螺栓的标记测定

通过测量，确定如图 10-3 所示的六角头螺栓的规定标记。

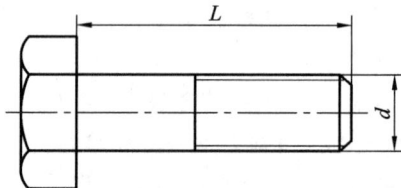

(1) 确定标记的方法与步骤。

① 观察螺栓外形，可以判断该螺纹紧固件的名称为六角头螺栓，查阅相关设计手册确定其标准代号为 GB/T5782—2016。

② 测量螺栓公称直径(大径) d，如图 10-4 所示。外螺纹大径尺寸用游标卡尺直接测量取整。

③ 测量螺栓有效长度 L，如图 10-4 所示。

④ 测量螺栓螺距 P。根据测量值，查阅附表 1 以确定螺纹属于粗牙螺纹还是细牙螺纹。

⑤ 目测螺纹的线数和旋向。

⑥ 将测量结果与手册中的参数进行比对，选取相近的标准数值，确定螺栓的标记。

图 10-3　测量六角头螺栓　　　　　图 10-4　测量螺栓的 L 和 d

(2) 说明。

① 测量螺距通常有两种方法：

一是直接测量法。如图 10-5(a)所示，直接用螺纹规测量螺纹螺距，这是常用方法。

二是用压痕法测量螺距。如图 10-5(b)所示，在没有螺纹规的情况下，可采用压痕法测量螺距。首先将被测的螺纹部分放在纸上压出一段螺距的线痕(线痕数不少于 10)，再用直尺量出 n 个(n 最好为 5、10)螺距线痕间的总距离 L_1，然后将 L_1 值除以螺距的数量 n，即 $P=L_1/n$。

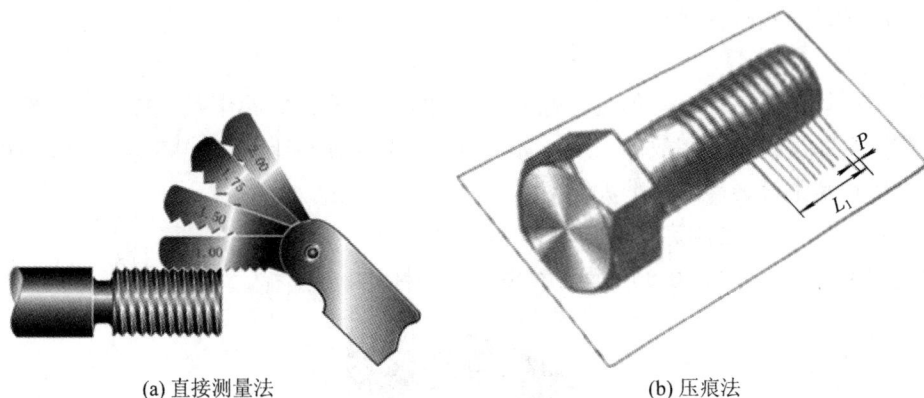

(a) 直接测量法　　　　　　　　(b) 压痕法

图 10-5　测量螺距

② 标准螺纹中，牙型为三角形的有普通螺纹和管螺纹两种。对测得的螺距 P，先查 GB/T196—2003，如无对应值可确定不属于普通螺纹。再查 GB/T7307—2001，判断是否属于管螺纹(如 55°非密封管螺纹等)，如果属于则按管螺纹尺寸代号确定。

2) 螺母的标记测定

通过测量，确定如图 10-6 所示的螺母的规定标记。

图 10-6　测绘螺母

(1) 测绘方法与步骤。

① 观察螺母外形，可以判断该螺纹紧固件的名称为六角螺母，查附表 7 或相关设计手册，确定其标准代号为 GB/T 6170—2015。

② 测量螺母小径 D_1，如图 10-7 所示。

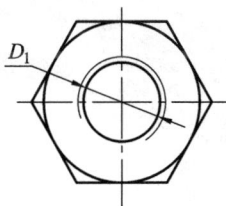

图 10-7　螺母视图

③ 测螺母螺距 P，用螺纹规直接测量螺纹螺距或采用压痕法测量螺距。

④ 根据小径 D_1 和螺距 P，查表并确定螺母标准大径 D。

⑤ 目测螺纹的线数和旋向。

⑥ 确定螺母的规定标记。

(2) 说明。

确定螺母的螺纹大径时，如有与螺母配对的螺栓，则用游标卡尺直接测出螺栓的螺纹大径，该大径即为螺母内螺纹的大径；如没有，则先用游标卡尺量出螺母的螺纹小径，再根据其类型和螺距查表得出标准大径值。

2．键的规定标记的测定

通过测量，确定如图 10-8 所示的 A 型平键的标记。

图 10-8　测绘平键

1) 测绘方法与步骤

(1) 根据外形观察，可以判断该键属于 A 型平键，查表或相关手册确定其标准代号为 GB/T1096—2003。

(2) 测量键的宽度 b、高度 h、长度 L。

(3) 将测量结果与手册中的参数值进行比对，根据相近的标准数值，确定键的标记。

2) 说明

(1) 键宽 b、键高 h、键长 L 用游标卡尺测量，并圆整测量值。

(2) 平键测绘后只要确定其标记，不用画键的草图。

(3) 其他类型的键的测绘尺寸和标记确定可参照前面章节所讲内容。

[测绘实践二]　一级圆柱齿轮减速器上典型零件的测绘

1. 输出轴的测绘

输出轴如图 10-9 所示，其测绘方法与步骤如下：

图 10-9　输出轴

1) 了解和分析零件

了解零件的名称、材料、用途、结构形状、大致加工方法及其在机器(或部件)中的位置、作用和与相邻零件的关系。

该零件是一级圆柱齿轮减速器上的传动轴，材料为 45 钢，作用是支撑其上的大齿轮，并装有轴承、键等标准件和其他定位零件。经形体分析，该轴由六段不同轴径的圆柱构成，表面有越程槽、两个键槽，两端面均有倒角。

2) 确定表达方案

根据轴类零件的结构特征，一般选取一个基本视图(主视图)，沿零件轴线水平放置。局部细节结构常用局部视图、局部剖视图、断面图及局部放大图等表达。其作图步骤与画零件图相同。

3) 画零件草图

(1) 在确定表达方案的基础上，选定图形比例。布置图形，画好各视图的基准线(视图的中心位置)。

(2) 画出基本视图的外部轮廓。

(3) 画出其他各视图必要的图线。

(4) 选择轴向、径向标注尺寸的基准，画出尺寸线、尺寸界线。

(5) 标注必要的尺寸和技术要求，填写标题栏，检查有无错误和遗漏。

4) 零件尺寸测量与标注

(1) 轴径尺寸的测量。由测量工具直接测量的轴径尺寸要经过圆整，使其符合国家标准(GB/T2822—2005)推荐的尺寸系列，与轴承配合的轴径尺寸要和轴承的内孔系列尺寸相匹配。

(2) 轴径长度尺寸的测量。轴径长度尺寸一般为非功能尺寸，用测量工具测出的数据圆整成整数即可。需要注意的是，长度尺寸要直接测量，不要用各段轴的长度累加计算总长。

(3) 键槽尺寸的测量。键槽尺寸主要有槽宽 b、深度 t 和长度 L，从外观即可判断与之配合的键的类型(本例为 A 型平键)，根据测量出的 b、t、L 值，结合轴径的公称尺寸，查表取标准值。

5) 技术要求的确定

(1) 尺寸公差的选择。若轴与齿轮和轴承的接触段有配合要求，则应标注尺寸公差。根据轴的使用要求并参考同类型零件，用类比法可确定配合处的轴的直径尺寸公差等级一般为 IT5～IT9 级，本例中轴与轴承内径的配合处尺寸公差带选为 k6，与齿轮孔的配合尺寸公差带选为 k6。

对于阶梯轴的各段长度尺寸，可按使用要求给定尺寸公差。

(2) 形状公差的选择。由于轴类零件通常是用轴承支承在两段轴颈上的，因此这两个轴颈是装配基准，其几何精度(圆度、圆柱度)应有形状公差要求。对精度要求一般的轴颈，其几何形状公差应限制在直径公差范围内。如轴颈要求较高，则可直接标注其允许的公差值，一般为 IT6～IT7 级。

(3) 位置公差的选择。轴类零件的配合轴径相对于支承轴径的同轴度通常用径向圆跳动来表示，以便测量。一般配合精度的轴径，其支承轴径的径向圆跳动取 0.01～0.03 mm，高精度的轴为 0.001～0.005 mm。

此外，还应标注轴向定位端面与轴线的垂直度，对轴上键槽两个工作面应标注对称度。轴颈处的端面圆跳动一般选择 IT7 级。

(4) 表面粗糙度的选择。本例中轴的支承轴颈的表面粗糙度等级较高，应选择 $Ra0.8\sim Ra3.2$，其他配合轴径的表面粗糙度为 $Ra3.2\sim Ra6.3$，非配合表面粗糙度则选择 $Ra12.5$。

(5) 材料与热处理的选择。轴类零件材料的选择与工作条件和使用要求有关，材料不同，所选择的热处理方法也不同。轴的材料常采用优质碳素钢或合金钢制造，如 35、45、40Cr 等，采用调质、正火、淬火等热处理方法，以获得一定的强度、韧性和耐磨性。

本例中轴的材料为 45 钢，应调质处理。

6) 画零件工作图

根据零件草图并结合实物，进行认真的检查、校对，完成零件工作图，如图 10-10 所示。

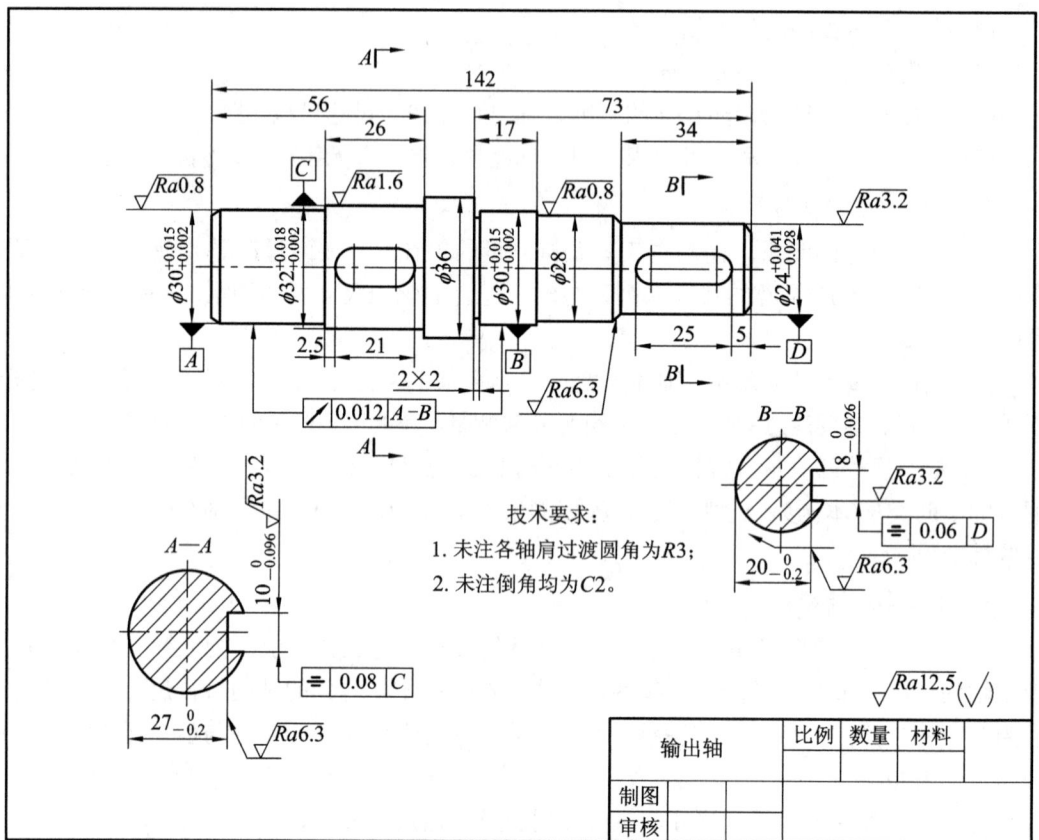

图 10-10　输出轴零件图

2．齿轮的测绘

1) 了解和分析零件

该零件是一级圆柱齿轮减速器上的齿轮，材料为 45 钢，齿轮在轮毂处有轴线贯通的键槽，用键与从动轴实现轴向连接，从而将运动和动力传给从动轴。圆柱齿轮属于轮盘类零件，外形是圆柱形，由轮齿、轮盘、辐板(或辐条)、轮毂等组成，如图 10-11 所示。

图 10-11　齿轮

2) 确定表达方案

根据轮盘类零件的结构特征，选择主视图时，应以形状特征和加工位置原则为主，沿轴心线水平放置。一般选取两个视图：以投影为非圆的视图作为主视图，且常采用轴向剖视图来表达内部结构；另一个视图往往选择左视图或右视图。对没有表达清楚的部位，可选择向视图、局部视图、移出断面图或局部放大图来表达外形。其作图步骤与画零件图相同。

3) 画零件草图

(1) 目测画出草图，并标出尺寸(不写出数值)。

(2) 数齿数 Z。

(3) 测量实际齿顶圆直径 d_a。

奇数齿时，$d_a = d + 2e$，如图 10-12(a)所示。

偶数齿时，直接测出 d_a，如图 10-12(b)所示。

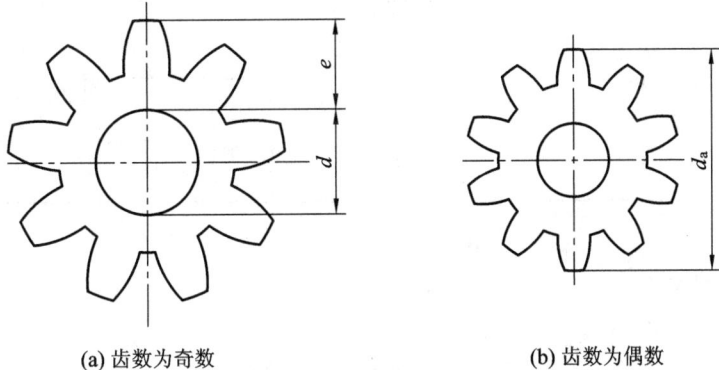

(a) 齿数为奇数　　　　　　　　　(b) 齿数为偶数

图 10-12　齿顶圆直径的测量

(4) 确定模数。按齿顶圆直径计算公式初步计算模数 $m' = d_a / (Z + 2)$，查表选取与 m' 最接近的标准模数。

(5) 计算齿轮各部分尺寸。根据标准模数和齿数，按公式分别计算出分度圆直径 d、齿顶圆直径 d_a、齿根圆直径 d_f，并根据草图标注尺寸。公式计算如下：

$$d = mZ, \quad d_a = m(Z + 2), \quad d_f = m(Z - 2.5)$$

(6) 测量齿轮其他部分的尺寸(测量方法与一般零件相同)。

4) 技术要求的确定

用类比法确定齿轮的材料为 45 钢，进行热处理，齿面淬火 20～30HRC。

5) 画零件工作图

在齿轮零件图中，除具有一般零件图的内容外，齿顶圆直径、分度圆直径及有关齿轮的基本尺寸要直接注出，齿根圆直径可以不注。其他各主要参数在图纸右上角列表说明，如图 10-13 所示。

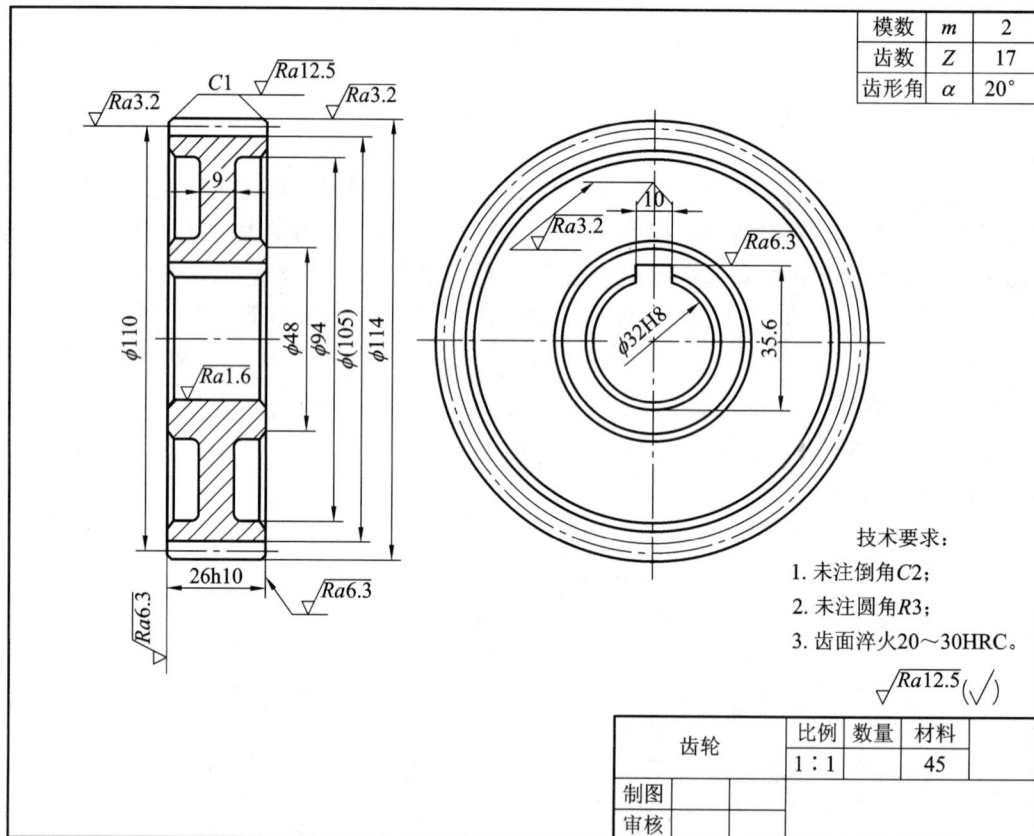

模数	m	2
齿数	Z	17
齿形角	α	20°

技术要求：

1. 未注倒角C2；
2. 未注圆角R3；
3. 齿面淬火20～30HRC。

齿轮	比例	数量	材料
	1：1		45
制图			
审核			

图 10-13　齿轮零件图

3. 机座的测绘

1) 了解和分析测绘对象

该箱体是减速器的一个重要零件，它的作用是支撑和固定轴系零件，内可装油，使箱体里的零件具有良好的润滑和密封性能。箱体与箱盖的结合面上均匀地分布着六个螺栓孔和两个销孔。箱壁上加工有对称的两对半圆形的轴承孔(与箱盖的半圆形轴承孔配合成完整圆孔)，轴承孔里有安装端盖的密封沟槽。箱体的左侧下方设计有放油孔，右侧下方设计有测油孔。箱体的左右两侧各有钩状加强肋，用于吊装运输。此外，箱体的机座上还有许多细小结构，如凸台、凹坑、起模斜度、铸造圆角、螺孔、销孔、倒圆等，如图 10-14 所示。

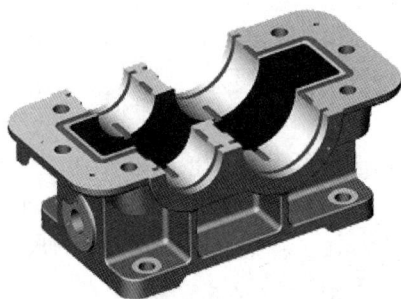

图 10-14　机座

2) 确定表达方案

箱体类零件由于结构复杂，加工位置变化多，所以一般以工作位置和最能反映形状特征及各部分相对位置的一面作为主视图。

表达箱体类零件一般需要三个以上基本视图和向视图，并常常取剖视。对细小结构可采用局部视图、局部剖视图和断面图来表达。

3) 画零件草图

根据已选定的表达方案徒手绘制草图。

4) 零件尺寸的测量和标注

画出各视图的草图后，用量具精确测量出各尺寸，并根据尺寸标注的原则和要求，在草图上标注全部的必需尺寸。

箱体类零件结构比较复杂，尺寸较多。箱体以底面为安装基面，所以以此作为高度方向的尺寸基准；长度方向的基准可以选择重要表面或配合面；宽度方向可以选择其前后对称面作为基准。

标注尺寸时，轴孔的定位尺寸极为重要，因为轴孔位置正确与否将影响传动件的正确啮合。机座上与其他零件有配合关系或装配关系的尺寸应注意零件间尺寸的协调。

能计算出的尺寸如齿轮啮合的中心距等，要标注计算值，标准化结构要先测量，然后根据测量值查有关的标准，标注标准值。

5) 确定尺寸公差、形位公差、表面粗糙度

轴承孔等箱体上的重要孔，要求有较小的尺寸公差、形状公差和较小的表面粗糙度值；有齿轮啮合关系的相邻孔之间应有一定的孔距尺寸公差和平行度要求；同一轴线上的孔应有一定的同轴度要求。

箱体上的装配基准和加工中的定位基准面都有较高的平面度要求和较小的表面粗糙度值。

各轴承孔与装配基准面之间应有一定的尺寸公差和平行度要求，与端面应有一定的垂直度要求；各重要平面与装配基准面应有一定的平行度和垂直度要求；锥齿轮和蜗杆、蜗轮啮合的两轴线应有垂直度要求。

箱体零件经过长期使用会发生不同程度的磨损、变形、破裂等失效形式，测绘时应对失效部位及原因进行认真分析与检查，并结合具体生产要求和使用情况采取相应的改进措施。

根据以上分析，参考同类型的零件，采用类比法，根据实测值和实践经验确定被测箱体的精度要求，如图 10-15 所示。

6) 确定箱体类零件的"技术要求"

箱体类零件的技术要求主要包括材料及其牌号、热处理和化学处理要求、毛坯制造及检验要求等。该箱体的材料为 45 钢，毛坯为铸造，经人工时效处理。其他不便标注在视图上的要求也可以用文字的形式写在技术要求中。

7) 绘制机座零件工作图

根据零件草图并结合实物，进行认真的检查、校对，整理完成机座零件工作图，如图 10-15 所示。

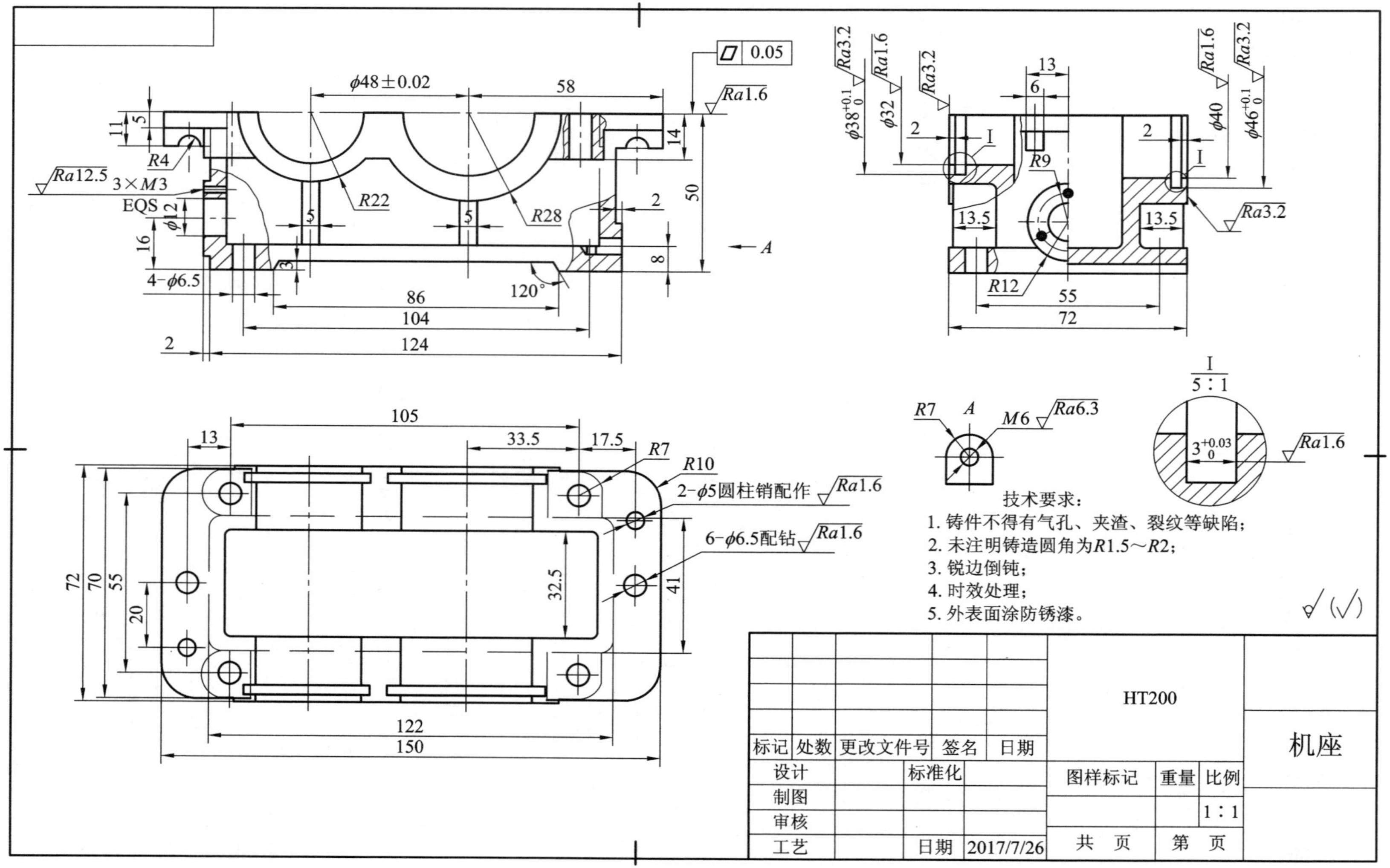

技术要求：
1. 铸件不得有气孔、夹渣、裂纹等缺陷；
2. 未注明铸造圆角为R1.5～R2；
3. 锐边倒钝；
4. 时效处理；
5. 外表面涂防锈漆。
HT200
机座
标记 处数 更改文件号 签名 日期
设计 标准化
制图
审核
工艺 日期 2017/7/26
图样标记 重量 比例
1∶1
共 页 第 页
2-φ5圆柱销配作
6-φ6.5配钻
4-φ6.5
3×M3
EQS

图 10-15　机座零件图

附　　录

附表 1　标准公差数值(摘自 GB/T1800.1—2020)

公称尺寸 /mm		标准公差等级																	
		IT1	IT2	IT3	IT4	IT5	IT6	IT7	IT8	IT9	IT10	IT11	IT12	IT13	IT14	IT15	IT16	IT17	IT18
大于	至	公差值/μm											公差值/mm						
—	3	0.8	1.2	2	3	4	6	10	14	25	40	60	0.1	0.14	0.25	0.4	0.6	1	1.4
3	6	1	1.5	2.5	4	5	8	12	18	30	48	75	0.12	0.18	0.3	0.48	0.75	1.2	1.8
6	10	1	1.5	2.5	4	6	9	15	22	36	58	90	0.15	0.22	0.36	0.58	0.9	1.5	2.2
10	18	1.2	2	3	5	8	11	18	27	43	70	110	0.18	0.27	0.43	0.7	1.1	1.8	2.7
18	30	1.5	2.5	4	6	9	13	21	33	52	84	130	0.21	0.33	0.52	0.84	1.3	2.1	3.3
30	50	1.5	2.5	4	7	11	16	25	39	62	100	160	0.25	0.39	0.62	1	1.6	2.5	3.9
50	80	2	3	5	8	13	19	30	46	74	120	190	0.3	0.46	0.74	1.2	1.9	3	4.6
80	120	2.5	4	6	10	15	22	35	54	87	140	220	0.35	0.54	0.87	1.4	2.2	3.5	5.4
120	180	3.5	5	8	12	18	25	40	63	100	160	250	0.4	0.63	1	1.6	2.5	4	6.3
180	250	4.5	7	10	14	20	29	46	72	115	185	290	0.46	0.72	1.15	1.85	2.9	4.6	7.2
250	315	6	8	12	16	23	32	52	81	130	210	320	0.52	0.81	1.3	2.1	3.2	5.2	8.1
315	400	7	9	13	18	25	36	57	89	140	230	360	0.57	0.89	1.4	2.3	3.6	5.7	8.9
400	500	8	10	15	20	27	40	63	97	155	250	400	0.63	0.97	1.55	2.5	4	6.3	9.7

注：(1) 公称尺寸大于 500 mm 的 IT1～IT5 的标准公差值为试行的。

(2) 公称尺寸小于或等于 1 mm 时，无 IT14～IT18。

附表2 优先及常用配合轴的极限偏差

代号		a	b	c	d	e	f	g								h
公称尺寸 /mm																公差
大于	至	11	11	*11	*9	8	*7	*6	5	*6	*7	8	*9	10	*11	12
—	3	−270 −330	−140 −200	−60 −120	−20 −45	−14 −28	−6 −16	−2 −8	0 −4	0 −6	0 −10	0 −14	0 −25	0 −40	0 −60	0 −100
3	6	−270 −345	−140 −215	−70 −145	−30 −60	−20 −38	−10 −22	−4 −12	0 −5	0 −8	0 −12	0 −18	0 −30	0 −48	0 −75	0 −120
6	10	−280 −338	−150 −240	−80 −170	−40 −76	−25 −47	−13 −28	−5 −14	0 −6	0 −9	0 −15	0 −22	0 −36	0 −58	0 −90	0 −150
10	4	−290	−150	−95 −205	−50 −93	−32 −59	−16 −34	−6 −17	0 −8	0 −11	0 −18	0 −27	0 −43	0 −70	0 −110	0 −180
14	18	−400	−260													
18	24	−300	−160	−110 −240	−65 −117	−40 −73	−20 −41	−7 −20	0 −9	0 −13	0 −21	0 −33	0 −52	0 −84	0 −130	0 −210
24	30	−430	−290													
30	40	−310 −470	−170 −330	−120 −280	−80 −142	−50 −89	−25 −50	−9 −25	0 −11	0 −16	0 −25	0 −39	0 −62	0 −100	0 −160	0 −250
40	50	−320 −480	−180 −340	−130 −290												
50	65	−340 −530	−190 −380	−140 −330	−100 −174	−60 −106	−30 −60	−10 −29	0 −13	0 −19	0 −30	0 −46	0 −74	0 −120	0 −190	0 −300
65	80	−360 −550	−200 −390	−150 −340												
80	100	−380 −600	−220 −440	−170 −390	−120 −207	−72 −126	−36 −71	12 −34	0 −15	0 −22	0 −35	0 −54	0 −87	0 −140	0 −220	0 −350
100	120	−410 −630	−240 −460	−180 −400												
120	140	−460 −710	−260 −510	−200 −450	−145 −245	−85 −148	−43 −83	−14 −39	0 −18	0 −25	0 −40	0 −63	0 −100	0 −160	0 −250	0 −400
140	160	−520 −770	−280 −530	−210 −460												
160	180	−580 −830	−310 −560	−230 −480												
180	200	−660 −950	−340 −630	−240 −530	−170 −285	−100 −172	−50 −96	−15 −44	0 20	0 −29	0 −46	0 −72	0 −115	0 −185	0 −290	0 −460
200	225	−740 −1030	−380 −670	−260 −550												
225	250	−820 −1110	−420 −710	−280 −570												
250	280	−920 −1240	−480 −800	−300 −620	−190 −320	−110 −191	−56 −108	−17 −49	0 −23	0 −32	0 −52	0 −81	0 −130	0 −210	0 −320	0 −520
280	315	−1050 −1370	−540 −860	−330 −650												
315	355	−1200 −1560	−600 −960	−360 −720	−210 −350	−125 −214	−62 −119	−18 −54	0 −25	0 −36	0 −57	0 −89	0 −140	0 −230	0 −360	0 −570
355	400	−1350 −1710	−680 −1040	−400 −760												
400	450	−1500 −1900	−760 −1160	−440 −840	−230 −385	−135 −232	−68 −131	−20 −60	0 −27	0 −40	0 −63	0 −97	0 −155	0 −250	0 −400	0 −630
450	500	−1650 −2050	−840 −1240	−480 −880												

注: 带"*"者为优先选用的, 其他为常用的。

表(摘自 GB/T1800.1—2020)　　　　　　　　　　　　　　　　　　　単位：μm

js	k	m	n	p	t	s	r	u	v	x	y	z
带												
6	*6	6	*6	*6	6	*6	6	*6	6	6	6	6
±3	+6/0	+8/+2	+10/+4	+12/+6	+16/+10	+20/+14	—	+24/+18	—	+26/+20	—	+32/+26
±4	+9/+1	+12/+4	+16/+8	+20/+12	+23/+15	+27/+19		+31/+23		+36/+28		+43/+35
±4.5	+10/+1	+15/+6	+19/+10	+24/+15	+28/+19	+32/+23		+37/+28		+43/+34		+51/+42
±5.5	+12/+1	+18/+7	+22/+12	+29/+18	+34/+23	+39/+28	—	+44/+33	— +50/+39	+51/+40 +56/+45	—	+61/+50 +71/+60
±6.5	+15/+2	+21/+8	+28/+15	+35/+22	+41/+28	+48/+35	— +54/+41	+54/+41 +61/+48	+60/+47 +68/+55	+67/+54 +77/+64	+76/+63 +88/+75	+86/+73 +101/+88
±8	+18/+2	+25/+9	+33/+17	+42/+26	+50/+34	+59/+43	+64/+48 +70/+54	+76/+60 +86/+70	+84/+68 +97/+81	+96/+80 +113/+97	+110/+94 +130/+114	+128/+112 +152/+136
±9.5	+21/+2	+30/+11	+39/+20	+51/+32	+60/+41 +62/+43	+72/+53 +78/+59	+85/+66 +94/+75	+106/+87 +121/+102	+121/+102 +139/+120	+141/+122 +165/+146	+163/+144 +193/+174	+191/+172 +229/+210
±11	+25/+3	+35/+13	+45/+23	+59/+37	+73/+51 +76/+54	+93/+71 +101/+79	+113/+91 +126/+104	+146/+124 +166/+144	+168/+146 +194/+172	+200/+178 +232/+210	+236/+214 +276/+254	+280/+258 +332/+310
±12.5	+28/+3	+40/+15	+52/+27	+68/+43	+88/+63 +90/+65 +93/+68	+117/+92 +125/+100 +133/+108	+147/+122 +159/+134 +171/+146	+195/+170 +215/+190 +235/+210	+227/+202 +253/+228 +277/+252	+273/+248 +305/+280 +335/+310	+325/+300 +365/+340 +405/+380	+390/+365 +440/+415 +490/+465
±14.5	+32/+4	+46/+17	+60/+31	+79/+50	+106/+77 +109/+80 +113/+84	+151/+122 +159/+130 +169/+140	+195/+166 +209/+180 +221/+196	+265/+236 +287/+258 +313/+284	+313/+284 +339/+310 +369/+340	+379/+350 +414/+385 +454/+425	+454/+425 +499/+470 +549/+520	+549/+520 +604/+575 +669/+640
±16	+36/+4	+52/+20	+66/+34	+88/+56	+126/+94 +130/+98	+190/+158 +202/+170	+250/+218 +272/+240	+347/+315 +382/+350	+417/+385 +457/+425	+507/+475 +557/+525	+612/+580 +682/+650	+742/+710 +822/+790
±18	+40/+4	+57/+21	+73/+37	+98/+62	+144/+108 +150/+114	+226/+190 +244/+208	+304/+268 +330/+294	+426/+390 +471/+435	+511/+475 +566/+530	+626/+590 +696/+660	+766/+730 +856/+820	+936/+900 +1036/+1000
±20	+45/+5	+63/+23	+80/+40	+108/+68	+166/+126 +172/+132	+272/+232 +292/+252	+370/+330 +400/+360	+530/+490 +580/+540	+635/+595 +700/+660	+780/+740 +861/+820	+960/+920 +1040/+1000	+1140/+1100 +1290/+1250

附表3　优先及常用配合孔的极限

代号 公称尺寸/mm 大于	至	A	B	C	D	E	F	G	H						
									公差						
		11	11	*11	*9	8	*8	*7	6	—7	*8	*9	*10	*11	12
—	3	+330 +270	+200 +140	+120 +60	+45 +20	+28 +14	+20 +6	+12 +2	+6 0	+10 0	+14 0	+25 0	+40 0	+60 0	+100 0
3	6	+345 +270	+215 +140	+145 +70	+60 +30	+38 +20	+28 +10	+16 +4	+8 0	+12 0	+18 0	+30 0	+48 0	+75 0	+120 0
6	10	+370 +280	+240 +150	+170 +80	+76 +40	+47 +25	+35 +13	+20 +5	+9 0	+15 0	+22 0	+36 0	+58 0	+90 0	+150 0
10	14	+400 +290	+260 +150	+250 +95	+93 +50	+59 +32	+43 +16	+24 +6	+11 0	+18 0	+27 0	+43 0	+70 0	+110 0	+180 0
14	18	+400 +290	+260 +150	+250 +95	+93 +50	+59 +32	+43 +16	+24 +6	+11 0	+18 0	+27 0	+43 0	+70 0	+110 0	+180 0
18	24	+430 +300	+290 +160	+240 +110	+117 +65	+73 +40	+53 +20	+28 +7	+13 0	+21 0	+33 0	+52 0	+84 0	+130 0	+210 0
24	30	+430 +300	+290 +160	+240 +110	+117 +65	+73 +40	+53 +20	+28 +7	+13 0	+21 0	+33 0	+52 0	+84 0	+130 0	+210 0
30	40	+470 +310	+330 +170	+280 +120	+142 +80	+89 +50	+64 +25	+34 +9	+16 0	+25 0	+39 0	+62 0	+100 0	+160 0	+250 0
40	50	+480 +320	+340 +180	+290 +130	+142 +80	+89 +50	+64 +25	+34 +9	+16 0	+25 0	+39 0	+62 0	+100 0	+160 0	+250 0
50	65	+530 +340	+380 +190	+330 +140	+174 +100	+106 +60	+76 +30	+40 +10	+19 0	+30 0	+46 0	+74 0	+120 0	+190 0	+300 0
65	80	+550 +360	+390 +200	+340 +150	+174 +100	+106 +60	+76 +30	+40 +10	+19 0	+30 0	+46 0	+74 0	+120 0	+190 0	+300 0
80	100	+600 +380	+440 +220	+390 +170	+207 +120	+126 +72	+90 +36	+47 +12	+22 0	+35 0	+54 0	+87 0	+140 0	+220 0	+350 0
100	120	+630 +410	+460 +240	+400 +180	+207 +120	+126 +72	+90 +36	+47 +12	+22 0	+35 0	+54 0	+87 0	+140 0	+220 0	+350 0
120	140	+710 +460	+510 +260	+450 +200	+245 +145	+148 +85	+106 +43	+54 +14	+25 0	+40 0	+63 0	+100 0	+160 0	+250 0	+400 0
140	160	+770 +520	+530 +280	+460 +210	+245 +145	+148 +85	+106 +43	+54 +14	+25 0	+40 0	+63 0	+100 0	+160 0	+250 0	+400 0
160	180	+830 +580	+560 +310	+480 +230	+245 +145	+148 +85	+106 +43	+54 +14	+25 0	+40 0	+63 0	+100 0	+160 0	+250 0	+400 0
180	200	+950 +660	+630 +340	+530 +240	+285 +170	+172 +100	+122 +50	+61 +15	+29 0	+46 0	+72 0	+115 0	+185 0	+290 0	+460 0
200	225	+1030 +740	+670 +380	+550 +260	+285 +170	+172 +100	+122 +50	+61 +15	+29 0	+46 0	+72 0	+115 0	+185 0	+290 0	+460 0
225	250	+1110 +820	+710 +420	+570 +280	+285 +170	+172 +100	+122 +50	+61 +15	+29 0	+46 0	+72 0	+115 0	+185 0	+290 0	+460 0
250	280	+1240 +920	+800 +480	+620 +300	+320 +190	+191 +110	+137 +56	+69 +17	+32 0	+52 0	+81 0	+130 0	+210 0	+320 0	+520 0
280	315	+1370 +1050	+860 +540	+650 +330	+320 +190	+191 +110	+137 +56	+69 +17	+32 0	+52 0	+81 0	+130 0	+210 0	+320 0	+520 0
315	355	+1560 +1200	+960 +600	+720 +360	+350 +210	+214 +125	+151 +62	+75 +18	+36 0	+57 0	+89 0	+140 0	+230 0	+360 0	+570 0
355	400	+1710 +1350	+1040 +680	+760 +400	+350 +210	+214 +125	+151 +62	+75 +18	+36 0	+57 0	+89 0	+140 0	+230 0	+360 0	+570 0
400	450	+1900 +1500	+1160 +760	+840 +440	+385 +230	+232 +135	+165 +68	+83 +20	+40 0	+63 0	+97 0	+155 0	+250 0	+400 0	+630 0
450	500	+2050 +1650	+1240 +840	+880 +480	+385 +230	+232 +135	+165 +68	+83 +20	+40 0	+63 0	+97 0	+155 0	+250 0	+400 0	+630 0

注：带"*"者为优先选用的，其他为常用的。

偏差表(摘自 GT/T1800.1—2020)　　单位：μm

等级

JS		K			M	N		P		R	S	T	U
6	7	6	*7	8	7	6	*7	6	*7	7	*7	7	*7
±3	±5	0 / −6	0 / −10	0 / −14	−2 / −12	−4 / −10	−4 / −14	−6 / −12	−6 / −16	−10 / −20	−14 / −24	—	−18 / −28
±4	±6	+2 / −6	+3 / −9	+5 / −13	0 / −12	−5 / −13	−4 / −16	−9 / −17	−8 / −20	−11 / −23	−15 / −27	—	−19 / −31
±4.5	±7	+2 / −7	+5 / −10	+6 / −16	0 / −15	−7 / −16	−4 / −19	−12 / −21	−9 / −24	−13 / −28	−17 / −32	—	−22 / −37
±5.5	±9	+2 / −9	+6 / −12	+8 / −19	0 / −18	−9 / −20	−5 / −23	−15 / −26	−11 / −29	−16 / −34	−21 / −39	—	−26 / −44
±6.5	±10	+2 / −11	+6 / −15	+10 / −23	0 / −21	−11 / −24	−7 / −28	−18 / −31	−14 / −35	−20 / −41	−27 / −48	—	−33 / −54
												−33 / −54	−40 / −61
±8	±12	+3 / −13	+7 / −18	+12 / −27	0 / −25	−12 / −28	−8 / −33	−21 / −37	−17 / −42	−25 / −50	−34 / −59	−39 / −64	−51 / −76
												−45 / −70	−61 / −86
±9.5	±15	+4 / +15	+9 / −21	+14 / −32	0 / −30	−14 / −33	−9 / −39	−26 / −45	−21 / −51	−30 / −60	−42 / −72	−55 / −85	−76 / −106
										−32 / −62	−48 / −78	−64 / −94	−91 / −121
±11	±17	+4 / −18	+10 / −25	+16 / −38	0 / −35	−16 / −38	−10 / −45	−30 / −52	−24 / −59	−38 / −73	−58 / −93	−78 / −113	−111 / −146
										−41 / −76	−66 / −101	−91 / −126	−131 / −166
±12.5	±20	+4 / −21	+12 / −28	+20 / −43	0 / −40	−20 / −45	−12 / −52	−36 / −61	−28 / −68	−48 / −88	−77 / −117	−107 / −147	−155 / −195
										−50 / −90	−85 / −125	−119 / −159	−175 / −215
										−53 / −93	−93 / −133	−131 / −171	−195 / −235
±14.5	±23	+5 / −24	+13 / −33	+22 / −50	0 / −46	−22 / −51	−14 / −60	−41 / −70	−33 / −79	−60 / −106	−105 / −151	−149 / −195	−219 / −265
										−63 / −109	−113 / −159	−163 / −209	−241 / −287
										−67 / −113	−123 / −169	−179 / −225	−267 / −313
±16	±26	+5 / −27	+16 / −36	+25 / −56	0 / −52	−25 / −57	−14 / −66	−47 / −79	−36 / −88	−74 / −126	−138 / −190	−198 / −250	−295 / −347
										−78 / −130	−150 / −202	−220 / −272	−330 / −382
±18	±28	+7 / −29	+17 / −40	+28 / −61	0 / −57	−26 / −62	−16 / −73	−51 / −87	−41 / −98	−87 / −144	−169 / −226	−247 / −304	−369 / −426
										−93 / −150	−187 / −244	−273 / −330	−414 / −471
±20	±31	+8 / −32	+18 / −45	+29 / −68	0 / −63	−27 / −67	−17 / −80	−55 / −95	−45 / −108	−103 / −166	−209 / −272	−307 / −370	−467 / −530
										−109 / −172	−229 / −292	−337 / −400	−517 / −580

附表4　基轴制优先、常用配合(摘自 GB/T1801.1—2020)

基准轴	孔																					
	A	B	C	D	E	F	G	H	JS	K	M	N	P	R	S	T	U	V	X	Y	Z
	间隙配合								过渡配合			过盈配合										
h5						$\frac{F6}{h5}$	$\frac{G6}{h5}$	$\frac{H6}{h5}$	$\frac{JS6}{h5}$	$\frac{K6}{h5}$	$\frac{M6}{h5}$	$\frac{N6}{h5}$	$\frac{P6}{h5}$	$\frac{R6}{h5}$	$\frac{S6}{h5}$	$\frac{T6}{h5}$					
h6						$\frac{F7}{h6}$	$\frac{G7}{h6}$	$\frac{H7}{h6}$	$\frac{JS7}{h6}$	$\frac{K7}{h6}$	$\frac{M7}{h6}$	$\frac{N7}{h6}$	$\frac{P7}{h6}$	$\frac{R7}{h6}$	$\frac{S7}{h6}$	$\frac{T7}{h6}$	$\frac{U7}{h6}$				
h7					$\frac{E8}{h7}$	$\frac{F8}{h7}$		$\frac{H8}{h7}$	$\frac{JS8}{h7}$	$\frac{K8}{h7}$	$\frac{M8}{h7}$	$\frac{N8}{h7}$									
h8				$\frac{D8}{h8}$	$\frac{E8}{h8}$	$\frac{F8}{h8}$		$\frac{H8}{h8}$													
h9				$\frac{D9}{h9}$	$\frac{E9}{h9}$	$\frac{F9}{h9}$		$\frac{H9}{h9}$													
h10				$\frac{D10}{h10}$				$\frac{D10}{h10}$													
h11	$\frac{A11}{h11}$	$\frac{B11}{h11}$	$\frac{C11}{h11}$	$\frac{D11}{h11}$				$\frac{H11}{h11}$													
h12		$\frac{B12}{h12}$						$\frac{H12}{h12}$													

注：标注▼的配合为优先配合。

附表5　基孔制优先、常用配合(摘自 GB/T1801.1—2020)

基准孔	轴																					
	a	b	c	d	e	f	g	h	js	k	m	n	p	r	s	t	u	v	x	y	z
	间隙配合								过渡配合			过盈配合										
H6						$\frac{H6}{f5}$	$\frac{H6}{g5}$	$\frac{H6}{h5}$	$\frac{H6}{js5}$	$\frac{H6}{k5}$	$\frac{H6}{m5}$	$\frac{H6}{n5}$	$\frac{H6}{p5}$	$\frac{H6}{r5}$	$\frac{H6}{s5}$	$\frac{H6}{t5}$					
H7						$\frac{H7}{f6}$	$\frac{H7}{g6}$	$\frac{H7}{h6}$	$\frac{H7}{js6}$	$\frac{H7}{k6}$	$\frac{H7}{m6}$	$\frac{H7}{n6}$	$\frac{H7}{p6}$	$\frac{H7}{r6}$	$\frac{H7}{s6}$	$\frac{H7}{t6}$	$\frac{H7}{u6}$	$\frac{H7}{v6}$	$\frac{H7}{x6}$	$\frac{H7}{y6}$	$\frac{H7}{z6}$
H8					$\frac{H8}{e7}$	$\frac{H8}{f7}$	$\frac{H8}{g7}$	$\frac{H8}{h7}$	$\frac{H8}{js7}$	$\frac{H8}{k7}$	$\frac{H8}{m7}$	$\frac{H8}{n7}$	$\frac{H8}{p7}$	$\frac{H8}{r7}$	$\frac{H8}{s7}$	$\frac{H8}{t7}$	$\frac{H8}{u7}$				
			$\frac{H8}{d8}$	$\frac{H8}{d8}$	$\frac{H8}{e8}$	$\frac{H8}{f8}$		$\frac{H8}{h8}$													
H9			$\frac{H9}{c9}$	$\frac{H9}{d9}$	$\frac{H9}{e9}$	$\frac{H9}{f9}$		$\frac{H9}{h9}$													
H10			$\frac{H10}{c10}$	$\frac{H10}{d10}$				$\frac{H10}{h10}$													
H11	$\frac{H11}{a11}$	$\frac{H11}{b11}$	$\frac{H11}{c11}$	$\frac{H11}{d11}$				$\frac{H11}{h11}$													
H12		$\frac{H12}{b12}$						$\frac{H12}{h12}$													

注：标注▼的配合为优先配合。

附表6　普通螺纹直径、螺距和基本尺寸(GB/T193—2003、GB/T196—2003)

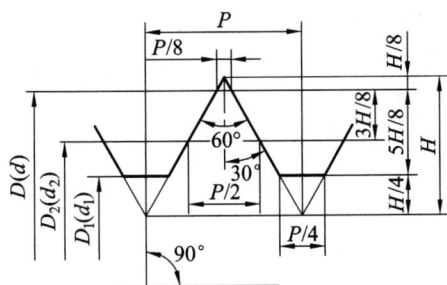

$H=0.866P$

$d_2=d-0.6495P$

$d_1=d-1.0825P$

D、d—内、外螺纹大径

D_2、d_2—内、外螺纹中径

D_1、d_1—内、外螺纹小径

P—螺距

标记示例：$M24$(粗牙普通螺纹，直径24 mm，螺距为3 mm)

$M24 \times 1.5$(细牙普通螺纹，直径24 mm，螺距1.5 mm)

单位：mm

公称直径 D、d		螺距 P		粗牙中径	粗牙小径
第一系列	第二系列	粗牙	细牙	D_2, d_2	D_1, d_1
3		0.5	0.35	2.675	2.459
	3.5	0.6		3.110	2.850
4		0.7		3.545	3.242
	4.5	0.75	0.5	4.013	3.688
5		0.8		4.480	4.134
6		1	0.75	5.350	4.917
	7	1	0.75	6.460	5.917
8		1.25	1, 0.75	7.188	6.647
10		1.5	1.25, 1, 0.75	9.026	8.376
12		1.75	1.5, 1.25, 1	10.863	10.106
	14	2	1.5, 1.25, 1	12.701	11.835
16		2	1.5, 1	14.701	13.835
	18	2.5		16.376	15.294
20		2.5	2, 1.5, 1	18.376	17.294
	22	2.5		20.376	19.284
24		3	2, 1.5, 1	22.051	20.752
	27	3		25.051	23.752
30		3.5	3, 2, 1.5, 1	27.727	26.211
	33	3.5	3, 2, 1.5	30.727	29.211
36		4	3, 2, 1.5	33.402	31.670
	39	4		36.502	34.670
42		4.5		39.077	37.129
	45	4.5	4, 3, 2, 1.5	42.077	40.129
48		5		44.752	42.587
	52	5	4, 3, 2, 1.5	48.752	46.587
56		5.5		52.428	50.046
	60	5.5	4, 3, 2, 1.5	56.428	54.046
64		6		60.103	57.505
	68	6		64.103	61.505

注：(1) 公称直径优先选用第一系列，第三系列未列入。

(2) $M14 \times 1.25$ 仅用于火花塞。

附表7　六角头螺栓—A 和 B 级(GB/T5782—2016)
六角头螺栓—全螺纹—A 和 B 级(GB/T5783—2016)

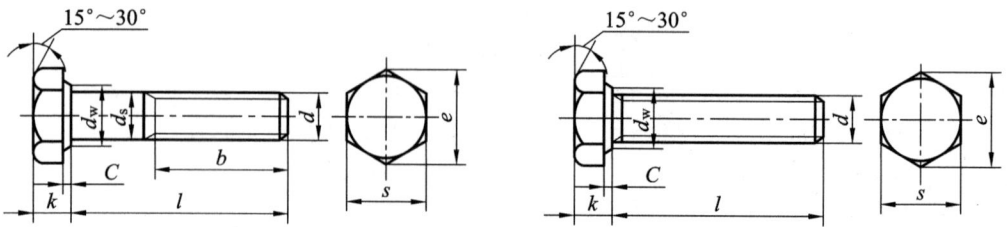

标记示例

螺纹规格 $d = M12$、公称长度 $l = 80$ mm、性能等级为 8.8 级、表面氧化、产品等级为 A 级的六角头螺栓：

螺栓　GB/T5782—2000　$M12×80$

螺纹规格 $d = M12$、公称长度 $l = 80$ mm、性能等级为 8.8 级、表面氧化、全螺纹、产品等级为 A 级的六角头螺栓：

螺栓　GB/T5782—2000　$M12×80$

单位：mm

螺纹规格	d		M4	M5	M6	M8	M10	M12	M16	M20	M24	M30	M36	M42	M48
b 参考	$l \leq 125$		14	16	18	22	26	30	38	46	54	66	78	—	—
	$125 < l \leq 200$		—	—	—	28	32	36	44	52	60	72	84	96	108
	$l > 200$		—	—	—	—	—	—	57	65	73	85	97	109	121
c_{max}			0.4	0.5		0.6			0.8					1	
k_{max}			2.925	3.65	4.15	5.45	6.58	7.68	10.18	12.715	15.215	—	—	—	—
d_{max}			4	5	6	8	10	12	16	20	24	30	36	42	48
s_{max}			7	8	10	13	16	18	24	30	36	46	55	65	75
e_{min}	A		7.66	8.79	11.05	14.38	17.77	20.03	26.75	33.53	39.98	—	—	—	—
	B		7.50	8.63	10.89	14.20	17.59	19.85	26.17	32.95	39.55	50.85	60.79	72.02	82.6
d_{min}	A		5.88	6.88	8.88	11.63	14.63	16.63	22.49	28.19	33.61	—	—	—	—
	B		5.74	6.74	8.74	11.47	14.47	16.47	22	27.7	33.25	42.75	51.11	59.95	69.45
	GB/T5782		25~40	25~50	30~60	35~80	40~100	45~120	55~160	65~200	80~240	90~300	110~360	130~400	140~400
	GB/T5783		8~40	10~50	12~60	16~80	20~100	25~100	35~100	40~100				80~~500	100~500
l 系列	GB/T5782		20~65(5 进位)，70~160(10 进位)，180~400(20 进位)												
	GB/T5783		8, 10, 12, 16, 18, 20~65(5 进位)，70~160(10 进位)，180~500(20 进位)												

注：(1) 末端应倒角，对螺纹规格 $d \leq M4$ 为辗制末端。

　　(2) 螺纹公差带：$6g$。

　　(3) 产品等级：A 级用于 $d = 1.6 \sim 24$ mm 和 $l \leq 10d$ 或 $l \leq 150$ mm(按较小值)。

　　　　B 级用于 $d > 24$ 或 $l < 10d$ 或 $l > 150$ mm(按较小值)的螺栓。

附表 8　开槽圆柱头螺钉(GB/T65—2016)、开槽盘头螺钉(GB/T67—2016)、开槽沉头螺钉(GB/T68—2016)

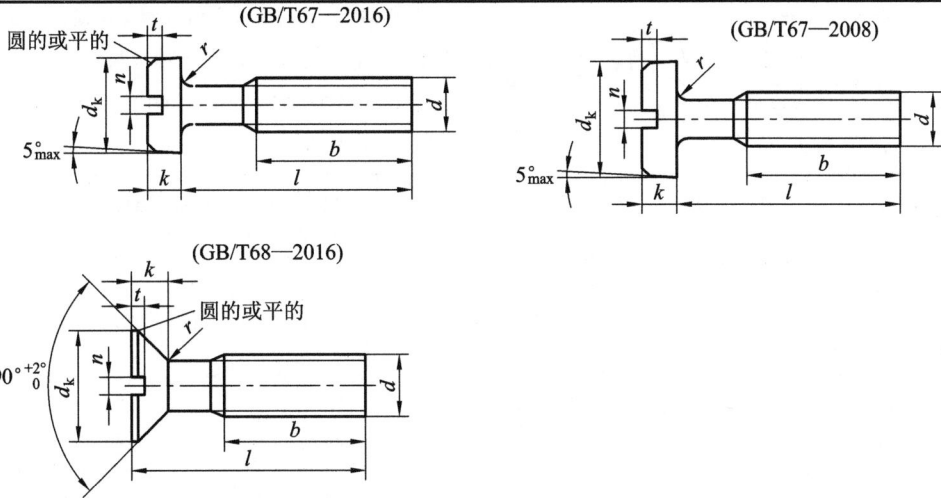

标记示例

螺纹规格 $d=M5$，公称长度 $l=20$ mm，性能等级为 4.8 级，不经表面处理的开槽圆柱头螺钉：

螺钉　GB/T65—2000　$M5\times20$

单位：mm

螺纹规格 d		$M1.6$	$M2$	$M2.5$	$M3$	$M4$	$M5$	$M6$	$M8$	$M10$
GB/T65—2016	d_k	3.0	3.8	4.5	5.5	7	8.5	10	13	16
	k	1.1	1.4	1.8	2	2.6	3.3	3.9	5	6
	t	0.45	0.6	0.7	0.85	1.1	1.3	1.6	2	2.4
	r	0.1	0.1	0.1	0.1	0.2	0.2	0.25	0.4	0.4
	l	2～16	3～20	3～25	4～30	5～40	6～50	8～60	10～80	12～80
	全螺纹时最大长度	16	20	25	30	40	40	40	40	40
GB/T67—2016	d_k	3.2	4	5	5.6	8	9.5	12	16	20
	k	1	1.3	1.5	1.8	2.4	3	3.6	4.8	6
	t	0.35	0.5	0.6	0.7	1	1.2	1.4	1.9	2.4
	r	0.1	0.1	0.1	0.1	0.2	0.2	0.25	0.4	0.4
	l	2～16	2.5～20	3～25	4～30	5～40	6～50	8～60	10～80	12～80
	全螺纹时最大长度	16	20	25	30	40	40	40	40	40
GB/T68—2016	d_k	3	3.8	4.7	5.5	8.4	9.3	11.3	15.8	18.3
	k	1	1.2	1.5	1.65	2.7	2.7	3.3	4.65	5
	t	0.32	0.4	0.5	0.6	1	1.1	1.2	1.8	2
	r	0.4	0.5	0.6	0.8	1	1.3	1.5	2	2.5
	l	2.5～16	3～20	4～25	5～30	6～40	8～50	8～60	10～80	12～80
	全螺纹时最大长度	16	20	25	30	40	45	45	45	45
n		0.4	0.5	0.6	0.8	1.2	1.2	1.6	2	2.5
b		25				38				
l(系列)		2、2.5、3、4、5、6、8、10、12、(14)、16、20、25、30、35、40、45、50、(55)、60、(65)、70、(75)、80								

附表9 1型六角螺母(GB/T6170—2015)

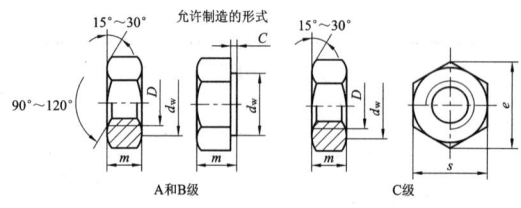

A和B级 C级

标记示例

　　螺纹规格 D = M12、性能等级为8级、不经表面处理、产品等级为A级的1型六角螺母：

　　　　螺母 GB/T6170—2015 M12

单位：mm

螺纹规格 D		M3	M4	M5	M6	M8	M10	M12	M16	M20	M24	M30	M36
e(min)		6.01	7.66	8.79	11.05	14.38	17.77	20.03	26.75	32.95	39.55	50.85	60.79
s	(max)	5.5	7	8	10	13	16	18	24	30	36	46	55
	(min)	5.32	6.78	7.78	9.78	12.73	15.73	17.73	23.67	29.16	35	45	53.8
c(max)		0.4	0.4	0.5	0.5	0.6	0.6	0.6	0.8	0.8	0.8	0.8	0.8
d_w(min)		4.6	5.9	6.9	8.9	11.6	14.6	16.6	22.5	27.7	33.2	42.7	51.1
m	(max)	2.4	3.2	4.7	5.2	6.8	8.4	10.8	14.8	18	21.5	25.6	31
	(min)	2.15	2.9	4.4	4.9	6.44	8.04	10.37	14.1	16.9	20.2	24.3	29.4

附表10 平 垫 圈

平垫圈——A级(GB/T97.1—2002)　　　　平垫圈 倒角型——A级(GB/T97.2—2002)

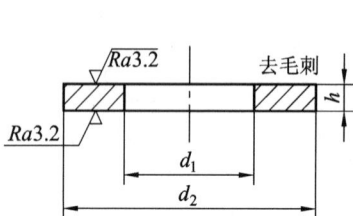

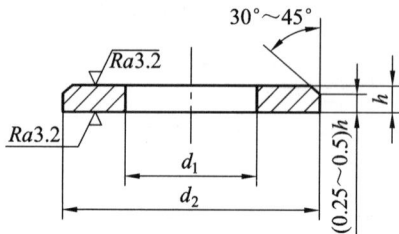

标记示例

　　标准系列、公称规格为8 mm、由钢制造的硬度等级为200 HV级、不经表面处理、产品等级为A级的平垫圈：

　　　　垫圈 GB/T97.1—2002 8

单位：mm

公称规格 (螺纹大径 d)	2	2.5	3	4	5	6	8	10	12	16	20	24	30
内径 d_1	2.2	2.7	3.2	4.3	5.3	6.4	8.4	10.5	13	17	21	25	31
外径 d_2	5	6	7	9	10	12	16	20	24	30	37	44	56
厚度 h	0.3	0.5	0.5	0.8	1	1.6	1.6	2	2.5	3	3	4	4

　　注：平垫圈 倒角型 A级(GB/T97.2—2002)用于螺纹规格为M5～M64。

附表 11　平键和键槽的尺寸(GB/T1095—2003)、普通平键的形式尺寸(GB/T1096—2003)

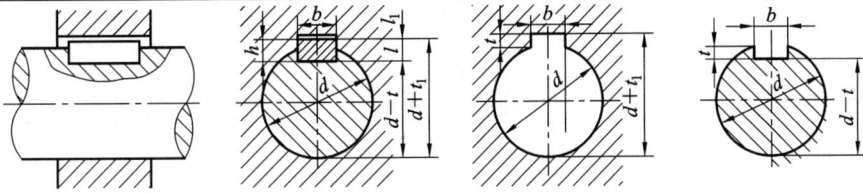

注：在工作图中，轴槽深用t或$d-t$标注，轮毂槽深用$d+t_1$标注。

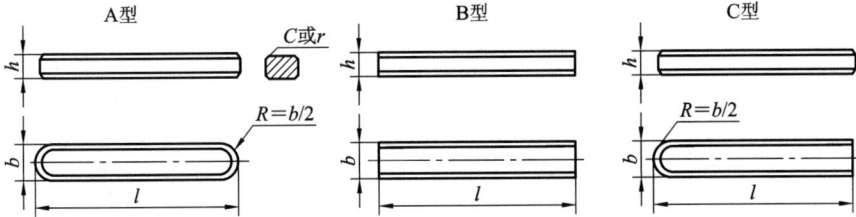

A型　　　　　B型　　　　　C型

C或r

$R=b/2$　　　　　　　　　　　　$R=b/2$

标记示例

圆头普通平键(A 型) b=16 mm，h=10 mm，l=100 mm：GB/T1096—2003 键 16×11×100

平头普通平键(B 型) b=16 mm，h=10 mm，l=100 mm：GB/T1096—2003 键 B16×11×100

单圆头普通平键(C 型) b=16 mm，h=10 mm，l=100 mm：GB/T1096—2003 键 C16×11×100

单位：mm

轴	键		键　槽											
			宽度 b						深　度				半径 r	
			公称尺寸 b	极限偏差					轴 t		毂 t_1			
	公称尺寸 $b×h$	长度 L		松键连接		正常键连接		紧密键连接						
公称直径 d				轴 H9	毂 D10	轴 N9	毂 JS9	轴和毂 P9	公称尺寸	极限偏差	公称尺寸	极限偏差	最小	最大
自 6~8	2×2	6~20	2	+0.025	−0.004	+0.060	±0.0125	−0.006	1.2		1		0.08	0.16
>8~10	3×3	6~36	3	0	−0.029	+0.020		−0.031	1.8	+0.1 0	1.4	+0.1 0		
>10~12	4×4	8~45	4	−0.030 0	+0.078 +0.030	0 −0.030	±0.015	−0.012 −0.042	2.5		1.8		0.08	0.16
>12~17	5×5	10~56	5						3.0		2.3			
>17~22	6×6	14~70	6						3.5		2.8			
>22~30	8×7	18~90	8	+0.036 0	+0.098 +0.040	0 −0.036	±0.018	−0.015 −0.051	4.0		3.3		0.16	0.25
>30~38	10×8	22~110	10						5.0		3.3			
>38~44	12×8	28~140	12	+0.043 0	+0.120 +0.050	0 −0.043	±0.0215	−0.018 −0.061	5.0		3.3		0.25	0.40
>44~50	14×9	36~160	14						5.5		3.8			
>50~58	16×10	45~180	16						6.0	+0.2 0	4.3	+0.2 0		
>58~65	18×11	50~200	18						7.0		4.4			
>65~75	20×12	56~220	20	+0.052 0	+0.149 +0.065	0 −0.052	±0.026	−0.022 −0.074	7.5		4.9		0.40	0.60
>75~85	22×14	63~250	22						9.0		5.4			
>85~95	25×14	70~280	25						9.0		5.4			
>95~110	28×16	80~320	28						10.0		6.4			
>110~130	32×18	80~360	32	+0.062 0	+0.180 +0.080	0 −0.062	± 0.031	−0.026 −0.088	11.0		7.4		0.70	1.0
>130~150	36×20	100~400	36						12.0	+0.3 0	8.4	+0.3 0		
>150~170	40×22	100~400	40						13.0		9.4			
>170~200	45×25	110~450	45						15.0		10.4			

注：(1) $d-t$ 和 $d+t_1$ 两组组合尺寸的极限偏差按相应的 t 和 t_1 的极限偏差选取，但 $d-t$ 极限偏差应取负号(−)。

(2) L 系列：6，8，10，12，14，16，18，20，22，25，28，32，36，40，45，50，56，63，70，80，90，100，110，125，140，160，180，…。

附表 12 滚 动 承 轴

深沟球轴承

标记示例

滚动轴承 6310

圆锥滚子轴承

标记示例

滚动轴承 30212

推力球轴承

标记示例

滚动轴承 51305

轴承型号	尺寸/mm			轴承型号	尺寸/mm					轴承型号	尺寸/mm			
	d	D	B		d	D	B	C	T		d	D	T	d_1
尺寸系列(0)2				尺寸系列02						尺寸系列12				
6202	15	35	11	30203	17	40	12	11	13.25	51202	15	32	12	17
6203	17	40	12	30204	20	47	14	12	15.25	51203	17	35	12	19
6204	20	47	14	30205	25	52	15	13	16.25	51204	20	40	14	22
6205	25	52	15	30206	30	62	16	14	17.25	51205	25	47	15	27
6206	30	62	16	30207	35	72	17	15	18.25	51206	30	52	16	32
6207	35	72	17	30208	40	80	18	16	19.75	51207	35	62	18	37
6208	40	80	18	30209	45	85	19	16	20.75	51208	40	68	19	42
6209	45	85	19	30210	50	90	20	17	21.75	51209	45	73	20	47
6210	50	90	20	30211	55	100	21	18	22.75	51210	50	78	22	52
6211	55	100	21	30212	60	110	22	19	23.75	51211	55	90	25	57
6212	60	110	22	30213	65	120	23	20	24.75	51212	60	95	26	62
尺寸系列(0)3				尺寸系列03						尺寸系列13				
6302	15	42	13	30302	15	42	13	11	14.25	51304	20	47	18	22
6303	17	47	14	30303	17	47	14	12	15.25	51305	25	52	18	27
6304	20	52	15	30304	20	52	15	13	16.25	51306	30	60	21	32
6305	25	62	17	30305	25	62	17	15	18.25	51307	35	68	24	37
6306	30	72	19	30306	30	72	19	16	20.75	51308	40	78	26	42
6307	35	80	21	30307	35	80	21	18	22.75	51309	45	85	28	47
6308	40	90	23	30308	40	90	23	20	25.25	51310	50	95	31	52
6309	45	100	25	30309	45	100	25	22	27.25	51311	55	105	35	57
6310	50	110	27	30310	50	110	27	23	29.25	51312	60	110	35	62
6311	55	120	29	30311	55	120	29	25	31.50	51313	65	115	36	67
6312	60	130	31	30312	60	130	31	26	33.50	51314	70	125	40	72

注：圆括号中的尺寸系列代号在轴承代号中省略。

参 考 文 献

[1]　单连生．机械制图[M]．北京：人民邮电出版社，2009．

[2]　王晓青，姚卿佐，徐庆华．机械制图[M]．北京：科学出版社，2009．

[3]　钱可强．机械制图[M]．北京：机械工业出版社，2010．

[4]　吕红霞，吴立波，陈亮．机械制图[M]．西安：西安电子科技大学出版社，2013．

[5]　胡建生．机械制图[M]．北京：机械工业出版社，2011．

[6]　李添翼．机械制图[M]．北京：机械工业出版社，2016．

[7]　李添翼．机械制图与 AutoCAD[M]．北京：高等教育出版社，2007．